建筑工程创优实用新技术及应用

编著 季 豪 陈 健 张峥峰

东南大学出版社

图书在版编目(CIP)数据

建筑工程创优实用新技术及应用/季豪,陈健,张峥峰编著. — 南京:东南大学出版社,2016.11

ISBN 978-7-5641-6631-1

Ⅰ.①建… Ⅱ.①季… ②陈… ③张… Ⅲ.①建筑工程—工程施工 Ⅳ.①TU7

中国版本图书馆 CIP 数据核字(2016)第 155431 号

建筑工程创优实用新技术及应用

出版发行	东南大学出版社
出 版 人	江建中
责任编辑	戴坚敏
网　　址	http://www.seupress.com
电子邮箱	press@seupress.com
社　　址	南京市四牌楼2号
邮　　编	210096
经　　销	全国各地新华书店
印　　刷	虎彩印艺股份有限公司
开　　本	787mm×1092mm　1/16
印　　张	20.25
字　　数	51.8千
版　　次	2016年11月第1版
印　　次	2016年11月第1次印刷
书　　号	ISBN 978-7-5641-6631-1
定　　价	68.00元

本社图书若有印装质量问题,请直接与营销部联系。电话(传真):025-83791830

序

党的"十八大"明确提出建设创新型国家的宏观战略,全面创新是中国新一轮改革开放的新动能。随着建筑工业化、绿色营造、信息化及 BIM 等逐步落地实施,建筑行业正面临着从管理到技术各个层面的大变革,建筑科技对于建设项目的整体效益的贡献率愈发突出,实用型新技术对于工程创优目标的实现具有特殊意义。《建筑工程创优实用新技术及应用》新著正是顺应时代发展要求,开创了融技术研究、工程实践、理论深化及应用推广的新模式,具有强烈的工程实用主义特色。

《建筑工程创优实用新技术及应用》一书,作者们通过对南通四建多年来创优工程特别是"鲁班奖"工程的经验总结,结合建筑业 10 项新技术及应用指南重点介绍地下空间施工技术、新材料应用技术、钢结构制作与安装技术、液压脚手架设备开发等关键创新型技术,针对建筑工程创优过程中的工程特点和难点、科技创新(包括创新型应用)、质量亮点及质量保证措施等关键问题提出了独到的解决方案,对广大建筑领域科技工作者掌握主流施工技术具有很强的参考和借鉴意义,故特别推荐给广大读者朋友。

2016 年 10 月 1 日于江苏·通州

(作序者系中国建筑业协会副会长)

前 言

建筑施工技术是一门不断向前发展的技术，特别是随着高、大、新、奇建筑的不断涌现，以超高层建筑所采用的主要施工技术以及“四新”技术的不断应用成为主流，实用型施工技术的采用对工程质量控制和工期管控具有重要的意义，创新和实用技术与工程项目的结合具有相当的理论意义与社会价值。重大项目的技术管理团队掌控必要的主流实用技术是一项基本要求，创造性应用则体现更高要求。

南通四建集团有限公司素有“铁军”美誉，是多年来创造“鲁班奖”的功臣，具有一流的技术队伍和管理队伍，根据所承接工程项目的技术难度和已有工作经验，结合所承担的住房和城乡建设部科学技术项目课题项目（2014—K1—060）和（2016—S4—054）编撰完成《建筑工程创优实用新技术及应用》一书，主要包括：建筑混凝土结构实用施工新技术、建筑钢结构实用施工新技术、附着式脚手架原理及实用新技术、建筑工程创新技术应用实例等，重点阐述地下室建筑施工技术、高流态混凝土技术、钢筋工程技术、钢结构制作技术、钢结构分段吊装与整体吊装技术、钢结构连接技术、液压脚手架构造组成、液压脚手架电气控制等关键创新性技术，并结合合肥城市公馆城市综合体项目、南通市通州市民广场工程项目等全面阐述其实用技术的应用情况，其技术的采用确保工程获得良好的效果。

本书的资料整理和编撰过程历时一年多，力求理论简明、内容丰富、实践性强，以期对读者有最大帮助，可满足施工现场技术管理人员、土木及机械等工科专业的专科生、本科生和研究生所使用。本书编写过程中得到达海控股集团有限公司董事长耿裕华、南通四建集团有限公司董事长俞国兵等领导的大力支持，南通四建集团有限公司技术团队张赤宇、张卫国、吴军、徐卓、朱学佳等给予专业指导和帮助，在此表示衷心的感谢。

本书虽经精心编写与审查，但由于编撰时间较短，加之水平有限，难免有不足之处，恳请广大读者和同行专家提出批评与指正，可通过电子邮箱 NTSJ2259@163.com 与作者联系。

作 者
2016 年 10 月于南通

目　录

第一篇　建筑混凝土结构实用施工新技术

第一节　地下室建筑结构施工实用新技术

一、土方开挖支护与护坡工程施工

对于地下室基坑放坡坡度、独立基坑与基槽边坡位置施工操作面的拓放都以常规做法操作，在桩承台基坑或基槽边坡位置有砖胎模时，施工操作面的拓放宽度≥300 mm，方案对支护的地面防渗措施包括：在基坑侧壁四周 5 m 范围内不得设置用水点；在场地内所有用水点，均应设置排水沟，将水引入下水管道，排水沟做法如图 1-1 所示。在基坑四周边沿设置排水沟或排水管道，并在 3 m 范围内的地面用水泥抹面以防止降雨和人工用水的入渗。堵塞并排出基坑周边附近的通道、上下水管道和暖气沟等的积水，防止涌入基坑。

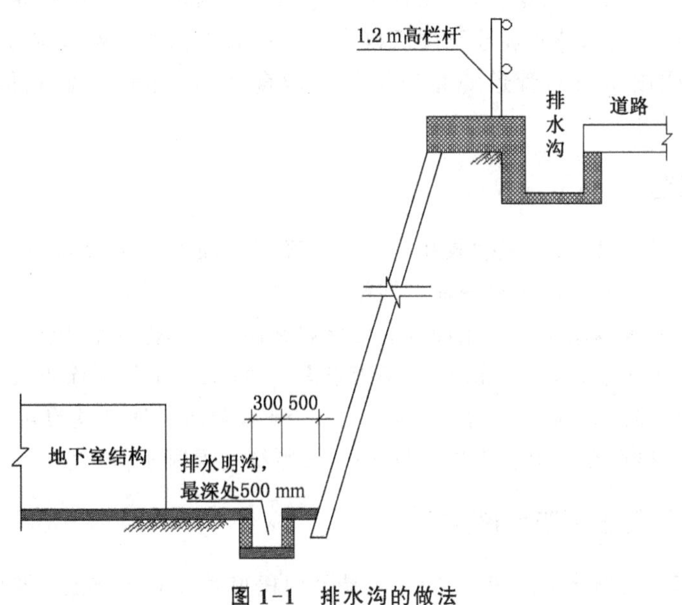

图 1-1　排水沟的做法

二、地下室防水工程施工

地下防水工程通常采用抗渗混凝土结构自防水和 JS 水泥基渗透结晶型防水涂料，其厚度不小于 1.0 kg/m^2。防水混凝土要严格控制防水外加剂的掺量，按要求留足试块并进行抗渗试验，现场浇筑时必须振捣密实，地下室主体结构采用自防水密实混凝土。地下室底板按照由下向上分别为：①100 mm 厚 C15 混凝土垫层压光；②水泥基渗透结晶型防水涂料，其厚度不小于 1.0 kg/m²；③50 mm 厚细石混凝土保护层；④防水混凝土底板 600 mm 厚，部分 1 200 mm 厚。地下室侧板由内至外的组成为：①防水混凝土侧板；②水泥基渗透结晶型防水涂料(不小于 1.0 kg/m²)；③50 mm 厚 EPS 板保护层；④回填土。

（一）施工准备

底板垫层浇筑 150 mm 厚 C 15商品细石混凝土，浇筑过程中在混凝土面层上采用 1∶2.5 水泥砂浆抹平、压光，阴阳角处压抹成小圆角；在已浇筑的混凝土强度未达 1.2 N/mm²前不得在其上踩踏；浇筑底板混凝土垫层时，商品混凝土运送至基坑边，混凝土通过每个基坑的 3 个溜槽输送至坑底，然后再人工水平运输至浇筑地点。为防止手推车及作业人员行走时破坏夯实的砂垫层，浇筑混凝土前应采用 50 mm 厚木板铺设 1.2 m 宽水平通道。水平通道的支架间距为 3.6 m，高 500 mm，支设木板的支架与楼板马凳筋采用 ϕ28 钢筋焊接加工。

在底板垫层外围砌筑砖胎模，地下室混凝土底板范围砌筑成 240 mm 厚，砌筑砂浆为 M7.5 水泥砂浆。砖胎模内侧用 25 mm 厚 1∶2.5 水泥砂浆抹平压光。底板上的防水保护层为 50 mm 厚 C20 细石混凝土。在做施工地下室外墙部位的防水时，拆除砖胎模上的一层 240 mm 砖墙后即可进行防水层的搭接施工，从而保证整个底板和外墙的防水连成一个密封的整体。

砖模内侧采用 1∶2.5 水泥砂浆抹防水找平层时，必须保证平整、光滑。砖模侧立面防水保护层为 25 mm 厚 1∶2.5 水泥砂浆；抹砂浆前先用掺量为水泥 TJ 胶重量 10%的水泥素浆在防水卷材表面甩毛一遍，待水泥浆干硬后再抹水泥砂浆保护层。结构基层应平整、牢固，不得有起砂等缺陷；阴阳角及与管道等相连接处应做直径 80 mm 的圆弧；同时表面应洁净、干燥。

（二）施工工艺

防水涂料施工工艺做法：水泥砂浆找平层→局部细部加强层→涂刷一遍底层涂料→涂刷一遍中层涂料→涂刷一遍面层涂料→保护层施工。

防水涂料涂刷的具体做法是先用油漆刷沾涂料在阴角、管根部等复杂部位均匀涂刷一遍，再用长把滚刷进行大面涂布，要涂布均匀，不得过厚或过薄，更不得漏涂露底，底胶涂后要干燥方可进行下道工序。防水层施工完毕，应进行自检互检，合格后通知建设单位、设计及监理进行隐蔽工程检查，合格后在顶板防水层上打 50 mm 厚细石混凝土保护层。

（三）墙板连接处细部节点做法

侧墙与底板基础放脚分两次施工，第一次墙面由檐口底板向下施工至墙根部，第二次将底板上翻卷材铺贴覆盖放脚基础，水平与竖向搭接接缝留在水平面上距边缘 200 mm 处。各种穿墙管道口施工至预留洞口根部，管道根部四周采用 300 mm 宽附加层，底板外墙部防水具体细部构造如图 1-2 所示。

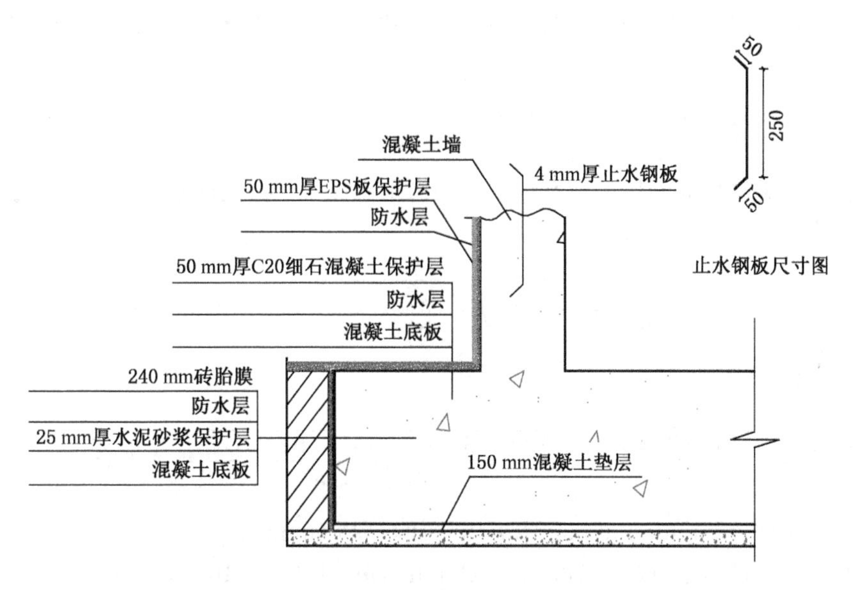

图 1-2　底板与外墙连接部位防水节点图

三、模板工程施工

地下室结构形式若为框架剪力墙结构，基础的结构形式主要为桩筏基的形式，对于筏板与承台之间的高低差部位，采用木模无法拆出，对这些部位采用砖模，同时考虑到地下室底板外周边的防水施工，对地下室底板外周边的模板也采用砖模。工程墙、柱、梁、板结构均比较规整，所以本工程所用模板均采用 1.8 cm 厚的胶合板做模板，50 mm×100 mm 方木做楞，支撑体系采用碗扣式排架体系，剪力墙、柱、大高度的梁等构件的紧固均采用对拉螺杆。

（一）对拉螺杆的制作

对拉螺杆采用 ϕ14 圆钢加工，拉杆长度为构件设计厚度+46 mm，螺杆两端头丝杆长度为 80 mm，如图 1-3 所示。室外临水、临室外土构件的对拉螺杆中间必须设置止水片，止水片采用 $\delta=3$ mm 钢板设置，大小为 6 cm×6 cm，中心位置用台钻打 ϕ16 圆孔，再将止水片穿设在对拉螺杆的中间位置，用电焊将止水片双面满焊在对拉螺杆上，并用煤油进行渗漏检验，无渗漏即合格。

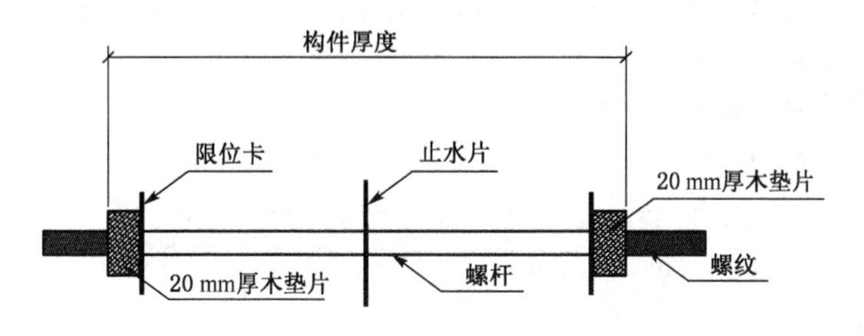

图 1-3　对拉螺杆做法示意图

用于控制构件尺寸的构件限位卡采用加焊钢筋，即在对拉螺杆的两端，按照设计好的位置距离，用短钢筋头焊牢支撑住模板，防止在模板加固过程中因螺栓过分拧紧而导致构件断面尺寸变小。

（二）混凝土墙模板的设计与计算

新浇混凝土对模板的侧压力荷载取 $F=44.7\ \text{kN/m}^2$，模板宽度取 1 000 mm 为计算宽度，按抗弯强度计算：

$$L \leqslant \sqrt{\frac{f_{\mathrm{m}} w}{0.084q}} = \sqrt{\frac{23 \times 54 \times 10^3}{0.084 \times 44.7}} = 575\ (\text{mm})$$

按挠度计算，得

$$L = \sqrt[4]{\frac{100EI[\omega]}{0.273 \times q}} = \sqrt[4]{\frac{100 \times 5\,000 \times 48.6 \times 10^4 \times 2}{0.273 \times 44.7}} = 446\ (\text{mm})$$

根据以上计算，70 mm×100 mm 木方内楞间距取 400 mm。

木方内楞验算过程中，取 $I=583.3\times10^4\ \text{mm}^4$，$w=116.7\times10^3\ \text{mm}^3$，按抗弯强度计算，得

$$L \leqslant \sqrt{\frac{10f_{\mathrm{m}} w}{q}} = \sqrt{\frac{10 \times 15 \times 116.7 \times 10^3}{17.88}} = 989\ (\text{mm})$$

按挠度计算，得

$$L = \sqrt[4]{\frac{150EI[\omega]}{q}} = \sqrt[4]{\frac{150 \times 10\,000 \times 583.3 \times 10^4 \times 3}{17.88}} = 1\,100\ (\text{mm})$$

根据以上计算，2ϕ48 mm×3.5 mm 钢管外楞间距取 800 mm。

对拉螺栓采用 M14，$[F]=18\,757$ N，对拉螺栓纵向间距即竖向钢管外楞间距 $b=800$ mm，计算可得

$$L \leqslant \frac{[F]}{Fb} = \frac{18\,757}{44.7 \times 800 \times 10^{-3}} = 525\ (\text{mm})$$

根据计算，M14 对拉螺栓水平间距 800 mm，竖向间距取 500 mm，外墙模板支撑构造示意图如图 1-4 所示。

（三）地下室顶板模板设计

板厚为 160 mm 的现浇板，可采用 18 mm 厚胶合板模板，50 mm×100 mm 木方作背楞，支承系统采用钢管排架支撑。

1. 胶合板模板受力验算

按抗弯强度验算，得

$$L \leqslant \sqrt{\frac{f_{\mathrm{m}} \times 8bh^2}{6q}} = \sqrt{\frac{23 \times 8 \times 1\,000 \times 18^2}{6 \times 14.16}} = 838\ (\text{mm})$$

按剪应力验算，得

$$L \leqslant \frac{4bhf_{\mathrm{v}}}{3q} = \frac{4 \times 1\,000 \times 18 \times 1.3}{3 \times 14.16} = 2\,203\ (\text{mm})$$

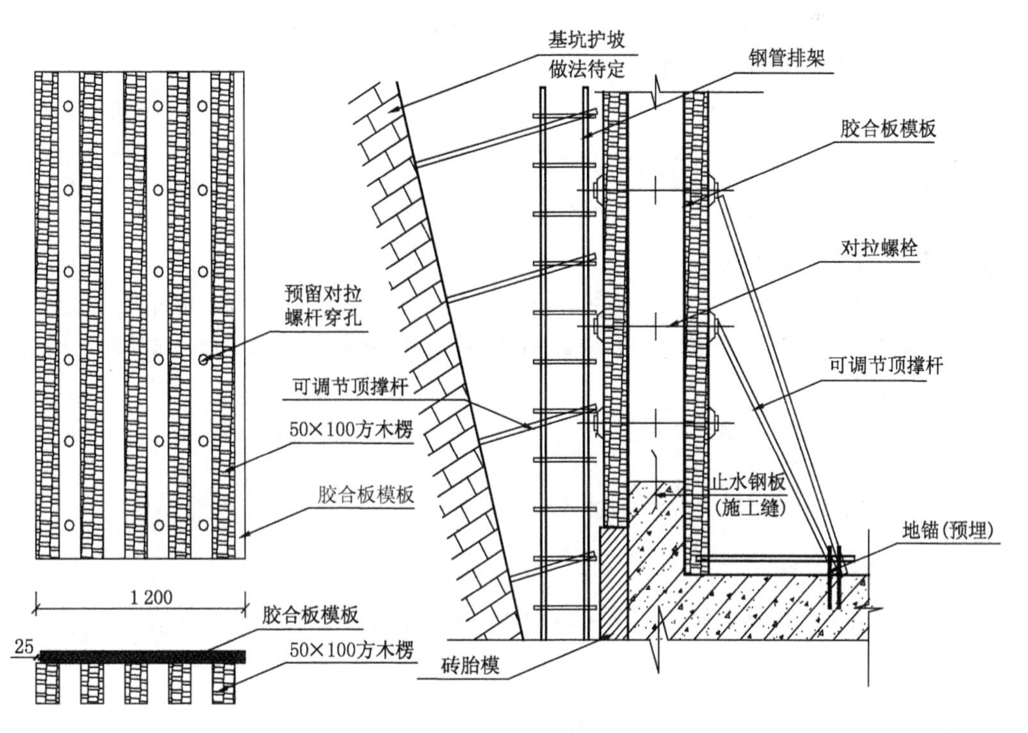

图 1-4　外墙模板支撑构造示意图

按挠度验算，得

$$L=\sqrt[3]{\frac{384EI}{5\times200\times q}}=\sqrt[3]{\frac{384\times5\,000\times1/12\times1\,000\times18^{3}}{5\times200\times14.16}}=404\ (\text{mm})$$

现浇板胶合板模板跨度(即 50 mm×100 mm 木方背楞间距)取 400 mm。

2. 50 mm×100 mm 木方背楞验算

50 mm×100 mm 木方背楞搁置在钢管大横杆上，受力计算按三等跨连续梁计算，所受线分布荷载

$$q=5.66\ \text{kN/m}$$

按抗弯强度验算，得

$$L\leqslant\sqrt{\frac{8f_{\text{m}}bh^{2}}{6q}}=\sqrt{\frac{8\times15\times50\times100^{2}}{6\times5.66}}=1\,329\ (\text{mm})$$

按剪应力验算，得

$$L\leqslant\frac{4bhf_{\text{v}}}{3q}=\frac{4\times50\times100\times1.3}{3\times5.66}=1\,531\ (\text{mm})$$

按挠度验算，得

$$L=\sqrt[3]{\frac{384EI}{5\times200\times q}}=\sqrt[3]{\frac{384\times10\,000\times1/12\times50\times100^{3}}{5\times200\times5.66}}=1\,414\ (\text{mm})$$

由上可知木方背楞钢管托楞间距可取 1 200 mm,实际间距取 1 000 mm。

3. 木方背楞下 ϕ48 mm×3.5 mm 钢管大横杆受力验算

作用于钢管横楞上的集中荷载 $F = 14.16 \times 0.4 \times 1.0 = 5.664$ (kN),按挠度验算,得

$$L \leqslant \sqrt{\frac{100EI}{400 \times 1.1146F}} = \sqrt{\frac{100 \times 2.1 \times 10^5 \times 121\,867}{400 \times 1.1146 \times 5\,664}} = 1\,006\ (\text{mm}) > 1\,000\ (\text{mm})$$

4. 钢管支撑立杆受力验算

支撑立杆步距 2 000 mm,采用 ϕ48 mm×3.5 mm 钢管扣件连接;立杆最大受力 $F=10.38$ kN,大于扣件的抗滑能力 8 kN,因此钢管扣件支撑间距调整为 800 mm×800 mm,以满足扣件抗滑力的要求。

钢管支撑立管的支撑稳定性验算:

$$\sigma = \frac{N}{\varphi A} = \frac{8\,000}{0.118 \times 489} = 139\ (\text{N/mm}^2) < 205\ (\text{N/mm}^2)$$

计算结果符合要求。

其中,常规大梁侧模紧固做法如图 1-5 所示,而楼梯模板体系如图 1-6 所示,工程中做法基本一致。

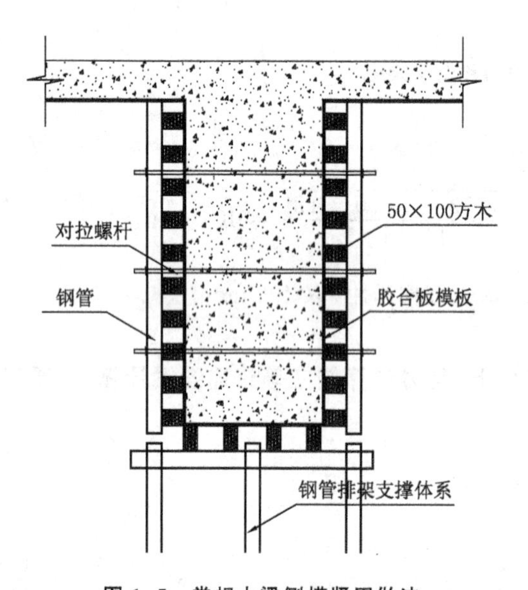

图 1-5　常规大梁侧模紧固做法

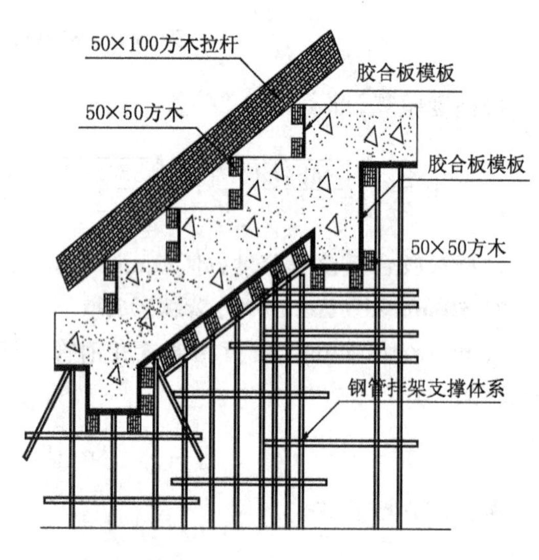

图 1-6　楼梯模板体系图

四、钢筋工程施工

(一) 直螺纹钢筋连接施工

等强直螺纹接头要求除顶板小规格(ϕ20 及以下)钢筋以外,地下室底板水平钢筋均采用等强直螺纹连接,接头采用 A 级,验收要求依据现行有关标准。根据工艺需要,钢筋端头应用砂轮锯切除 150 mm 端头。钢筋下料时切口端面应与钢筋轴线垂直,不得有马蹄形或挠曲,端部不直应调直后下料;镦粗头与钢筋轴线不得大于 4°的偏斜,镦粗头不得有与钢筋轴线相垂

直的横向裂纹，不符合质量的镦粗头，应先切去再重新镦粗，不允许对镦粗头进行二次镦粗。

等强钢筋直螺纹连接主要通过对钢筋端部一次滚轧成型为直螺纹，然后用预制钢套筒进行连接，这样经滚轧成型的直螺纹有效地使钢筋母材断面积缩减最少，同时又使钢筋端头材料在冷作硬化作用下强度得到提高，使钢筋接头达到与母材等强的效果。本工程采用的直螺纹接头类型包括标准型和正反丝扣型。标准型是指在正常情况下连接钢筋，用于柱、墙竖向钢筋连接，如图 1-7 所示；正反丝扣型是指在钢筋两端均不能转动时，将两钢筋端部相互对接，然后拧动套筒，在钢筋不转动的情况下实现钢筋的连接接长，此种接头在结构转换层大梁主筋施工中得以充分发挥作用，如图 1-8 所示。

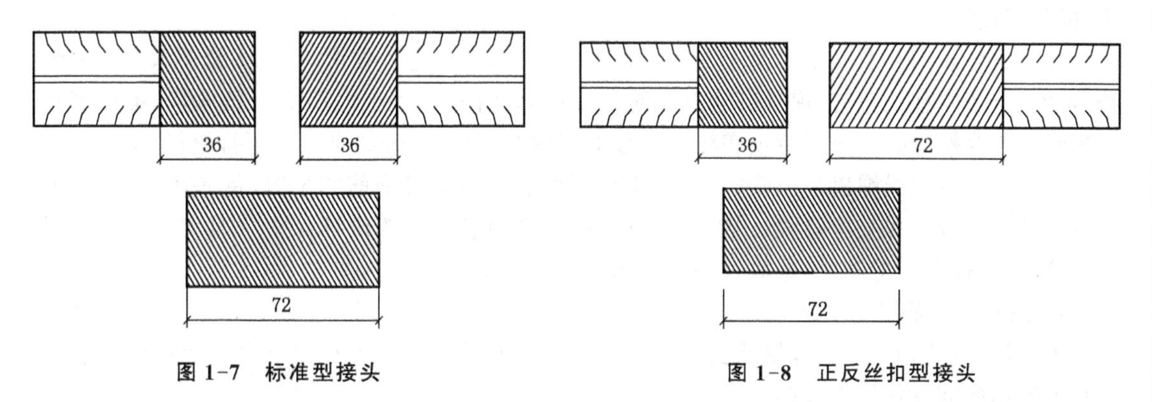

图 1-7　标准型接头　　图 1-8　正反丝扣型接头

直螺纹钢筋接头施工流程如下：现场施工人员培训→滚轧直螺纹机床安装调试→套筒进场检验、钢筋试滚丝→试件送样→钢筋下料→钢筋滚丝→钢筋端头螺纹外观质量检查→端头螺纹保护→钢筋与套筒连接、现场取样送试。

在进行连接施工时，钢筋规格与套筒规格一致，并保证钢筋和套筒丝扣干净、完好无损。标准型钢筋丝头螺纹有效丝扣长度应为 1/2 套筒长度，公差为 $\pm P$（P 为螺距）；正反丝扣型套筒形式则必须符合相应的产品设计要求。钢筋连接时必须用管钳扳手拧紧，使两钢筋丝头在套筒中央位置相互顶紧。钢筋连接完毕后，套筒两端外露完整有效扣不得超过 2 扣。

钢筋下料绑扎的要求是认真熟悉图纸，准确放样并填写下料单，按设计要求考虑构件尺寸搭接焊接位置，并与材料供应部联系，在符合设计及规范要求的前提下，尽量减少接头数量，长短搭配，避免浪费。

下料单由专职放样人员填写，并经施工员核对无误后方可下料加工。核对成品钢筋的牌号、直径、尺寸和数量等是否与下料单相符，成品钢筋应堆放整齐，标明品名位置，以防就位混乱。绑扎顺序应先绑扎主要钢筋，然后绑扎次要钢筋及构造筋。绑扎前在模板或垫层上标出钢筋位置，在底板、梁及墙筋上画出箍筋、分布筋、构造筋、拉筋位置线，以保证钢筋位置正确。在混凝土浇筑前，将暗柱、墙主筋在板面处与箍筋及水平筋用电焊点牢，以防柱、墙筋移位。纵横梁相交时，次梁钢筋放于主梁上，下料时注意主次梁骨架高度。板底层钢筋网短方向放于下层，长方向放于上层；板和墙的钢筋网，除靠近外围两行钢筋的相交处全部扎牢外，中间部分交叉点可间隔交错扎牢，但必须保证受力钢筋不产生位置偏移，双向受力钢筋必须全部扎牢。梁和墙的箍筋，应与受力钢筋垂直设置，箍筋弯钩叠合处应沿受力钢筋方向错开放置并位于梁上部，弯钩平直段长度$\geqslant 10d$，弯钩$\geqslant 135°$，悬臂梁箍筋弯钩叠合处应在梁的底部错开设置。

主要受力钢筋保护层厚度：桩承台保护层为 100 mm，地下室外墙迎水面及水箱内壁为

50 mm，并设置 6@150 双向钢丝网。板为 20 mm，梁为 25 mm，柱为 30 mm。垫块采用厚度一致的塑料垫块，间距合理，以保证骨架网处于同一平立面。

（二）钢筋工程施工顺序

墙筋均应在施工层的上一层按要求留置不小于规定的接头长度，并应在两个水平面上接头。柱筋焊接时设专人负责，由专业操作人员持上岗证挂牌焊接，焊接前不同规格钢筋分别取样试验，合格后方能进行正式操作。在进入上一层施工时做好柱根的清理后，先套入箍筋，纵向筋连接好后，立即将箍筋上移就位，并按设计要求绑好箍筋，以防纵筋移位，柱筋应设临时固定，以防扭曲倾斜。

在完成柱筋绑扎及梁底模及 1/2 侧模通过验收后，便可施工梁钢筋，按图纸要求先放置纵筋、箍筋，严禁斜扎梁箍筋，保证其相互间距。梁筋绑扎同时，木工可跟进封梁侧模，梁筋绑扎完成经检查合格后方可全面封板底模。在板上预留洞留好后，开始绑扎板下排钢筋，绑扎时先在平台底板上用墨线弹出控制线，后用粉笔在模板上标出每根钢筋的位置，待底排钢筋、预埋管线及预埋件就位并交检验收合格后，方可绑扎上排钢筋。板按设计保护层厚度制作对应混凝土垫块，板按 1 m 的间距，梁底及两侧每米均在各面垫上两块垫块。

1. 底板钢筋施工

工艺流程：清理垫层→弹钢筋位置线→绑扎底板下层筋→放置马凳→绑扎上层横向筋→绑扎上层纵向筋→焊接支撑筋。

绑筋前应先把垫层清理干净，不得有杂物，然后弹好底板钢筋的分档标点线和钢筋位置线，同时弹好柱墙位置线，并摆放下层钢筋。钢筋分段连接、分段绑扎，绑扎钢筋时，纵横两个方向所有相交点必须全部绑扎，不得跳扣绑扎。绑好底层钢筋后，放置底板马凳筋。马凳筋用 ϕ25 钢筋加工制作，马凳筋高度＝底板厚－70－2 倍钢筋直径，马凳筋间距双向 1 m×1 m。马凳筋摆放固定好后，在马凳筋上用粉笔画出上层横向筋位置线并绑扎好，然后开始绑扎上层纵向筋和横向筋。与下层钢筋相同，上层钢筋不得跳扣，分段连接，分段绑扎。为防止马凳筋翻倒，可采用点焊与底板钢筋连接固定。底板钢筋上、下层直螺纹接头应符合规范和设计要求错开。根据画好的墙柱位置，将墙、柱主筋插筋绑扎牢固，以确保受力钢筋位置准确，钢筋绑扎后应随即垫好垫块，在浇筑混凝土时应由专人看管钢筋并负责调整。

2. 墙筋施工

墙筋施工工艺流程为清理墙根松动混凝土石子、浮浆及杂物→立竖筋→绑扎横竖筋。为保证墙截面尺寸、竖向钢筋间距及保护层厚度准确，在每一层楼板结构标高以上 50 mm 设置定位钢筋，定位钢筋架严格按照墙截面尺寸及钢筋设计要求自制专用。立竖向钢筋及定位钢筋工序：先在墙根处两侧墙钢筋与板钢筋相交部位通长绑扎 ϕ16 钢筋用以固定竖向钢筋的间距，然后再用通长钢筋将墙钢筋顶部按其间距固定，最后点焊。墙筋应逐点绑扎，于四面对称进行，避免墙钢筋向一个方向歪斜，水平筋接头应错开。一般先立几根竖向定位筋，与下层伸入的钢筋连接，然后绑上部定位横筋，接着绑扎其余竖筋，最后绑扎其余横筋。定位筋应在加工场地派专人负责加工，严格控制尺寸，尽量利用边角料加工，定位筋是固定纵、横墙筋位置并保证钢筋保护层厚度的有效工具。钢筋有 180°弯钩时，弯钩应朝向混凝土内，绑扎丝头朝向混凝土内。墙内的水电线盒必须固定牢靠，采用增加定位措施筋的方法将水电线盒焊接定位。钢筋保护层塑料垫块制作应严格规范，以保证尺寸完全统一且控制在保护层允许的偏差范围之内，间距 1 000 mm×1 000 mm。

3. 梁筋施工

梁筋施工工艺流程为支梁底模及侧模→在底模画箍筋间距线→主筋穿好箍筋，按已画好的间距逐个分开→固定弯起筋及主筋→穿次梁弯起筋及主筋并绑好箍筋→放主筋架立筋、次梁架立筋→隔一定间距将梁底主筋与箍筋绑住→绑架立筋→再绑主筋→放置保护层垫块，主次梁同时配合进行。

梁的纵向主筋≥ϕ18，根据现场实际情况采用直螺纹连接，其余采用绑扎接头，梁的受拉钢筋接头位置应在支座处，受压钢筋接头应在跨中处，接头位置应相互错开。在受力钢筋 35d(d为钢筋直径)区段内且不小于 500 mm，有绑扎接头的受力钢筋截面面积占受力钢筋总截面面积百分率，在受拉区不得超过 25%，受压区不得超过 50%。在梁底模板及侧模通过质检员验收后，即施工梁钢筋，按图纸要求先放置纵筋再套外箍，梁中箍筋应与主筋垂直，箍筋的接头应交错布置，箍筋转角与纵向钢筋的交叉点均应扎牢。箍筋弯钩的叠合处，在梁中应交错绑扎。纵向受力钢筋出现双层或多层排列时，两排钢筋之间垫以 ϕ25 长度同梁宽钢筋，间距 100 mm。如纵向钢筋直径 ϕ≥25 时，短钢筋直径规格宜与纵向钢筋规格相同，以保证设计要求。主梁的纵向受力钢筋在同一高度遇有梁垫、边梁时，必须支撑在梁垫或边梁受力钢筋之上，主筋两端的搁置长度应保持均匀一致；次梁的纵向受力钢筋应支承在主梁的纵向受力钢筋上。主梁与次梁的上部纵向钢筋相遇处，次梁钢筋应放在主梁钢筋之上。框架梁接点处钢筋穿插十分稠密时，梁顶面主筋的净间距要留有 30 mm，以利灌筑混凝土之用。采用专用塑料钢筋保护层定位件，当梁钢筋绑好后立即将专用塑料钢筋保护层定位件固定在受力筋下间距 1 000 mm。

4. 板筋施工

板筋施工工艺流程为清理模板杂物→在模板上画主筋、分布筋间距线→先放主筋后分布筋→下层筋绑扎→上层筋绑扎→放置马凳筋及垫块。

绑扎钢筋前应修整模板，将模板上垃圾、杂物清扫干净，在平台底板上用墨线弹出控制线，并用红油漆或粉笔在模板上标出每根钢筋的位置。按画好的钢筋间距，先排放受力主筋，后放分布筋，预埋件、电线管、预留孔等同时配合安装并固定。待底排钢筋、预埋管件及预埋件就位后交质检员复查，在清理干净后，方可绑扎上排钢筋。钢筋采用绑扎搭接，下层筋不得在跨中搭接，上层筋不得在支座处搭接，搭接处应在中心和两端绑牢，Ⅰ级钢筋绑扎接头的末端应做180°弯钩。板钢筋网的绑扎施工时，四周两行交叉点应每点扎牢，中间部分每隔一根相互成梅花式扎牢，双向主筋的钢筋必须将全部钢筋相互交叉处扎牢，绑扎点的钢丝扣要呈八字形绑扎(右左扣绑扎)。下层钢筋 180°弯钩的钢筋弯钩向上；上层钢筋 90°弯钩朝下布置。为保证上下层钢筋位置的正确和两层间距离，上下层钢筋之间用马凳筋架立，马凳筋 ϕ12 @1 000×1 000，马凳筋高度＝板厚－2 倍钢筋保护层－2 倍钢筋直径。板、次梁与主梁交叉处，板的钢筋在上，次梁的钢筋在中层，主梁的钢筋在下，当有圈梁或梁垫时，主梁钢筋在上，板按 1 m 的间距放置专用塑料钢筋保护层定位件。

板筋绑好后应禁止人在钢筋上行走或在负弯矩钢筋上铺跳板作运输马道；在混凝土浇筑前应整修，合格后再浇筑混凝土以免将板的负筋踩到下面而影响板的承载力。塑料垫块的尺寸、厚度要准确，由于地下室底板以上 450 mm 范围内的剪力墙混凝土与地下室底板同时浇筑，在支设墙体模板时其支撑系统若采用木方和钢管则无从生根。因此，支架伸入底板内 100 mm 并与底板上部钢筋焊接牢固。图中的焊接支架间距可按 600 mm 进行留设。另外，为了在支设模板时防止模板根部移位和胀模，采用如下预埋件为模板提供支撑，其中的预埋件与混凝土结构钢筋焊接牢固，如图 1-9 所示。

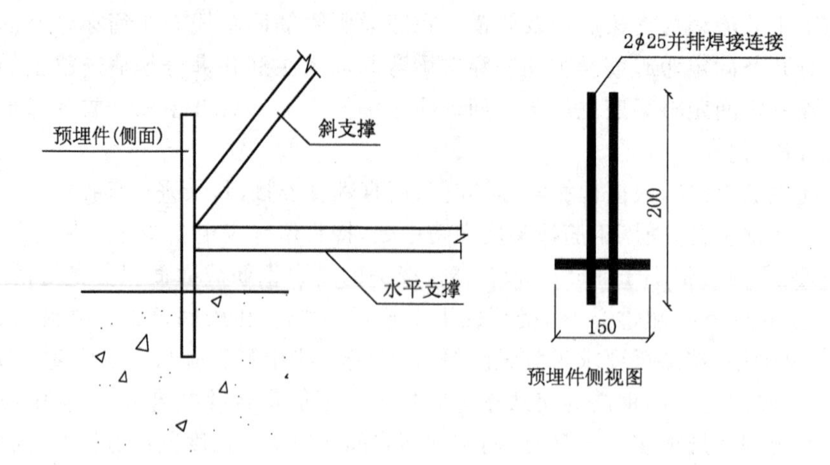

图 1-9　预埋件加工示意图

五、大体积混凝土工程施工技术

钢筋混凝土框架剪力墙结构的基础筏板桩承台部分按大体积混凝土考虑施工，地下室混凝土有抗渗要求。

（一）专项施工技术措施

本工程所用混凝土采用商品混凝土，浇筑混凝土的前一天填好混凝土委托单交于物资科并书面通知物资科供应混凝土的时间、供应数量、供应频率等以保证混凝土的及时供应。每次浇筑混凝土时随机抽查混凝土车方量，保证混凝土的连续浇筑。本工程地下室桩承台处筏板基础按照大体积混凝土施工浇筑，并作为一个重要的质量控制点。大体积混凝土施工重点主要是将温度应力产生的不利影响减少到最小以防止和降低裂缝的产生和发展，因此，在工程实施过程中采取如下施工措施：

1. 最佳混凝土配合比的确定

考虑到水泥水化热引起的温度应力和温度变形，在混凝土级配及施工过程中要注意如下问题：选用 42.5 号普通硅酸盐水泥、优质长江中砂、石灰石矿的石子，外加剂需经设计院认可；施工期间要根据天气及材料等实际情况及时调整配比，并且应避免在雨天施工。提高混凝土抗拉强度，保证骨料级配良好；控制石子、砂子的含泥量不超过 1% 和 3%，且不得含有其他杂质。

2. 温度控制的实施

为控制好混凝土内部温度与表面温度之差不超过 25℃，施工中主要采取如下保温保湿措施：尽量降低混凝土入模浇筑温度，必要时用湿润草帘遮盖泵管；为防止混凝土表面散热过快，避免内、外温差过大而产生裂缝，混凝土终凝后立即进行保温养护，保温养护时间根据测温控制，当混凝土表面温度与大气温度基本相同时(约 4～5 d)，撤掉保温养护后改为浇水养护，浇水养护不得少于 14 d；养护时先铺一层塑料布，上面铺两层草帘子，根据温差来决定草帘子的增加量。如遇雨天，必须在草垫子上再增加一层塑料布防雨，并做好排水措施。

（二）浇筑方案的实施

地下室底板尺寸较大，为防止冷缝出现，采用泵送商品混凝土。施工时采取斜面分层、依次推进、整体浇筑的方法，使每次叠合层面的浇筑间隔时间不得大于 8 h，小于混凝土的初凝时间。现场采用 2 台汽车泵(1 号，2 号)，准备 4 个作业班组交替作业，结合现场具体浇筑实际情况调动，要求一定确保每一下料口混凝土能很好地覆盖上层已浇筑的混凝土，避免形成冷缝。考虑到气温对混凝土浇筑的影响，选择在晚上开始浇筑混凝土。

1. 方案可行性计算

混凝土浇筑方法为斜面分层布料方法施工，即“一个坡度、分层浇筑、循序渐进”。地泵混凝土初凝时间为 10～12 h，为避免冷缝出现宜采取下列技术控制措施：

现浇量 20 m^3/h

第一次浇筑混凝土所需方量：$13 \times (0.5 + 1 \times 7 + 0.5) \times 1/2 = 52\ (m^3)$

第二次浇筑混凝土所需方量：$20 \times (1.5 + 1 \times 7 + 1.5) \times 1/2 - 60 = 40\ (m^3)$

因 $52 + 40 = 92 > 36 + 40 = 76\ (m^3)$

则 $92/35 = 2.6$ h，循环一次所需时间 $2.6 \times 2 = 5.2\ (h) < 8\ (h)$

故混凝土不会出现冷缝。

2. 混凝土的振捣

在每一下料口，3 个振捣手均匀分布在整个斜面，沿图示中小箭头方向推进，确保不漏振，使新泵出的混凝土与上一斜面混凝土充分密实地结合，振捣应及时、到位，避免混凝土中石子流入坡底，发生离析现象。详见图 1-10 所示。

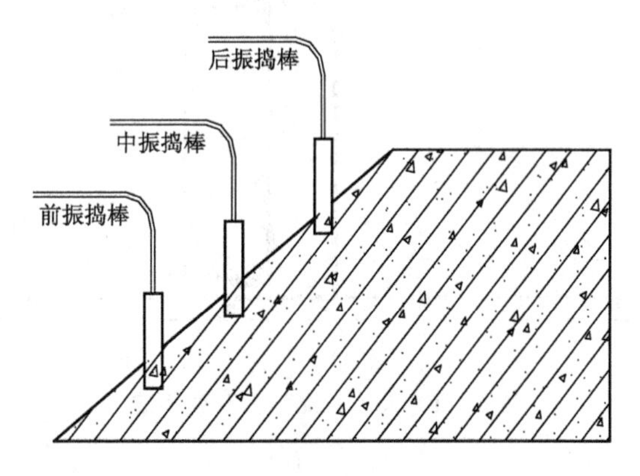

图 1-10　混凝土振捣示意图

混凝土采用机械振捣棒振捣。振捣棒的操作要做到“快插慢拔”，上下抽动，均匀振捣，插点要均匀排列，插点采用并列式和交错式均可；插点间距为 300～400 mm，插入到下层尚未初凝的混凝土中约 50～100 mm，振捣时应依次进行，不要跳跃式振捣，以防发生漏振。每一振点的振捣延续时间 30 s，使混凝土表面水分不再显著下沉、不出现气泡、表面泛出灰浆为止。为使混凝土振捣密实，每台混凝土泵出料口配备 6 台振捣棒(4 台工作，2 台备用)，分三道布置。第一道布置在出料点，使混凝土形成自然流淌坡度，第二道布置在坡脚处，确保混凝土下部密实，第三道布置在斜面中部，在斜面上各点要严格控制振捣时间、移动距离和插入深度。

3. 混凝土表面处理

大体积混凝土的表面水泥浆较厚且泌水现象严重，应仔细处理。对于表面泌水，当每层混凝土浇筑接近尾声时，应人为地将水引向低洼边部，然后用小水泵将水抽至附近排水井。在混凝土浇筑后4～8 h内，将部分浮浆清掉，初步用长刮尺刮平，然后用木抹子搓平压实。在初凝以后，混凝土表面会出现龟裂，终凝前要进行二次抹压，以便将龟裂纹消除，注意宜晚不宜早。

（三）混凝土测温及监控

大体积混凝土浇筑后，必须进行监测，检测混凝土表面温度与结构中心温度，以便采取相应措施，保证混凝土的施工质量。当混凝土内、外温度差超过25℃时，应紧急增加覆盖一层草帘，控制温差。可采用电子测温仪测温，在测温点的布置中测温探头在混凝土浇筑前埋入测温位置，既能保证施工质量，同时还能测量混凝土入模温度。本工程采用JDC－2型建筑电子测温仪测量混凝土内部温度。温度传感器分3层布置，平面位置共布置25个测点，每个测点分别布置在每层混凝土底部、中部及上部，以测量底板内部及表面温度。在混凝土内部温度峰值来临前期每2 h测一次，混凝土内部温度峰值来临后期24 h内要求每4 h测一次，再后期6～8 h测一次，同时应测大气温度，且所有测温点均需编号，其大体积混凝土测温系统如图1-11所示。

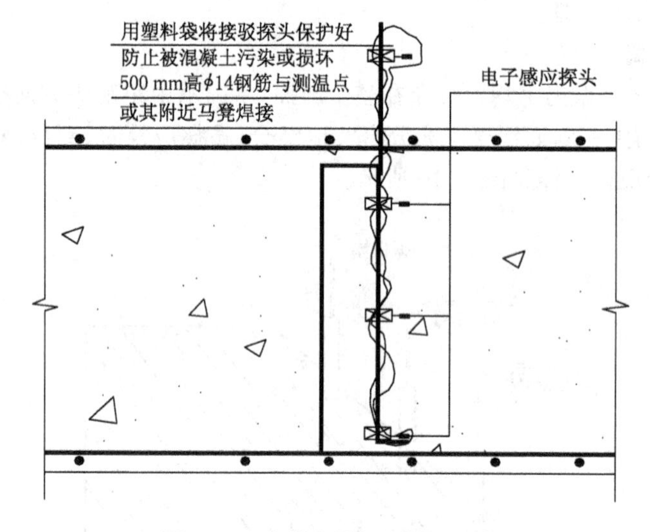

图1-11 大体积混凝土测温系统

（四）混凝土结构的后期处理技术

用于检验结构构件混凝土质量的试件，应在混凝土的浇筑地点随机取样制作。每一施工层的每一施工段、不同施工台班、不同强度等级的混凝土每100 m^3取样不得少于一组抗压试块，不得少于两组同条件试块，根据情况分别用于测定3 d、5 d、7 d、28 d抗压强度，为拆模提供依据。制作的标准抗压试块拆模后于当日即送往工程质量检测中心进行标准养护，由试验员做好委托试验及试件交接手续。混凝土标准试块上书写内容为工程名称、混凝土强度等级、成型时间、使用部位；同条件试块上书写内容为工程名称、施工部位、混凝土强度等级、成型时间。同条件试块拆模后在试块上进行编号，然后放到预先制作好的指定的铁笼内并上锁，置于同一部位。铁笼的净尺寸为 500 mm×200 mm×200 mm，制作式样如图 1-12 所示。

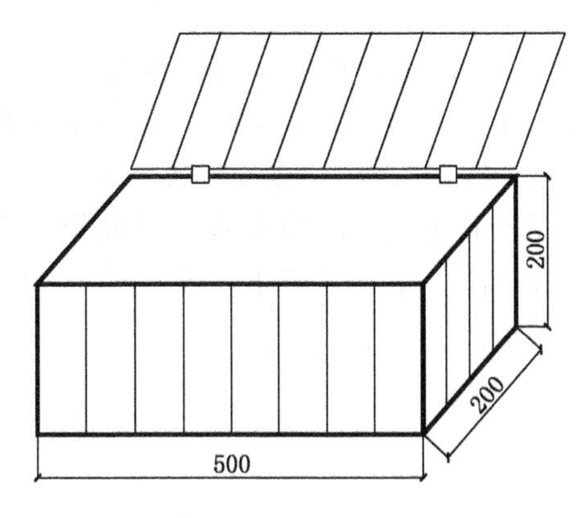

图 1-12　养护试块存放铁笼制作式样图

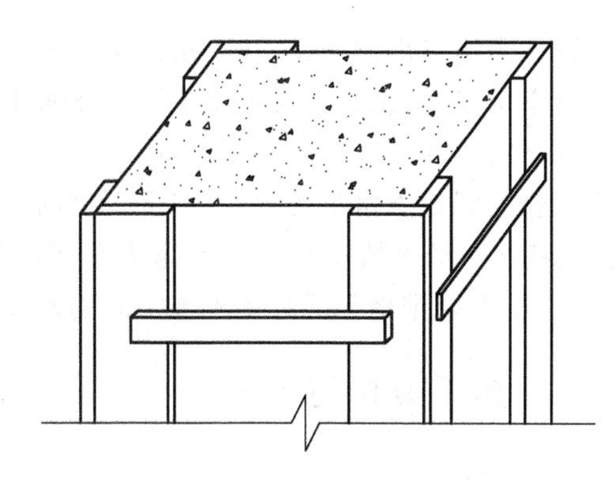

图 1-13　柱角防护示意图

抗渗试件组数应按下列规定留置：每 500 m^3 留置两组，每增加 250～500 m^3 留置两组。其中一组标养，另一组同条件下养护，每工作班不足 500 m^3 也留置两组。施工质量要求达到清水效果，混凝土成品保护要求较高，因而在混凝土结构件拆模后，采用在柱角、墙角、楼梯踏步、门窗洞口处钉木板条的方式防护。柱、墙防护高度为 1.5 m，门窗洞口周边全部防护，具体做法如图 1-13～图 1-15 所示。

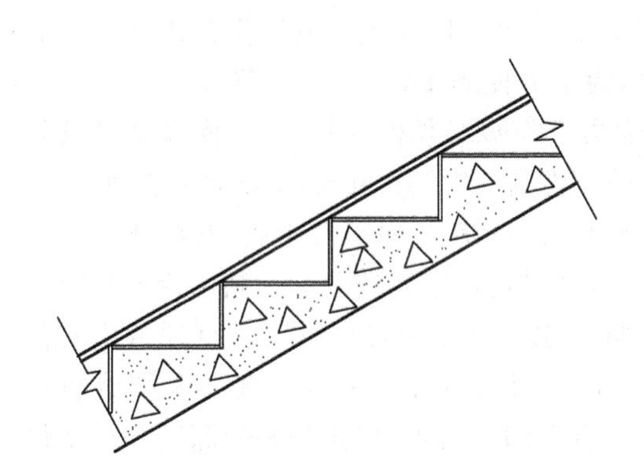

图 1-14　楼梯防护图

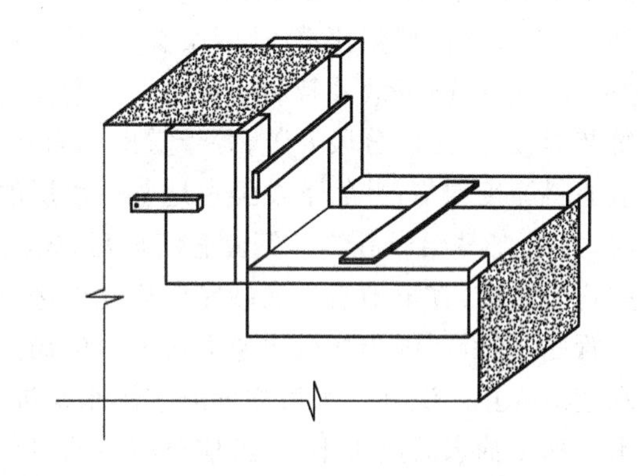

图 1-15　门窗、洞口角边保护措施图

第二节　地下水井结构实用施工技术

一、施工总体技术部署

（一）总体施工顺序的确定

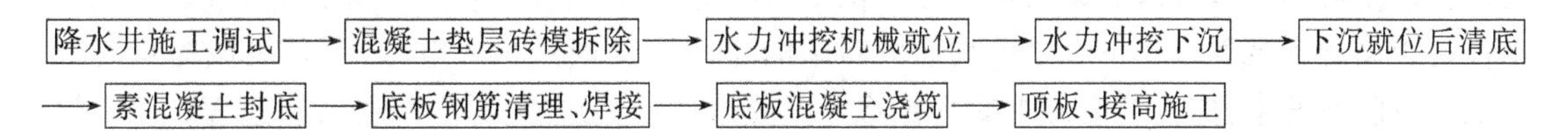

（二）总体施工方案

沉井采用二次制作、一次下沉的方法施工，沉井第一节混凝土强度达到设计强度80%即可进行下沉施工，沉井下沉方案主要有排水下沉和不排水下沉两种。－6.000～－9.000 m采用排水下沉，－9.000～－14.100 m采用不排水下沉工艺。施工期处于汛期，在沉井下沉过程中肯定会受到地下水位的影响，在下沉之前必须对沉井进行降水施工。沉井排水下沉能否成功的关键在于降水的效果。因此，考虑在沉井下沉时在沉井四周布置深井降水以满足－6.000～－9.000 m沉井排水下沉及底板施工时的抗浮稳定。

二、施工方法与步骤

（一）深井施工技术

沉井下沉过程中的深井降水主要目的是降低沉井内外水头差，防止出现涌砂现象，施工中，深井降水井的启用和控制即以此为原则。

施工顺序为：设备进场→定井位→立钻架→成孔→清孔→下水泥砂井管→回灌砂→洗井→下泵抽水→拆井→退场。

深井成孔选用GPS－10H型工程钻机，成孔深度25 m，孔径600 mm，成孔垂直度偏差不大于1%；成孔后应严格清孔，采用黏度好、含砂率小于2%的泥浆循环清孔，将孔中沉渣清除完，再逐步降低泥浆比重，让泥浆翻清，其比重小于1.1时，经测绳测量，确认孔深达到要求后方可放钢井管；沉放井管利用钻机上的卷扬机吊放，为了方便施工，可先将单节井管（4～5 m）每节焊接好，然后分段安装，井管露出地面0.5 m，且井管沉放必须保证垂直，从而保证井管外填滤料厚度均匀；井管下端经过地基透水层的部位采用滤管，滤管用30～40目滤网包裹3～4层，并用18＃铅丝扎牢。钢套管沉放后，先在管内灌入0.5 m左右的碎石压底，然后在套管四周均匀灌砂，直至地表。灌砂完毕后立即进行洗井，洗井采用活塞式洗井法。利用活塞自重沉入管底，然后利用卷扬机快速上拔形成的局部真空将泥水一起带出，反复多次，直到带出的浆水较清为止。洗井结束后立即放入潜水泵进行试抽水，出水正常后即可根据施工需要进行抽水。如试抽水后出水不正常，应分析原因，重新洗井，直至满足要求；根据深井的深度和出水量选择匹配的水泵安装好，并根据施工要求进行抽水。抽水期间要有专人负责检查抽水情况，记录水位标高及出水量，发现问题及时解决；深井抽水在土方开挖之前10天开始抽水，连续抽水，待第二节筒壁及顶板钢筋混凝土达到强度，回填土完成后才能停止抽水。地下机房、水池深井平面布置见图1-16。

（二）沉井下沉施工技术

1. 沉井下沉前准备

沉井下沉时，第一节沉井墙体混凝土强度达到设计强度的80%方可下沉，下沉前还要做以下准备工作：降水试验井的试降水工作必须在土方开挖前10天进行完毕，统计单井出水量的数据以便得到整体降水效果的可行性。检查所有降水井，保证井点的正常运行，且计算坑底水位是否满足下沉要求。下沉之前现场大功率的非下沉机械停止用电，给下沉机械提供充足的电能以防突发事件，应急电源主要提供给深井降水使用，应急电源功率需要60 kW。联系解

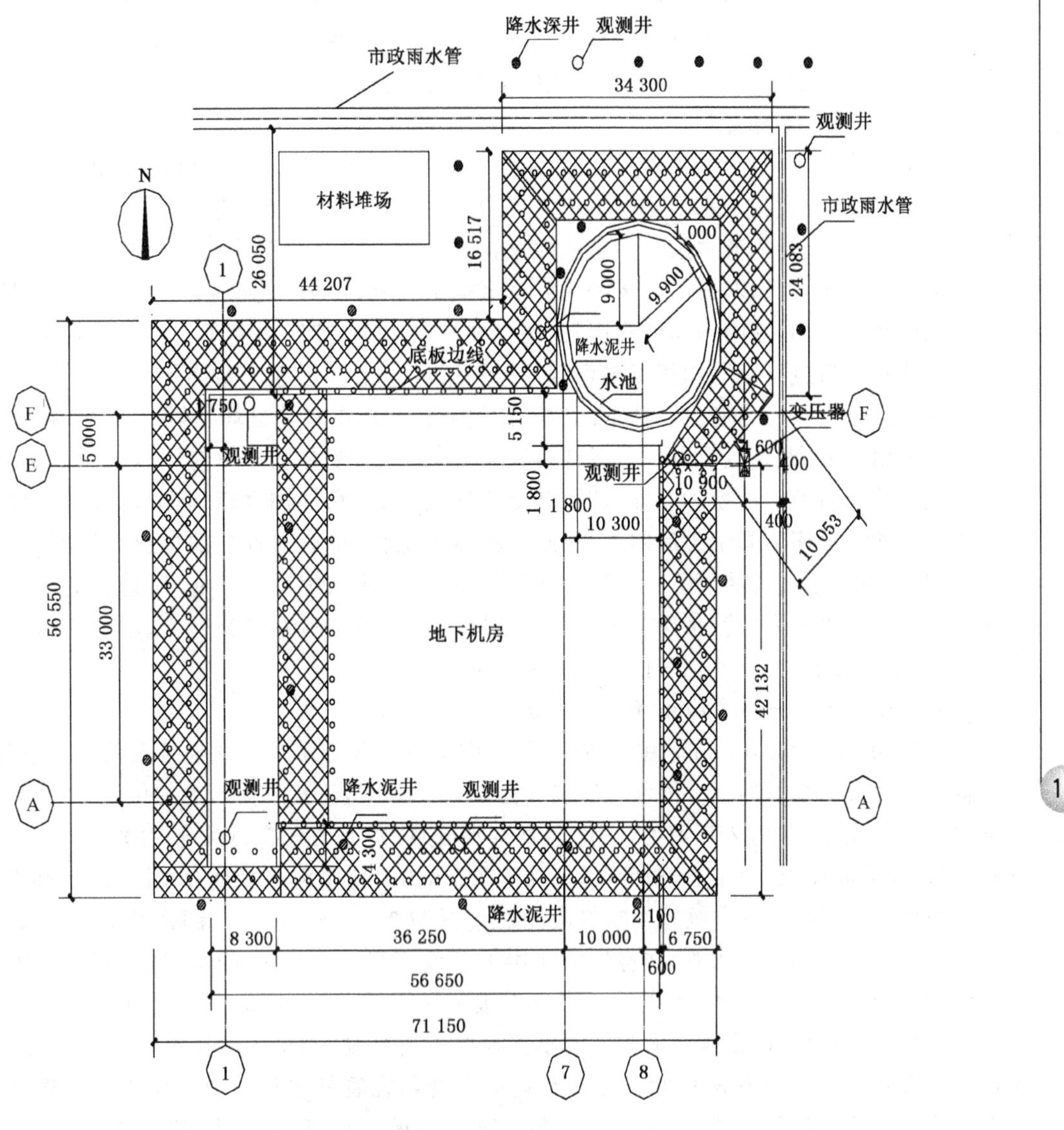

图 1-16　地下机房、水池深井平面布置图

决沉井下沉的弃泥浆场，因弃泥浆场地比较小，只能起到过渡作用，需汽车外运。在沉井准备下沉前，应先将刃脚混凝土垫层、砖胎模拆除。在拆除混凝土垫层及砖胎模时，要对称拆除，以防止因砖胎模拆除不均匀而造成地基受力不均、地基沉降不一、沉井发生倾斜现象。为确保均匀对称拆除砖胎模，在施工时，拆除人员要分成两组同时施工，施工现场必须有专人负责指挥。砖胎模及混凝土垫层拆除残渣采用 25T 吊车吊出井外，同时采用人工将沉井内表层杂土清除干净。拆除并清理沉井内所有模板、脚手板、砖胎模、垫层混凝土以及所有杂物，刃脚面与封底及底板结合面凿毛。布设施工钢爬梯及安全走道、栏杆的搭设。钢爬梯用 $\phi12$ 圆钢制作，必须焊接牢固，对每个焊缝逐一检查，对漏焊和焊缝不饱满的进行补焊，爬梯上加半圆形护栏及安全网，并悬挂防坠落保险绳；利用墙顶作为走道，在墙顶两侧钢筋离混凝土顶面 1.2 m 高的位置处布设一排水平脚手钢管绑牢于主筋上作为走道栏杆。沉井下沉 24 h 轮班作业，夜间照明

必须满足夜间施工的要求。沉井池壁均匀布置4个高程标尺观测点，井顶十字线设置4个固定高程控制点，在井壁上弹好纵横轴线，以便下沉观测。在沉井下沉影响区域外布设测量基准点，用于高程控制和沉井位移控制，并做好控制桩的有效保护。

2. 沉井下沉实施技术

根据沉井的结构特点，为确保沉井结构的安全，合理安排水力机械冲土顺序是下沉的关键，施工设备主要有高压水力冲挖机组3套，其施工机械主要有水力吸泥机、吸泥管、扬泥管、高压水管、离心式高压清水泵等。水池内布置3套水力机械设备进行下沉施工。下沉使用高压水枪破碎土体，冲刷形成的泥浆利用泥浆泵抽出井外，排至泥浆池沉淀后再排至河沟。破土时应先中间后四周，井内土体形成锅底，使沉井平衡下沉，控制沉井下沉速度。在下沉过程中应根据测量资料进行动态纠偏以确保沉井平稳下沉。下沉过程中始终保持均匀下沉，沉井不能出现较大的高差。为避免沉井下沉时土体坍方造成周围环境破坏，尽量减小锅底深度，并尽量避免采用掏刃脚的方法下沉，以保持筒壁内土塞高度，使井底土体有一定的反压力，减小井内外土体的压力差。冲粉砂夹细砂时，宜使喷嘴接近90°角冲刷立面，将立面底部刷成缺口使之塌落。冲洗顺序为先中央后四周，并沿刃脚留出土台，最后对称分层冲挖，尽量保持沉井受力均匀，不得冲空刃脚踏面下的土层。施工时，应使高压水枪冲入井底，所造成的泥浆和渗入的水量与吸泥机吸入的泥浆保持平衡。井壁周围土体下陷后及时补砂土，增加井壁外侧摩阻力，减小下沉系数，使沉井在可控状态下平稳下沉。

3. −9.000～−14.100 m不排水下沉

−9.000～−14.100 m采用不排水下沉，取土方式改为用2台真空吸泥泵出土下沉，同时配备6名潜水员水下冲泥。供水区安装2套4PL－100型泥浆泵向水池内供水，水位要高于地下水位2 m左右，井内2套4PL－100型真空吸泥泵，井上设有控制系统，井外安装2套IS65－40－315A型高压泵，通过真空管到井底将土冲碎，由真空吸泥泵吸到弃土区，井上操作人员按照井内土层高低操作真空吸管。空气吸泥器包括500 mm×600 mm圆柱状空气箱、ϕ200 mm吸泥管、ϕ50 mm高压射水管，在空气吸泥器上打设直径为ϕ5 mm的小眼孔，其中孔眼总截面积为进气管截面积的1.2～1.4倍。当空气吸泥装置工作时，压缩空气沿气管进入空气箱以后，通过内管壁上的一排排向上倾斜的小孔眼进入混合物，当送入的压缩空气足够充足，空气箱在水面以下又有相当的深度时，混合管内的混合物在管外水气压力的作用下顺着排泥管上升而排出井外。供气量越大，气、水、土混合物的容重越小，压差增大，吸泥效果越好；水深越大，吸泥效果也越好。但过大的气量将使每单位体积空气的有效除土量降低，而且效果反而不好，往往造成浪费。施工过程中，在沉井壁上设4个观测点，每天定时测量且一般不少于4次。测量结果的整理是以每个点下沉量的平均值作为沉井每次的下沉量，以下沉量最大的一点为基准与其他各点的下沉量相减作为各点的高差，来指导纠偏下沉施工。同时布置土体位移监测点，观测沉井四周的土体平面位移、高程变化。当沉井至设计标高1.5 m时，应放慢下沉速度，停止观察6小时，掌握下沉速度，采用“反锅底”施工，基本以纠偏为主，测标下沉趋势和自沉惯量，2小时测量一次，高差控制在10～15 cm。随着沉井继续下沉，沉井应逐渐形成挤土下沉，待沉井离设计标高50 cm时，需再停止观察6小时，以每小时1 cm左右的速度将沉井慢慢进入设计标高。根据设计要求，按照正差提前10 cm停止下沉，确保沉井平稳，不超沉，高差控制在±7 cm以内。沉井进入设计标高后需继续观察，待沉井全部稳定以后立即封底，以免出现超沉现象。

4. 下沉过程中的监测技术

下沉过程中要进行以下方面的监测工作：沉井本体监测包括下沉速度、下沉不均、整体漂移；沉井四周土体监测包括下沉和位移；沉井降水监测包括降水水位、深井倾斜和破坏情况及周围变压器的监测。

沉井本体监测要求在沉井井壁四周布置下沉观测点及观测轴线；沉井降水监测要求对降水井进行编号，定时记录井内水位，井的倾斜、破坏情况；沉井四周土体及变压器监测要求对沉井四周土体定时观察、变压器在下沉时派专人 24 h 观测，如发现位移、裂缝、坍方要及时汇报，立即采取防护措施，如采用注浆堵缝等措施，对沉井四周土体即时补土。若机组不能正常运行，应立即启动应急预案。

5. 沉井湿封底技术

沉井下沉到位后，应进行 8 小时的连续观察，若下沉量小于 10 mm，可进行封底。封底采用水下混凝土封底，且分别对称进行，封底时注意保证沉井在封底时的稳定。

(1) 封底前的准备工作

导管上部应用 2～3 节长度为 1 m 左右的短管组成，导管提升后便于拆卸，其余部分导管为减少接头漏水现象可用长导管组成，其最下部一节底端不应带有法兰盘，以免破坏水下混凝土和管端部的防水效果，导管内壁表面应力求光滑，误差应小于±2 mm。导管应有足够的抗拉强度，能承受导管自重和盛满混凝土后的总重量，拼接后试验拉力不小于上述总量的 2 倍。

(2) 清基

沉井在下沉距设计标高 2 m 时，结合封底土塞高度，确保混凝土封底厚度，并用空气吸泥机清除井内锅底浮泥，同时将井墙与封底混凝土接触处冲洗干净，并测量出土面高度，绘制出土面高程图，进行针对性清基。

(3) 抛石和找平

根据土面高程图，先抛一层块石，再抛碎石配合找平，达到设计要求封底标高。

(4) 设备启用前的准备

导管采用 ϕ250 特制加厚的无缝钢管，丝口连接，保证足够的强度和刚度。导管安装前逐根进行压水试验，在 0.6 MPa 压力下不漏水的方可使用。导管安装时每个接口内放置两根密封圈确保不漏水，导管拼装长度 20 m 左右，用混凝土提升机架起吊。

(5) 沉井封底施工

封底采用 C20 素混凝土，施工时导管底距井底土面 30～40 cm，在导管顶部布置 3 m^3 左右的漏斗以确保浇筑井的下料需要。在漏斗的颈部安放球塞，并用绳索或粗铁丝系牢。球塞安放时，球塞中心应在水面以上，在球塞上部先铺一层稠水泥砂浆，使球塞润滑后再浇混凝土。漏斗先盛满坍落度较大的混凝土，然后将球塞慢慢下放一段距离。浇筑时割断绳索或粗铁丝，同时迅速不断地向漏斗内灌入混凝土，此时导管内球塞、空气和水受混凝土重力挤压由管底排出，混凝土在管底周围堆成圆锥状，半导管下端埋入混凝土内。为了达到要求的混凝土扩散半径，混凝土坍落度一般为 20～22 cm。在开始浇筑时，为了保证导管底部立即被混凝土堆包围埋住，坍落度可适当减少。在水下混凝土浇筑过程中，导管的提升也是一个关键问题，做到慢提快落并严防将导管拔出混凝土外的事故发生。导管插入混凝土内深度一般控制在 1 m 以上为宜，当漏斗已达到最大高度不能再提升时，可拆卸上部的短管，以缩短导管的长度。为此，当导管内的混凝土下降到预备拆卸的管节下口时，迅速降低导管，使混凝土停止从导管内流出，然后进行拆除工作。拆除短管的时间应控制在 20～30 min，等漏斗内继续装漏混凝土后，方可将导管提高，恢复浇筑工作。在浇筑工作快要结束时，可采用流动性较大的混凝土，并不应改变水灰比，同时适当增加导管埋在混凝土内的深度。混凝土表面标高已达到设计标高，并多浇筑 10～20 cm，然后将导管从混凝土内拔出并冲洗干净。在水下混凝土浇筑过程中，应经常不断测量水下混凝土面的上升情况，以及扩散半径和施工进度，并根据测量资料控制导管的埋入深度。

封底混凝土达到强度后，将井内的水抽干，并将高出底板底标高的素混凝土凿除。在浇筑钢筋混凝土底板前，应将新光混凝土接触面凿毛并洗刷干净，钢筋混凝土底板钢筋与井壁预留钢筋宜采用电焊接头，沉井在底板浇筑时应对称进行，在钢筋混凝土底板强度达到设计强度之前，从集水井内不间断抽水。由于底板钢筋在集水井处被切断，所以在集水井四周的底板应增加加固钢筋。沉井钢筋混凝土底板达到设计强度后停止抽水，集水井应用素混凝土填满，然后将带螺栓孔的钢盖板和橡皮垫圈盖好，拧紧与法兰盘上的所有螺栓，且集水井的上口标高比钢筋混凝土底板顶面标高低 200～300 mm，底板完成后再用素混凝土找平。

6. 沉井底板施工

当封底混凝土达到强度后进行抽水，井外应连续降水以确保沉井的抗浮要求。垫层混凝土达到一定强度后，底板浇筑前必须对施工用预埋件进行检查，确保位置正确，混凝土浇筑完毕后，集水井必须配专人抽水，必须连续运转，然后进行钢筋混凝土底板施工，施工时遵循平衡、对称的原则。底板施工前先对施工缝进行清理，对钢筋进行除锈、调直，经监理验收合格后进行钢筋绑扎。

钢筋均应清除油污和锤打能剥落的浮皮、铁锈，对个别放置时间长了而生锈的钢筋，采用钢丝刷或砂轮等方法进行除锈；对局部曲折、弯曲的钢筋应加以调直，钢筋调直采用套筒调整，Ⅰ级钢筋冷拉率不宜大于 4%。用锤击法平直粗钢筋时，表面伤痕不应使截面积减少 5%以上。调直后的钢筋应平直，无局部曲折；钢筋水平搭接电弧焊应根据钢筋级别、直径、接头形式和焊接位置选择焊条、焊接工艺和焊接参数；焊条型号不得低于 E4303(HRB335)。焊接时，引弧应在垫板、绑条或形成焊缝的部位进行，不得烧伤主筋。焊接地线与钢筋应接触紧密。焊接过程中应及时清渣，焊缝表面应光滑，焊缝余高应平缓过渡，弧坑应填满。接头处无裂纹、气孔、夹渣，咬边深度不大于 0.5 mm；焊缝表面无较大凹陷、焊瘤。搭接焊前钢筋焊接端应预弯，并应使两根钢筋的轴线在同一直线上；混凝土浇筑前全面检查准备工作，并进行技术交底，明确各班组分工、分区情况，混凝土入仓前清除仓内各种垃圾，合格后方可浇筑混凝土。施工中严格控制层差，可采用分段间隔浇筑和水平分层间歇的方法和措施；混凝土振捣时振捣器应插入下层混凝土 10 cm 左右，振捣棒插入的间距一般为 400 mm，振捣时间一般为 15～30 s，并且在20～30 min 后进行二次复振。为了防止不漏振、过振，钢筋密集处加强振捣，分区分界交接处要延伸振捣 1.5 m 左右，确保混凝土内实。

三、工艺质量控制措施技术

(一) 沉井下沉的质量控制

在沉井下沉前，将沉井各个角点处的高程及沉井轴线放样并做好标记，记录测量原始数据，绘制测量监控平面图，计算下沉具体高度。下沉分 3 个阶段，即首沉 2～3 m，中沉，最后下沉 1.5～2.0 m。首沉阶段必须每 30 min 观测一次并记录数据进行汇总，及时计算偏差情况，并由现场总负责人员统一指挥确定冲沉部位及冲沉速度等；下沉冲挖速度要根据下沉测量数据进行调整，每天 24 小时下沉深度控制在 300～500 mm；沉井下沉初沉阶段对沉井下沉质量是至关重要的，由于此时沉井尚未入土，各侧井壁尚无土压力，无法提供沉井稳定所必需的土压力。因此，初沉阶段若不处理好，极易造成沉井大幅度偏斜，所以初沉阶段下沉施工必须确保沉井的平稳下沉。

沉井开始下沉时，首先应从筒壁中央开始破碎土体，慢慢向四周扩大，严禁直接在刃脚踏面附近直接取土，保持沉井刃脚踏面受力均匀，让沉井平稳地缓缓地切入土体。因沉井自重偏心较大，冲刷土体时应根据沉井重心平面位置适当调整两边锅底深度，让沉井逐渐下沉，使沉井刃脚埋在土层中，降低沉井重心，确保沉井均匀下沉。沉井下沉时先取中间土方，沉井中间形成锅底状，然后再冲挖周围土方，待沉井依靠自重下沉后再冲挖土方，按照此顺序循环进行施工，确保沉井平稳下沉。中沉阶段，进入正常下沉，正常下沉时，可每 2 h 测量一次，每天 24 h 下沉深度控制在 300～1 500 mm；最后下沉阶段必须增加观测频率，一般为 30 min 左右观测一次，每天 24 h 下沉深度控制在 500 mm 以内。通过对各阶段观测数据的分析，必须使沉井的对角高差不超过 15 cm，并观察沉井周围土质变化情况，将地下水位、涌土、沉降、沉速随时记入历时曲线表。终沉阶段，最后 2 m 范围内要减小锅底的开挖深度，防止突沉及超沉事故发生，控制开挖深度及速度，以下沉为辅，纠偏为主。

（二）沉井下沉施工中遇到的问题及预防措施

表 1-1　沉井下沉施工常遇问题及处理方法

常遇问题	原因分析	预防措施及处理方法
下沉困难：沉井被搁置或悬挂下沉极慢	井壁与土壁间的摩擦力过大； 沉井自重不够，下沉系数过小； 遇有地下树根等	在井壁与土间灌入触变泥浆或黄土，降低摩擦阻力，泥浆槽距刃脚高度不宜小于 3 m； 在井顶均匀加铁块或其他荷载； 清除障碍物
下沉过快：沉井下沉速度超过冲土速度，出现异常情况	遇软弱土层，土的耐压强度小，使下沉速度超过冲土速度； 长期抽水或因砂的流动，使井壁与土间摩擦阻力减小； 沉井外部土体液化	可用木垛在定位垫架处给以支撑，并重新调整冲土，在刃脚下不冲或部分不挖； 将排水法下沉改为不排水法下沉，增加浮力，可在井壁外间回填粗糙材料； 沉井外部的土液化发生虚坑时，可填碎石处理
突沉：沉井下沉失去控制	挖土不注意，将锅底冲得太深； 流砂大量涌入	控制冲土，锅底不要冲太深，刃脚避免掏空过多； 控制流砂现象发生
倾斜：沉井出现歪斜超过允许限度	沉井刃脚下的土软硬不均； 没有均匀冲挖，使井内土面高差悬殊； 刃脚下掏挖过多，沉井突然下沉，易于产生倾斜	加强沉井过程中的观察和资料分析，发现倾斜要及时纠正； 分区、依次、对称、同步冲土； 在刃脚高的一侧冲土，低的一侧少冲土或不冲土
偏移：沉井轴线与设计轴线不重合，产生一定的位移	大多由于倾斜引起的，井身常向倾斜一侧下部产生较大的压力，因而伴随产生一定位移； 测量定位差错	控制沉井不向偏移方向倾斜，有意使沉井向偏移位的相反方向倾斜，当几次倾斜纠正后，即可恢复到正确位置； 加强测量的检查复核工作

续表 1-1

常遇问题	原因分析	预防措施及处理方法
超沉：沉井下沉超过设计要求的深度	沉井下沉至最后阶段，未进行标高观测； 下沉接近设计深度，未放慢冲土下沉速度； 遇软土层或流砂，使下沉失去控制	沉井至设计标高，应加强观测； 沉井下沉至距离设计标高 0.1 m 时，停止冲土和井内抽水，使其完全靠自重下沉至设计标高或接近标高； 避免涌砂发生
泥浆泵出现故障	大多是工人操作时保护不到位或者是疲劳操作时垃圾未及时清理	准备一台备用机械，以防止机械出现故障导致下沉短暂不受控制； 人员准备充足且不让工人疲劳工作

第三节　地下机房土方开挖及大体积混凝土基础施工实用技术

一、地下机房、水池井点降水设置

（一）支管的计算

井点高程布置过程中，一级井点主管布置在相对标高－2 m 处，支管长约 6 m；井点管的埋设深度设置为

$$HA \geqslant H1 + h + IL = 3.0 + 0.5 + \frac{1}{10} \times 21 = 5.6\ (\mathrm{m})$$

所以本工程选用 6 m 支管是符合降水要求的。

二级井点主管布置在相对标高－6 m 处，支管 6 m，井点管的埋设深度为

$$HA \geqslant H1 + h + IL = 1.65 + 0.5 + \frac{1}{10} \times 21 = 4.25\ (\mathrm{m})$$

所以本工程选用 6 m 支管是符合降水要求的。

三级井点主管布置在相对标高－9 m 处，支管 6 m，井点管的埋设深度为

$$HA \geqslant H1 + h + IL = 2.65 + 0.5 + \frac{1}{10} \times 21 = 5.25\ (\mathrm{m})$$

所以本工程选用 6 m 支管是符合降水要求的。

（二）涌水量计算

基坑类型的确定过程中，基坑属于均质含水层潜水非完整井基坑，且基坑远离边界，基坑简图如图 1-17 所示。

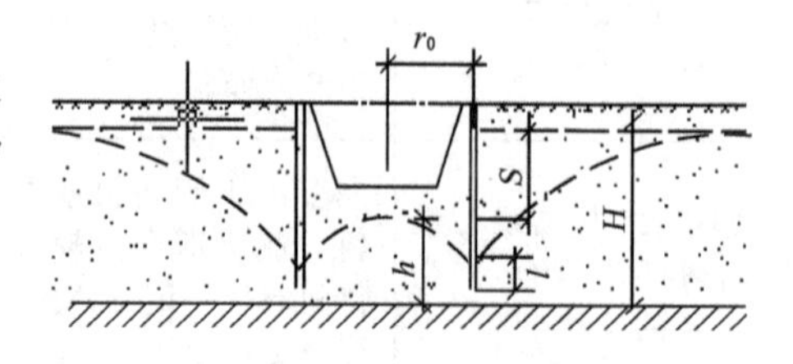

图 1-17　基坑简图

涌水量计算过程中所选用的计算公式为

$$Q = 1.366k \frac{H^2 - h_m^2}{\lg\left(1 + \frac{R}{r_0}\right) + \frac{h_m - l}{l}\lg(1 + 0.2\frac{h_m}{r_0})}$$

$$h_m = \frac{H + h}{2}$$

计算结果得 $Q = 1\,868.539\ \mathrm{m^3/d}$。

（三）井点间距的计算

单井出水量：

$$q = 65\pi dl\sqrt[3]{k} = 16.43\ (\mathrm{m^3/d})$$

井点管数量：

$$n = 1.1\frac{Q}{q} = 125.10(\text{根})$$

因此井点管数量取 125 根。

井点管间距：

$$D = \frac{L}{n} = 2.39\ (\mathrm{m})$$

因此本工程取井距 1.2 m，实际每级井点总根数为 251 根。

（四）深井管根数 n

L=298.99 m，井距 D 取 11 m。

深井管数量：

$$n = \frac{L}{D} = 30(\text{个})$$

二、土方开挖、降水、回填土施工

（一）土方开挖施工

1. 土方开挖现场准备

土方尽可能堆在二期场地弃土区，如有土方外运，在出口处安排专人负责清洗、打扫出场运土车辆，所有自卸车出场均须盖严实活动顶盖或遮挡帆布，确保土屑不得散落在沿途马路上，场外马路应派专人清理。基坑四周及挖土操作面应布置 4 盏镝灯，以保证夜间土方施工照明及安全。测量人员应随时补撒灰线，掌握即时开挖深度，以保证开挖线尺寸与标高。妥善处理好与交通管理等相关部门的关系，并做好开工前相关手续的办理工作。会同业主协调解决现场施工过程中的扰民问题；因为有夜间施工，所以要控制好土方施工强度及时间，在确保工程进度的前提下，尽量防止噪音扰民。

2. 挖土机械设备的设置

基坑开挖投入日立ES－200挖掘机6台，小挖机2台，额定功率为105 kW的东方红推土机3台，设在弃土区堆土。根据该机型工作性能每小时正常挖土量在120～150 m^3，每台班工作量为960～1 200 m^3。运行车采用一汽柴油车，每车次吨位15 t，折合10 m^3。根据挖掘机每小时工作量，以及卸地的实际距离，按每部运行车往返一次需20 min计算，每台挖掘机至少配备4部运行车。考虑到运行车的保养、维修和交通情况，应至少再加上4部运行车来保证正常运行，做到充分发挥挖掘机效率。

3. 基坑降水、排水施工

土方开挖前须先降低地下水位，可采取二级轻型井点降水及深井降水相结合，其余各区均采用一级轻型井点降水方案降低地下水位，会展办公区布置深井8口，共15套轻型井点降水设备及8套深井降水设备。地下室底板四周设排水沟，四角设积水坑，每个承台在浇筑混凝土垫层时留设直径500 mm、深400 mm的积水坑，基坑四周设明沟。基坑降水另行编制井点降水施工方案，放坡示意图可参考图1-18所示。

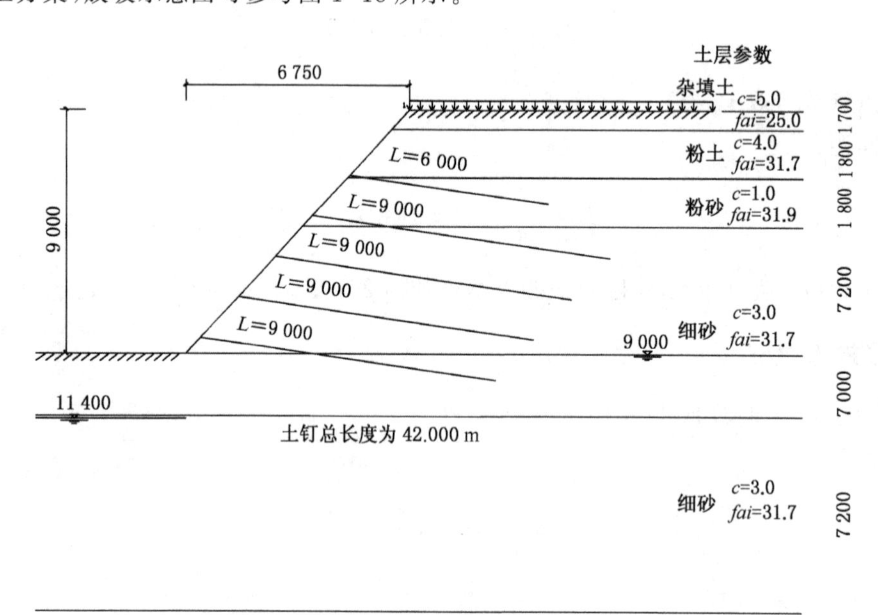

图1-18 放坡简图

（二）回填土施工

工程土方回填包括采用素土分层夯实回填，土方回填在施工中容易产生扬尘现象，因此施工中必须加大管理并采取预防措施。

1. 施工流程

基坑清理→外墙防水完毕验收合格→土质检验→分层铺土夯实→环刀取样→上层回填→验收

2. 施工要点的设置

填方土料应符合设计要求，为保证填方的强度和稳定性，采用含水量符合压实要求的黏性土。回填时，土料和石灰过筛，其最大粒径不大于50 mm；基坑回填土在地下室防水保护层施工完毕后即可进行。填土前，应将基坑的松散土及垃圾、杂物等清理干净，并把基层整平。在土料下基坑前，对土料的含水量进行检测，方法是以手握成团，落地开花为宜，土料过干不易夯实；在摊铺土料前，应做好水平标高的控制标志，即从基坑底算起，沿边坡向上每米钉钢筋桩，作为虚铺土层厚度的控制标高；基坑回填分层铺摊，每层虚铺厚度为 250 mm，用蛙式打夯机从坑边按回形路线夯向中间，夯打 3～4 遍。夯打时应一夯压半夯，夯夯相接，不得漏夯；基坑回填时应沿建筑物四周同时进行。若地下室面积较大，周长较长，为加快回填速度，可根据现场具体情况进行分段回填，按铺土、夯实两道工序组织流水施工。在施工段相接处做成阶梯形，即于夯实部分做出一个高 150 mm、宽 500 mm 的台阶，然后虚铺土找平一起夯实，基坑回填土夯实图如图 1-19 所示；在每层回填土夯实后，必须按规范规定进行环刀取样，测定土的干密度，若达不到设计要求的干容重 $r \geq 1.6\ kN/m^3$，应根据测验情况补夯 1～2 遍，试验合格后方可进行上层的铺土工作；现场及时洒水保持土体湿润，遇到大风天气将现场的白灰及时覆盖保存并停止回填土的施工；当整个土方回填完成后应进行资料整理。

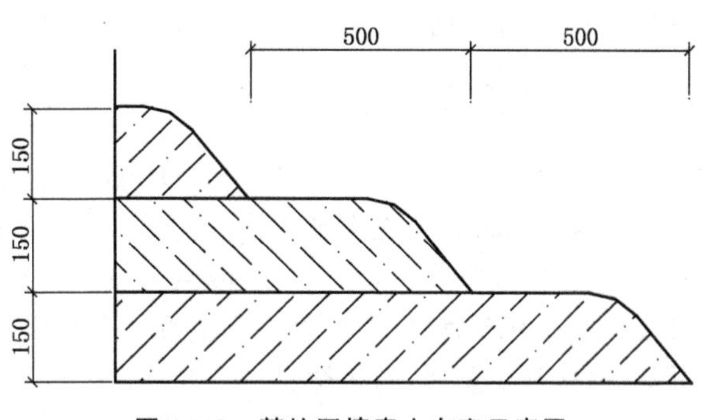

图 1-19 基坑回填素土夯实示意图

3. 回填土的质量控制与检验

为使回填土的质量符合设计要求，必须对每层回填土的质量进行检验。采用环刀法取样测定土的干密度。当检验结果达到设计要求后，才能填筑上层土。基坑填土每20～50 m 取一组样，取样部位在每层压实后的下半部，回填土压实后测试土的密度达到 95%的要求。

三、基础底板大体积混凝土施工技术

（一）基础工程概况

基础底板厚 600 mm、1 200 mm，垫层厚度为 100 mm，为现浇混凝土，属于大体积混凝土。混凝土浇筑及施工质量控制是影响整个基础底板施工质量的关键，可通过制定严密、科学的施工方案，组织施工，确保混凝土施工质量。同时，本工程基础底板为抗渗混凝土，全部使用商品混凝土浇筑。

（二）施工条件分析

底板钢筋经过甲方、设计、监理验收合格，墙体插筋预留到位。地泵就位，泵管架设到位，现场混凝土罐车周转场地通畅。基底清理干净，无积水、木屑、铅丝等杂物。混凝土搅拌站必须根据工程的需要配备足够的运力，保证供应的连续性。混凝土运输应控制混凝土运至浇筑地点后不离析、不分层。运输车应随车带有减水剂。对于到达现场而坍落度不符合要求、已超过初凝时间、和易性太差的混凝土应拒绝使用，予以退回。现场临电、临水、机械维修组织人力，保证施工正常、顺利进行。

材料要求包括水泥选用矿渣硅酸盐水泥，同时掺加适量粉煤灰降低混凝土水化热。粗骨料最大粒径0.5～2.5 mm,含泥量不大于1%,针状颗粒含量不宜大于10%。砂采用细度模数为2.5～3.2的中砂,平均粒径大于0.5 mm,通过0.315 mm筛孔的砂不少于15%,含泥量不大于3%,同时具有良好的级配。外加剂和掺和料应具备出厂合格证、检验报告、复试报告、准用证等,同时掺量应符合设计要求。地泵浇筑的混凝土坍落度宜在160～180 mm。混凝土用的水泥、砂石、外加剂、掺和料等必须由市技术监督局核定的法定单位出具的包含碱含量和集料活性的检测报告。地泵浇筑的混凝土水灰比为0.4～0.5,砂率为38%～45%,最小水泥用量为300 kg/m^3,加入的引气型减水剂的含量不应大于3%。

(三) 主要施工方法

施工程序是基础底板钢筋绑扎→墙体插筋、模板支设→混凝土浇筑→混凝土养护。

混凝土浇筑之前先将泵管接好,在绑好的底板钢筋上铺一层竹胶板,竹胶板上放2 m长方木,将泵管放在方木上,接到浇筑混凝土位置。严禁将泵管直接放在基础底板钢筋上,泵管出口接6 m长软泵管,便于调整浇筑位置。底板混凝土从中部分别向两边浇筑,输送管随浇筑随拆除,拆接管要迅速,以防堵管。

混凝土浇筑采用斜面分层浇筑方案,这种自然流淌形成斜坡混凝土的浇筑方法,能较好地适应泵送工艺。泵送混凝土时,按1∶6～1∶10坡度浇筑,每层浇筑厚度250 mm,且上层混凝土应超前覆盖下层混凝土500 mm以上。

输送管垂直段应注意接头是否严密,防止混入空气,产生堵塞。施工前应先用适量的与混凝土同标号的水泥砂浆润滑输送管内壁。当泵送间歇时间超过45 min或当混凝土出现离析现象时,应立即用压力水或其他方法冲洗管内残留的混凝土。在每个浇筑带的前、后布置2道振动器。第一道布置在混凝土卸料点,主要解决上部混凝土的捣实;第二道布置在混凝土坡脚处,确保下部混凝土密实。随着混凝土工作的向前推进,振动器也相应跟上,以确保整个混凝土的浇筑质量。混凝土振捣时要做到“快插慢拔”,在振捣过程中,宜将振捣棒上下略有抽动,以使上下振动均匀,振捣棒应插入下层5～10 mm左右,以消除两层之间的接缝。每点振捣时间以20～30 s为宜,但还应视混凝土表面不再显著下沉、表面无气泡产生且混凝土表面有均匀的水泥浆泛出为准;振点间距50 mm,呈梅花形布置;振捣时禁止碰到钢筋、模板、预留管道和埋件等。混凝土中掺入HEA膨胀剂,以解决结构超长、混凝土温度收缩产生的裂缝及抗渗。加强带处掺量为12%,其余部分为8%。底板混凝土浇筑过程中,先浇筑加强带以外的混凝土,浇筑完毕后再浇筑加强带混凝土。

四、大体积混凝土质量控制技术

(一) 混凝土浇筑前的裂缝控制计算

在大体积混凝土浇筑前,根据施工拟采取的防裂措施和现有的施工条件,先计算混凝土水泥水化热的绝热最高温升值、各龄期收缩变形值、收缩当量温差和弹性模量,然后通过计算,估量可能产生的最大温度收缩应力,如不超过混凝土的抗拉强度,则表示所采取的防裂措施能有效控制、预防裂缝的出现;如超过混凝土的抗拉强度,则可采取措施调整混凝土的入模温度、降低水化热温升值、降低混凝土内外温差、改善施工操作工艺和混凝土拌和物性能、提高抗拉强度或改善约束等技术措施重新计算,直至计算的应力在允许的范围。

混凝土的水化热绝热温升值计算为

$$T_{(t)}=\frac{CQ}{c\cdot\rho}(1-e^{-m})=\frac{316\times271}{0.96\times2\,400}(1-2.718^{-2.1})=32.62$$

各龄期混凝土收缩变形值为

$$\varepsilon_{y(t)}=\varepsilon_y^0(1-e^{-0.1t})\sum_{i=1}^{n}M_i=3.24\times10^{-4}(1-e^{-0.7})\sum_{i=1}^{n}M_i=1.84\times10^{-3}$$

各龄期混凝土收缩当量温差为

$$T_{y(t)}=-\frac{\varepsilon_{y(t)}}{\alpha}=-\frac{\varepsilon_{y(t)}}{1.0\times10^{-5}}=-184$$

各龄期混凝土弹性模量为

$$E_{(t)}=E_0(1-e^{-0.09t})=3.0\times10^4(1-e^{-0.63})=1.402\times10^4\ (\mathrm{N/mm^2})$$

混凝土的温度收缩应力为

$$\sigma=\frac{E_{(t)}\cdot\alpha\cdot\Delta T}{1-v}\cdot S_{(t)}\cdot R=\frac{1.402\times10^4\times10^{-5}\times(32.62+35-18)}{1-0.175}\times0.4\times0.375$$
$$=1.26\ (\mathrm{N/m^2})$$

由此可知：$\sigma=1.26<2.0\times0.68=1.36$，满足要求。

（二）混凝土浇筑后裂缝控制计算

在大体积混凝土浇筑后，应根据实测温度值和绘制的温度升降曲线分别计算各降温阶段的混凝土温度收缩拉应力。如累计的总拉应力不超过同龄期的混凝土抗拉强度，则说明所采取的防裂措施能够有效控制和预防有害裂缝的出现；如超过该阶段的混凝土抗拉强度，则应采取措施加强养护，减缓其降温速度，提高该龄期混凝土抗拉强度，以控制裂缝的出现。

混凝土的绝热温升值计算：

$$T_{(t)}=\frac{CQ}{c\cdot\rho}(1-e^{mt})$$

根据各龄期实测温度的升降曲线，按下式求各龄期实际水化热最高温升值：

$$T_\mathrm{d}=T_\mathrm{h}-T_0$$

各龄期混凝土的综合温差为

$$T_{(t)}=T_{x(t)}+T_{y(t)}$$

各龄期混凝土的总温差为各龄期综合温差之和：

$$T=\sum_{i=1}^{n}T_{(t)}$$

混凝土考虑龄期及荷载持续时间影响下的应力松弛系数 $S_{(t)}$ 见表 1-2。

表 1-2　龄期及荷载持续时间影响下的应力松弛系数

时间(d)	3	6	9	12	15	18	21	24	27	30
$S_{(t)}$	0.168	0.208	0.212	0.215	0.230	0.252	0.301	0.367	0.473	1.00

最大温度应力值为

$$\delta_{(t)}=\frac{a}{1-\gamma}\left(1-\frac{1}{\cos h\cdot\beta\cdot\frac{L}{2}}\right)\sum_{i=1}^{n}E_{i(t)}\cdot\Delta T_{i(t)}\cdot S_{i(t)}$$

降温时混凝土的抗裂安全度应满足

$$K=\frac{\delta_{(}t)}{f_{ct}}\geqslant 1.05$$

(三) 大体积混凝土温度和收缩裂缝的控制措施

在通过计算满足要求的情况下,拟采用掺膨胀型防水剂达到双控的效果。

补偿收缩混凝土,混凝土中心温度与表面温度、表面温度与环境温度之差可适当放宽,其原理如下:

假设大体积混凝土中心温度为 T_1,表面温度为 T_2,大气温度为 T_3;HEA 混凝土的限制膨胀率为 ε_2,混凝土的线膨胀系数为 α,产生的当量温度 $T=\varepsilon/\alpha$,一般来说,$\varepsilon_2=2\times10^{-4}\sim4\times10^{-4}$,$\alpha=1.0\times10^{-5}/℃$,则 $T_4=20\sim40℃$,其中 T_4 为负值。

若采用普通混凝土,须 $\Delta T_1=T_1-T_2\leqslant25(℃)$和 $\Delta T_2=T_2-T_3\leqslant25(℃)$,否则混凝土会开裂,而采用补偿收缩混凝土后,$\Delta T_1=T_1-T_2+T_4\leqslant25(℃)$,$\Delta T_2=T_2-T_3+T_4\leqslant25(℃)$。

在大体积混凝土施工时,放宽了温控指标,一般不必再采用冷却骨料、在混凝土中设冷却水管、表面升温或施工时水平分层浇筑等传统施工方法,一次浇灌即可,这样可大大节约昂贵的控温费用。①降低水泥水化热:采用矿渣硅酸盐水泥或粉煤灰水泥;充分利用混凝土的后期强度,减少每立方米混凝土中水泥用量。②降低混凝土入模温度:掺加相应的缓凝型减水剂,在混凝土拌和过程中掺入冰块,取代一部分拌和水,使骨料和水泥冷却下来,以降低混凝土拌和温度和减少余热。③加强施工中温度控制:在混凝土浇筑之后,做好长时间的保温保湿养护,并注意避免曝晒,以充分发挥混凝土的"应力松弛效应"。④改善约束条件,削减温度应力:分层、分块浇筑混凝土,防止水化热的积聚,减少温度应力。

(四) 大体积混凝土养护技术

养护方法是基础底板采用蓄水养护,基础地梁采用麻袋片覆盖浇水养护。养护 3 天后方可上人进行放线及钢筋清理工作,在已浇筑混凝土强度未达到 1.2 N/mm^2 以前,不得在其上踩踏及安模板和支架。混凝土浇筑完毕,普通混凝土养护时间不少于 7 天,抗渗混凝土养护时间不少于 15 天。

(五) 大体积混凝土测温技术

为掌握大体积混凝土温升和温降的变化规律,以及各种材料在各种条件下的温度变化规律,保证对混凝土养护和混凝土裂缝的控制,需对混凝土表面及混凝土内部温度进行监测。

1. 热电偶组布置与测温

热电偶组布置要求在进行混凝土浇筑前，在基础底板每四分之一范围内设置4个热电偶组，所有热电偶组埋设时，用支架固定，支架与钢筋焊牢，并对其保护，设专人负责，确保钢筋在混凝土施工过程中不会受到破坏。每个热电偶组由3个热电偶组成，应设在筏板浇筑指定区域内，具体位置如下：一个热电偶在中间处；一个热电偶在距离顶部10 cm处；一个热电偶在距离底部10 cm处。热电偶组测温要求热电偶的测温读数持续90天，并采用电子仪器记录。

温度在所有位置的读数应在图表上以温度对时间的曲线形式表示。

2. 普通测温孔布置与测温

测温孔布置要求沿浇筑高度，布置在混凝土中部和上下表面；测温管采用直径20 mm焊管，三根一捆设置，一端封闭，一端外露混凝土表面10 cm，孔口处用保护套封好，防止杂物进入；测温方法要求浇灌完毕的混凝土在10 h后开始试测，以后每6 h进行一次测试，并做详细记录，及时报技术负责人，对数据进行规律性统计，以便掌握大体积混凝土浇筑时的温度变化规律；测温时需用棉花将测温孔堵严，使测温表与外界环境隔离；在测温过程中，如发现混凝土表面温度和混凝土内部温度之差超过25℃，应及时采取有效措施以防止混凝土产生裂缝。

（六）大体积混凝土质量控制措施

商品混凝土在运输过程中要防止混凝土离析、坍落度的变化、水泥浆的流失以及产生初凝等现象；混凝土严禁现场随意加水；浇筑混凝土时，要在下层混凝土初凝前浇筑上层混凝土，防止施工冷缝的产生；混凝土浇捣过程中不可使振捣棒直接接触模板和钢筋，使钢筋和模板的位置发生偏移，要经常加强检查钢筋保护层厚度及所有预埋件的牢固程度和位置的准确性。混凝土振捣时，由于采用放坡浇筑，因此在形成坡度后，要从两层混凝土相交层的最上部自上而下振捣，以防漏振，振捣以混凝土泛出浆液为准；夜间浇筑混凝土采用手提式钨碘灯进行照明，严格控制每层浇筑厚度；板面混凝土拉通线找平，严格控制板面标高，误差在3 mm之内；经4～5 h左右，初步按标高用长刮尺刮平，在初凝前，用木抹子拍压2遍，搓成麻面，以闭合收水裂缝，然后用铁抹子压光，紧接着用塑料扫帚沿短向扫出细麻面，施工时用刮杠按毛刷宽度靠线，保证一行压一行且相互平行；在混凝土达到1.2 MPa以后方可上人进行操作及安装结构用支架和模板。

第四节　高流态免振混凝土常用施工技术

混凝土材料是当今世界用途最广、用量最大的现代工程结构的建筑材料之一，自从1830年问世以来的180多年历史中，作为最大宗的人造材料，它为人类社会的发展和进步做出了极为重要的贡献。我国每年混凝土用量约10亿 m^3，规模之大，耗资之巨，居世界前列。钢筋混凝土仍将是我国在今后相当长时间内的一种重要的工程结构材料。然而，现代混凝土材料一直向着轻质、高强、高耐久方向发展。

一、高流态免振混凝土的特性与机理

“高性能混凝土”（High Performance Concrete，HPC）一词的提出至今有二十余年的时间，1993年，美国混凝土协会定义高性能混凝土是需要满足特定性能和匀质性要求，其“高性能”包括易浇筑而不离析，长期力学性能良好，强度高，异常坚硬，高体积稳定性，火灾严酷环境中

使用寿命长久。各国对高性能混凝土的要求不完全一样，但新拌混凝土的工作性、硬化混凝土的强度和耐久性这三者是高性能混凝土的基本要素。

流态混凝土是一种高性能混凝土。本试验是对高性能流态混凝土进行配合比研究。流态混凝土是指制备的具有 20 cm 以上坍落度、能自流填满模型或钢筋间隙的混凝土。高性能流态混凝土仅靠自重，在免振条件下就能填充复杂模型的各个角落，使其具有均匀自密实成型的性能，同时保证混凝土硬化后具有高稳定性，可对钢筋密集结构、空间狭窄且形状复杂结构进行施工，可以避免普通混凝土在浇筑中由于振捣不良造成的混凝土质量问题。为改善和解决过密配筋、薄壁、复杂形体、大体积混凝土、水下施工及振捣困难工程的施工，使其达到高、深、快速施工，应采用流态混凝土，使混凝土自己流满整个模板，依靠自重密实，无需振动振捣，给施工带来极大的方便。高性能流态混凝土的特点包括：在困难断面或密集钢筋结构中完成混凝土的浇筑，保证工程质量，减少混凝土缺陷，也就是减少今后修复工程和修复费用；加快浇筑速度，缩短施工时间；不需要振动振捣，减少了施工噪音，保证施工安全和降低工程造价。

为改善混凝土的性能及降低造价达到高性能要求，应使用矿物掺和料，如粉煤灰、硅灰、磨细矿渣等。采用优质粉煤灰、磨细矿渣、硅灰对水泥颗粒有分散作用，有利于新拌混凝土的和易性、流动性，容易控制混凝土坍落度损失，改善硬化混凝土的体积稳定性，并且可提高混凝土的抗裂性能及强度，其流态化机理是由胶凝材料的作用机理、粉煤灰作用机理、硅灰作用机理以及矿粉作用机理组成。

二、高流态混凝土的级配及最佳级配的确定

流动混凝土是水泥基复合材料，基体混凝土中掺入流化剂拌和后得到坍落度为 20～22 cm的新型混凝土。因此，流态混凝土配合比设计首先是基体混凝土的配合比设计，还应重点考虑基体混凝土与流态混凝土坍落度之间的合理匹配关系。

（一）混凝土的用料及配比设计

试验及实践证明，在坍落度为 8～12 cm 的基体混凝土中加流化剂搅拌后可得到高质量的坍落度为 20～22 cm 的流态混凝土。现将工程配制流态混凝土所需的基体混凝土的用料及配比的选择范围提供如下：①在满足设计和规范要求及泵送管径的情况下，粗骨料优先采用中间级配，也可选用自然级配，其中粗骨料最大粒径一般为 20 mm 碎石或 25 mm 卵石；②对于细骨料的选择宜用中砂，细度模数确定为 $MFI=2.6 \sim 2.8$；③含砂率一般为 40%～49%，采用较高的含砂率可提高混凝土抗离析能力；④水灰比的选择通常为 0.45～0.59，水泥品种采用普通硅酸盐水泥或矿渣硅酸盐水泥。

（二）流化剂的用量及添加方法

配制流态混凝土的一种最关键的添加材料是硫化剂，对水泥粒子具有高度的分散性，有很好的减水效果，而且即使掺量过多也几乎不产生缓凝作用，引气量也相对较少，不致使混凝土强度下降很多。

流化剂的添加方法有 3 种，即同时添加法、二次添加法和反复添加法。同时，添加法要求在基体混凝土搅拌的同时加入流化剂，搅拌 2～5 min 后就可得到流态混凝土，这种添加法施工简便，易于操作，适用于输送时间较短的混凝土工程。二次添加法为控制坍落度的延时质量损失所

采用，在基体混凝土搅拌后 15～60 min 内加入流化剂，坍落度增大效果与基体混凝土搅拌后立即添加的效果基本相同。在长距离输送时，可在第一次搅拌时添加 0.2%的流化剂，起缓凝作用。在保证 15 min 内可送到浇筑点处进行第二次搅拌时，添加0.3%～0.8%的流化剂，搅拌2 min，即可在浇筑时保证坍落度在 18 cm 以上，使其成为真正的流态混凝土。反复添加法要求在基体混凝土搅拌好以后，10 min 左右加入水泥重量 0.5%的流化剂，搅拌 2 min 成为流态混凝土。以后每隔 15 min 加入水泥用量 0.1%的流化剂，搅拌15 min，这样可以控制坍落度的损失，反复添加流化剂，在 90 min 内控制了流态混凝土的坍落度没有变化，经试验，效果较好。

（三）流态混凝土中优质粉煤灰的掺入

在流态混凝土中掺和适量的优质粉煤灰，可节约高标号水泥，减少成本，增加混凝土的和易性，提高流态混凝土的质量。具体做法是在保证原设计的基体混凝土强度及其原材料不变的前提下，对基体混凝土原配合比设计进行适当调整。将基体混凝土中的部分水泥用粉煤灰置换可以改善体积稳定性。而所用粉煤灰品质一般要 I 级粉煤灰，烧失量不超过 15%，含 SO_3 总量不超过 3%。

（四）流态混凝土骨料最佳级配的确定

根据评价流态混凝土质量的需要选定的考核指标有流动性指标坍落度 *SL*、力学性能指标 28 天抗压强度 R_{28}、离析指数 *SE*。在保证粗集料总量不变的条件下把粗集料的粒径分成 3 个等级，即 5～10 mm，10～20 mm，20～30 mm，分别用 x_1、x_2 和 x_3 表示不同粒径等级的粗集料占总量的百分率。试验前先确定了其他的配比条件，以便更准确地反映出不同粗集料混料级配对其流态硅性能的影响，选定水灰比为 0.55 和砂率为 0.33，流化剂为高效减水剂 UNF，掺量为水泥用量的 0.75%，水泥用量为 350 kg/m^3，选用的三分量二次导数项 D_n，最优设计满足混料问题的约束条件：

$$\sum_{i=1}^{n} x_i = 1 \quad 其中，x_i \geqslant 0(i=1,2,3)$$

相应的多项式混料模型为

$$\overline{Y} = \sum_{i=1}^{3}\beta_i x_i + \sum_{i<j}^{3}\beta_{ij} x_i x_j + \sum_{i=1}^{3}\beta_i x_i^{-1}$$

模型的 D_n 最优化设计谱点如图 1-20 所示。

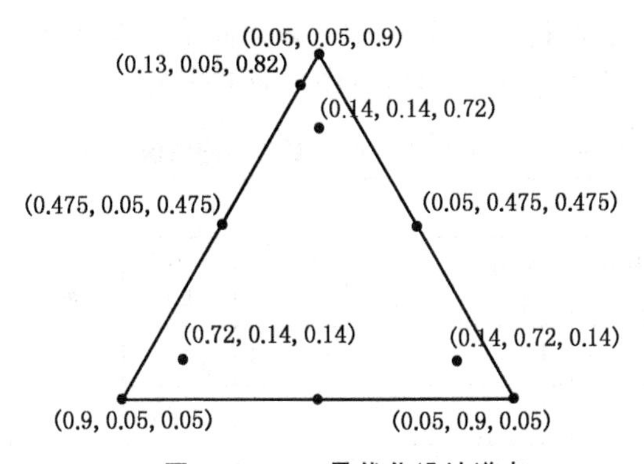

图 1-20　D_n 最优化设计谱点

D_n 最优化设计及试验结果见表 1-3。

表 1-3 D_n 最优化设计及试验结果

编号	设计谱点 $\|W\xi(n)\| \times 10^7 = 0.563$			试验结果		
	x_1	x_2	x_3	SL(cm)	SE	R_{28}(MPa)
1	0.05	0.05	0.90	19.75	13.22	17.8
2	0.05	0.90	0.05	19.25	10.01	31.7
3	0.90	0.05	0.05	17.00	2.74	28.5
4	0.05	0.475	0.475	19.00	12.51	26.2
5	0.475	0.05	0.475	20.50	9.85	15.6
6	0.475	0.475	0.05	19.25	6.88	15.2
7	0.14	0.14	0.72	19.25	12.12	24.2
8	0.14	0.72	0.14	18.00	9.38	30.5
9	0.72	0.14	0.14	16.75	2.89	24.0
10	0.13	0.05	0.82	21.25	12.98	21.4

D_n 最优混料设计的计算机构造和全部数据分析参考 CAD 程序，经适当调整后在 IBMPC-XT 机上完成，经回归分析后得到了 3 个考核指标与流态混凝土粗骨料之间的数学关系如下：

$$R_{28} = 37.3059x_1 + 43.5914x_2 + 36.175x_3 - 64.4959x_1x_2 - 60.6559x_1x_3 - 0.0548x_2x_3 - 0.5239x_1^{-1} - 0.2611x_2^{-1} + 0.1251x_3^{-1}$$

$$\overline{SL} = 9.4198x_1 + 14.9735x_2 + 16.645x_3 + 11.6655x_1x_2 + 19.2397x_1x_3 + 8.9949x_2x_3 - 0.0004x_1^{-1} + 0.11881x_2^{-1} + 0.1637x_3^{-1}$$

$$\overline{SE} = -6.2393x_1 + 5.9776x_2 + 9.6759x_3 + 8.7499x_1x_2 + 17.367x_1x_3 + 20.2124x_2x_3 - 0.0206x_1^{-1} + 0.1474x_2^{-1} + 0.1659x_3^{-1}$$

3 个考核指标的实测值与回归值的误差分析如表 1-4 所示，所有考核指标的数学模型与实测试验结果的精度非常高，强度的最大误差为 3.33%，平均相对误差为 1.17%，坍落度的最大相对误差为 2.76%，平均相对误差为 1.12%，离析指数的最大相对误差为 4.3%，平均相对误差为 1.32%。坍落度越大，离析指数越大，但两者之间不存在良好的相关关系，表明合理控制粗骨料级配可得到坍落度值较大时保持离析较小的最佳效果。

表 1-4 3 个考核指标的实测值与回归值的误差

R_{28}(MPa)				SL(cm)				SE(%)			
实测值	计算值	绝对误差	相对误差	实测值	计算值	绝对误差	相对误差	实测值	计算值	绝对误差	相对误差
17.80	18.15	−0.35	1.93%	19.75	20.04	−0.29	1.43%	13.22	13.22	0.00	0.00%
31.70	31.58	0.12	0.38%	19.25	19.16	0.09	0.47%	10.1	10.08	−0.07	0.69%

续表 1-4

R_{28}(MPa)				SL(cm)				SE(%)			
实测值	计算值	绝对误差	相对误差	实测值	计算值	绝对误差	相对误差	实测值	计算值	绝对误差	相对误差
28.50	28.63	−0.13	0.45%	17.00	17.11	−0.11	0.64%	2.74	2.66	0.08	3.01%
26.20	26.01	0.19	0.73%	19.00	18.87	0.16	0.85%	12.51	12.6	−0.11	0.87%
15.60	15.80	−0.20	1.27%	20.50	20.67	−0.17	0.82%	9.85	9.84	0.01	0.10%
25.10	25.09	0.01	0.04%	19.25	19.24	0.01	0.05%	6.88	6.90	−0.02	0.29%
24.20	24.55	−0.35	1.43%	19.25	19.54	−0.29	1.48%	12.12	11.95	0.17	1.42%
30.50	30.77	−0.27	0.88%	18.00	18.22	−0.22	1.21%	9.38	9.22	0.16	1.74%
24.00	23.71	0.29	1.22%	16.75	16.51	0.24	1.45%	2.89	3.02	−0.13	4.30%
21.40	20.71	0.69	3.33%	21.25	20.68	0.57	2.76%	12.98	13.08	−0.100	0.76%

为了更加直观地描述流态混凝土粗骨料级配与 3 个考核指标之间的内在规律，更好地寻找最佳级配，分别绘制了三元混料等值线图，等抗压强度曲线如图 1-21 所示，等坍落度曲线如图 1-22 所示，等离析度曲线如图 1-23 所示。

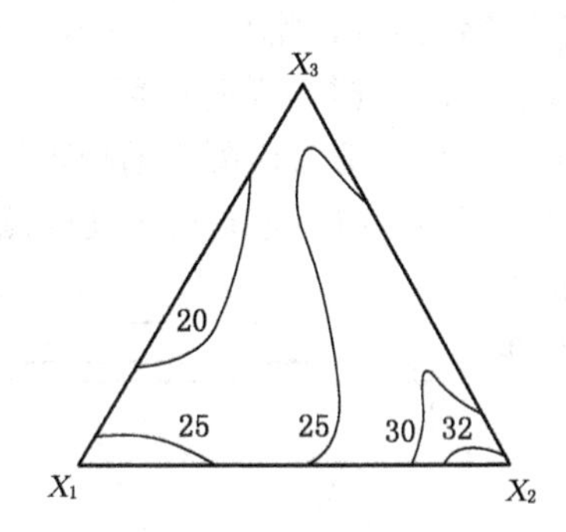

图 1-21　等抗压强度曲线图

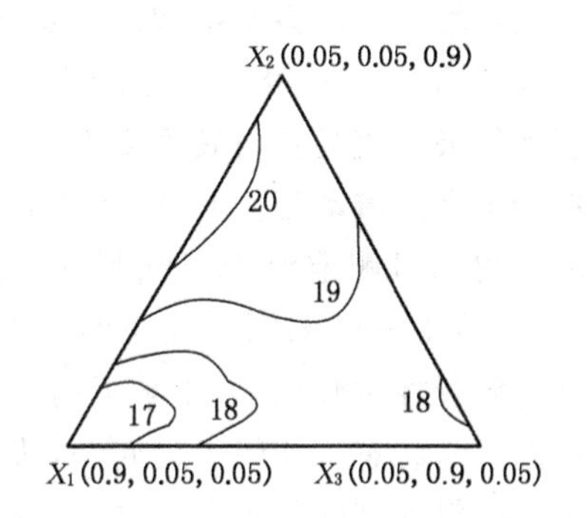

图 1-22　等坍落度曲线图

由图 1-21 可知，x_2 较大时强度较高，强度最高值也向这一区域逼近，这表明在生产中控制中间颗粒的含量对控制流态混凝土的强度是十分有益的。由图 1-22 可知，大颗粒的量将显著影响混凝土的流动性。当 x_3 一定时，增加 x_2 的量最初使坍落度增加，后来又使坍落度降低；较大颗粒含量高时，整个集料的比表面积较小，客观上起到了增大水泥浆含量的作用，因而具有较大的坍落度。较大颗粒达到一定量时，细小颗粒较多将干扰较大颗粒之间的距离，使骨料颗粒之间的稳定性降低，使坍落度增大。若细小颗粒较少则干扰较小，将使坍落度不致过大，这些现象使得等坍落度曲线比较复杂。图 1-23 反映了不同混料现象，当 x_3 较大时，离析指数增长迅速，而 x_1 增大时离析指数迅速下降，这与普通混凝土的情况是一致的，较大颗粒由于比重与水泥浆差异较大，质量大造成在流态混凝土中沉降速

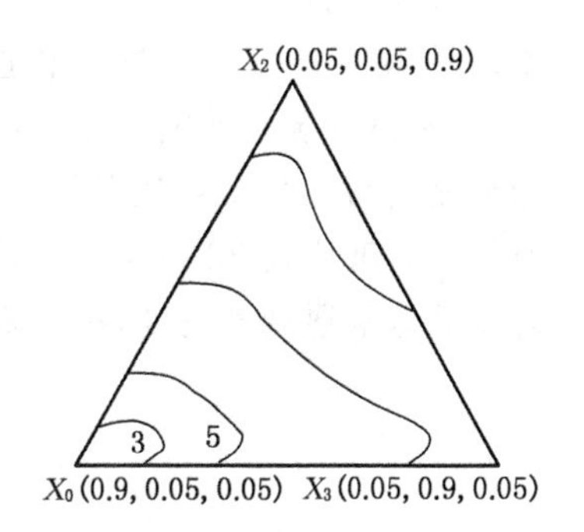

图 1-23　等离析度曲线图

度增大，因而使得流态混凝土总体离析增大影响其均质性，若降低离析应尽量采用较小颗粒的骨料。

为满足工程的要求，我们确定了强度和坍落度指标，并以此为约束条件，求解离析指数最小的级配组合，确定坍落度与离析范围，求解最佳强度的组合条件，结果如表 1-5 所示。

表 1-5 流态混凝土离析较小的粗骨料级配的较好范围

工程要求	最佳级配			考核指标		
	x_1	x_2	x_3	R_{28}(MPa)	SL(cm)	SE(%)
min(SE) $R_{28}>25$ $SL>18$	66%	29%	5%	25.5	18.1	4.57
max(R_{28}) $R_{28}>18$ $SE<10\%$	9%	86%	5%	33.8	19.4	9.92

流态混凝土离析较小的粗骨料级配的较好范围可通过表 1-5 参考选出，工程中 5～10 mm 占48%～66%，10～20 mm 占 29%～47%，20～30 mm 占 5%左右，这一较好区间内离析指数仅为 4.5%～7%。

高性能流态混凝土的一个显著特点是不用振捣而能自密实，它是通过外加剂、胶结材料和粗细骨料的选择和配合比的设计，使混凝土拌和物屈服值减小且又具有足够的塑性黏度，粗细骨料能悬浮于水泥浆体中不离析、不泌水，在不用振捣的成型条件下，能充分填充模板和钢筋空隙，形成密实、均匀的混凝土结构。需要试验的工作性能包括：(1)流动性，即按《水运工程混凝土试验规程》(JTJ 270—98)中普通混凝土的坍落度试验方法进行，提起坍落度筒 30 s 后量取混凝土流动的最大直径及与其垂直方向的直径，取平均值即为流态混凝土的坍落流动度，一般取流态混凝土坍落流动度为 600～700 mm。(2)材料抗分离性能，即流动速度的测定，在测定坍落流动度的同时测定混凝土流到 500 mm 直径时需要的时间，一般取 3～15 s；漏斗流下时间的确定，即漏斗洗干净后垂直放置在试验架上，用半干的湿布擦去水分并保持漏斗内面湿润状态。关闭下口底盖，从漏斗上口均匀地装入混凝土试料直到混凝土面与漏斗上端齐平，打开下端底盖，同时记录时间，待混凝土全部自动流出即终止记录，该段时间即为流态混凝土的漏斗流下时间，一般漏斗流下时间为 9～20 s。试验装置如图 1-24 所示。(3) 填充性，本试验装置如图 1-25 所示，混凝土自无棒端加入，加料速度为 0.2 L/s，让混凝土自由穿过钢筋棒，当加料端混凝土高度达到 220 mm 时，停止加混凝土，测量箱内装有棒部分的混凝土高度，按下式计算填充密度：

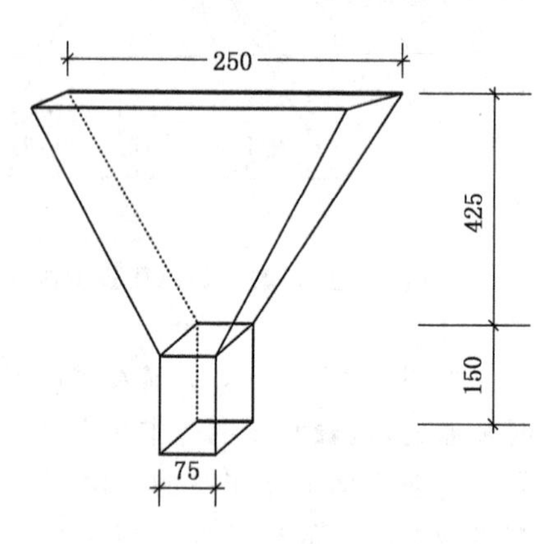

图 1-24 漏斗结构尺寸示意图

$$填充密度=\frac{A}{A+B}\times 100\%$$

式中：A——已填充混凝土面积；

B——未填充混凝土面积。

计算的流态混凝土填充密度要求大于 90%。

为保证高性能流态混凝土施工质量好，进度快，快硬早强，并能降低劳动强度，发挥高性能

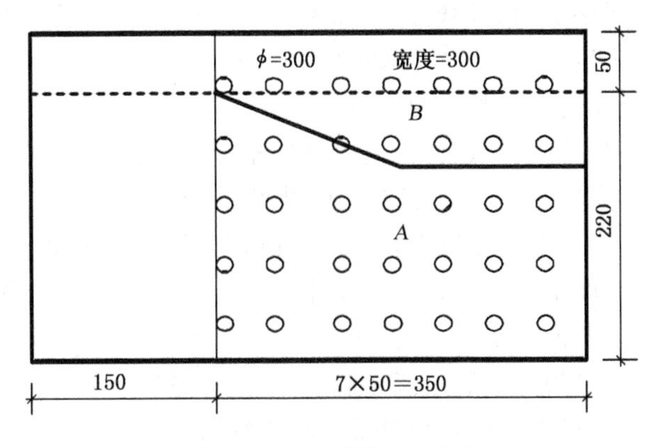

图 1-25 填充密度试验箱

优势，对上述 11 组试样进行混凝土流动性、抗分离性、填充性性能、早期强度试验，测定初始混凝土性能、90 min 后混凝土性能、早期强度，以此判断流态混凝土的配合比是否符合要求。

对各组抗压强度绘制出对比曲线图，以此来分析胶凝材料对抗压强度的影响，如图 1-26～图 1-28 所示抗压强度对比曲线。

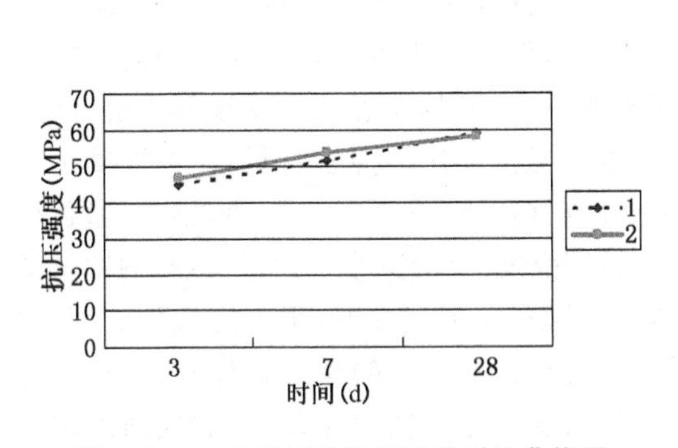

图 1-26 1、2 组试样抗压强度对比曲线图

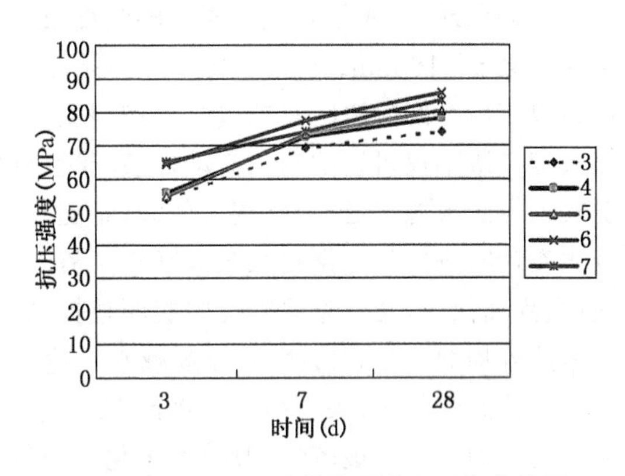

图 1-27 3～7 组试样抗压强度对比曲线图

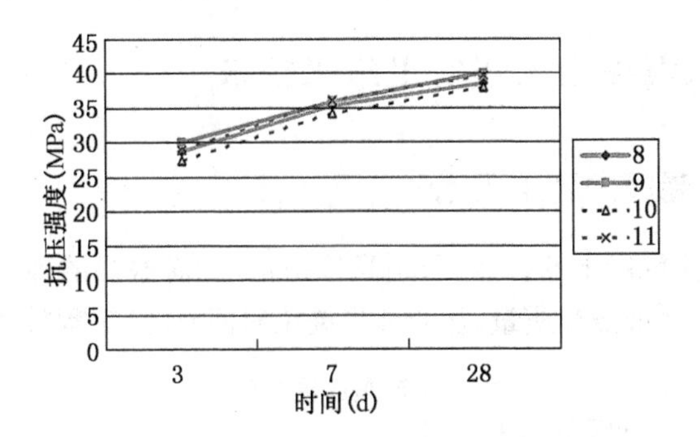

图 1-28 8～11 组试样抗压强度对比曲线图

对高流态免振混凝土试验结果进行分析，由上图可知 4～7 组试样的强度曲线高于 3 组试样的强度曲线，而 3 组试样胶凝材料只有水泥，4～7 组试样掺加 5%硅灰，由于硅灰具有较强的火山灰反应活性，加入混凝土中能明显提高混凝土后期强度，所以在配制高强高性能流态混

凝土时加入适量的硅灰是必要的。同时还可知流态混凝土的抗压强度随龄期的增长而增长，早期强度发展较快，3 d 强度为 28 d 抗压强度的 60%～80%以上，7 d 强度为 28 d 抗压强度的 80%～90%以上，说明流态混凝土具有快硬早强的性能，施工速度快，可以及早脱模，符合现代化施工特点。由图还可以看到 5 组试样比 4 组试样早期强度低而后期强度高，而 5 组试样掺加粉煤灰，4 组试样未加粉煤灰，这是由于掺入粉煤灰后，混凝土的早期强度发展较慢，但随水化龄期的增长，粉煤灰产生二次水化反应，到 90 天龄期时试样强度高于纯水泥混凝土。所以掺加粉煤灰会影响流态混凝土的早期强度。新拌混凝土及 90 min 后混凝土各项性能指标为：填充密度大于 95%，漏斗流下时间 9 s 左右，90 min 坍落流动度(65+5)mm 左右，90 min 时填充密度大于 90%，11 组试样均可以满足流态混凝土的施工要求。

通过以上试验，可得到如下结论：(1)胶凝材料总量的确定，即由于胶凝材料具有滚球润滑作用、微集料作用、火山灰反应作用，不仅可以有效改善流态混凝土的工作性、提高强度，还可以提高流态混凝土的抗裂性能。所以胶凝材料总量应不小于 560 kg/m³。此时混凝土流动性好，抵抗分离能力强且无泌水。(2)粗集料粒径确定，即流态混凝土的粗集料粒径宜小于 25 mm。因大粒径石料比同重量的小粒径集料表面积小，其与砂浆的黏结面积相应小，黏结力低，且混凝土均质性差。所以本试验为使集料的级配符合设计要求且集料的空隙小，满足新拌混凝土的和易性，满足硬化混凝土的强度及耐久性要求，采用两种规格的石子进行掺配。即采用武昌县 5～16 mm、5～25 mm 两种规格的石灰石石子进行掺配。(3)高性能流态混凝土掺加粉煤灰与磨细矿渣能有效改善流态混凝土的工作性能，使混凝土填充密度大大提高。掺粉煤灰和矿渣不仅可以配制出流动性、黏聚性好的流态混凝土，而且还可以提高混凝土抗裂性，况且粉煤灰来源广泛，价格相对便宜，是配制流态混凝土经济实用的混合材料，流态混凝土配合比设计时应掺加适量粉煤灰或磨细矿渣。(4)由于硅灰具有较强的火山灰反应活性、微粒填充性、界面效应，在流态混凝土中能明显提高混凝土后期强度。(5)减水剂用量，减水剂即氨基磺酸盐外加剂 CAN，CAN 外加剂减水率达 28%以上且混凝土流淌性好、坍落度损失小，非常适用于流态混凝土，采用高效减水剂 CAN 掺量为 0.8%～1.5%。(6)掺入粉煤灰、矿粉后混凝土的早期强度发展较慢，但随着水化龄期的增长，粉煤灰产生二次水化反应，后期强度发展快，粉煤灰、矿粉影响混凝土的早期强度及脱模时间，因此粉煤灰的掺加量要适当。

三、高流态免振混凝土工程实用施工技术

（一）高流态免振混凝土施工工艺

利用高抛免振自密实混凝土的特点，采用高位抛落、无需振捣的施工方法，通过合理控制混凝土质量及浇筑工艺，以保证浇筑质量，从而节省施工时间，提高工程效益，其工艺流程包括：

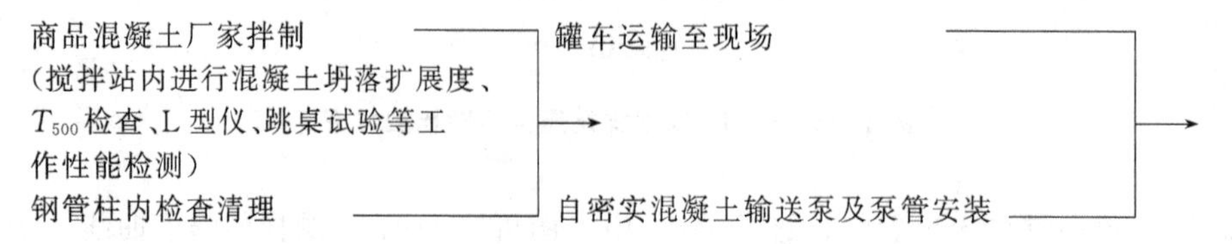

现场混凝土工作性能检测(坍落扩展度、$T500$ 全数检查、混凝土试块取样)→同配合比水泥砂浆湿润泵管→混凝土泵送→混凝土浇筑→混凝土表面清理、钢管柱顶保护。

（二）高流态免振混凝土施工方法

柱内混凝土采用混凝土输送泵输送、带导向管漏斗下料的浇筑方式，即由地泵将混凝土泵送至作业楼层，再通过泵管接至钢管柱口下料斗，经下料斗、导向管自由抛落至柱内。采取“可控有序”自由下落法（高抛免振）浇筑。“可控”即浇筑时利用测绳测量柱中混凝土液面到达位置。“有序”即制作下料漏斗，漏斗下装直径 200 mm、长度约为 1.5～2.0 m 的导向管，按《自密实混凝土设计与施工指南》（CCES 02—2004）中第 5.5.3 条要求控制混凝土垂直下落高度，确保施工质量。浇筑时确保混凝土拌和物沿导向管下落的连续性。

下料料斗用角钢加固，料斗用 3 mm 厚铁皮制作（型式见图 1-29）。

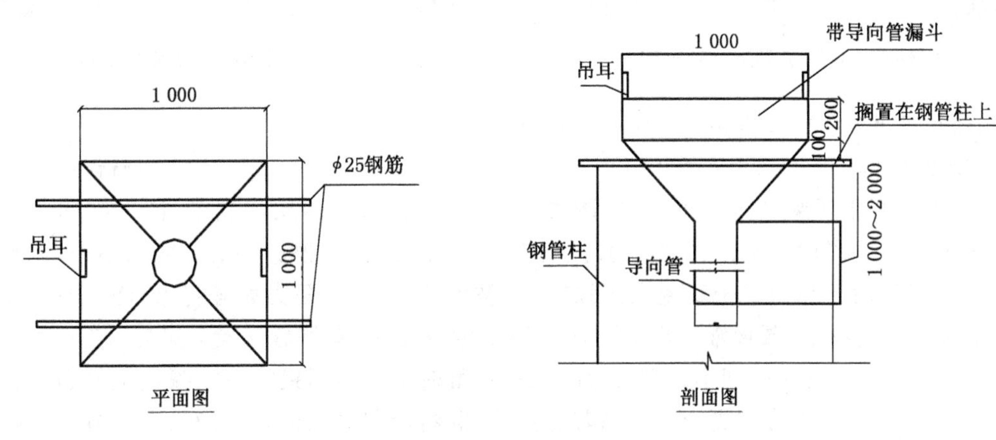

图 1-29　料斗示意图

施工质量控制要点主要包括：在钢柱吊装就位前即在矩形钢柱柱头加盖保护盖板，以防雨水、油、异物落入。并进行中间环节验收，确保钢柱定位误差和焊接质量满足规范要求。检查混凝土浇筑设备完好，安装稳固，组织混凝土进场；混凝土浇筑前搭设施工操作平台，做好临边安全防护；自密实混凝土到场后，应对每车混凝土的坍落扩展度及 $T500$ 性能进行全数检测。检验其参数是否符合规范要求。对于检验不合格的混凝土应予退场，检测过程见图 1-30～图 1-33。混凝土工作性检测指标如下：

图 1-30　检测坍落扩展度底板

图 1-31　检测坍落扩展度筒

图 1-32　坍落扩展度试验过程

图 1-33　坍落扩展度试验结果

坍落扩展度(SF)　600 mm≤SF≤700 mm

T_{500}流动时间　　2 s≤T_{500}≤5 s

自密实混凝土现场取样制作试块,试块不做任何振捣;分两层注满模具;二次间隔时间30 s;表面抹光,终凝后压光;入模温度宜控制在10～30℃范围,根据季节温度的不同,调整混凝土浇筑时间;由于高抛自密实混凝土强度高、粘聚性大、泵送阻力大等特点,浇筑时容易堵管,因此在浇筑过程中,泵管弯头要尽量减少,防止泵管阻塞,宜保持混凝土浇筑的连续性。如间断浇筑时,浇筑的间断时间不得超过混凝土的初凝时间。矩形钢管柱混凝土浇筑面宜在柱接头以下约30 cm处。在混凝土初凝前若有浮浆,需将浮浆舀出清理干净。在混凝土终凝后清理施工缝,将柱内杂物清除干净,盖上盖板防止异物进入。最后一节柱混凝土浇至柱顶,待终凝3天、混凝土收缩基本完成后采用水泥砂浆将混凝土面抹平。

(三) 高流态免振混凝土质量控制措施

1. 高抛免振自密实混凝土生产过程中质量控制措施

高抛免振自密实混凝土搅拌站应按《自密实混凝土设计与施工指南》(CCES 02—2004)中规定的检测方法和确定的工作性能指标进行配比的设计和试配,以确定基准配合比。搅拌站生产前应对称量系统进行校验,确保计量精度符合规范,并进行零点校核,搅拌时间至少延长1倍以上,每车混凝土拌和物性能经检验合格后才能出厂,并且安排人员加强对搅拌机出料口混凝土坍落度的目测控制。生产过程中应测定骨料的含水率,每一个工作班不应少于2次。当含水率有显著变化时,应增加测定次数,并应依据检测结果及时调整用水量和骨料用量,不得随意改变级配。混凝土级配使用过程中应根据原材料的变化和工地的可泵性能变化,在保持水胶比不变的情况下调整砂率及外加剂掺量以满足施工需要;搅拌台应做到按规定批量检测,出厂检验时每批混凝土拌和物应检测坍落扩展度、T_{500}流动时间,性能指标应满足要求。由于气候原因可导致在运输途中坍落扩展度损失,出厂坍落扩展度可适当放大,控制在≤750 mm,到达施工现场时,检测坍落扩展度和T_{500}流动时间两项混凝土工作性能指标,混凝土坍落扩展度要求到达现场时为600～700 mm。搅拌车应保持清洁,装料前,应反转倒清筒体内的积水、积浆,泵车工、搅拌车驾驶员严禁在送往现场的混凝土中加水。混凝土从出厂到浇筑完成时间控制在3 h内,当最高温度低于25℃时运送时间可延长30 min,运输结束后应及时清洗。搅拌车在运输过程中应保持一定的旋转速度，到达工地现场，在卸料前需中、高速旋转拌筒至少 1 min，使装载的混凝土料搅拌均匀，然后卸料。

2. 高抛免振自密实混凝土浇筑过程中质量控制措施

采用准确制作的带导向管的料斗下料，料斗搁置在钢柱顶部居中放置，确保混凝土能顺着竖直的导向管有序下料，保证混凝土不会因下料时碰撞钢柱内隔板造成混凝土离析。确保钢管柱高抛混凝土连续浇筑，浇筑每根钢管柱前都要预先计算本节钢管柱所用混凝土量，当后台泵车内混凝土不足以浇满本节钢管柱时，应暂缓浇筑，待下辆混凝土运输车到场后再进行浇筑。当出现堵管暂停浇筑时，要立即停止塔吊其他作业，确保塔吊为高抛混凝土浇筑服务。混凝土浇筑液面控制措施：由专人负责高抛混凝土的浇筑，根据钢柱内隔板位置、混凝土液面控制标高的具体要求在钢柱的外表面进行标注，以测绳准确测量钢柱内混凝土液面控制高度；浇筑时派专人在钢管柱下敲击钢管柱，通过声音确定液面高度并及时同上部人员联系；在接近柱顶时，将泵管移至预先准备好的灰槽内，若超灌则舀出，若不足则补足至控制液面高度；将混凝土液面停留在钢管柱每段隔板以下 20 cm 至 50 cm 位置左右，停留不少于 5 min 后再继续浇筑；在混凝土浇筑完成后，及时清理表面浮浆，并盖上盖板，防止异物进入。

第五节　建筑混凝土结构钢筋工程施工实用技术

一、施工准备分析

（一）材料准备

钢筋类型有一级钢 ϕ6、ϕ8、ϕ10、ϕ12，二级钢 Φ12、Φ14、Φ16、Φ18、Φ20、Φ22、Φ25，三级钢 Φ6、Φ8、Φ10、Φ12、Φ14、Φ16、Φ18、Φ20、Φ22、Φ25、Φ28。绑扎铁丝采用 20＃～22＃火烧丝；塑料垫块主要有 15 mm、25 mm、50 mm 厚塑料垫块；塑料保护层卡的类型主要有 15 mm、20 mm、30 mm、35 mm、50 mm 厚塑料卡子；水泥制作垫块采用的是 PC. 32. 5 复合硅酸盐水泥。主要机械设备包括 6 台塔吊、6 台直螺纹套丝机、8 台钢筋切断机、10 台钢筋弯曲机和 6 台钢筋调直机，同时还有钢筋钩、钢筋板子、小撬棍、钢丝刷、粉笔、线坠、鼓风机、空压机、钢卷尺、皮数杆等小型工器具。

（二）技术准备

充分熟悉现有施工图纸、工程规范、施工质量检验评定标准及施工图集，及时发现结构图纸中的疑点以及与现场施工有冲突的地方，提前与技术部及设计洽商，做好施工前的准备工作。钢筋翻样做到与现场施工相结合，尤其是会展办公区底板集水坑较多，各子项工程基础、梁曲线较多，钢筋下料要采用现场放样下料。在结构施工过程中，发现图纸钢筋过密应及时与设计洽商，对重要部位和特殊部位施工前绘制施工大样图，以便直观有效地指导施工。同时，在满足结构施工规范的前提下，充分考虑结构与装修的关系。对进场的施工中所用的钢筋原材进行检查，要“三证”齐全，即要有产品出厂合格证、质量合格报告及规格标牌，并做好现场原材及半成品存放与标识工作。钢筋弯曲机、切断机、调直机、钢筋套丝机等机械进场必须经检测部门检验合格，并有合格证书。施工前根据工程的具体特点，对操作人员进行相关的理论、规范教育，并进行具体操作的技术培训。

（三）施工准备工作

钢筋按施工平面图指定位置，按规格、使用部位、编号码放整齐，下垫木方。钢筋外表面如有生锈，在绑扎前清除干净，锈蚀严重侵蚀断面的钢筋不得使用。绑钢筋前要将施工现场钢筋上的铁锈和混凝土清理干净。绑扎柱、墙体钢筋前，顶板混凝土必须达到上人强度，并在钢筋成型料临时堆放处满铺脚手板。弹好柱及墙身、洞口线并将距墙边线 5 mm 以内预留钢筋处的松散混凝土剔凿干净，露出坚实石子。绑扎板钢筋前，清理模板上的杂物，刷脱模剂，预检完后弹出受力钢筋位置线。

二、施工工艺流程

（一）底板钢筋绑扎工艺流程

钢筋定位弹线 → 集水坑钢筋绑扎 → 铺设底板下筋（直螺纹施工） → 绑扎下层网片 → 放置马凳 → 铺设上排钢筋（直螺纹施工） → 绑扎上层网片 → 插墙柱钢筋 → 验收

（二）承台钢筋绑扎工艺流程

钢筋定位弹线 → 铺设承台下筋 → 绑扎下层网片 → 放置马凳 → 铺设上排钢筋 → 绑扎上层网片 → 插墙柱钢筋 → 验收

（三）独立基础钢筋绑扎工艺流程

钢筋定位弹线 → 铺设基础下筋 → 绑扎下层网片 → 插墙柱钢筋 → 验收

（四）墙体钢筋绑扎工艺流程

弹墙体边线及控制线 → 修整插筋 → 暗柱主筋直螺纹连接 → 绑扎连梁 → 立 2～4 根竖筋 → 画横筋分档标志 → 绑上下两根横筋 → 画竖筋分档标志 → 绑扎竖向梯子筋 → 绑扎其他筋 → 绑扎墙体拉结筋 → 钢筋调整 → 绑扎垫块或保护层卡子 → 自检、报验

（五）柱子钢筋绑扎工艺流程

套柱子箍筋（焊柱定距框） → 连接直螺纹钢筋 → 画箍筋间距线 → 绑箍筋 → 自检、报验

（六）顶板钢筋绑扎工艺流程

施工准备 → 在模板上弹出钢筋间距线 → 绑扎板下层受力筋和分布筋 → 铺设水电管 → 铺设板下铁垫块、放置马凳 → 绑上层钢筋 → 调整钢筋 → 自检、报验

三、钢筋的检验与试验

所使用的钢筋必须经业主、监理认可后方能组织进场。热轧钢筋出厂时，在每捆上都挂有

不少于两个标牌，标牌上印有厂标、钢号、炉罐(批)号、直径等标记，并附有质量证明书。钢筋进场后要及时做好标识，注明钢筋的产地、规格、批量、使用部位及受检状态。热轧钢筋进场时要分批验收，每批由同一截面尺寸和同一炉号的钢筋组成，重量不大于 60 t。此外，同一试验混合批钢筋的含碳量之差不得大于 0.02%，含锰量之差不得大于 0.15%。若超过此百分比，则不能作为同一批次试验。钢筋表面不得有裂缝、结疤和折叠。每批钢筋中选两根钢筋，每根取两个试样分别进行拉力试验和冷弯试验。如有一项试验结果不符合要求，则从同一批中另取双倍数量的试样重做各项试验。如仍有一项试验不合格，则该批钢筋为不合格。不合格钢筋一概退回。钢筋抗拉强度实测值与钢筋屈服强度实测值的比值不小于 1.25；钢筋屈服强度实测值与钢筋强度标准值的比值不大于 1.30。钢筋在加工过程中发生脆断、焊接性能不良和机械性能显著不正常的，要立即停止使用。

四、钢筋加工技术

钢筋在现场集中加工，加工前配筋人员根据设计图纸进行配料，严格按钢筋配料单进行加工下料。钢筋加工现场建立严格的钢筋加工生产质量、安全管理制度，根据施工进度及时加工，以确保工期，成型钢筋要进行严格的标识和记录。

钢筋加工工艺流程为：钢筋除锈→钢筋调直→钢筋断料→钢筋弯曲成型→挂牌堆放。

（一）主筋成型

钢筋下料应将同规格钢筋根据不同长度搭配，统筹配料，一般先断长料，后断短料，减少断头，减少损耗。钢筋切断时避免用短尺量长料，防止在量料中产生累计误差。在切断过程中，如发现钢筋有缩头和严重的弯头等必须切除，如发现钢筋硬度与该钢种有较大出入，应及时向质量、技术部门反映，以制定措施。钢筋的断口不得有马蹄形或起弯等现象，要求所有的钢筋断料误差控制在 5 mm 以内，钢筋加工弯点的尺寸误差控制在 10 mm 以内。

（二）成型钢筋的弯钩

HPB235 级钢筋末端做 180°弯钩，其圆弧弯曲直径 D 不应小于 $2.5d$(其中 d 为钢筋直径)，平直部分长度不小于 $5d$。HRB335、HRB400 级钢筋末端做 90°或 135°弯折时，弯曲直径 D 不应小于 $4d$。平直部分的长度按设计要求确定，如图 1-34 所示。

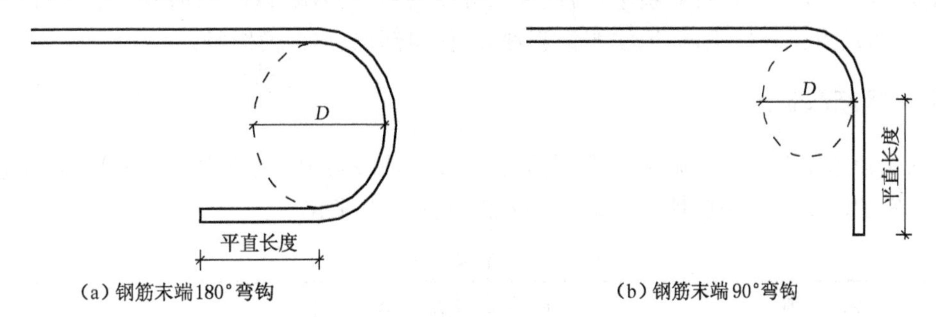

(a) 钢筋末端180°弯钩　　(b) 钢筋末端90°弯钩

图 1-34　钢筋弯钩结构示意图

拉筋的设置要求满足墙体双层钢筋网在两片钢筋之间绑扎拉筋，拉筋规格、间距按图纸设计及图集要求施工，拉结筋应尽量布置于纵横向钢筋交点处并钩住外侧主筋。墙梯形支撑筋分水平梯子筋和竖向梯子筋。竖向梯子筋纵向用两根竖筋与横向钢筋焊成梯形，分上、中、下3道顶模筋，顶模筋比墙断面小2 mm，端头涂刷防锈漆。竖向梯子筋间距1 200 mm且每道墙肢不少于2处，水平梯子筋放在墙体钢筋网片上口，控制网片及竖向钢筋间距。板支撑筋的设置是为了保证板的截面厚度，在板下筋与板负弯矩筋之间加马凳，并与负弯矩筋绑扎牢固，马凳根据所使用部位的板厚、钢筋规格、直径及摆设的方向，计算好马凳的高度，马凳高度＝板厚－2个保护层－马凳上下层受力筋直径之和。箍筋的末端要求做135°弯钩，弯钩平直长度不少于10d(其中d是抗震箍筋的直径)；若箍筋的直径为10 cm以上，弯钩的平直长度不小于10 cm，如图1-35所示。

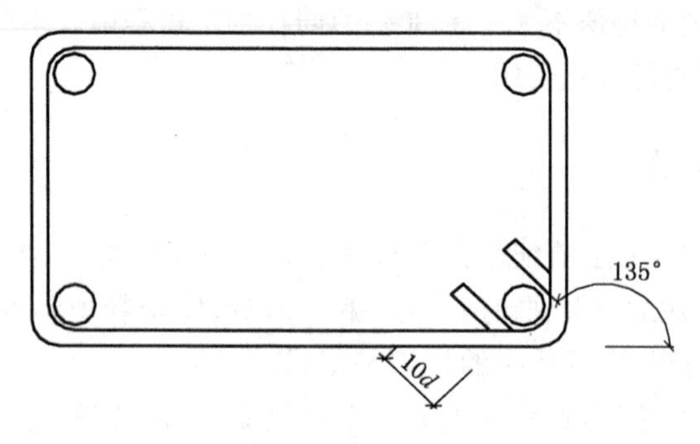

图1-35　箍筋弯钩示意图

柱、暗柱定位套箍是根据图纸中柱纵向主筋的外围截面尺寸用ϕ12钢筋焊接成定位套箍，并按主筋位置加焊开口钢管以确保柱箍筋的位置和尺寸正确。基础、柱、墙、梁、板等均采用塑料垫块，误差值≤±1 mm，用于基础底板、上部结构柱、梁、墙体、顶板等分别采用40 mm、30 mm、25 mm、15 mm及15 mm塑料垫块或卡子。钢筋调直时，其调直冷拉率HPB235级钢应不大于4%，需进行直螺纹套丝的钢筋端部应用无齿锯切割，钢筋弯曲成型后弯曲点处不应有裂纹，不得过头再回弯。

(三) 钢筋堆放

钢筋按现场平面指定位置进行堆放，堆放必须严格按照分批同等级、牌号、规格、长度且分别堆放，不得混淆。对于不合格的钢筋，分别堆放好并做好不合格标识，同时尽快安排退场。存放钢筋的场地要平整且备好垫木，场地采取必要的排水措施，以防钢筋浸水后锈蚀和污染。加工成型后，设置明显标识，标识注明钢筋种类、使用部位、加工简图等。

(四) 钢筋保护层

钢筋工程施工时严格控制保护层，底板和楼板保护层均用塑料垫块控制；柱、墙、梁保护层均采用塑料护圈加固定钢筋控制。钢筋保护层如表1-6所示。

表1-6　钢筋保护层一览表

部位名称	主筋保护层厚度(mm)	垫块形式
底板底部受力钢筋	50	塑料垫块
底板上部受力钢筋	25	塑料垫块

续表 1-6

部位名称	主筋保护层厚度(mm)	垫块形式
独立基础	40	塑料垫块
承台	100	塑料垫块
地下外墙外侧受力筋	50	塑料卡子
柱	30	塑料卡子
暗柱	30	塑料卡子
楼板、屋面板、楼梯、内墙	15	塑料垫块

（五）钢筋马凳

基础底板、柱基、承台、管沟底板、电梯基础上层钢筋采用三角马凳，基础底板、柱基、承台三角马凳用 ϕ25 钢筋制作，管沟底板、电梯基础三角马凳用 ϕ20 钢筋制作，间距均为 1 m。楼板有双层钢筋网时，为确保负弯矩筋有效高度和板面混凝土保护层的厚度，必须设置马凳，采用工形马凳，可用 ϕ12～ϕ16 钢筋制作且间距均为 1 m，局部挑板采用小马凳，如图 1-36 所示。

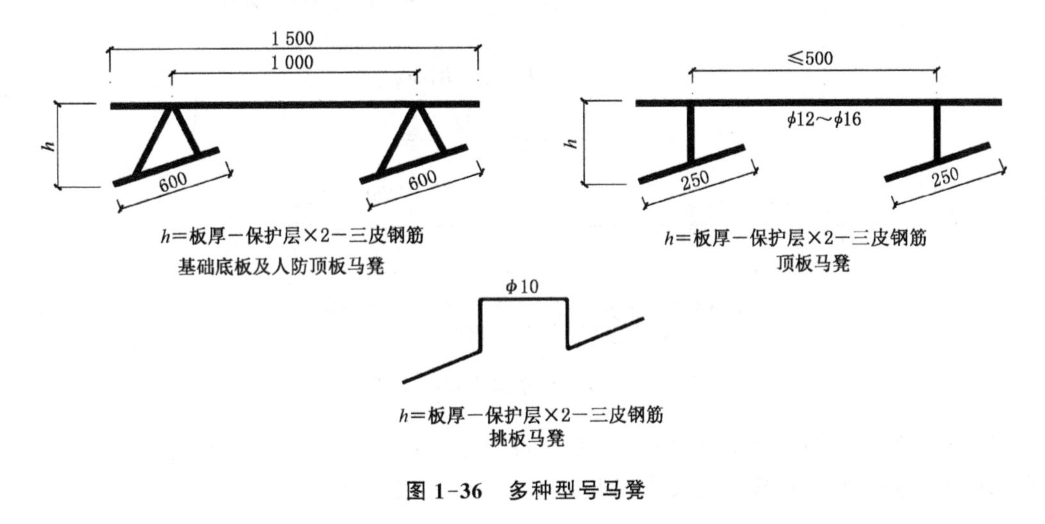

图 1-36　多种型号马凳

马凳加工时要求马凳以上钢筋要有一定的刚度，长短以剩余的钢筋长短决定，焊接牢固。顶板钢筋网绑扎前应设置马凳，钢筋绑完后及时调整好马凳，下面横筋必须搁在下层钢筋网下铁上并绑扎固定，马凳下的钢筋底铁处必须垫好保护层垫块。

（六）梯子筋

竖向梯子筋主要起控制水平钢筋间距、竖向主筋的排距及墙的混凝土保护层厚度的作用。它固定在主筋处，墙混凝土浇筑时，作为钢筋的一部分留在墙内。竖向梯子筋加工焊接时，十字相焊多为点焊，容易烧伤主筋。钢筋电弧焊焊接时，引弧应在垫板、帮条或形成焊缝的部位进行，不得烧伤主筋。电弧焊时不能顺便在主筋上点焊，因焊缝过小，冷却速度快而易生裂纹和淬硬组织，形成冷淬的起源点。电弧焊的焊接缺陷为搭接焊有横向咬边，深度＜0.5 mm，因此，梯子筋代替剪力墙的竖向主筋时直径加大一级，钢筋截面积增大30%。所以竖向梯子的直径提高一级后，在焊接过程中即使有横向咬边，有2 mm的缺陷仍能满足原主筋受力性能的要求。

竖向梯子筋的上、中、下3个顶模撑长度应比墙的厚度小1～2 mm，用以顶住模板的顶撑和控制混凝土保护层的厚度，这3根顶撑的长度下料时必须准确，必须用无齿锯将端部垂直切平，不得有歪斜等现象，端部涂刷防锈漆，竖向梯子筋及水平梯子筋如图1-37所示，当为外墙竖向梯子筋时，顶模筋长度＝墙厚＋保温板厚－2 mm。

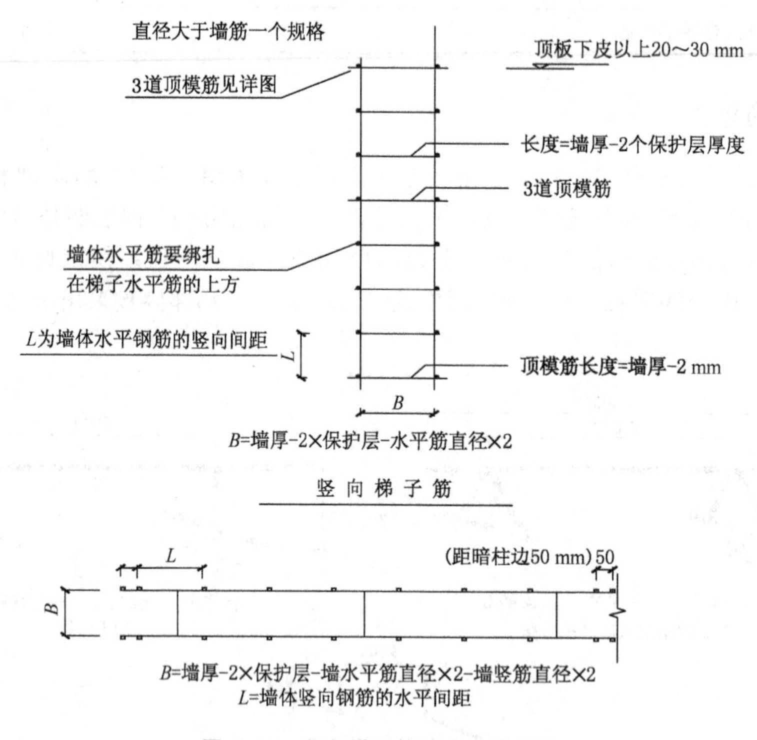

图1-37 竖向梯子筋及水平梯子筋

竖向梯子筋加工时尺寸必须准确，误差不得大于3 mm，且应有专用的模具加工焊接，伸出楼面的尺寸要按相应钢筋搭接要求错开。

五、钢筋连接

（一）钢筋滚轧直螺纹连接

各子项基础及主体结构墙、柱、梁主筋连接形式为：≥ϕ18的钢筋采用等强滚轧直螺纹连接方式，<ϕ18的钢筋采用搭接。其中基础底板厚600 mm，承台厚1 200 mm，底板水平主筋接头采用滚轧直螺纹连接。因地下室层高6.0 m，层高比较高，地下室框架柱在地下室底板面以上2 m部位设一道直螺纹接头，接头位置错开。地下室墙体配筋均为双向双排钢筋网片，墙端及纵横墙交接处均设暗柱，墙及暗柱在地下室底板面以上500 mm部位设一道直螺纹接头，接头位置错开，暗柱与墙钢筋均采用滚轧直螺纹连接方式。层高特别高，二层柱分两节施工，二层柱钢筋设3道直螺纹接头，在13.500 m标高设施工缝，施工缝插筋，每根柱插筋9ϕ16，单

根长度1.6 m。

（二）工艺流程

检查设备→钢筋下料→钢筋滚轧→接头试件试验→钢筋连接→质量检查

（三）施工要点

直螺纹套筒要有产品合格证，套筒两端有密封盖，套筒表面有规格标记，进场时需进行复检。按规定要求进行现场取样，同规格、同型号的接头单向拉伸试验以不大于500个接头为一验收批。钢筋下料时不得用电焊、气割焊等方法切断。钢筋端面平直并与钢筋轴线垂直，不得有马蹄形或扭曲。钢筋丝头加工完毕后应立即戴上保护帽或拧上连接套筒，防止装卸钢筋时损坏丝头，钢筋连接套筒不得有表面裂纹及内纹，不得有明显锈蚀。受拉区钢筋接头百分率不大于50%，受压区接头百分率可不受限制。底板钢筋连接按50%考虑，下铁接头位置尽量避开支座弯矩最大处。上铁搭接尽量避开跨中最大弯矩处。接头连接完毕后，专人进行接头检查。梁钢筋连接上铁在跨中1/3区段，下铁连接在支座1/3区段。连接完毕后，专人进行检查。柱子钢筋连接：柱子钢筋连接接头位置距地大于500 mm，两接头位置相互错开35d（d为钢筋直径）。钢筋接头试验在现场取样，取样时保证取样的质量和代表性，确保接头合格率100%。连接钢筋时必须用管钳扳手拧紧，使两钢筋丝头在套筒中央位置相互顶紧，套筒外露丝扣不得超过2扣整丝，并用红油漆加以标记。

（四）检验与验收

直螺纹连接前，技术提供单位提供有效的检验报告；直螺纹工艺试验现场取样试件连接接头的强度检验必须合格；直螺纹连接前与连接后应对钢筋及套筒进行外观检查，发现钢筋端头弯曲或套筒表面有裂纹视为该接头不合格。

六、钢筋绑扎

（一）施工准备

绑扎前熟悉施工图及规范，对照钢筋配料表，核对钢筋形状、尺寸、数量及质量。若有错漏，应立即纠正增补。绑扎形式复杂的结构部位时，合理安排好钢筋穿插就位的顺序。HPB235级钢筋绑扎后铺脚手板作为人行通道，不允许直接踩踏钢筋，施工作业面已弹好线，水电及其他专业做好交接检查。

（二）基础底板钢筋绑扎

基础底板钢筋绑扎顺序要求下铁南北向钢筋在下先绑、东西向钢筋在上后绑，上下铁相反。底板钢筋绑扎前在垫层上放样弹出钢筋位置线，分段按序进行，先绑扎集水坑，再铺放基础底板下层筋及基础加强钢筋，铺完绑扎后垫好垫块。垫块间距为600 mm×600 mm，呈梅花形布置，保证底板钢筋保护层厚度为50 mm。绑底板上层钢筋设置上层支撑铁，支撑铁采用ϕ25钢筋制作，间距1 m，并严格控制马凳高度，避免超高。排放钢筋时钢筋接头应相互错开，插筋时要校正准确位置，加设定位筋固定。

（三）柱基、承台、条基、管沟底板钢筋绑扎

基础钢筋绑扎顺序要求长向钢筋在下先绑、短向钢筋在上后绑，上下铁相反。柱基、承台及条基绑扎前在垫层上放样弹出钢筋位置线，按序进行，铺放柱基和条基下层筋，铺完绑扎后垫好垫块且垫块强度必须足够。垫块间距 1 m，呈梅花形布置，保证柱基和条基钢筋保护层厚度为 40 mm。绑柱基、承台、条基上层钢筋，设置上层支撑铁，支撑铁采用 ϕ25 钢筋制作成三角马凳，间距 1 m。管沟底板上层钢筋设置上层支撑铁，支撑铁采用 ϕ20 钢筋制作成三角马凳，间距 1 m。严格控制马凳高度，避免超高。排放钢筋时钢筋接头应相互错开，插筋时要校正准确位置，加设定位筋固定。

（四）柱筋绑扎

柱筋绑扎工艺流程：套柱箍筋→画箍筋间距线→绑箍筋。

柱筋绑扎要点：柱钢筋绑扎时，应在柱四周搭设临时脚手架，避免踩踏钢筋；柱筋应逐点绑扎，箍筋根据设计要求，注意箍筋加密区；合模后对伸出的竖筋进行修整，并绑定位筋，避免钢筋位移；柱的保护层厚度采用塑料卡进行控制，间距 1 m，呈梅花形布置。如图 1-38 所示。

图 1-38　柱筋绑扎

图 1-39　梁筋绑扎

（五）梁筋绑扎

梁筋绑扎工艺流程：排间距→固定下铁→套箍筋→按间距绑梁上铁。

梁筋绑扎要点：梁纵向受力钢筋出现双层或多层排列时，即梁下铁、梁上铁有两排或多排钢筋时，排与排钢筋之间用 ϕ25 钢筋做垫铁，长度同梁宽，间距 1 m。如纵向钢筋直径 $\phi >$ 25 mm 时，短钢筋直径规格宜与纵向钢筋规格相同，以保证设计要求。用垫铁以保证钢筋排与排之间的距离。如图 1-39 所示。

（六）墙筋绑扎

墙筋绑扎工艺流程：立墙体定位筋→绑定位横筋→绑其余水平及竖向筋→绑墙体上口水平定位梯子筋。

墙筋绑扎要点：墙、柱钢筋绑扎时，应在墙、柱两侧搭设临时脚手架，避免踩踏钢筋；为

保证墙体钢筋的位置正确，加工墙体定位筋，墙两端及拐点均应布置；钢筋定位筋、墙体钢筋在暗柱位置应进入柱内，严禁从外围绕过；墙筋应逐点绑扎，双排钢筋之间应绑拉筋，拉筋根据设计要求呈梅花形布置；合模后对伸出的竖筋进行修整，并绑定位筋，避免钢筋位移；墙的保护层厚度采用塑料卡进行控制，间距 1 m，呈梅花形布置；墙体竖向钢筋搭接位置如图 1-40 所示。

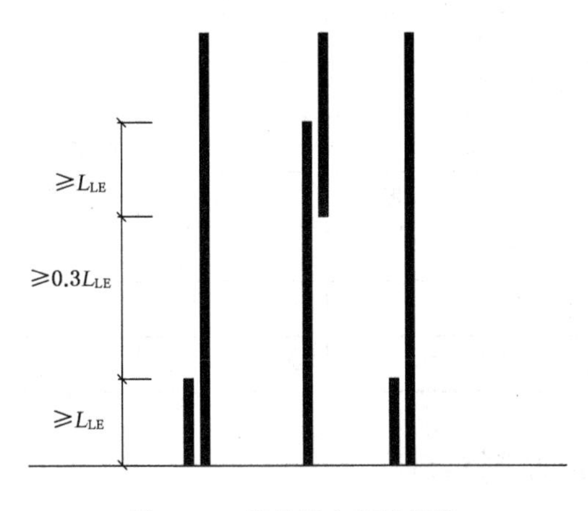

图 1-40　墙体竖向钢筋搭接

七、顶板钢筋绑扎

顶板钢筋绑扎工艺流程：清理模板→画线分档→绑下铁→绑负弯矩筋→垫保护层→检验与验收水电及专业预埋。

顶板钢筋绑扎要点：板筋按照先铺短跨后铺长跨的原则，根据顶板模板的弹线间距，先铺受力钢筋后放分布筋，搭接位置为板端，要求板下层钢筋压满墙；板筋绑扎严格按图纸要求，提前在模板上画好主筋、分布筋间距，按线绑扎钢筋，确保位置准确；板筋施工时，应先绑扎下铁，待水电等专业穿插作业完毕后再绑扎上铁；板中有暗梁时，应先绑暗梁钢筋，再摆放板钢筋；绑扎板筋一般用顺扣，除外围两行筋必须逐点绑扎外，其余点可交错绑扎；但双向板、负弯短筋相交点必须全部绑扎；板筋下层筋在支座处搭接，上层筋在跨中搭接；板筋保护层厚度采用塑料垫块，间距 1.0 m，呈梅花形布置。

八、楼梯钢筋绑扎

楼梯钢筋绑扎工艺流程：画位置线→绑主筋→绑分布筋→绑踏步筋。

楼梯钢筋绑扎要点：在楼梯底板上画主筋和分布筋位置线；按照先绑楼梯梁后绑板筋、先绑主筋后绑分布筋的顺序进行绑扎，每个交点均应绑扎，板筋要锚固到梁内；底板筋绑完，待踏步模板吊模支好后再绑扎踏步钢筋；二次结构拉结筋、构造柱（梁底部位）、圈梁、压顶等钢筋均采用化学植筋，以保证主体结构模板及混凝土表面完好。钢筋绑扎允许偏差如表 1-7 所示。

表 1-7　钢筋绑扎允许偏差

项次	项　目		允许偏差(mm)	检查方法
1	绑扎骨架	宽、高	±5	尺量
		长　度	±10	
2	受力钢筋	间　距	±10	尺量
		排　距	±5	
3	箍筋、构造筋间距		±10	尺量连续 5 个间距
4	受力主筋保护层	基　础	±5	尺量受力主筋外表面至模板内表面垂直距离
		梁、墙、楼板	±3	
5	基础马凳铁高度		±5	尺量
6	钢筋弯起点位置		10	尺量
7	直螺纹接头外露完整丝扣		不大于 1 扣	目测

九、钢筋施工质量控制措施

（一）材料检验与保管措施

质检、材料员对钢筋严格把关，不合格或严重锈蚀的钢筋坚决退场。钢筋堆放场地做好防雨和排水措施，避免钢筋锈蚀及混放。

（二）钢筋加工控制措施

在大批成型弯曲前先进行试成型并做出样板，再调整好下料长度，正式加工。钢筋下料前对钢筋弯曲的应先予以调直，下料时控制好尺寸，对切断机的刀片间隙等调整好，一次切断根数适当，防止端头歪斜不平。对机械连接的钢筋端头要用切割机下料，确保端头平整，无马蹄毛刺。已加工成型的钢筋应挂牌标识，分类堆放，避免混放及错用。

（三）钢筋绑扎

钢筋绑扎应“七不准”和“五不验”。“七不准”：已浇筑混凝土浮浆未清除干净不准绑扎钢筋，钢筋污染清除不干净不准绑扎钢筋，控制线未弹好不准绑扎钢筋，钢筋偏位未检查、校正合格不准绑扎钢筋，钢筋接头本身质量未检查合格不准绑扎钢筋，技术交底未到位不准绑扎钢筋，钢筋加工未通过验收不准绑扎钢筋。“五不验”：钢筋未完成不验收，钢筋定位措施不到位不验收，钢筋保护层垫块不合格、达不到要求不验收，钢筋纠偏不合格不验收，钢筋绑扎未严格按技术交底施工不验收。

认真按位置线进行钢筋绑扎，剪力墙设竖向及水平梯子筋，避免钢筋位移。严格控制钢筋保护层，墙、柱、梁、板保护层采用塑料垫块或塑料卡，提前按要求向厂家订货加工。绑扎钢筋先搭设脚手架或人行通道，不得随意踩踏钢筋。钢筋绑扎后要求横平竖直，经检查验收合格后方可合模。混凝土浇筑前应对钢筋位置进行复检，混凝土浇筑时避免碰撞钢筋，如发生位移应及时校正。

十、钢筋工程的文明施工与产品保护

（一）安全与文明施工

进场钢材、半成品等应按规格、品种分别堆放整齐；钢筋加工操作台要稳固，照明灯具必须加防护措施。多人合运钢筋，起、落、转、停动作要一致，人工上下传送不得在同一垂直线上。钢筋堆放要分散、稳当，防止倾倒和塌落。在高空、深坑绑扎钢筋和安装骨架，须搭设脚手架和马道。绑扎立柱、墙体钢筋，不得站在钢筋骨架上和攀登骨架上下。绑扎基础钢筋时，应按施工设计规定摆放钢筋，钢筋支架或马凳架起上部钢筋，不得任意减少马凳或支架。绑扎挑梁、外墙、边柱钢筋，应搭设外挂架或安全网，必要时须系好安全带。起吊钢筋骨架，下方禁止站人，必须待骨架降落到离地面 1 m 以内始准靠近，就位支撑好方可摘钩。进入施工现场戴好安全帽，系好帽带。

（二）安全及雨季施工管理

施工前，做好安全技术交底工作，要有文字记录并签字齐全。钢筋吊运钢索必须满足要求，吊点要选择好专人负责指挥。施工作业时，施工人员必须遵守现场的安全操作规程，戴好安全帽，穿好防滑鞋，高空作业要系好安全带，不得违章指挥、违章操作。严格按机械操作规程使用钢筋加工、成型机械。现场严禁吸烟，用火必须开用火证，灭火器等消防器具齐全。所有电动设备、工具均需处于良好绝缘状态，不得有漏电现象；项目部安全部门应经常检查电线、电缆有无破损处，发现问题应及时处理。所有电器、机械设备管理人员均需持证上岗，非专业人员禁止动用设备。雨季空气潮湿，临时配电、漏电保护装置应齐全有效；必须定期检查其灵敏度，更不允许随便拆卸。雨天不宜进行焊接，如需施工必须采取有效遮蔽措施，焊后未冷却的接头不得碰到雨水。塔吊均应安装避雷接地装置，接地电阻不大于 4 Ω，定期检查其可靠性；基础周围不得有积水和杂物；施工用脚手架、吊篮、电气设备，在雨后应组织例行检查，发现隐患应立即解决后方可使用。施工机具在室外设置，要有防雨罩或其他防雨装置；设备的电源线应悬挂固定，不用时应拉闸断电；电焊机的线缆不得置于坑洼积水处，严禁水泡。如遇雷雨天气，应立即离开现场；禁止在钢筋林立的地方停留或继续施工，以防雷击伤人。大风、大雨过后应及时检查工人宿舍住房，保证工人安全。应避免油污沾染钢筋，现场用剩的脱模剂和废机油应集中处理，避免直接倾倒，污染土壤或水源。现场钢筋废料及时回收处理，零料应尽可能做到充分利用。钢筋绑扎及运料时要轻拿轻放，夜间施工禁止大声喧哗。夜间进行钢筋电焊及切割钢筋作业应有有效的遮光、减噪措施。

（三）已完工产品的保护

顶板的钢筋绑完后，铺上脚手板，不得在上面踩踏行走，钢筋上不准放材料。成型钢筋应按指定地点堆放，用垫木垫放整齐，防止钢筋变形、锈蚀、油污。绑扎墙筋时应搭设架子，不准蹬踩钢筋。各工种操作人员不准任意蹬踩钢筋或掰动及切割钢筋。模板刷隔离剂时，严禁污染钢筋。绑扎钢筋时严禁碰动预留洞模板及预埋件。浇筑混凝土时应设专人看管钢筋，及时修正。

第二篇　建筑钢结构实用施工新技术

第一节　钢结构的应用与制作技术

一、高强度钢的分布

图 2-1、图 2-2 为高强度钢的分布图，主要用钢为 Q345C 和 Q390D 钢材，局部采用 Q420D 和 Q460E 钢材。根据工程结构特点，Q390D 钢材应用非常普遍，Q420D 和 Q460E 主要分布在钢结构受力复杂部位，如节点连接部位和钢结构悬臂处。

图 2-1　屋架钢结构用钢分布(一)

图 2-2　屋架钢结构用钢分布(二)

二、高强度钢和厚钢板的重量统计

以钢结构深化设计实体模型为基础，对钢材净重量进行统计，Q345C 以上强度钢材重量约为 9.31 万 t，占钢材总重量的 80.2%。对工程中厚度钢板重量进行统计，厚度在 35 mm 以上的钢板约 6.69 万 t，占钢材总重量的 70.8%。上述统计结果表明，高强度钢和厚钢板所占的比重较大，且所有钢材由国内多家钢厂生产。

表 2-1 对 Q390D 和 Q345GJ 的 50～100 mm 厚钢板进行了对比分析。对比表明，对 50～100 mm 的厚钢板，Q345GJ 屈服强度下限值比 Q390D 屈服强度小 5 MPa，对构件钢材强度设计值影响较小；Q345GJ 和 Q390D 抗拉强度下限值相同，满足设计破坏荷载作用下的要求；Q345GJ 伸长率大于 Q390D，抗震性能更好；屈强比≤0.83，满足抗震规范要求，冲击功和弯曲试验等力学性能要求相同。

表 2-1　Q390 与 Q345GJ 力学性能对比表(50～100 mm 厚)

牌号	质量等级	屈服点(MPa)	抗拉强度(MPa)	伸长率(≥,%)	冲击功 A_{kv} 纵向		180° 弯曲试验	屈强比 ≤
					温度(℃)	≥(J)		
Q345GJ	C	325～435	490～610	22	0	34	3a	0.83
					−20			
					−40			
Q390	D	330	490～650	20	0	34	3a	—
					−20			
					−40			

表 2-2 对 Q390 和 A572. Gr50 钢厚度为 35～100 mm 钢板力学性能进行了对比。对比表明,对厚度为 50～100 mm 的钢板,A572. Gr50 屈服强度下限值比 Q390 屈服强度大15 MPa,对厚度为 35～50 mm 钢板则屈服强度小于 5 MPa,但抗拉强度下限值小40 MPa;A572. Gr50 伸长率大于 Q390,抗震性能较好;冲击功和弯曲试验等力学性能 A572. Gr50 钢需要在订货时采取附加技术条件。

表 2-2　Q390 与 A572. Gr50 力学性能对比

牌号	屈服点(MPa)	抗拉强度(MPa)	伸长率(≥,%)	冲击功 A_{kv} 纵向		180° 弯曲试验	屈强比 ≤
				温度(℃)	≥(J)		
A572. Gr50	345	450	21	附加条件			
Q390	t≤50 mm 时 350 t>50 mm 时 330	490～650	20	0	34	3a	—
				−20			
				−40			

Q345GJ 和 Q390 钢材化学成分分析比较:Q345GJ 碳当量较低,可焊接性能较好;Q345GJ 降低了 S、P 有害元素含量,厚度方向性能对 S、P 含量的要求等按相关标准执行,并且《低合金高强度结构钢》(GB/T 1591—2004)未对 Q390 钢碳当量 C_{eq}、焊接裂纹敏感性指数 P_{cm} 作规定。

按当时冶金行业标准《高层建筑结构用钢板》(YB 4104—2000)生产的高性能钢结构用厚板 Q345GJ 具有较 Q390 钢更为良好的延性、冲击性能与焊接性能;经分析比较,板厚35 mm以上材料可采用A572. Gr50替代,但相应指标在钢材订货合同中通过附加条件来满足设计要求。Q390D 厚钢板被代替后更易满足厚板在工厂与工地的焊接工艺要求,大大提高了焊接施工的易操作性。设计和施工时按照钢构件的结构部位对材料钢号、物理和化学技术指标等做出具体规定。Q235、Q345、Q390 及 Q420 钢材质量应该分别符合国家现行《碳素结构钢》(GB/T 700—2006)和《低合金高强度结构钢》(GB/T 1591—2008)的规定;Q345GL 钢材应该符合《建筑结构用钢板》(GB/T 19879—2005)的规定;A572. Gr50 钢材应符合《高强度低合金铌钒结构钢》(ASTM A572—2003a)美国材料与试验协会标准规定,并且具有抗拉强度、屈服强度、硫磷含量的合格保证,还应有碳含量、冷弯试验、冲击韧性的合格保证;具有 Z 向性能的材料应符合现行国家标准《厚度方向性能钢板》(GB/T 5313—2010)中有关硫含量的规定。因钢材为国内生产,钢材的交货状态为:Q235、Q345 采用正火或热轧,其他钢材采用正火或者温度—变形控轧控冷皆可。

三、钢材采购技术条件分析

下面按照材料钢号对工程中钢材采购技术条件进行说明。

1. 钢材牌号:Q460E、Q460E—Z25/Z35

执行标准:《低合金高强度结构钢》(GB/T 1591—2008)、《厚度方向性能钢板》(GB/T 5313—2010)、《建筑结构用钢板》(GB/T 19879—2005)、《中厚钢板超声波检验方法》(GB/T 2970—2004)。

附加技术要求:屈服强度与抗拉强度之比小于 0.85;伸长率大于 20%;碳当量 $C_{eq} \leqslant 0.50\%$(计算公式按 GB/T 19879—2005 计算);焊接裂纹敏感性指数 $P_{cm} \leqslant 0.29$(计算公式按 GB/T 19879—2005),厚度为 15~60 mm 时选用 Z25,厚度大于等于 60 mm 时选用 Z35;Z 向性能逐张检验,探伤按Ⅲ级执行。

2. 钢材牌号:Q390D、Q420D

按技术指标要求,根据不同部位和板厚分别具有 Z 向性能,达到 Z15、Z25 和 Z35 要求。

执行标准:《低合金高强度结构钢》(GB/1591—2008)、《厚度方向性能钢板》(GB/T 5313—2010)、《建筑结构用钢板》(GB/T 19879—2005)、《中厚板超声波检验方法》(GB/T 2970—2004)。

附加技术要求:屈服强度与抗拉强度之比小于 0.85;伸长率大于 20%;碳当量 $C_{eq} \leqslant 0.50\%$(计算公式按 GB/T 19879—2005 计算);焊接裂纹敏感性指数 $P_{cm} \leqslant 0.29$(计算公式按 GB/T 19879—2005),厚度为 15~60 mm 时选用 Z25,厚度大于等于 60 mm 时选用 Z35;Z 向性能逐张检验,探伤按Ⅲ级执行。

3. 钢材牌号:Q345GJC

按技术指标要求,根据不同部位和板厚分别具有 Z 向性能,达到 Z15、Z25 和 Z35 要求。

执行标准:《建筑结构用钢板》(GB/T 19879—2005)。

附加技术要求:碳当量 $C_{eq} \leqslant 0.48\%$(计算公式按 GB/T 19879—2005 计算);焊接裂纹敏感性指数 $P_{cm} \leqslant 0.29$(计算公式按 GB/T 19879—2005 计算);Z 向性能逐张检验,探伤按Ⅲ级执行。

4. 钢材牌号:A572.Gr50

按技术指标要求,根据不同部位和板厚分别具有 Z 向性能,达到 Z15、Z25 和 Z35 要求。

执行标准:《高强度低合金铌钒结构钢》(ASTM A572—2003a)、《建筑结构用钢板》(GB/T 19879—2005)、《厚度方向性能钢板》(GB/T 5313—2010)、《中厚钢板超声波检验方法》(GB/T 2970—2004)。

附加技术要求:屈服强度与抗拉强度之比小于 0.85;伸长率大于 20%;碳当量 $C_{eq} \leqslant 0.50\%$(计算公式按 GB/T 19879—2005 计算);焊接裂纹敏感性指数 $P_{cm} \leqslant 0.29$(计算公式按 GB/T 19879—2005计算);Z 向性能逐张检验,探伤按Ⅲ级执行,180°冷弯试验,$d = 3a$(d 为弯心直径,a 为试样厚度);冲击试验:温度 0℃,冲击功 34 J。

5. 钢材牌号：Q235C、Q345C

按技术指标要求，根据不同部位和板厚分别具有 Z 向性能，达到 Z15、Z25 要求。

执行标准：《碳素结构钢》(GB/T 700—2006)、《低合金高强度结构钢》(GB/T 1591—2008)、《厚度方向性能钢板》(GB/T 5313—2010)、《建筑结构用钢板》(GB/T 19879—2005)、《中厚板超声波检验方法》(GB/T 2970—2004)。

附加技术要求：Z 向性能板的探伤按照Ⅲ级执行。

四、钢材复验

由于工程用钢量大、强度高、钢类别多且施工进度紧迫，并且现有规范有关复验检验批数量的规定难以覆盖和适用各类工程，为保证钢材适用安全和工程质量，施工中制定了下列钢材复验检验批方案，以规范钢材复验工作。对 Q235、Q345 且板厚小于 40 mm 的钢材，由于是国内工程中常规使用、钢厂生产工艺成熟且产品质量较为稳定的产品，对每个钢厂首批（每种牌号 600 t）的钢板或型钢，同一牌号、不同规格的材料组成检验批，按 150 t 为一批，当首批复验合格则扩大至 400 t 一批；对 Q235、Q345 且板厚大于或等于 40 mm 的钢材，对每个钢厂首批（每种牌号 600 t）的钢板或型钢，同一牌号、不同规格的材料组成检验批，按 60 t 为一批，当首批复验合格则扩大至 400 t 一批；对 Q390D、Q345GJC 和 A572. Gr50 钢材，对每个钢厂首批（每种牌号 600 t）的钢板或型钢，同一牌号、不同规格的材料组成检验批，按 60 t 为一批，当首批复验合格则扩大至 200 t 一批；对 Q420D 和 Q460E 高强度钢材的化学分析、拉伸、冲击和弯曲性能复验，每个检验批由同一牌号、同一炉号、同一厚度、同一交货状态的钢板组成，且每批重量应不大于60 t；厚度方向断面收缩率复验，Z15 级钢板每个检验批由同一牌号、同一炉号、同一厚度、同一交货状态钢板组成，且每批重量应该不大于 25 t，Z25、Z35 级钢板应逐张复验；厚度方向性能钢板应逐张探伤复验。在钢材选用过程中需要组织多次专家论证，从工程实施效果来看钢材质量均满足相关技术要求，也从另一方面说明国内多个钢厂生产的厚钢板和高强度钢已经能够满足建筑用钢要求。但是钢材质量保证的基本环节在于钢厂，建筑钢材采购订货时宜妥善选择质量确有保证的钢厂，并在合同中妥善约定有关技术要求和补充技术条件，如图 2-3 和图 2-4 所示。

图 2-3　会展中心屋架结构建筑用钢

图 2-4　会展中心钢结构节点用钢

五、高强钢焊接技术

对于抗震设防要求高，结构构造复杂，异形构件，连接形式多样的结构，钢结构制作与施工具有相当的难度，主要体现在以下两个方面：①构件截面形式、节点连接复杂多样，加工制作困难。构件截面复杂、拼装难度大、精度保证困难，大量采用低合金高强度厚钢板，需采用多种专用生产线，节点数量多，连接构件角度变化大，组装精度要求高，大量构件需要采用端部铣平、精密制孔；工厂组装后的构件内应力大，需要采用适当的方法消减焊接残余应力。②材料强度等级高，构件板材超厚，焊接质量要求高。本工程使用的钢板厚度基本以 50 mm、60 mm、80 mm、90 mm、100 mm 为主，钢材等级以 Q390D 级为主，相当部分为 Q420D、Q460E 级。

（一）钢结构焊接制作的难点

构件焊接残余应力与变形大，若工程使用钢材均为厚板、超厚板，钢材截面占构件截面比例高，构件内有效空间较小，大部分焊接必须采用外侧单面坡口施焊工艺，导致结构焊接时填充焊材熔敷金属量大，焊接时间长，热输入总量高，构件施焊时焊缝拘束度高，焊后残余应力和变形大。加之结构复杂，各单体结构均属复合型构件，焊接应力方向不一致，横、纵、上、下立体交叉，互相影响，极易造成构件综合变形。

层状撕裂倾向性大，构件在板厚方向焊接拘束刚度大，易产生钢板厚度方向的层状撕裂，直接导致构件报废。从焊接理论与焊接实践中证实，层状撕裂缺陷最容易产生在钢板厚度方向的接头上。如何采取有效的工艺措施，预防控制焊缝裂纹与母材层状撕裂的发生并确保不利连接形式的焊接质量，是本工程钢结构制作的一大特点。

焊缝裂纹发生的可能性大，由于厚板焊接时拘束度大，节点复杂，焊接残余应力大，焊缝单面熔敷金属量大，施焊作业时间长，在焊接施焊过程中，稍有不慎易产生热裂纹与冷裂纹，有的甚至是焊后几天才出现延迟裂纹，焊缝质量难以保证，必须采用相应的特殊工艺措施进行处理。

（二）高强度钢材厚板焊接技术方案

针对高强、超厚板焊接过程的特点与难点，需要制定全面的构件加工焊接工艺，确保钢结构的制作与施工质量，具体体现在以下 5 个方面：

1. 温度控制

厚板在焊接前钢板的板温较低，施焊时电弧的高温导致厚板在板温冷热骤变的情况下温度分布不均匀，焊缝热影响区域产生淬硬，焊缝金属变脆从而产生冷裂纹，为避免类似情况发生，厚板焊接前必须进行预热，加热时母材的最小预热温度按板材的不同厚度进行。预热时焊接部位的表面用电加热方式均匀加热，加热区域为焊接处较厚板的 2 倍板厚范围，并不小于 100 mm，加热点应尽可能在施焊部位的背面。当环境温度低于 0℃时，原来不需要预热的焊接接头也应将母材预热到 21℃以上，且焊接期间应保证工艺规定的最低预热温度；厚板焊接时，因板温的冷却速度较快，造成温度下降，为使焊接的层间温度一直保持在200～300℃之间，本工程除了采用数显自动温控箱来调节红外线加热板加热温度外，同时采用数显测温仪随时对焊接点的前后和侧面进行测温；厚板对接焊后应立即对焊缝及其两侧的局部母材进行红外线加热，并用石棉布铺盖保温 2～6 h 后空冷，这样的后热处理可使焊前渗入熔池的扩散氢迅速溢出，防止焊缝及热影响区内出现氢致裂纹。

2. 变形控制

选用的钢结构焊缝变形大，若不进行有效控制，将会直接导致构件的外形尺寸精度严重超差，构件质量达不到设计和规范要求。控制焊缝变形的措施主要有：

（1）合理安排焊接顺序。选择与控制合理的焊接顺序，既是防止产生焊接应力的有效措施，也是防止焊接变形的有效方法之一。根据不同的焊接方法制定不同的焊接顺序：埋弧焊一般采用逆向法、退步法；CO_2气体保护焊及手工焊采用对称法、分散均匀法。编制合理的焊接顺序的方针是“分散、对称、均匀和减小拘束度”。

（2）厚板对接焊后的角变形控制。为控制变形，必须对每条焊缝正反两面分阶段反复施焊，或同一条焊缝分两个时段施焊。施焊时注意随时观察其角变形情况，准备翻身焊接，以尽可能减少焊接变形及焊缝内的应力。对异形厚板结构，可设置胎膜夹具，对构件进行约束来控制变形。由于工程厚板异形结构造型奇特，断面、截面尺寸各异，在自由状态时施焊，尺寸精度难以保证，故根据构件形状来制作胎膜夹具，将构件置于固定状态下进行装配、定位、焊接，进而控制焊接变形。

（3）采取反变形控制措施。由于工程中钢板超厚，全熔透焊缝范围大，焊接后上下翼缘板外伸部分会产生较大的角变形。厚板的角变形往往不易矫正，为减少矫正工作量，可在板件拼装前将上下翼缘板先预设反变形，由于焊接角变性效应，构件焊后基本可以使翼缘恢复至平衡状态，反变形角度通过对焊缝焊接过程中输入量的计算及以往工程实践经验综合予以确定。

（4）对结构进行优化设计。结构中节点设计的合理性对构件的焊接变形影响大，深化设计时应考虑的因素包括：构件分段易于切分；焊缝强度等级要求合理，易于施工；节点刚度分配合理，易于减少焊缝焊接时的拘束度等。

3. 过程控制

（1）定位焊技术。由于厚板在定位焊时，定位焊处的温度被周围的“冷却介质”很快冷却，造成局部过大的应力集中，引起裂纹，对材质造成损坏。解决的措施是厚板在定位焊时，提高预加热温度，加大定位焊缝长度和焊角尺寸。其定位焊过程如图 2-5 所示。

（2）多层多道焊。在厚板焊接过程中，应坚持多层多道焊，严禁摆宽道。由于木材对焊缝的拘束应力大，焊缝强度相对较弱，摆宽道焊机容易引起焊缝开裂或延迟裂纹发生。而多层多道焊，前一道焊对后一道焊来说是一个预热的过程；后一道焊缝对前一道焊缝相当于一个后热处理的过程，可有效改善焊接过程中的应力分布状态，保证焊接质量。其焊接过程如图 2-6 所示。

图 2-5　定位焊施焊过程

图 2-6　多层多道焊施焊过程

（3）焊接过程中的检查。厚板焊接不同于中薄板，需要几个小时乃至几十个小时才能施焊

（4）焊后检测。厚钢板焊缝的超声波检测，应在焊后 48 h 或更长时间进行，如果进度允许，也可在构件出厂前进行检测以确保构件合格，避免延迟裂缝对于工件的破坏。

4. 坡口控制

在号料、切割过程中，对厚板焊接坡口形式的选择尤为重要，厚板的坡口一般应避开板的中心区域，此时采取的主要措施有：在满足设计要求的焊透深度前提下，尽量减小坡口的角度和间隙；在不增加坡口角度的情况下适当增大焊角尺寸，以增加焊缝受力面积，从而降低板厚方向的应力值；在角接接头中采用对称坡口或偏向于侧板的坡口，使焊缝收缩产生的拉应力与板厚方向成一定角度，尤其当焊接超厚板时，侧板坡口面角度应超过板厚中心以减小层状撕裂倾向；同一条焊缝中若存在全熔透与半熔透两个区域，则其相交部位以保持焊缝坡口最大宽度不变、深度与间隙渐变过渡为原则进行处理；不同厚度的钢板对接，当 $t_{1}-t_{2}>3$ mm 时即对厚板进行削斜过渡，保证对接削斜区延长尺寸。

在组焊过程中注意采取上述坡口控制措施，可使焊缝连接平稳过渡，避免连接强度突变而造成的应力集中、构件破坏，有利于钢板连接处的自动焊施焊及焊接质量的提高。

5. 降低残余应力的措施

考虑构件特殊性，尽量采取上述多项措施来控制焊接应力与变形，焊接完成后的构件中依然存在相当大的残余应力，加工时主要从以下方面来减少残余应力：工件整平，在整平过程中，通过加大对工件切割边缘的反复碾压，可有效降低收缩应力；局部烘烤，控制加热温度范围，在构件完工后对其焊缝背部或两侧进行烘烤，对降低残余应力非常有效；超声波振动，经过对构件进行超声波振动效益测试，证明此方法对降低焊接残余应力极为有效，消除率达 75%以上，该方法不受工件尺寸、形状、重量等限制，对降低工件残余应力有明显效果；冲砂除锈时利用喷出的高压铁砂束对构件焊缝及热影响区反复、均匀地冲击，不仅可以除锈，而且可以降低构件部分残余应力。

采取上述措施降低构件残余应力后，为测得实际效果并采取有效控制措施，采用盲法进行残余应力的检测，测量点主要选择电焊渣和埋弧焊焊缝，如图 2-7、图 2-8 所示。

图 2-7　电焊渣盲法残余应力检测

图 2-8　埋弧焊焊缝盲法残余应力检测

六、复杂钢结构构件制作工艺

（一）复杂钢结构制作技术问题解决的思路

从结构的整体考虑，应将构件拆分为几个独立而自身能稳定的部件，目的是使部件自身焊接内应力保持平衡，而拆除后的部件之间又以自由端互相焊接，这样就减少了焊接时部件的相互牵制。同时，将部件之间在连接处的材料预留一定的余量，以消除部件焊接变形引起的尺寸误差，从而控制了构件整体的变形和将内应力降为最低，将不确定的因素转变为可预见和可控制的因素。在部件的选择上，尽量考虑部件焊缝的对称性，对非对称的焊缝应通过计算及以往工程的经验比较后得出焊接引起的变形量，在零件准备和焊接顺序上做好充分准备，这样要求制作和焊接工艺要结合给出对策。

在编制工艺时要一切从焊接的可操作性、可控制性出发安排组装秩序；正确应用好钢结构规范上的公差规定范围，在规定公差的基础上考虑余量的设放，从而保证产品在合格范围内；要建立一套较完整的工艺编制和审核制度，使其在工程开工之初就能预计到工程进行中的问题，即自己提问题自己解决问题；根据构件的节点形式，验收以满足安装需要、满足规范要求为原则。

（二）经脉钢骨架柱制作工艺

1. 钢骨架部件的拆分

根据埋入式柱的结构特点将构件拆分为地上段、埋入段、底板、可拆分的斜撑箱型牛腿、不可拆分的斜撑箱型牛腿五部分。在拆分段的连接处预留用于铣削、调整位置用的二次切割余量。规定了这些部件制作成型后的测量基准。

2. 钢骨架构件的制作步骤

(1) 由于经脉钢骨架菱形箱体内有 80 mm 的斜撑连接板的支持板，此板与菱形箱体的翼腹板为焊透焊缝，如菱形箱体组成后再焊接此板，按目前条件无法实施，因此需调节制作工艺从三角组件开始，详图明确显示垂直柱中心线截面和板组装后焊接前垂直柱中心线截面。三角组件在组装时要考虑 3 条纵缝在焊接时的焊缝横向收缩量和收缩引起的截面变形的协调，根据焊接工艺试验的数据，同时考虑实际焊缝为拘束状态的角焊缝，因此横向焊缝收缩量的大小尺寸取 2～3 mm。根据此数值调整三角组件的装配角度从 90.6°调整到 91.5°，同时由焊透焊缝引起的角变形根据经验设置为 1°，此角度是在纵缝打底焊完成后用火工完成，焊接后使截面恢复到图纸尺寸。三角段在纵缝焊接时还存在扭曲问题，因此在三角组件的内部结构上采用工艺隔板，目的是增加面板在焊接时的扭转刚度，缩短扭曲的计算长度，同时在焊接时采用同焊接参数、同方向的焊接顺序。为减少三角组件在长度方向的拱曲，两翼板间的焊缝仅焊 1/2 高度，目的是在组合成方箱体时，使方箱体的 4 条纵缝在焊接时对称进行，减少箱体在长度方向的拱曲变形。

(2) 由于构件在垂直于轴线的截面为菱形，必须采用工艺隔板来保证截面组装后的形状，因此在胎架上固定三角部分的一块翼板，加隔板和工艺隔板，利用隔板调整另一腹板的扭曲，加另外两块翼腹板组合成方箱体；焊接箱体 4 条纵缝时，构件必须多点垫实，以防焊接时焊缝收缩和构件自重引起的弯曲和扭曲变形；焊接完成的部件必须要进行过程中的变形检验，要有检验人员参与，因此对此类刚度特大的构件，部件的合格决定了构件的合格；焊接后的箱体焊缝及焊缝附近 1 倍板厚的位置，其应力已达材料的屈服应力，因此后焊的零件对箱体的变形影响不大，此时可对箱体进行铣削定长，铣削后的上段柱放 3 mm 的与地板焊接的焊接收缩余量。

(3) 下节柱的制作过程同上节柱，工艺隔板选用 2 块，柱本体焊接完成后，铣本体端口，定长时长度放 6 mm 的与底板焊接收缩余量。

(4) 大斜撑连接牛腿制作,大斜撑牛腿有两种形式,分别是可单独制作的斜撑牛腿和不可独立制作的斜撑牛腿。可单独制作的斜撑牛腿的制作要点是斜撑连接板要按图纸的最大轮廓切割,单独组合焊接完成后的斜撑牛腿与柱本体的焊接边要进行二次切割,以适合变形后的本体,目的是保证焊缝的尺寸间隙和斜撑上口与柱上端口的相对尺寸。与主体在同一块板上的斜撑连接板,在下料时其上端与斜撑连接口的 3 条边均应放宽 5 mm 的调整余量,原因是此板为上节柱箱体的翼板之一,本体的纵缝焊接收缩导致斜撑上端的位置移动,本体焊接完成后可切除余量,在此板上组合牛腿的其余部分,当焊接另一斜撑连接板时要考虑焊缝收缩时导致的整个牛腿转动,解决的方法是在保证焊缝间隙的同时调整斜撑连接板的宽度。

(5) 底板的制作,柱底板由数控切割外形,底板上的锚栓孔由钻小孔后火焰切割而成,检测孔切割面,打磨或补焊孔表面,在底板的上、下面画出柱体的轮廓线,用于组装。

(6) 总装,要求使上、下节段的柱中心线调整在一条直线上。胎架为水平状态,调整胎架使得高差为 3 mm,放入上、下段后,复查上、下柱段对其状态;在柱底板的向上面必须画出柱的安装轮廓、十字中心线的位置;将 135 mm 厚的有孔底板插入柱间,与上节柱点焊在一起;推动下节柱顶紧底板,点焊焊接处;测量安装位置是否准确,焊接收缩余量是否设置,在胎架上焊接底板与柱身直到完成;矫正底板,焊接栓钉,清理构件表面,完成各种标记,钢构框架构件的制作如图 2-9、图 2-10 所示。

图 2-9 钢构件梁制作过程

图 2-10 钢构件梁柱结构组装过程

第二节 钢结构施工前的准备要求及技术

一、钢结构临时场地及周边场地硬化

施工现场的构件临时堆场设在指定位置,在地面上铺设木方,减少钢构件堆放时产生变形。构件堆放时注意排水方向,不要阻碍地面排水。拟在现场设置的 3 处构件临时堆场及拼装场地均位于施工场地硬化地面范围,因此,构件堆场注意排水及做好铺垫,以防止构件锈蚀与受损。工程施工现场材料堆放布置可参考图 2-11。

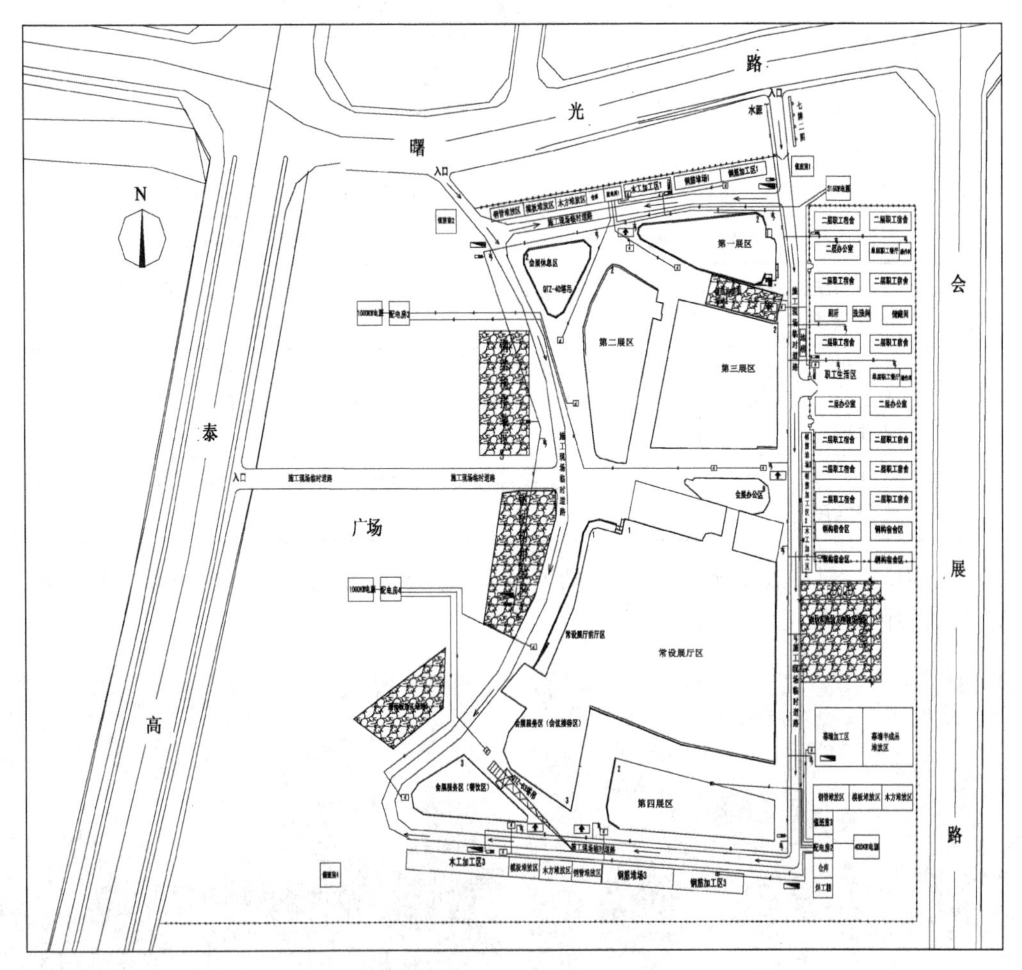

图 2-11　构件堆放平面布置图

二、钢构件进场准备

(一) 钢构件进场验收

钢构件、材料验收的主要目的是清点构件的数量、随车资料等,并将可能存在缺陷的构件在地面进行处理,使得存在质量问题的构件不进入安装流程。钢构件进场后,按货运单检查所到构件的数量及编号是否相符,发现问题应及时在回单上说明并反馈给制作工厂,以便工厂更换补齐构件。按设计图纸、规范及制作工厂质检报告单,对构件的质量进行表观验收检查,做好检查记录。经核对无误,对构件质量检查合格后方可确认签字,并做好检查记录。

(二) 构件堆放层次、顺序及原则

材料构件的堆放层次与顺序对于施工现场的维护以及工程的进展具有特殊的意义,科学的材料堆放层次及顺序如表 2-3 所示。

表 2-3 构件堆放的层次及顺序

序号	层次、顺序及规则
1	构件堆放按钢柱、钢梁、支撑、弦杆、檩条及其他构件分类进行堆放，其中钢梁及弦杆应单层堆放
2	构件应按照便于安装的顺序进行堆放，即先安装的构件堆放在上层或者便于吊装的地方
3	构件堆放时一定要注意把构件的编号或者标识露在外面或便于查看的方向
4	各段钢结构施工时，同时穿插其他各工种施工，在钢构件、材料进场时间和堆放场地布置时应兼顾各方
5	所有构件堆放场地均按现场实际情况进行安排，按规范规定进行平整和支垫，不得直接置于地上，要垫高 200 mm 以上，以便减少构件堆放变形；钢构件堆放场地按照施工区作业进展情况进行分阶段布置调整
6	每堆构件与构件处应留一定距离，供构件预检及装卸操作用，每隔一定堆数还应留出装卸机械翻堆用的空地

若施工现场材料堆放场地有限，科学的安排设计及利用是文明施工的可靠保证。施工现场材料堆放如图 2-12 和图 2-13 所示。

图 2-12 钢管混凝土柱构件堆放现场

图 2-13 钢结构柱构件堆放现场

（三）桁架安装前的轴线标高复核

由于本工程的桁架全部是搁置在钢骨柱柱顶及混凝土柱顶，桁架安装前，需要对已经浇筑好的混凝土结构及钢骨柱进行标高轴线复核。

三、临时支撑架的准备

（一）临时支撑架的选择

工程支撑架拟在现场加工，分为二、三展区外悬挑部分支撑架以及常设展区支撑架，规格如下：二、三展区外悬挑部分支撑架截面 2 m×2 m，柱肢采用∟ 100 mm×10 mm 角铁，缀条采用∟ 75 mm×6 mm 角铁；常设展区支撑架截面 2 m×2 m，两个支撑架并立共同支撑一榀桁架，柱肢采用 H150 mm×150 mm×7 mm×10 mm 角铁，缀条采用∟ 100 mm×8 mm 角铁，两支撑架之间用∟ 75 mm×6 mm 角铁连接。见图 2-14。

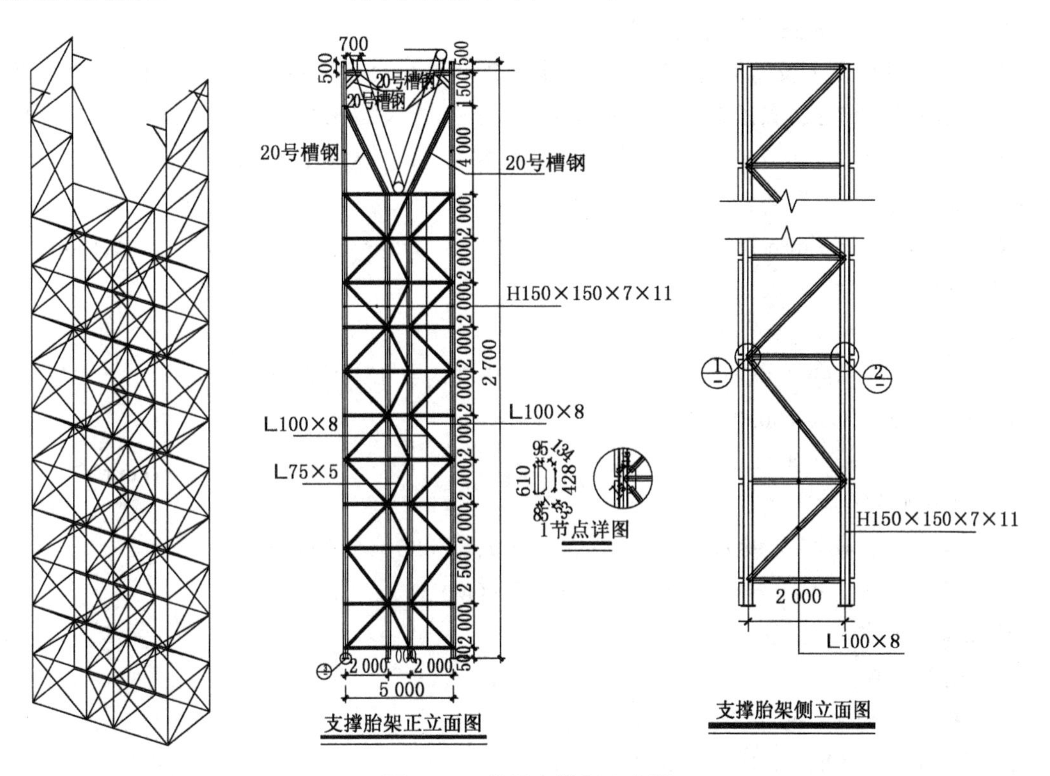

图 2-14　常设支撑架示意图

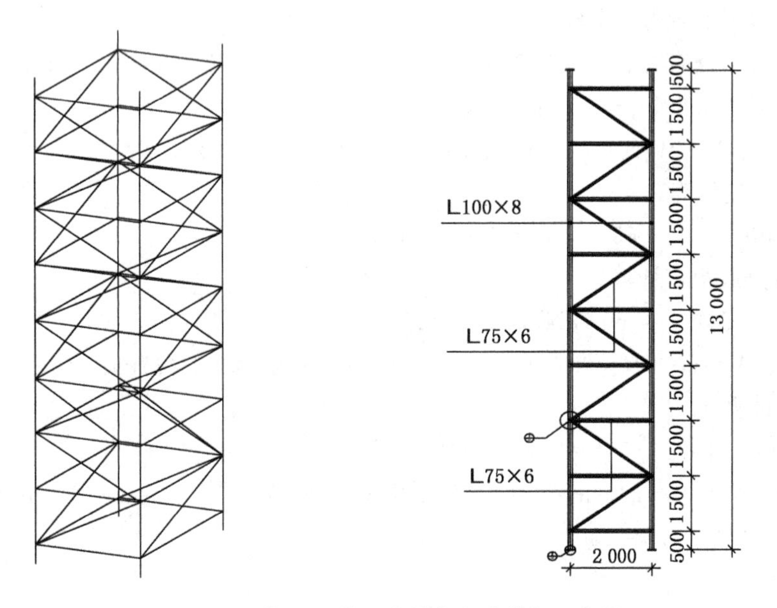

图 2-15　第二、三展区悬挑桁架支撑架示意图

（二）临时支撑架的验算

1. 第二、三展区外悬挑部分支撑架计算

本部分支撑架最大支撑重量 20 t，其设计荷载 $N = 1.2 \times 200\ \text{kN} = 240\ \text{kN}$，附加弯矩 50 kN，支撑架两端铰接，支撑架按最不利高度 13 m 考虑，支撑架材质为 Q235B。见图 2-15。

查表得：柱肢∟100 mm×10 mm 技术参数为：$A_1 = 19.26\ \text{cm}^2$，$I_{X1} = 179.51\ \text{cm}^4$，$i_{X1} = 3.05\ \text{cm}^2$。

缀条∟75 mm×6 mm 技术参数为：$A_1 = 6.91\ \text{cm}^2$，$I_{X1} = 22.69\ \text{cm}^4$，$i_{X1} = 2.16\ \text{cm}^2$。

(1) 几何特征计算

$A = 4 \times A_1 = 77.04\ (\text{cm}^2)$

$I_X = 4(I_{X1} + A_1 y^2) = 4(179.51 + 19.26 \times 100^2) = 771\,118\ (\text{cm}^4)$

$i_X = (I_X/A)^{1/2} = 100.04\ (\text{cm})$

$\lambda_x = l_0 x / i_X = 2\,600/100.04 = 25.99$

(2) 强度验算

$W_{1x} = I_X / y_1 = 777\,598\ \text{cm}^4 \times 10^4 / 1\,000 = 7.775\,98 \times 10^6\ (\text{mm}^3)$

$\sigma = N/A + M_x / W_1 x = 32.39\ (\text{MPa}) < 215\ (\text{MPa})$

所以满足要求。

(3) 刚度验算

单根缀条面积为：$A_1 = 6.91\ (\text{cm}^2)$

$\lambda_0 x = (\lambda x^2 + 40A/A_1)^{1/2} = 29.88$

$\lambda_0 x = \lambda_0 y = 29.88 < [\lambda] = 150$

(4) 弯矩作用平面内稳定验算

$\lambda_0 x = 29.88$，查表得：$\Phi_x = 0.936$；$\beta_{mx} = 1.0$；$W_{1x} = 7.775\,98 \times 10^6\ (\text{mm}^3)$

$N_{\text{EX}} = \pi^2 EA / 1.1 \lambda x^2 = 15\,949\ (\text{kN})$

$N/\Phi_x A + \beta_{mx} M_x / W_{1x}(1 - \Phi_x N / N_{\text{EX}}) = 34.21\ (\text{MPa}) < 215\ (\text{MPa})$

(5) 分肢稳定计算

$\lambda_{x1} = 2\,000/30.5 = 65.96 > 0.7 \lambda x = 20.92$

故需进行分肢稳定计算。

$N_1 = 240\ (\text{kN})/4 = 60\ (\text{kN})$；$\Phi_{x1} = 0.774$

$\sigma = N_1 / \Phi_{x1} A_1 = 60 \times 10^3 / 0.774 \times 1\,926 = 40.25\ (\text{MPa}) < 215\ (\text{MPa})$

(6) 缀条计算

$V = Af/85 \times (235/fy)^{1/2} = 9.743\ (\text{kN})$

每根缀条：$N_d = (V/2)/\sin 45^\circ = 6.89\ (\text{kN})$；$l_1 = 2\,000 \times 1.414 = 2\,828\ (\text{mm})$

$\lambda = l_1 / i = 2\,828/21.6 = 130.9 < [\lambda] = 150$

查表得 $\Phi = 0.383$

强度折减系数 $\eta = 0.6 + 0.0015 \times \lambda = 0.796$

$\sigma = N_d / \eta \Phi A_1 = 32.71\ \text{MPa} < 215\ \text{MPa}$

故截面满足要求。

2. 外悬挑部分支撑架计算

考虑本部分支撑架最大支撑重量 100 t，其设计荷载 $N=1.2\times1\,000$ kN$=1\,200$ kN，考虑附加弯矩 200 kN，由两个 2 m×2 m 的并立支撑架共同支撑，两支撑架之间用∟75×6 连接，支撑架两端铰接，支撑架按最不利高度 27 m 考虑，支撑架材质为 Q235B，查表得：

柱肢 H150×150×7×10 技术参数：$A_1=40.55\ \text{cm}^2$；$I_{X1}=1\,660\ \text{cm}^4$；$i_{X1}=6.39\ \text{cm}^2$

缀条∟100×8 技术参数：$A_1=15.64\ \text{cm}^2$；$I_{X1}=148.2\ \text{cm}^4$；$i_{X1}=3.08\ \text{cm}^2$

(1) 几何特征计算

$A=4\times A_1=162.2\ \text{cm}^2$

$I_X=4(I_{X1}+A_1y^2)=4(148.2+19.26\times100^2)=1\,628\,640\ (\text{cm}^4)$

$i_X=(I_X/A)^{1/2}=100.2\ \text{cm}$

$\lambda_x=l_0x/i_X=5\,400/100.2=53.89$

(2) 强度验算

$W_{1x}=I_X/y_1=1\,628\,640\ \text{cm}^4\times10^4/1\,000=1.515\times10^7\ \text{mm}^3$

$\sigma=N/A+M_x/W_{1x}=43.46\ \text{MPa}<215\ \text{MPa}$

故满足要求。

(3) 刚度验算

单根缀条面积为 $A_1=15.64\ \text{cm}^2$

$\lambda_0x=(\lambda x^2+40A/A_1)^{1/2}=55.78$

$\lambda_0x\approx\lambda_0y=55.78<[\lambda]=150$

(4) 弯矩作用平面内稳定验算

$\lambda_0x=55.78$，查表得：$\Phi_x=0.828$；$\beta_{mx}=1.0$；$W_{1x}=1.515\times10^7\ \text{mm}^3$

$N_{EX}=\pi^2EA/1.1\lambda x^2=9\,663\ \text{kN}$

$N/\Phi_xA+\beta_{mx}M_x/W_{1x}(1-\Phi_xN/N_{EX})=51.47\ \text{MPa}<215\ \text{MPa}$

(5) 分肢稳定计算

$\lambda_{x1}=2\,000/63.9=31.3<0.7\lambda x=39.05$

故无需进行分肢稳定计算。

(6) 缀条计算

$V=Af/85\times(235/fy)^{1/2}=20.1\ \text{kN}$

每根缀条 $N_d=(V/2)/\sin45°=14.21\ \text{kN}$；$l_1=2\,000\times1.414=2\,828\ (\text{mm})$

$\lambda=l_1/i=2\,828/30.8=91.8<[\lambda]=150$

查表得 $\Phi=0.508$

强度折减系数：$\eta=0.6+0.001\,5\times\lambda=0.737\,7$

$\sigma=N_d/\eta\Phi A_1=24.24\ \text{MPa}<215\ \text{MPa}$

故截面满足要求。

四、预埋件的安装

(一) 预埋锚栓安装流程

地脚螺栓施工流程见图 2-16。

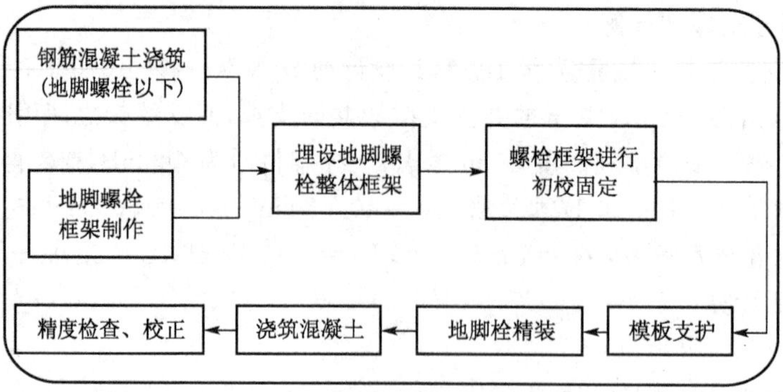

钢筋混凝土浇筑（地脚螺栓以下）

地脚螺栓框架制作

埋设地脚螺栓整体框架

螺栓框架进行初校固定

模板支护

地脚栓精装

浇筑混凝土

精度检查、校正

图 2-16　地脚螺栓施工流程图

（二）施工步骤

1. 测量放线

首先根据原始轴线控制点及标高控制点对现场进行轴线和标高控制点的加密，然后根据控制线测放出的轴线再测放出每一个埋件的中心十字交叉线和至少两个标高控制点，测量放线示意图如图 2-17 所示。

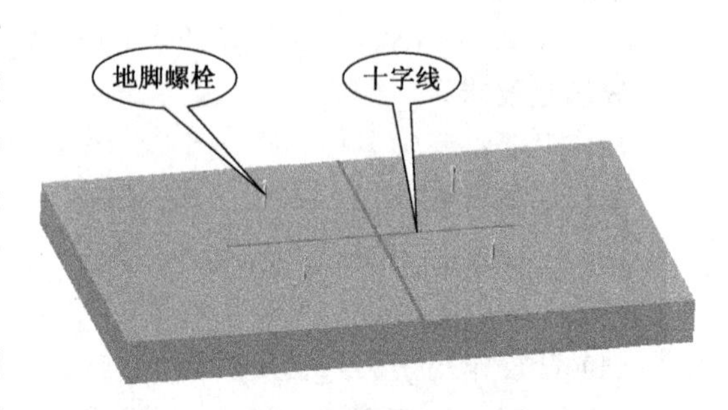

图 2-17　测量放线示意图

2. 地脚螺栓固定

设计、制作地脚螺栓固定架，并在基础板钢筋绑扎完、基础梁钢筋未绑扎前对其定位及临时固定，地脚螺栓固定示意图如图 2-18 所示。

图 2-18　地脚螺栓固定示意图

施工前准备→预埋螺栓调整→混凝土浇筑→一次灌浆→二次灌浆→成品保护→完工

图 2-19　地脚螺栓混凝土浇筑流程图

3. 混凝土浇筑

绑扎基础梁钢筋后，对预埋螺栓进行校正定位，合格后浇筑混凝土，地脚螺栓混凝土浇筑流程如图 2-19 所示。

五、桁架的拼装施工

桁架构件是以散件的形式发往现场，桁架需要进行现场拼装，胎架的制作精度直接影响到桁架拼装的精度，因此胎架的设计和制作是桁架安装精度的前提保证。

（一）胎架设计

胎架一般由立柱、横梁、支撑、定位块及调整千斤顶组成。胎架底面支承在经处理的地面上，根据设计给定的桁架图纸坐标和设计标高绘制出胎架图，胎架图上的牛腿高差根据坐标和标高换算得出，将起拱数值、胎架间距、桁架高度标注在图纸上，并将图纸发给安装人员。

拼装胎架的测量与定位直接影响到桁架的拼装质量，为了拼装质量，拼装胎架的测量非常重要，施工现场对胎架的测量主要从两方面进行控制。

（1）拼装前的测量：拼装胎架设置完成开始拼装前，对桁架胎架的总长度、宽度、高度等进行全方位测量校正，然后对桁架杆件的搁置位置建立控制网格，最后对各点的空间位置进行测量放线，设置好杆件放置的限位板。

（2）拼装完成后的测量：胎架在完成一次拼装后，必须对其尺寸进行一次复核，符合要求后才能脱模吊装。常设展区拼装胎架如图 2-20 所示。

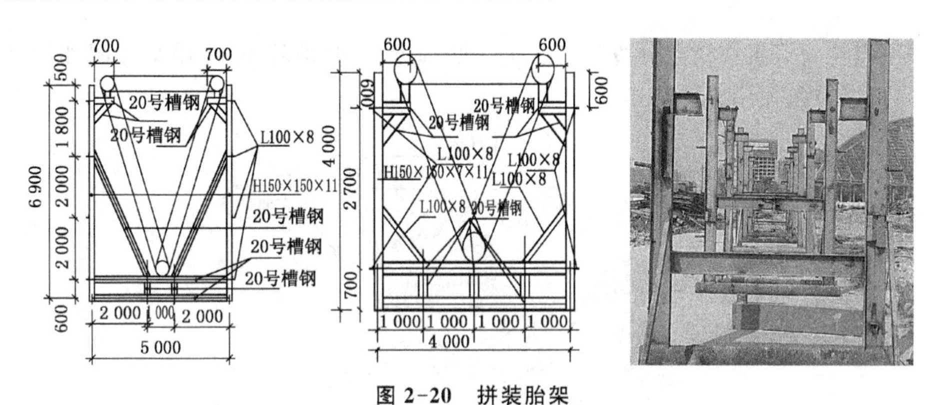

图 2-20　拼装胎架

（二）桁架分段施工

1. 分段原则

桁架在现场分段组装，主要考虑现场吊装设备的能力。

2. 分段工艺

桁架分段应使分段后各杆件对接位置不在同一平面上，错开 700～1 000 mm。见图 2-21。

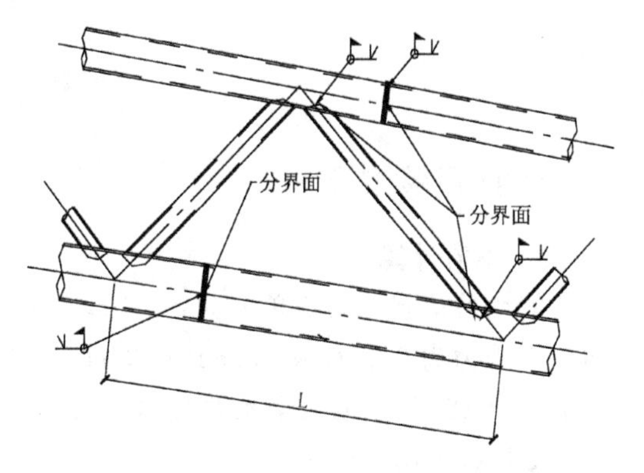

图 2-21　桁架分段界面示意图

（三）桁架的现场拼装

1. 主弦杆的拼装

桁架分段组装时，首先定位桁架上下弦杆，根据胎架底线及分段定位线进行定位，定位前先在桁架主管端部焊接耳板，作为对接时连接耳板，桁架对接后将耳板割除磨平。利用吊机将主弦杆按具体位置放置在胎架上，固定定位块。在此利用经纬仪、水平仪等仪器对桁架上的控制点进行测量，对有偏差的点通过调节调整块来确保弦杆位置的正确性。

2. 腹杆的拼装

弦杆安装就位后再吊装桁架腹杆。腹杆安装时必须定对胎架地面中心线，不得强制进行装配，不得任意切割修正相贯线接口。腹杆装配好后，必须定位焊，且不少于 4 点。

3. 组装及拼装复核

桁架组装完成后，在进行全方位焊接前，班组先进行自检，自检合格后，交付专职质检人员检查，再交监理验收，验收合格后才能焊接。

4. 桁架脱模

桁架拼装完成后，经自检和监理单位验收合格后即可脱模吊装。桁架脱模时应选择合适的吊点，避免构件对胎架进行碰撞。桁架完全脱模后在组装下一榀前应对胎架重新进行测量校正。

桁架吊点位置设置在桁架分段长度的 1/3 处，通过临时吊耳吊装，吊耳详图如图 2-22 所示，该吊耳可以重复使用。

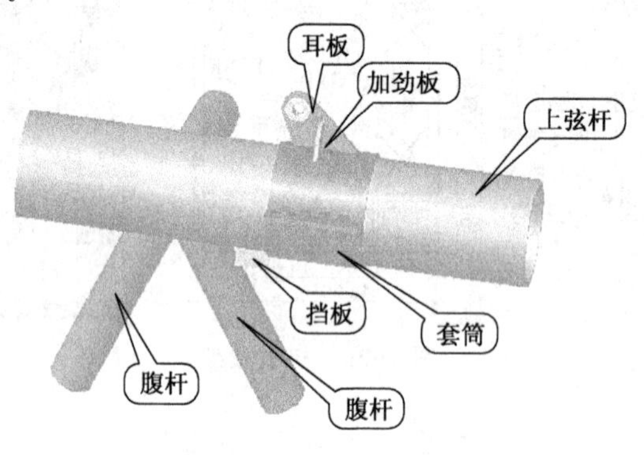

图 2-22 桁架吊耳详图

（四）吊装验算

1. 吊索计算

使用吊索起吊最重单元为约 54 t，采用 2 点起吊，每个吊点设置 2 根钢索卸扣吊装。单根钢丝绳受力为 0.25G ≈ 13.5 t = 135 kN。选用 6 × 37 + IWR − 43.0 − 1700 钢丝绳，其破断力为 $P = 1\,185$ kN；取安全系数为 $K = 6$，修正系数 $\Phi = 0.82$，$P = \Phi \times P/K = 0.82 \times 1185/6 = 162$ kN > 135 kN。

故 6 × 37 + IWR − 43.0 − 1700 规格钢丝绳含纤维芯满足吊装要求。

2. 吊装工况验算

吊装单元在地面拼装完成后，用吊机分段吊装，示意图见图 2-23。下面用 SAP2000 有限元软件对吊装过程进行分析，建立计算模型如图 2-24 所示。

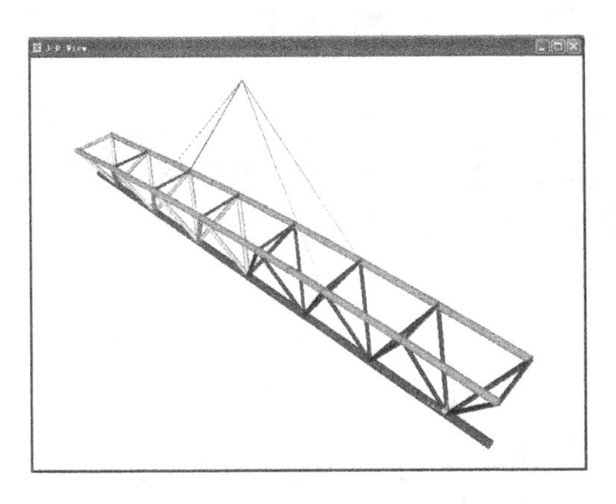

图 2-23　吊装单元吊装示意图

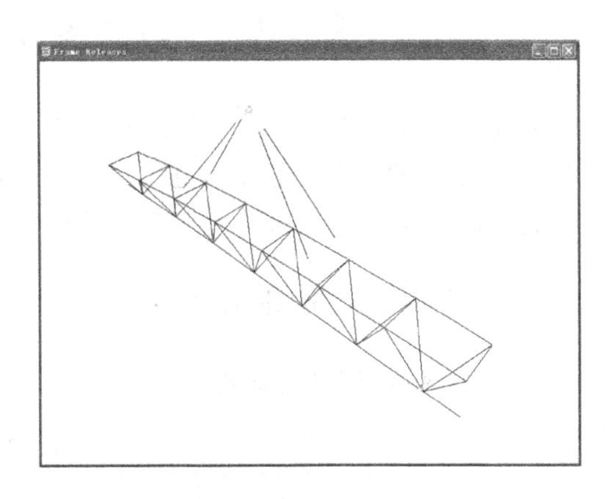

图 2-24　吊装分析计算模型

吊装分析时，考虑自重系数 1.2，仿真计算结果如图 2-25～图 2-27 所示。

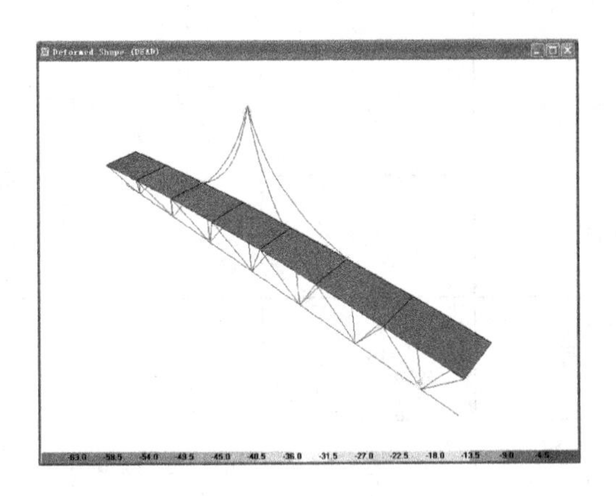

图 2-25　吊装时吊装单元 *Z* 向变形示意图

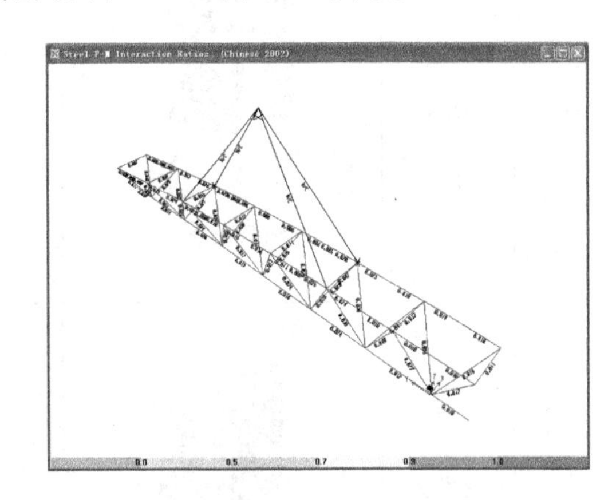

图 2-26　吊装单元吊装时应力比示意图

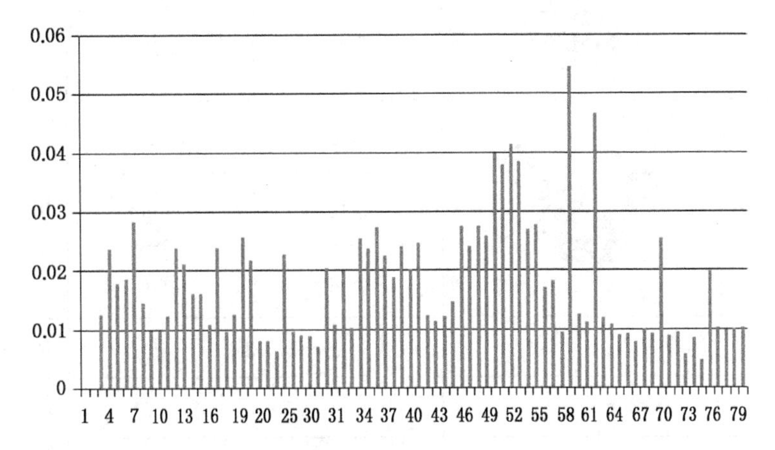

图 2-27　吊装单元吊装时杆件应力比柱状图

由上述数据可见，吊装单元吊装时，杆件应力比均较小，最大为 0.06，远远小于 1，由此可见吊装过程安全可行。

第三节　钢结构施工测量与监测技术

现场测量与监控作为施工的依据，包括施工过程中进行的一系列测量工作，衔接和指导各工序的施工，贯穿于整个钢结构施工过程。通过高精度的测量和校正使得钢构件安装到设计位置上，满足绝对精度的要求是保证钢结构安装质量以及工程进度的关键工序。

一、测量监测准备工作

本工程所选的测量设备如表 2-4 所示。

表 2-4　主要测量设备

序号	名　称	规格数量		备　注
1	全站仪	型号	DTM102N	用于工程平面控制网的测设
		精度	2″	
		数量	1 台	
2	经纬仪	型号	J6E	用于定线、长轴线测设
		精度	6″	
		数量	2 台	
3	水准仪	型号	DSZ3	用于标高测设
		精度	2.6 mm	
		数量	2 台	
4	塔尺	2 把		结合水准仪测设高程
5	50 m 钢卷尺	1 把		用于短距离量距
6	对讲机	4 组		测量人员工作联系

二、测量控制实施路线

对于会展中心复杂结构，采用常规方法对平面和高程基准传递与测量控制会受施工环境条件的限制和干扰，测量误差累积严重，作业难度大，不能精确、有效地对复杂结构的三维空间动态变形进行实时控制。如何实现倾斜复杂结构在安装中的动态定位和构件快速准确就位，就需要在传统的测量技术上进行改进和创新，采用新工艺和新设备，以满足安装精度的要求。因此，在钢结构施工中采用“内控法”与“外控法”相结合的测量技术进行钢结构安装测量控制。在屋顶安装阶段采用高精度激光铅直进行平面基准控制点位专递、高精度全站仪高程传递和空间三维坐标测量技术，借助专门的刚性调节装置进行测量校正，采用具有自动捕捉跟踪功能的高精度智能全站仪进行监测与复核，以达到控制整体精度的预控目标。在屋面安装阶段用激光铅直仪从地面基座开始引测测量控制点至悬臂底部楼层，采用智能全站仪进行构件的空间三维坐标测量，采用 GPS 全球卫星定位技术进行基准点位的校核，确保钢架结构在两种测量技术的“双控”下实现快速、高精度施工。

结构施工监测具有多项特点，如监测周期长，测量精度要求高，监测内容和测点数量多，监测和施工过程分析作对比，监测设备和检测方法先进等。监测包括多方面内容，如主体结构三维空间变形监测、关键部位杆件应力监测、基础筏板不均匀沉降等，以下主要介绍结构变形监测和应力监测。

1. 变形监测

变形监测测量等级根据工程复杂性并结合《建筑变形测量规程》(JGJ/T 8—97)，按规范一级变形测量等级进行，对于沉降观测，观测点测站高差中误差≤0.15 mm；对于水平位移观测，观测点坐标中误差≤1.0 mm。其主要方法如下：

(1) 在场区内设立高程基准点和平面测量基准点，定期对基准点的高程和平面坐标进行复核，其中平面测量基准点首次采用静态 GPS。在基坑周边设水准测量工作基点和平面测量控制网，平面工作基准点控制网用高精度全站仪按一级平面导线要求定期进行测量，以最近测量数据进行结构变形测量。

(2) 对角柱外框棱镜测点，用全站仪在平面基准点上用极坐标法进行测量，以当前最新的平面基准点坐标来推算棱镜测点的平面坐标。

(3) 在主体结构内部分别设立一个由 6 点组成的二级平面控制网，由一级平面导线控制网引测确定。利用二级平面控制网强制对中装置，通过天顶仪传递平面坐标到各个监测楼层，在楼层内用钢尺量距，按测边交汇法计算测点的平面坐标。

(4) 将基准点的高程引测至内部首层，利用悬挂张力钢尺将首层内部高层向上或向下传递到各监测楼层，在楼层内进行一级水准测量。

2. 应力监测

应力监测采用表面应变计对钢结构应变进行测量，对型钢混凝土柱，采用钢筋计测量截面的应变。应变测量主要采用振弦式应变计和钢筋计，在局部关键构件采用光纤维表面应变传感器。振弦式应变计和钢筋计均能准确测量构件的应力状况。

(1) 振弦式应变计监测原理

应变计可直接测量绝对应变值和相对零点的差值，如果需要监测振弦的频率，可不连接蓝线与绿线，此时仪表自动显示振弦频率(分辨率为 0.1 Hz)，应变与频率的计算公式为

$$A = K_1 \times K_2 \times f^2$$

式中：A——应变值($\mu\xi$)；

K_1——修正系数；

K_2——折算系数；

f——频率。

(2) 光纤应变计监测原理

当宽带光在光纤布拉格光栅中传输时将产生模式耦合，满足布拉格条件式的一个窄带光谱将被反射回来：

$$\lambda_b = 2n_{eff}\ \wedge$$

式中：λ_b——光栅布拉格反射波长；

n_{eff}——导模的有效折射率；

$\wedge$——光栅周期。

当外界应力发生变化时，引起光纤光栅布拉格波长的偏移量为

$$\frac{\Delta\lambda_b}{\lambda_b} = (1 - P_e)\xi_z$$

式中：P_e——经验系数；

$\Delta\lambda_b$——外界应力作用下的光栅布拉格波长的位移量；

ξ_z——光纤的轴向应变，可以表现为

$$\xi_z = \frac{\Delta\lambda_b}{\lambda_b(1 - P_e)}$$

光纤光栅的中心波长在外界应变的作用下产生波长位移，解调出波长变化，即可确定应变的变化情况，进而实现应变的测量。受温度变化影响时，其波长偏移变化特征亦通过光解调仪测定，从而测出测点温度，对应变进行温度影响修正。

三、钢结构工程测量

根据工程的施工特点，选择 10 个点作为主控制点，在这些点上架设仪器，采用导线测设的方法观测边长和水平角，经平差计算，得到主控制点的精确坐标。测量采取往返观测，角度测量三测回测定，在方格网的基线上再按轴线间距对准轴线进行复测，并可根据现场实际情况加密方格网。

（一）预埋螺栓定位测量

1. 预埋螺栓方法

预埋螺栓采用直埋法，即先在基础上画线定位，通过固定架控制同一钢柱脚预埋螺栓之间的距离和标高，调整固定架的位置，在钢柱基础浇捣混凝土之前埋入螺栓，与钢筋连成一体，然后浇筑混凝土一次性固定。

2. 预埋螺栓流程

预埋螺栓流程见图 2-28。

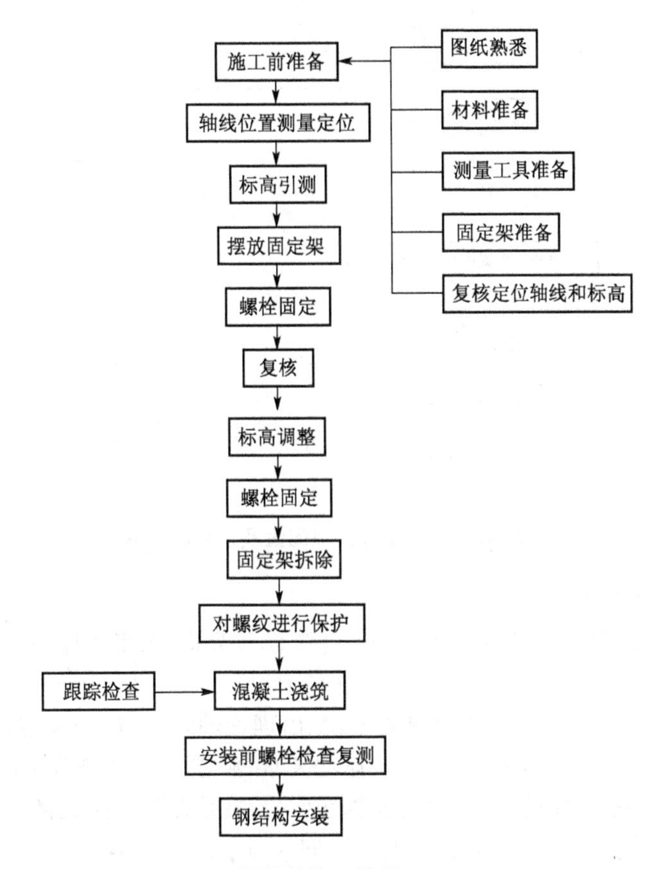

图 2-28　预埋件施工流程

3. 螺栓的预埋

通过全站仪将预埋螺栓的坐标放置到土建承台基础之上，安装固定架，根据埋件不同布置制作不同类型的固定架，通过固定架调整每组螺栓的坐标，最后通过全站仪复测每个螺栓的中心坐标。

（二）钢柱定位测量

1. 测量控制流程

钢柱的定位控制主要从地面基础轴线开始，每节钢柱安装时，始终以地面基础轴线为控制基准来进行安装，绝对不能采取下节钢柱来控制上节柱，避免累积误差。在上节钢柱安装时，虽然不能完全借用下节柱的轴线，但要把下节柱的轴线偏差尽可能改正过来。在安装过程中要反复定位调整，保证焊接后的轴线准确性。具体流程见图 2-29 所示。

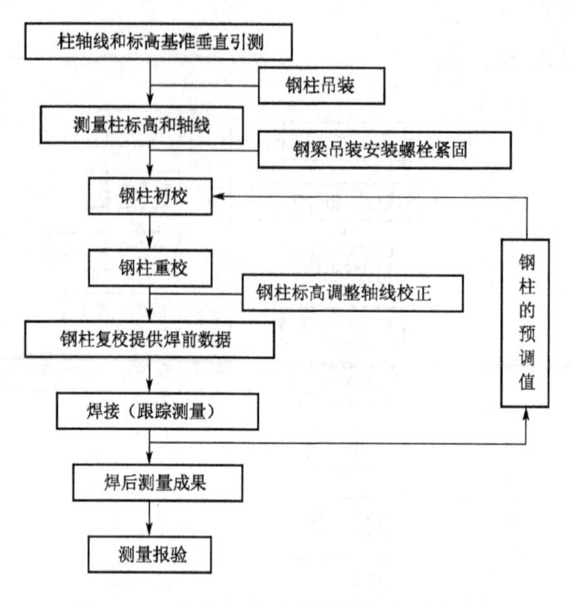

图 2-29　钢柱安装过程测量及监测流程图

2. 直钢柱的校正测量

(1) 标高的调整:安装钢柱后,对柱顶进行一次标高实测,误差超过偏差时,采用螺栓千斤顶进行调整。

(2) 轴线位移校正:实测钢柱的轴线偏差,找出理论轴线位置,安装钢柱的底部对准钢柱理论轴线中心即可。如钢柱的轴线偏差超出限差要求,则进行 Δ/2 调节轴线。

(3) 垂直度校正:把钢柱呈 90°的两条控制线引出,在控制线上架设两台经纬仪,照准钢柱的中轴线同时监测,直到两个方向的轴线上下为同一垂直线。垂直度校正调节主要依靠缆风绳直至焊接完,按以上观测方法对钢柱进行复测,对钢柱的测量数据要认真记录。

3. 精度要求

施工技术难度大,质量要求高,主要体现在施工过程中的质量监控,包括预置钢骨架结构的安装以及施工过程中由于外界作用所产生的结构协调效应,其中钢柱精度限差要求如表 2-5 所示。

表 2-5　钢柱精度限差的要求

项　目	允许偏差(mm)	图　例	检验方法
柱底中心线对定位轴线的偏差	5.0	Δ　Δ　Δ　Δ	用吊线和钢尺检查

续表 2-5

<table>
<tr><th colspan="3">项　目</th><th>允许偏差(mm)</th><th>图　例</th><th>检验方法</th></tr>
<tr><td rowspan="4">柱轴线垂直度</td><td rowspan="2">单层柱</td><td>$H \leqslant 10$ m</td><td>$H/1\ 000$,且不应大于10.0</td><td rowspan="4"></td><td rowspan="4">用经纬仪或吊线和钢尺检查</td></tr>
<tr><td>$H>10$ m</td><td>$H/1\ 000$,且不应大于25.0</td></tr>
<tr><td rowspan="2">多节柱</td><td>单节柱</td><td>$H/1\ 000$,且不应大于10.0</td></tr>
<tr><td>柱全高</td><td>35.0</td></tr>
<tr><td colspan="3">弯曲矢高</td><td>$H/1\ 000$,且不应大于15.0</td><td></td><td>用经纬仪或拉线和钢尺检查</td></tr>
<tr><td rowspan="2">柱基准点标高</td><td colspan="2">有吊车梁的柱</td><td>+3.0
−5.0</td><td rowspan="2">基准点</td><td rowspan="2">用水准仪检查</td></tr>
<tr><td colspan="2">无吊车梁的柱</td><td>+5.0
−8.0</td></tr>
</table>

四、桁架预拼装测量

(一)桁架预拼装流程

桁架预拼装的流程基本为预拼装场地的平整度测量→桁架预拼装轴线的测设→桁架结构轴线的放样→胎架搭设时的监测→胎架的整体复测→桁架弦管定位的监测→焊接前后的复测。在拼装过程中各环节应有相互检查、相互制约的关系,具体工作流程如图 2-30 所示。

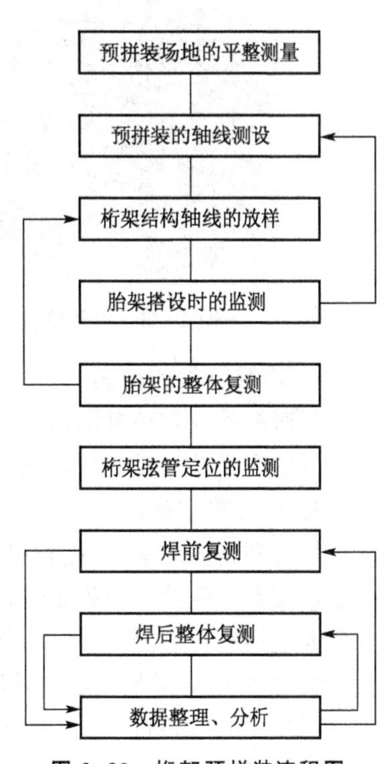

图 2-30　桁架预拼装流程图

(二)胎架的定位放样与过程监测

1. 地面放样

根据桁架的几何结构及深化设计详图,利用经纬仪在拼装场地上放出桁架上下弦杆的地面投影控制线,如图 2-31 所示,将弦杆分段拼接点、腹管与上、下弦杆相贯处作为控制特征点,在拼装平台内放出各特征点的地面投影点,最后将设计三维坐标转换成相对坐标系,采用极坐标法用全站仪检查复核。

2. 胎架测设

利用全站仪在胎架设置点精确测定胎架位置，做出十字线。胎架支设完毕后，用水准仪校正胎架上部调节构件顶面高度，确保同一水平构件下部所有胎架顶平，并用水准仪确定特征点胎架的标高，根据理论数据对胎架进行调整，使误差在微调范围内。胎架定位检测如图 2-32 所示。

图 2-31　桁架放样轴线图

图 2-32　胎架定位检测

3. 弦管就位的检测

使用钢尺检测单个待拼件的长度、端面的几何尺寸，根据深化设计图，将下弦杆、上弦杆吊上胎架按构件号排放好，保证待拼构件的位置准确后临时固定，吊线锤检测弦杆分段拼接点平面位置并调整。桁架弦管定位检测如图 2-33 所示。

图 2-33　桁架弦管定位检测

图 2-34　桁架腹管就位后检测

4. 腹管就位的检测

将腹杆放置定位并临时固定，根据上弦、下弦杆件及腹杆待拼件上的点位标记进行整体位置关系的测量并调整。桁架腹管就位后检测如图 2-34 所示。

5. 焊接前的检测

构件调整固定后，根据待拼件上的点位标记及地面投影点，使用钢尺、吊线锤等进行检测，用点焊固定并将检测数据记录保存，与设计图纸比较分析，如构件不符合要求则进行调整，若符合要求则进行焊接工序。桁架焊前检测如图 2-35 所示。

6. 整榀桁架焊接完后的检测

焊接完成后，对桁架进行全面检测，将检测数据记录存档，并与焊接前的检测数据对照分析，确定其变形程度，分析变形原因，以便在下一个桁架拼装中能够尽可能减小拼装误差。桁架焊后检测如图 2-36 所示。

图 2-35　桁架焊前检测

图 2-36　桁架焊后检测

7. 预拼装控制项目及允许偏差

桁架预拼装限差见表 2-6。

表 2-6　桁架预拼装限差

<table>
<tr><th>构件类型</th><th colspan="2">项　　目</th><th>允许偏差(mm)</th><th>检验方法</th></tr>
<tr><td rowspan="5">桁架</td><td colspan="2">跨度最外两端安装空隙或两端支承面最外侧距离</td><td>+5.0
−10.0</td><td>用钢尺检查</td></tr>
<tr><td colspan="2">接口截面错位</td><td>2.0</td><td>用焊缝量规检查</td></tr>
<tr><td rowspan="2">拱度</td><td>设计要求起拱</td><td>±L/5 000</td><td rowspan="2">用拉线和钢尺检查</td></tr>
<tr><td>设计未要求起拱</td><td>L/2 000</td></tr>
<tr><td colspan="2">节点处杆件轴线错位</td><td>4.0</td><td>画线后用钢尺检查</td></tr>
<tr><td rowspan="4">管构件</td><td colspan="2">预拼装单元总长</td><td>±5.0</td><td>用钢尺检查</td></tr>
<tr><td colspan="2">预拼装单元弯曲矢高</td><td>L/1 500，且不应大于 10.0</td><td>用拉线和钢尺检查</td></tr>
<tr><td colspan="2">对口错边</td><td>L/10，且不应大于 3.0</td><td rowspan="2">用焊缝量规检查</td></tr>
<tr><td colspan="2">坡口间隙</td><td>+2.0　−1.0</td></tr>
</table>

五、桁架及支撑架的定位测量

（一）桁架下弦控制线的测设

以 HJ4 为例，根据 A3 轴与结构原点的关系，设置轴线控制点 hk1(20042，92130)、hk2(4441，−20414)，用全站仪坐标放样法，精确放样出轴线控制点 hk1、hk2，并在地面用红油漆做好标注，两点之间用墨线连接。见图 2-37、图 2-38。

（二）桁架支撑架的定位测设

1. 支撑架平面定位

根据桁架的分段布置，在各分段处设置桁架支撑塔架。以塔架对角线交点为分段控制点，用全站仪极坐标法分别测设分段 1、分段 2、分段 3、分段 4 支撑塔架控制点。见图 2-39。

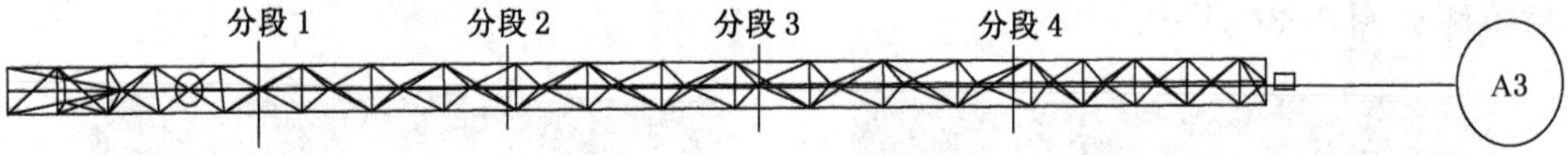

分段 1 分段 2 分段 3 分段 4 A3

图 2-37 桁架分段图

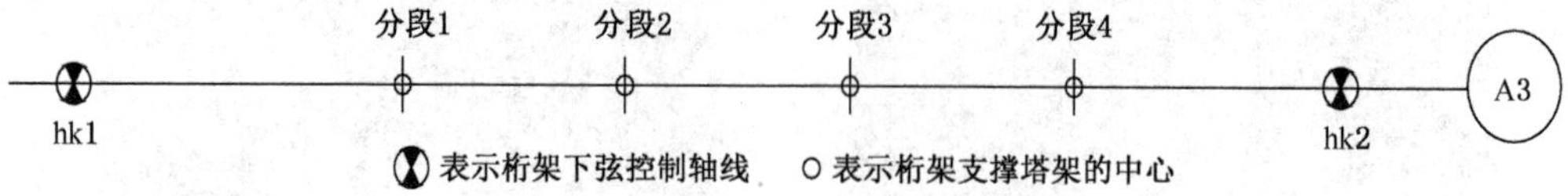

分段1 分段2 分段3 分段4 hk1 hk2 A3

表示桁架下弦控制轴线 ○ 表示桁架支撑塔架的中心

图 2-38 桁架放样图

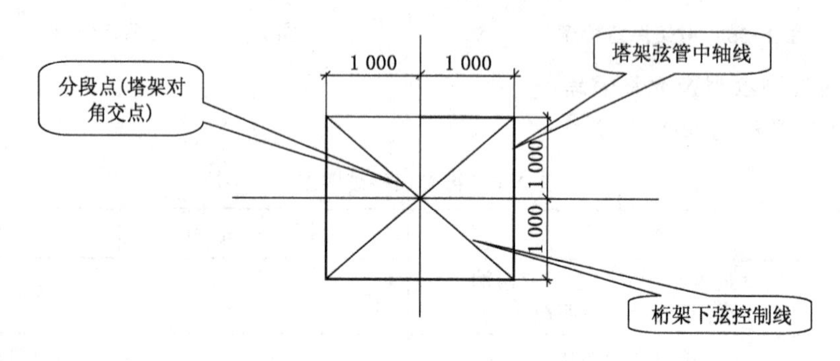

图 2-39 支撑塔架定位示意图

2. 支撑塔架高程定位测量

以水准基准点后视，采取全站仪三角高程测量，直接测定支撑塔架与水准基准点的高差。见图 2-40。

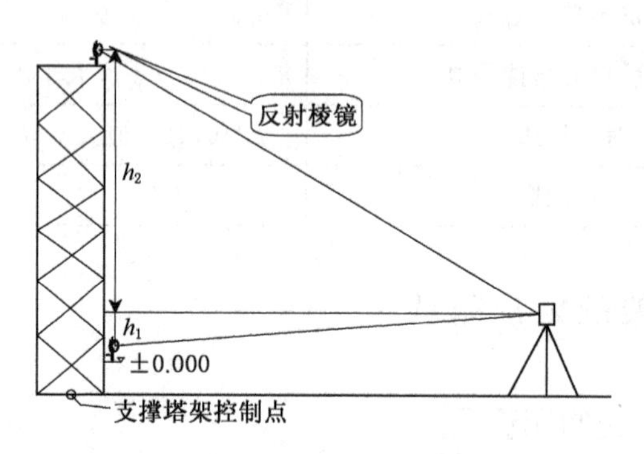

图 2-40 支撑塔架高程测设

3. 桁架就位测量

将纵横轴线引测至成品固定铰支座顶面，并在桁架端部钢板上画十字中心线来控制桁架就位。见图 2-41。

4. 桁架空中对接的定位控制测量

桁架空中对接控制流程为支撑塔架的定位→桁架直线度定位→桁架垂直度测量→桁架标高控制→桁架定位后的平面检查→桁架下挠度观测。

根据桁架下弦控制线的测设方法，把每榀主桁架的控制线在楼面测设出来，根据桁架的分

图 2-41　桁架与钢柱就位图

段和施工方案的要求做好支撑塔架的定位，支撑塔架的底部中心必须与定位点大致吻合。按图 2-42 的塔架高度测定支撑面，算出与桁架下弦的高差，调整下弦支撑的高度，上弦的水平控制可以用水平尺测定。

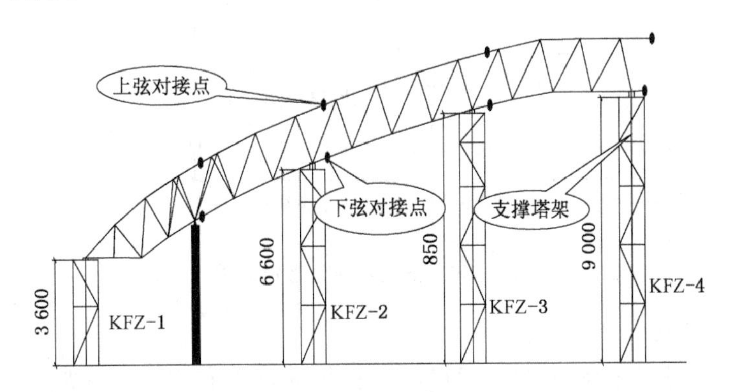

图 2-42　裙楼桁架分段吊装平面图

（1）桁架直线度定位

桁架下弦杆的中心线在水平面上投影为一直线，并与轴线重合，故直线度的控制从下弦入手。吊装前在将轴线引测至两侧混凝土柱身，并在桁架下弦底部弹出中心线；吊装时在两侧混凝土柱前轴线上各架一台经纬仪，观测员先照准柱身轴线，再向上观测下弦中心线是否与目镜中丝重合，不重合则调整，直至符合规范要求。桁架直线度测量如图 2-43 所示。

图 2-43　桁架直线度观测

图 2-44　桁架垂直度控制

(2) 桁架垂直度测量

桁架直线度、标高调校完毕后,采用平移法进行桁架垂直度的控制。将±0.000 m平面上桁架下弦中心线的控制线在平面上向左右两侧各平移2 m,得两条平行线,以避开桁架下弦的遮挡。然后在这两条平行线上架设经纬仪观测,用端部撑杆来调节桁架上弦相应位置即可。桁架垂直度测量如图2-44所示。

(3) 桁架定位后的平面检查

以*A*3轴为例。以*A*3轴为中线,作平行*A*3轴的两条上弦控制线,与*A*3轴控制线间距各为1 m+上弦管半径。桁架平面控制图如图2-45所示。

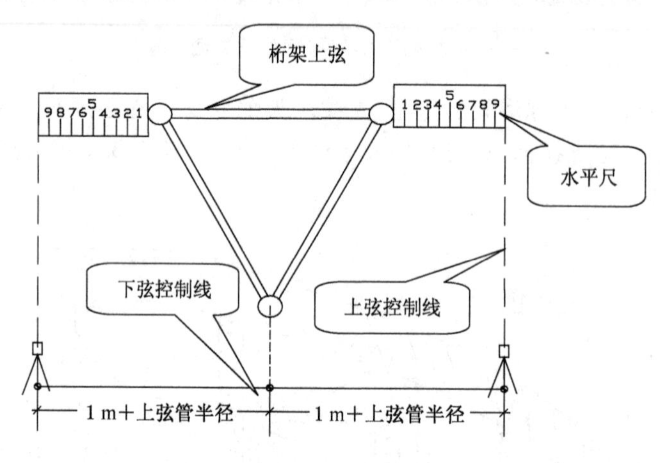

图2-45 桁架平面位置控制图

(4) 桁架标高控制

利用全站仪,通过三角高程测量,后视水准基点,将标高传送至支撑架顶部的千斤顶上,并以此作为千斤顶调节标高的依据。

(三) 外界因素对测量的影响及应对措施

外界因素对测量影响分析见表2-7。

表2-7 外界因素对测量影响分析

序号	影响因素	应对措施
1	日照	单次连续24小时监测分析桁架的变形以及变形与日照的对应关系
2	温度变化	多次固定时间、固定测量点连续监测桁架的变形,分析变形与温度、风等因素的对应关系

第四节 钢结构吊装新设备及技术

伴随着世界建筑业的不断发展,其结构跨度也随着建筑技术的不断进步而变化,因而很难准确定义大跨度钢架结构。针对当前我国建筑业的实际情况,有人提出跨度超过60 m的钢网架结构为大跨度钢网架结构。大跨度结构通常可分为平面结构和空间结构两种。平面结构经常采用桁架、刚架和拱等静定、超静定等形式,其承受的荷载、内力和变形都表现为二维特征。

这类结构在保证稳定和整体刚度以及有效传递纵向荷载时，必须在垂直于平面承重结构的方向上设置水平和垂直支撑，擦条、屋面板等也能起到一定的纵向联系作用。由于平面结构受力特征的限制，在大跨度结构中的使用范围较小。而网架、网壳、薄壳与悬索之类的空间结构，不仅表现为三维受力特征，而且其内力呈三维传递，并以面内力或轴力为主，具有比平面结构更好的力学性能，如具有内力均匀分散、结构整体性好、整体刚度大等优点。大跨度钢网架结构是大跨度空间结构的一种形式，是大跨度结构发展的一个重要方向。钢网架结构不仅具有钢结构的众多特点，即有自重轻、安装容易、施工周期短、抗震性能好、投资回收快、环境污染少的综合优势，而且与钢筋混凝土结构相比，还有“高、大、轻”的独特优势，能实现结构与经济的合理统一。大跨度钢网架结构还有结构灵活、造型优美、可用空间大的优点。因此，近几十年来世界上建造了成千上万的各类网架结构，如体育场、飞机库、戏剧院、会展中心等，本书所选择的泰州医药城会展中心项目是典型的大跨度钢网架结构，而吊装技术是钢结构施工技术的主要难点。

一、钢结构吊装设备的选用

在房屋建筑及机电设备安装工程中，起重就是一项非常重要的技术，一个大型设备的吊装，往往是制约整个工程进度、经济和安全的关键因素，起重技术的基础是起重机械及对荷载的处理。

（一）起重机械的分类

起重机械按照形式可分为以下几类：

（1）桥架式(桥式起重机、门式起重机)。

（2）缆索式。

（3）臂架式(自行式、塔式、门座式、铁路式、浮式、桅杆式起重机)。

（二）起重机械使用的特点

建筑工程中常用的起重机械有自行式起重机、塔式起重机、桅杆式起重机，它们的特点和使用范围各不相同。

1. 自行式起重机

（1）特点：起重量大，机动性能好，可方便地转移场地，适用范围广，但对道路和场地要求较高，台班费高，利用率低。

（2）适用范围：适用于单件大、中型设备、构件的吊装。

2. 塔式起重机

（1）特点：吊装速度快，利用率高，台班费低，但起重重量一般不大，并需要安装和拆卸。

（2）适用范围：适用于在某一定范围内数量多，而每一件单件重量小的吊装。

3. 桅杆式起重机

（1）特点：属于非标准起重机，其结构简单，起重量大，对场地要求不高，使用成本低，但效率不高，每次使用需要重新进行设计计算。

（2）适用范围：主要适用于某些特重、特高和场地受限的吊装。

（三）起重机的基本参数

起重机的参数主要有额定起重量、最大幅度、最大起升高度和工作速度等，这些参数是制定吊装技术方案的重要依据。

（四）荷载处理

1. 动荷载

起重机在吊装重物运动的过程中要产生惯性荷载，习惯上把这个惯性荷载称为动力荷载。在起重工程中，以动荷载系数计入其影响。一般取动荷载系数 $K_1 = 1.1$。

2. 不均衡荷载

在多分支共同抬吊一重物时，一般按一定比例让它们分担重物的重量。但实际吊装中，由于工作不同步的问题，各分支往往不能完全按照设定的比例承担载荷，这种现象称为不平衡。在起重过程中，以不均衡系数计入影响，一般取不均衡系数 $K_2 = 1.1 \sim 1.2$。而对于多台起重机共同抬吊设备，由于存在工作不同步而超载的现象，单纯考虑不均衡系数 K_2 是不够的，除了考虑不均衡系数 K_2 外还必须根据工艺过程进行具体分析，采取相应措施。

3. 计算荷载

在起重工程设计过程中，为了计入动荷载、不均衡荷载的影响，常以计算荷载作为计算依据。计算荷载的一般公式为

$$Q_j = K_1 K_2 Q$$

式中：Q_j——计算荷载；

Q——设备及索吊具重量。

4. 风荷载

吊装过程常受风的影响，尤其在北方和沿海，尽管起重安全操作规程规定了只能在一定的风力等级以下进行吊装作业，但对于起升高度较高、重物体积较大的场合，风的影响仍然不可忽略。风力对起重机、重物等的影响称为风荷载。风荷载必须根据具体情况进行计算，风荷载的计算必须考虑标准风压、迎风面积、风载体型系数、高度修正系数等。

二、吊装的方法

（一）吊装方法的选用原则

（1）吊装方法的选用原则为安全、有序、快捷、经济。

（2）吊装方法基本选择步骤：

① 技术可行性论证。对多个吊装方法进行比较，从先进可行、安全可靠、经济适用、因地制宜等方面进行技术可行性论证。

② 安全性分析。吊装工作应该安全第一，必须结合具体情况，对每一可行性的技术方法从技术上进行安全分析，找出不安全因素和解决办法并分析其可靠性。

③ 进度分析。吊装工作往往制约着整个工程的进度，所以必须对不同的吊装方法进行工期分析，所采用的方法不能影响整个工程进度。

④ 成本分析。对安全和进度均符合要求的方法进行最低成本核算，以较低的成本获取合理的利润。

⑤ 根据具体情况做综合选择。

（二）吊装方案的主要内容

吊装成功的关键在于吊装方法的合理选择。吊装方案是指导吊装工程实施的技术文件，它在吊装工程中具有重要的作用。

1. 吊装方案的编制依据及主要内容

(1) 吊装方案的编制依据：有关规程、规范；施工组织总设计；被吊装设备（构件）的设计图纸及有关参数、技术要求等；施工现场情况，包括场地、道路及障碍灯。

(2) 吊装方案的主要内容：工程概况；方案选择；工艺分析与工艺布置；吊装施工平面布置图；施工步骤与工艺岗位分析；工艺计算，包括受力分析与计算、机具选择、被吊设备（构件）校核等；结合现场具体情况，对方案的每一个工艺细节进行不安全因素分析，制定安全技术措施；进度计划；资源计划，包括人力、机具、材料等。

2. 安全技术措施

针对一个吊装方案制定安全技术措施必须结合现场具体情况，对该方案进行不安全因素分析。这既需要扎实的理论基础，也需要丰富的实践经验，是一个综合知识、经验的应用，同时还必须按照安全操作规程的规定执行。

三、吊具的选用规则

1. 钢丝绳的选用

钢丝绳是起重工程不可或缺的工具，钢丝绳一般由高碳钢丝捻绕而成。

(1) 起重工程中常用钢丝绳的钢丝的强度极限有 1 400 MPa（140 kg/mm^2）、1 550 MPa（155 kg/mm^2）、1 700 MPa（170 kg/mm^2）、1 850 MPa（185 kg/mm^2）、2 000 MPa（200 kg/mm^2）等数种。

(2) 钢丝绳的规格较多，起重工程常用的为 $6\times19+1$、$6\times37+1$、$6\times61+1$ 三种。其中，6 代表绕成钢丝绳的股数，19(37,61)代表每股中的钢丝数，1 代表中心的麻芯。

(3) 在同等直径下，$6\times19+1$ 钢丝绳中钢丝直径较大，强度较高，但柔性差。而 $6\times61+1$ 钢丝绳中的钢丝最细，柔性最好，但强度低，$6\times37+1$ 钢丝绳的性能介于上述两者之间。

(4) 在起重工程中，钢丝绳一般用作缆风绳、滑轮组跑绳和吊索，缆风绳的安全系数不小于 3.5，滑轮组跑绳的安全系数一般不小于 5，吊索的安全系数一般不小于 8，如果用于载人，则安全系数不小于 10～12。

(5) 钢丝绳的许用拉力 T 计算式为

$$T = P/K$$

式中：P——钢丝绳破断拉力（MPa）；

K——安全系数。

钢丝绳破断拉力 P 应按照国家标准或生产厂家提供的数据为准。

2. 卷扬机的选用

卷扬机在起重工程中应用较为广泛，可按不同方式分类。按动力方式可分为手动卷扬机、电动卷扬机和液压卷扬机，起重工程中常用电动卷扬机；按传动方式可分为电动可逆式（闸瓦制动式）和电动摩擦式（摩擦离合器）；按卷筒个数可分为单筒卷扬机和双筒卷扬机；按转动速度可分为慢速卷扬机和快速卷扬机，起重工程中一般用慢速卷扬机。

3. 滑轮组的选用

(1) 滑轮组的规格、型号较多，起重工程中常用的是 H 系列滑轮组，它有 11 种直径、14 种额定荷载、17 种结构形式，共计 103 种规格。其规格表示为 Hxxx×xxx。

第一个 H 表示该滑轮为 H 系列，第二部分是三位数字，表示该滑轮组的额定荷载，第三部分（乘号后的第一部分）也是两位数，表示门数，最后一部分是英文字母，表示结构形式。

结构形式代号：G—吊钩；D—吊环；W—吊梁；L—链环；K—开口（导向轮），闭口不加 K。

(2) 滑轮组在工作时因内摩擦和钢丝绳的刚性原因，要产生运动阻力，致使每一分支跑绳的拉力不同，最小在固定端，最大在拉出端。由于每一分支跑绳的拉力不同，导致一系列问题，跑绳拉力的计算必须以拉力最大的拉出端按公式和查表进行，穿绕滑轮组时，必须考虑动、定滑轮承受跑绳拉力的均匀，穿绕方法不正确会引起滑轮组倾斜而发生事故。

(3) 根据滑轮组的门数确定其穿绕方法，常用的穿绕方法有顺穿、花穿和双跑头顺穿。一般 3 门及以下宜采用顺穿；4～6 门宜采用花穿；7 门以上宜采用双跑头顺穿。

(4) 滑轮组的选用按以下步骤进行：

① 根据受力分析与计算确定滑轮组荷载 Q，选择滑轮组的额定荷载和门数。

② 计算滑轮组跑绳拉力 $S0$ 并选择跑绳直径。

③ 注意所选跑绳直径必须与滑轮组相配。

④ 根据跑绳的最大拉力 $S0$ 和导向角度计算导向轮的荷载并选择导向轮。

四、大跨度钢网架吊装技术

（一）大跨度钢网架结构的吊装方法

要推广大跨度钢网架结构的应用，必须考虑设计和施工两方面的要求。设计解决了大跨度网架的结构优化和外形优美。但要实现网架的优雅外观，还必须注重施工，即在吊装时要充分考虑网架结构吊装工况强度、刚度和稳定性应满足要求。

目前，根据结构特点和现场条件，大跨度钢网架结构的吊装方法有高空散装法、整体吊装法、整体提升法、整体顶升法、多机抬吊法、高空滑移法和分段（或分块、分条）吊装法等。同时，国内还发展了由计算机控制的集群千斤顶同步提升技术、网架折叠展开技术，以及具有我国特色的桅杆整体吊装技术和无锚点吊装技术。

随着大跨度网架结构的发展，多种吊装技术不断涌现并逐步完善，本书重点介绍以下 6 种常用的吊装技术。

1. 高空散装法

高空散装法又称单件安装法，是指将小拼单元或散件（单根杆件及单个节点）直接在设计位置总拼成整体的方法，通常有全支架法（即搭设满堂脚手架）和悬挑法两种。高空散装法的主要技术问题有：

(1) 拼装顺序的确定。应根据结构的具体情况确定合理的拼装顺序。拼装时一般从脊线开始,或从中间向两边发展,以减少积累误差和便于控制标高。其方案应根据建筑物的具体情况而定。

(2) 标高及轴线的控制。支承网架的柱子轴线和标高的误差应小,在网架拼装前应予以复核(要排除阳光温差的影响)。拼装网架时,为保证其标高和各榀屋架轴线的准确性,拼装前需预先放出标高控制线和各榀屋架轴线的辅助线。在拼装过程中,应随时对标高和轴线进行测量并依次调整,使网架总拼装后纵横总长度误差、支座中心偏移、相邻支座高差、最低最高支座差等指标均符合网架规程的要求。

(3) 支架的拼装。支架应进行专门设计,对重要的或大型工程还应进行试压,以保证其使用的可靠性。首先要保证拼装支架的强度和刚度,以及单肢及整体稳定性要求。其次支架的沉降量要稳定,在网架拼装过程中应经常观察支架的变形情况,避免因拼装支架的变形而影响网架的拼装精度,必要时可用千斤顶进行调整。

(4) 支架的拆除。考虑到支架拆除后网架中央沉降最多,故按中央、中间和边缘三个区分阶段按比例下降支架,即分六次下降,每次下降的数值,三个区的比例是 2∶1.5∶1。下降支架时要严格保证同步下降,避免由于个别支点受力而使这些支点处的网架杆件变形过大甚至破坏。

图 2-46 为本工程网架采用高空散装法施工,图中大箭头表示总的拼装顺序,小箭头表示每榀钢屋架的拼装顺序,总的拼装顺序是从建筑物一端开始向另一端以两个三角形同时推进,待两个三角形相交后,即按人字形逐渐向前推进,最后在另一端的正中闭合。每榀屋架的拼装顺序,在开始的两个三角形部分由屋脊部分开始分别向两边拼装,两个三角形相交后则由交点开始同时向两边拼装。

2. 整体吊装法

整体吊装法是先将网架在地面上拼装成整体,然后用起重设备将其整体提升到设计标高位置并加以固定的施工方法。该施工方法不需要高大的拼装支架,高空作业少,易保证焊接质量,但需要起重量大的起重设备,技术较复杂。该法最大限度地减少了高空作业,易于保证焊接质量和几何尺寸的准确性,但网架从拼装到吊装过程中不能进行建筑内部土建施工,对工期有一定的影响,而且对起重设备的性能要求相对较高。因此,此法对球节点的钢管网架、网壳结构(尤其是杆件较多的网架和网壳,如三向网架、网壳等)较适宜。根据所用设备的不同,整体吊装法分为桅杆吊装法和多机抬吊法两类。中小跨度网架采用多机抬吊法,大跨度网架则采用拔杆和起重滑轮组整体吊装。整体吊装法的主要技术问题有:

(1) 空中移位。采用移动式起重设备吊装时,空中移位是通过起重机械移位实现的,采用拔杆吊装时则是通过放松每根拔杆同侧的滑轮组,产生不均匀的水平分力来实现网架的空中移位或转动。

(2) 同步控制及负荷折减系数。当采用多机整体吊装时,由于提升过程中速度不一致引起升差而导致起重设备、桁架结构本身的不均匀受力,故应严格控制升差及将起重机额定负荷乘以折减系数。

(3) 当采用多根拔杆整体吊升结构时,拔杆安装必须垂直,缆风绳的初拉力应适当加大,这是拔杆顺利吊装网架结构的关键之一。

(4) 由于吊装时结构的受力状态与使用时不同,应对网架结构进行吊装验算,必要时采取临时加固措施。图 2-47 为三向网架,其直径为 12.46 m,重 600 t,支承在周边 36 根钢筋混凝土柱上，采用 6 根拔杆整体吊装。

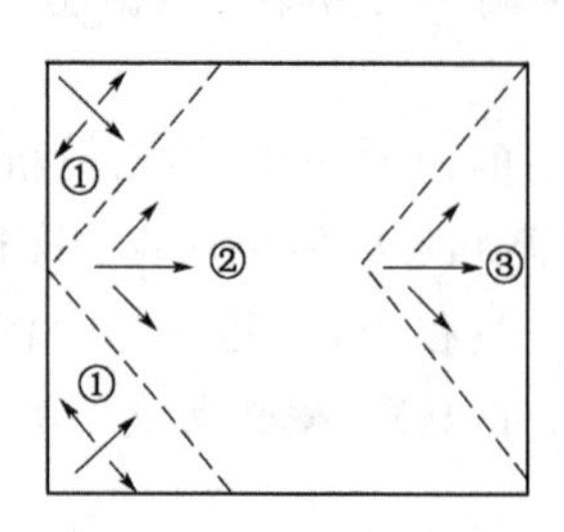

图 2-46　高空散装网架的拼装顺序

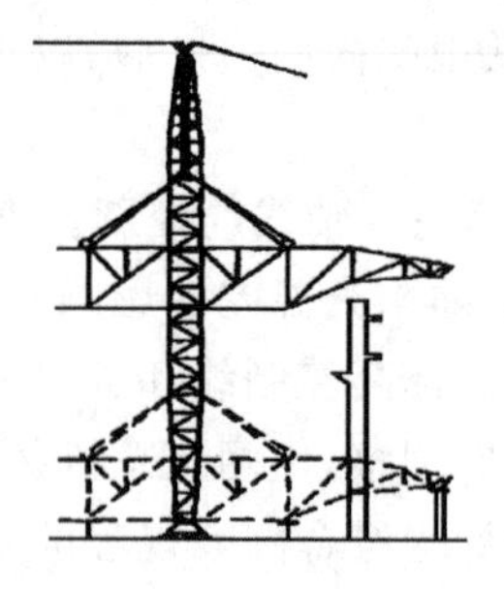

图 2-47　拔杆整体吊装的圆形三向网架

3. 整体提升法

整体提升法是将结构在地面整体拼装后，将起重设备设于结构上方，通过吊杆将结构提升至设计位置的施工方法。该法适用于周边支撑或点支撑网架结构。根据网架提升设备和升板滑模方法的不同，整体提升法可分为单独提升法、升梁抬网法、升网提模法和滑模升网法，这些都属于利用小型设备安装大型网架结构的新方法。单独提升法是结构在地面拼装后，利用安装在柱子上的提升设备将其整体提升到设计标高就位、固定，提升设备既可以设置在结构柱上，也可以搁置在临时搭置的提升柱上。升梁抬网法是将网架提升设备支撑在预制的框架梁中央，升板机提升梁的同时，也提升网架至设计位置。升网提模法是指在用升板机提升网架的同时，也要提升柱子模板，使升网、提模、浇筑混凝土柱一起进行。滑模升网法是指利用滑模浇筑混凝土柱的同时，将支承在混凝土的网架提升至设计位置的方法。整体提升法的主要技术问题有：

(1) 提升设备的选用。提升设备一般可采用电动螺杆千斤顶、液压滑模千斤顶等，其布置应遵循以下原则：提升点的选择应使提升时的受力情况与设计受力情况接近，尽量使提升设备的合力点对准吊点；每个提升设备所承受的荷载尽可能接近以利于同步提升；提升设备的负荷能力应按额定能力乘以折减系数。

(2) 同步控制。提升过程中各吊点间的同步差异将影响升板机等提升设备和网架结构的受力状况，在提升过程中应随时观察各点的提升差异并及时调整。

(3) 稳定问题。当提升结构柱为钢筋混凝土结构时，稳定问题一般不必验算，当结构为格构式钢柱或临时提升柱时，应考虑提升过程中的稳定性，必要时应采取加固措施。图 2-48 所示为 44 m×60.5 m的斜放四角锥网架。该网架重 116 t，支承在 38 根钢筋混凝土柱的框架上，采用升梁抬网法施工。先将框架梁按平面位置分间在地面架空预制，网架支承于梁的中央，每根梁的两端各设置一个提升吊点，梁与梁之间用 10 号槽钢横向拉接，升板机安放在柱顶，通常吊杆与梁端吊点连接，在升梁的同时，梁也抬着网架上升，如图 2-49 所示。

4. 整体顶升法

整体顶升法，是先在地面将网架拼装好后，再以柱作为上升滑道，将千斤顶安装在网架结构各支点的下面，逐步地把网架结构顶升到设计位置的施工方法。与整体提升法类似，区别在于提升设备位置的不同，前者设备位于网架结构支点的下面，后者则位于网架结构的上面，两者的作用原理也刚好相反。整体顶升法的主要技术问题有：

(1) 导轨的重要性。顶升过程与提升过程有所不同，采用提升法，只要提升设备安装垂直，网架结构基本能保持垂直上升。但顶升过程中若不采取导向措施，则网架结构较容易发生偏转，因此顶升法设置导轨较为重要。当柱为格构式钢柱时，四角的角钢即可以起到导轨的作用，否则应另设导轨。纠偏可以用千斤顶倾斜支顶或水平向千斤顶支顶。

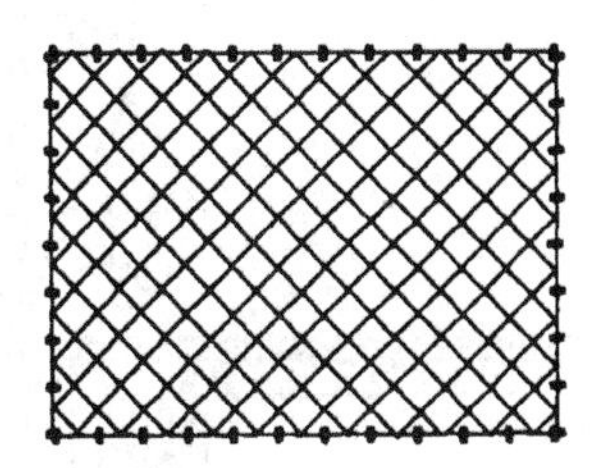

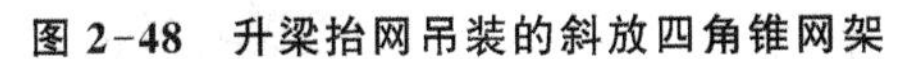

图 2-48 升梁抬网吊装的斜放四角锥网架

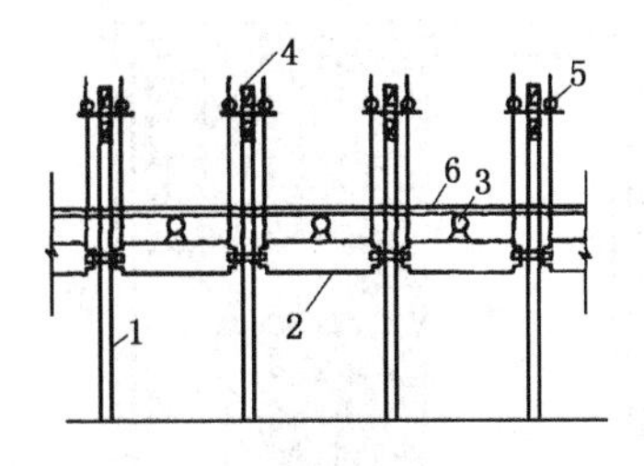

图 2-49 升梁提升网架上升图

(2) 同步控制。同提升法一样，顶升的不同步会影响网架结构的内力分布、提升设备的负荷状况，还可能引起难以纠正的结构偏移。因此，操作上必须严格控制各顶升点的同步上升，尽量减少偏差。

(3) 柱肢的缀板。柱肢之间的缀板是保证柱整体稳定的必需构件，应该在顶升前安装好，随着网架的上升，及时把可能妨碍施工的缀板去掉，待网架结构通过后再立即安上。图 2-50 所示为网架采用整体顶升法施工，并将结构柱作为顶升过程的临时支撑。图(a)用千斤顶顶起搁置于十字架的网架；图(b)移去十字架下的垫块，装上柱的缀板；图(c)将千斤顶及横梁移至柱的上层缀板，便可进行下一顶升循环。

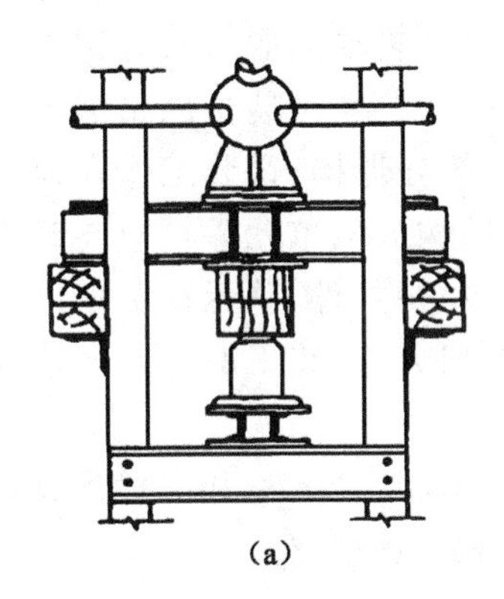

(a)

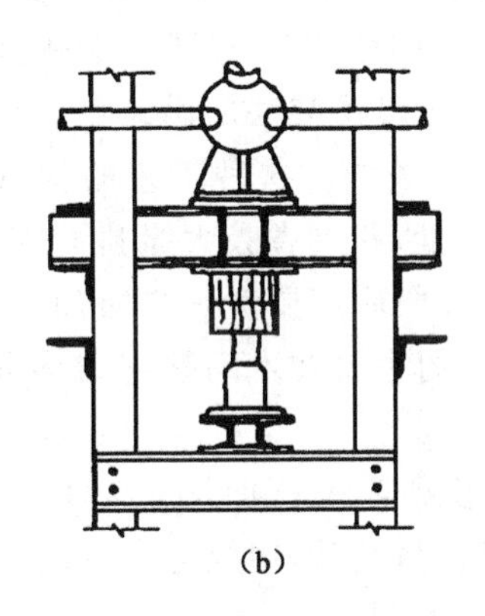

(b)

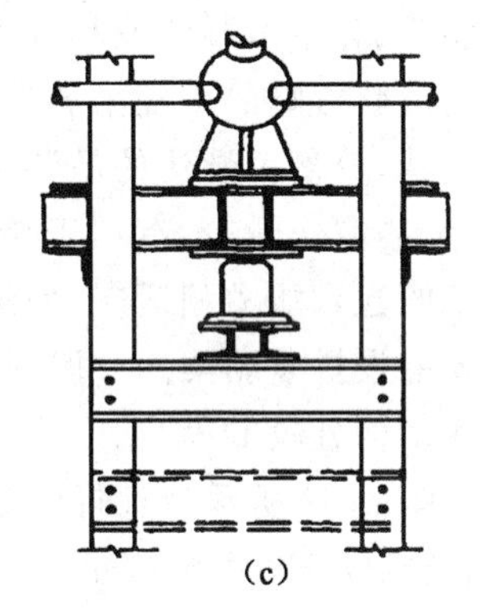

(c)

图 2-50 网架的整体升顶顺序

5. 高空滑移法

高空滑移法是指将网架的结构单元在事先设置好的滑轨上由一端滑移到另一端，并就位拼装成整体的安装方法。滑移的网架结构单元可以在地面拼装后吊装至滑移起始位置，也可以是分段、小拼单元甚至散件在高空拼装平台上拼成滑移单元。为了方便滑移，拼装单元一般放置在建筑物的一端。高空滑移法的主要技术问题有：网架滑移时侧向稳定的控制，网架变形及应力监测；柱顶滑移时滑移轨道的设计、构造；滑移胎架的设计、构造；滑移牵引系统设计及滑移同步控制；滑移过程中的加固措施。

图 2-51 为 45 m×45 m 的斜放四角锥网架，采用逐条积累滑移的施工方法。先在地面拼装成半跨的条状单元，然后用悬臂拔杆吊至拼装平台上组成整跨的条状单元，最后才滑移。当前一单元滑出组装位置后，随即又拼装另一单元，再一起滑移，如此每拼装一个单元就滑移一

次,直至滑移到设计位置。

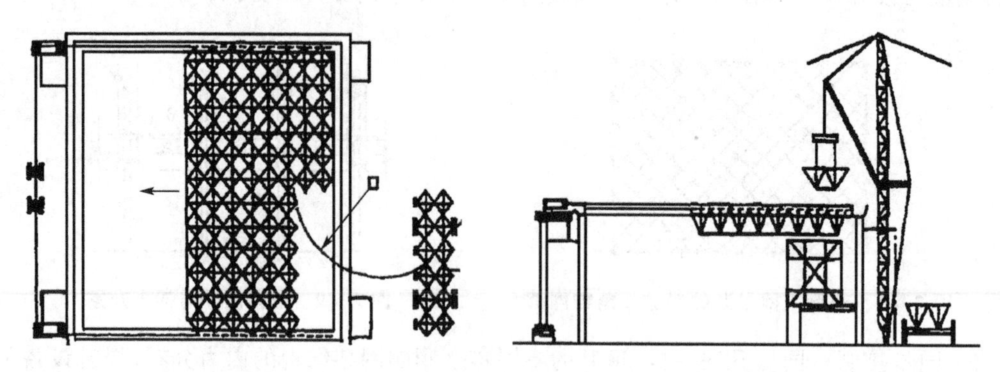

图 2-51　逐条积累滑移的斜放四角锥网架

6. 分段吊装法

分段吊装法又称分块吊装法、分条吊装法或小片吊装法,是先将网架分成若干个区段,先在地面组装成段状单元,然后分别用起重机将段状网架抬升至高空设计位置,再就位搁置,最终由人工焊接来连接各结构分段和嵌补分段并拼装成整体结构的施工方法。段状单元即是网架沿长跨方向分割为若干区段,而每个区段的宽度是一个网格至三个网格,其长度则为短跨方向,或者沿纵横两个方向划分为矩形或正方形块状单元。分段吊装法与分块吊装法、分条吊装法或小片吊装法的施工工艺只有少许差异,即吊装单元的形状区别以及受到形状影响的个别吊装工序。分段吊装法的吊装单元为段状,而分块吊装法的吊装单元为块状,分条吊装法的吊装单元为条状。这种工艺的特点是大部分焊接、拼装工作在地面进行,高空作业少,有利于控制质量,并可省去大量拼装支架。结构分段单元重量应与起重设备的起重能力相适应,但结构分段后需要考虑临时加固措施,后拼杆件、单元接头处仍然需要搭设拼装胎架。分段吊装法的主要技术问题有结构分段的划分、吊装工况的安全性分析和结构分段的吊装。

图 2-52 所示为双向正交方形网架,其平面尺寸为 45 m×45 m,重 52 t,采用分段吊装技术,分割成三条吊装单元,就地错位拼装后,用两台 40 t 汽车起重机抬吊就位。

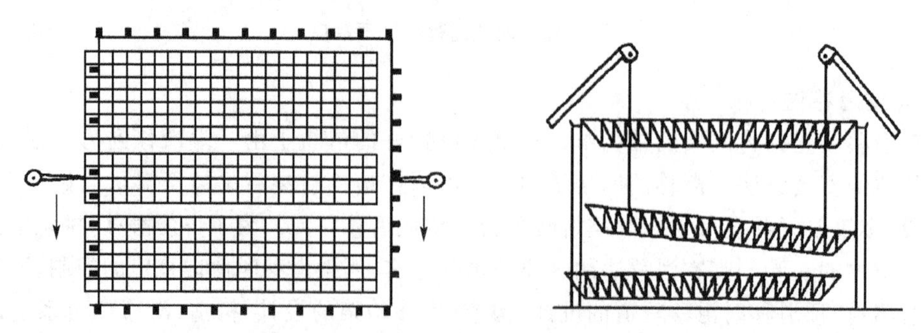

图 2-52　分段吊装的双向正交方形网架

(二) 大跨度钢网架结构吊装技术的发展趋势

随着国民经济的飞速发展和人们生活水平的不断提高,社会对大跨度结构的需求量也不断增大。作为典型的大跨度结构，网架结构体系除了具有跨度大的特点外，造型独特是其能被广泛应用的又一优势。为适应大跨度钢网架的使用，必须具有众多成熟的施工方法。目前，虽然国内已经有多种系统的施工方法，如整体比较系统的大跨度网架施工方法，如整体提升法、多机抬吊法、高空滑移法、集群千斤顶同步提升技术和网架折叠展开技术等，但还不完善，无法使大跨度网架施工方法系统化，阻碍了网架施工的发展。大部分网架施工方法在理论分析方面都比较欠缺，而分段吊装技术的吊装工况分析更薄弱。为了弥补网架施工方法的不足，需要进一步补充各种施工方法。南通四建的技术人员已经有针对性地研究了一些大跨度网架施工方法的不足之处，如集群千斤顶的顶升法等，而分段吊装技术目前还无人进行研究。

随着大跨度网架结构的不断发展，分段吊装技术的难度和安全性要求也不断提高。国内的网架分段吊装技术是在借鉴国外的吊装方法，结合国内实际工程的基础上发展起来的，并不断积累以前的经验，逐步丰富施工方法。所以，分段吊装技术的施工工艺能满足工程的实际需要，但对于该技术的完整性而言，国内还缺少理论分析方法，尤其在吊装工况的安全性分析方面还比较薄弱。特别是随着国内大跨度网架的飞速发展，以前凭经验估计吊装安全性的分段吊装技术必须进一步完善，目前应加强分段吊装的工况安全性分析，以保证网架工程的施工质量、进度和安全。

第五节　分段吊装方案的确定及实用技术

正式吊装网架的分段单元前必须做好前期准备工作，以保证施工的顺利进行。分段吊装大跨度网架结构的方案制定一般包括起重机械的选择、网架结构的分段、临时支架的组装、拼装胎架的设计和网架单元的拼装。

一、起重机械的选择

起重机械的选择是制定吊装方案的关键一步，选用合理的起重机械不仅可以加快吊装进度，还有助于优化网架结构的分段。

（一）起重机械的性能比较

大跨度钢网架采用分段吊装法进行施工时，根据网架的结构形式、网架分段的重量、分段的就位标高以及现场的施工条件，可选用塔式起重机、桅杆式起重机和自行杆式起重机。通常用起重量、起重高度和起重半径这三个指标来评价这些起重机械的性能。起重机的性能比较见表 2-8 所示。

表 2-8　起重机的特点及适用范围

起重机类型	特点及适用范围
塔式起重机	起重机可做 360°回转，具有较高的起重高度和工作幅度，工作速度快，机械运转安全可靠，操作和装拆方便，但起重能力不大，仅限于单个散件或小重量分段吊装

续表 2-8

起重机类型		特点及适用范围
桅杆式起重机	独角拔杆起重机	起重机的设置不受地点限制，动力少，装配费用低。但安装速度较慢，转移不方便，一般用于起重在50 m以内、起重量不大的构件
	人字拔杆起重机	起重机的杆件受力均匀，起重量较大，横向稳定性好，缆风绳少，架立方便，但位移不便，构件起吊后的活动范围有限
	悬臂拔杆起重机	能以较短的悬臂获得较高的吊装高度和工作半径，起重臂变幅和左右摇摆在90°～180°，在活动范围内可将构件进行水平位移
	牵缆式拔杆起重机	操作比较容易，占地面积小，起重量和作业半径大，能回转360°，可完成多种动作(回转、荷载升降变幅、移动等)，能设在较狭小的地方；但需较多的缆风绳(6～12根)，移动位置不变
自行式起重机	汽车式起重机	具有转移迅速、机动灵活、对路面破坏小的特点，但起吊时必须将支脚落地，不能负载行驶，且要求工作场地平整、压实，常用于网架的拼装
自行式起重机	轮胎式起重机	车轮间距大，操作方便，稳定性能好，转移迅速、灵活，行驶速度快，起重臂长度改变自由、快速，对路面破坏性小，一般在支腿状态下吊装，不能负重行驶，常用于网架的拼装，有时安装重量不大的临时支架
	履带式起重机	起重能力大，操纵灵活，使用方便，可在一般道路上行驶和工作，车身能回转，臂杆可俯仰，工作稳定性好，可以负载行驶，对施工场地要求不高，可在不平衡泥泞的场地或略加处理的松软场地行驶或工作，但转移速度慢，对路面有一定的破坏作用，要求吊装单元的高度不太大，需要辅助起重机的配合，常用于网架分段的吊装，也可用于吊装重量较大的临时支架

（二）起重机械的开行路线

选择起重机械时，还得考虑它们的起重臂长、行走方式和开行路线等的影响。在吊装施工中，一般无需考虑塔式起重机和桅杆式起重机的移动性能，但必须分析网架结构及其结构分段与自行杆式起重机行走方式和开行路线之间的相互影响。

汽车式起重机和轮胎式起重机不能负载行驶，其开行路线应根据现场条件和施工平面布置图确定。

1. 现场条件

涉及吊装工艺的现场条件主要有道路、停机点位置和工作空间等。道路必须有足够的宽度、平整度和坚实度，以满足起重机的行驶要求。停机点位置处的面积应该不小于起重机伸出四个支脚时的工作面积，且场地的密实程度要求更高，必须保证起重机的支脚不下陷。工作空间应该大于起重机正常工作时所需的最大空间，即不妨碍起重臂的升降、旋转及构件的吊装。

2. 施工平面布置

起重机的开行路线与构件在现场的分布密切相关，必须根据施工平面布置图制定起重机的开行路线。起重机的开行路线必须靠近单根钢构件的堆放点，必须紧邻网架的拼装区域，但又不能穿过拼装范围。同时，开行路线不得影响构件的堆放(即无需再次搬运构件为起重机让道)、其他设备的布置以及现场材料的正常运输等。此外,起重机开行时,不能破坏已建建筑物,也不能影响其他工种的正常施工。

履带式起重机可以负载行驶,其开行路线除了考虑现场条件和施工平面布置的影响外,还必须协调工程的主体结构、网架分段间的相对位置关系、网架分段的吊装顺序等矛盾。

(1) 工程的主体结构。大跨度结构形式多样,造型独特,外挑构件多。履带式起重机的开行路线必须结合主体结构的形式,要保证起重机在行驶途中和旋转起重臂时不得碰撞已建结构、破坏其造型。因此,开行路线应该离主体结构一定距离,特别是在起重机的停机点位置处,还应适当加大与结构的距离。

(2) 网架分段间的相对位置关系。网架分段是吊装的单元,分段间的相互位置影响履带式起重机的开行路线。分段间的相对位置由网架结构的划分方案决定。吊装网架分段时,应保证各分段间的施工互不影响其就位,吊装时还要避免各分段间不能碰撞。制定起重机的开行路线时,应该考虑分段间的相对位置。

(3) 网架分段的吊装顺序。网架分段的吊装顺序与履带式起重机的综合性能有一定联系,特别是分段的吊装顺序和起重机的开行路线。为了保证吊装工艺的有序进行,起重机的开行必须符合吊装方案确定下的分段吊装顺序要求。当然,制定吊装方案时也要考虑履带式起重机的性能。

二、网架结构的分段

网架的划分除了要考虑网架自身的结构特点外,还必须充分考虑起重机的起重能力、绑扎点的位置、网架分段间的相互影响、临时支架的搭设、网架分段的刚度和稳定以及吊装工艺的可行性等。

(一) 结构的分段原则

网架的分段应该遵循以下原则:网架分段的断开点应尽量设在结构受力较小的位置。结合网架的结构形式,参考设计计算书,正确把握结构的应力分布情况,特别是网架节点的受力状况。从结构特征来说,有节点的网架,特别是球节点,网架分段一般应在节点处断开。

网架分段的吊装重量不能超出起重机的提升能力。起重机的选用主要由现场的施工条件决定。在划分网架之前,应该清楚每个网格的粗略自重,将吊装索具的重量和施工荷载考虑后,要保证每片网架分段的吊装重量必须在起重机的起重量范围内。每片网架分段都应有足够多的绑扎位置。绑扎点至少应有 4 个,通常应保证有 6~8 处,一般设在刚度大、便于调节索具的节点附近。由于横吊梁的使用不方便,所以还得尽量满足各个绑扎点间有合适的距离,以保证绳索的吊装角度。网架分段的划分也要考虑网架分段间的相互影响,首先能保证网架分段间的吊装不会相互妨碍,其次要方便高空焊接连接网架分段。网架分段的划分应充分考虑临时支架的搭设。临时支架的搭设不能影响结构中混凝土梁、柱的完整性,而网架分段的大小决定了临时支架的搭设位置,因此,网架分段的划分必须结合整个主体结构。网架分段的划分必须考虑其吊装时的刚度和稳定性。网架在吊装过程中,因其自重会使受力状况发生变化,部分设计为受压构件的会成为受拉构件,或其内力变大,这就会导致网架发生变形。所以,结合绑扎点位置,划分后的网架分段要能保证其在吊装时不会产生太大应力重组和变形。必要时,要增设加固构件，满足吊装的可靠性条件；网架分段的划分还要保证吊装工艺的可行性。最终采用的网架划分方法，应该符合整个网架的吊装工艺和经济，网架分段的大小、重量都应该能满足施工的操作，而且不要过多浪费诸如起重机、人工之类的资源。

（二）结构的分段方法

吊装的分段主要有以下几种方法：

(1) 网格由上弦杆（或下弦杆）和斜腹杆组成，各杆件相互紧靠，可在上下弦杆的节点处分开。此法多用于正放四角锥网架，如图 2-53 所示。

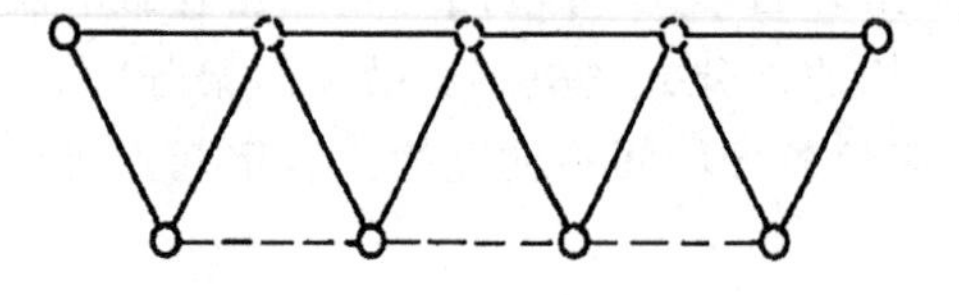

图 2-53 正放四角锥网架

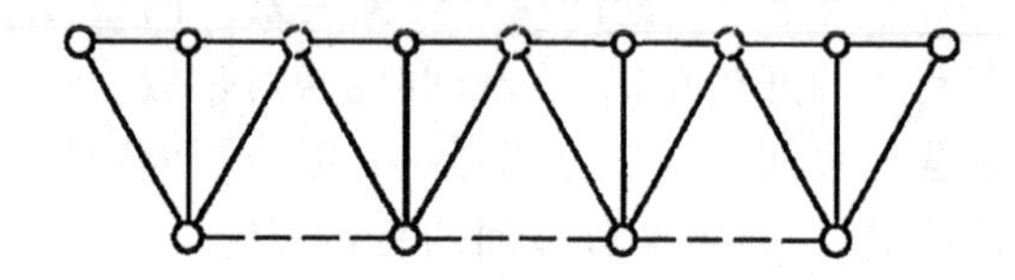

图 2-54 斜放四角锥网架

(2) 网格由上下弦杆、斜腹杆和竖向腹杆组成，各杆件相互紧靠，可在上下弦杆的节点处分开。此法多用于斜放四角锥网架，如图 2-54 所示。

(3) 网格由上下弦杆、斜腹杆和竖向腹杆组成，同向斜腹杆逐一布置，可在上下弦杆的相邻两节点处分开，分段之间空一节间。该节间在分段单元吊装后再在高空散装，此法多用于两向正交正放等网架，如图 2-55 所示。

(4) 网格由上下弦杆、斜腹杆和竖向腹杆组成，但同向斜腹杆之间空一节点，可在上下弦杆的相邻两节点处分开，分段之间空一节间。该节间可在分段单元吊装后再在高空散装，此法多用于两向正交斜放等网架，如图 2-56 所示。

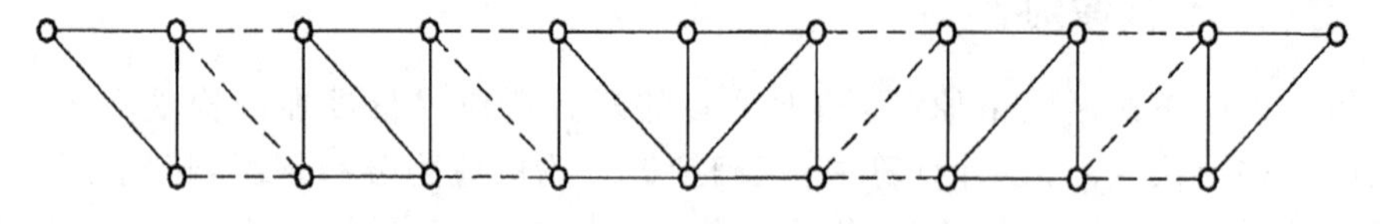

图 2-55 两向正交正放网架

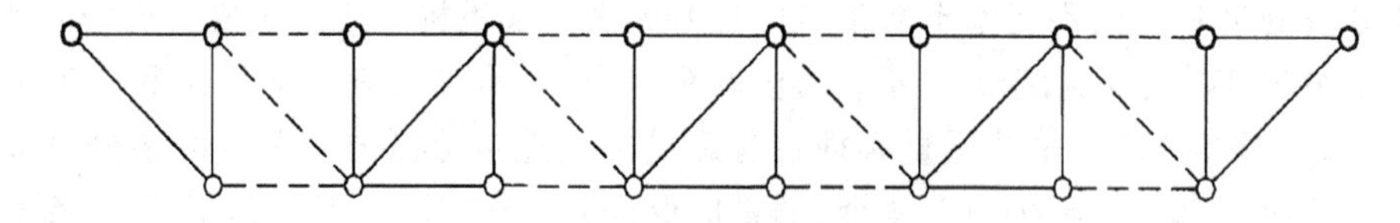

图 2-56 两向正交斜放网架

图中的吊装分段是以一个或两个网格来划分。实线网格为吊装分段；虚线杆件为高空散装的部分；虚线节点为分段的断开点，与任一侧的分段单元一起吊装。

（三）临时支架的确定

网架单元分段吊装就位后，要暂时支撑在临时支架或混凝土结构柱顶上。临时支架的主要作用是承受施工期间的各种荷载，支撑网架，控制标高，作为操作平台之用，以保证网架分段的整体性和稳定性。其数量和布置方式取决于吊装单元的尺寸和刚度。临时支架的选择必须结合具体的网架工程，除满足受力要求外，还要考虑临时支架的形状，即在受力状态下强度和刚度均符合要求。临时支架的选型包括材料、截面形式、长度和搁板的确定。

1. 临时支架的选型

临时支架可分为木制和钢制两大类。木制支架很少使用，一般用于简单的小型工程；在中大型工程中，广泛使用的是钢制支架。钢制支架根据选用的钢材又可分为钢管支架、型钢支架和钢井架等。钢制支架的截面形式多样，一般都要形成井架。架身截面常为矩形外加连杆形式，架顶根据支撑节点的受力状况可做成平面和斜面两种。如果支撑节点只需要考虑其自重，可采用平面形式，常用于支撑网架节点的临时支架；有时考虑到网壳的倾斜程度，为减小支架支承的偏心力，可适当将顶面微倾。如果支撑节点必须考虑其他构件的传力，则采用斜面形式，斜面朝向应与传力构件的方向一致，如支撑桁架节点的临时支架。临时支架的架顶还应该设置竖向定位构件，以保证支撑节点与支架的传力。钢制支架的截面构造一般需要通过计算确定。

所采用的临时支架为由角钢焊接而成的钢支架。图 2-57 为平面架顶的临时支架，其架顶和架身结构相同。图 2-58 为斜面架顶的临时支架，其架身结构与平面架顶的支架架身相同，而架顶做成斜面，且截面略有增大。图 2-59 为平面网架高空散装施工。图 2-60 为分段吊装施工组装效果。

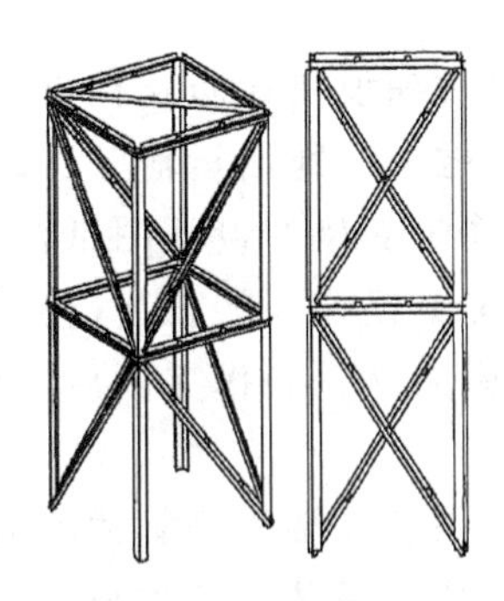

图 2-57　平顶临时支架的轴测图和立面图

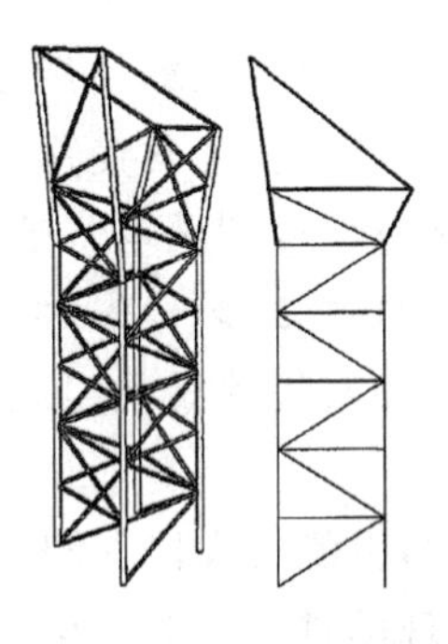

图 2-58　斜顶临时支架的轴测图和立面图

图 2-59　网架高空散装施工

图 2-60　分段吊装施工组装效果

2. 临时支架的长度

临时支架的位置必须对准网架下弦的支承节点。支架间距不宜过大，以免网架安装过程中产生较大的下垂。支架高度要方便操作。支架长度由所支撑的网架标高决定，通过计算确定。其长度的一般计算方法如图 2-61 所示。

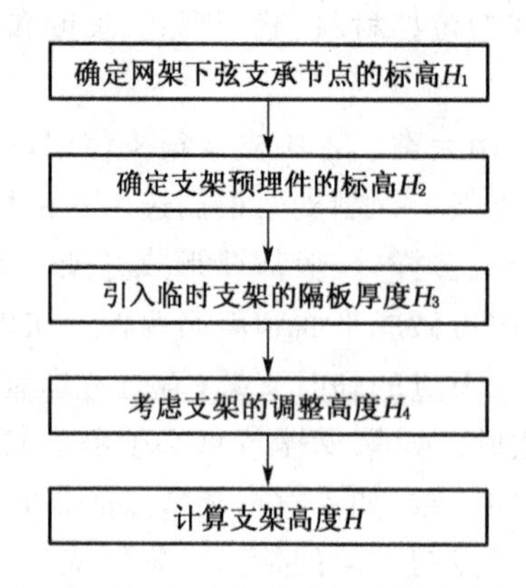

图 2-61　临时支架长度的计算流程

支架长度的计算公式因架顶形式不同而不同。平顶架顶的支架长度为

$$H = H_1 - H_2 - H_3 - H_4$$

三、临时支架的组装

钢材应水平堆放在现场库房里，以防止钢材锈蚀，同时铺设垫板防止构件变形。组装时，需要现场再次搬运，通常使用拖车、叉车、平板车和手推车等地面运输工具将钢材搬运至组装区域，有时也可利用塔式起重机协助调运。参照临时支架的设计图纸，可结合具体的施工条件进行现场组装。先对钢材（或木材）放线，确定单根构件的长度，使用工具切割（或锯割）材料，使其尺寸满足组装支架的要求。支架的成品材料制作完成后，可开始拼装工作。

钢制支架的组装过程比木制支架的组装复杂，下面以钢制支架为例阐述临时支架的地面组装方法。现场拼装临时支架，有时需要使用起重机械协助吊装支架的成品钢材。常用的吊装机械有汽车式起重机、轮胎式起重机、小型履带起重机和塔式起重机。成品钢材在吊装过程中不需要起重机开行时，优先使用汽车式起重机或轮胎式起重机；成品钢材在吊装过程中要求起重机开行一段距离，这时选用小型履带起重机或塔式起重机，又或者以水平运输工具协助汽车式起重机或轮胎式起重机工作。一般来说，钢材从库房运至组装场地时就应考虑吊装的要求，尽量避免再次搬运。因此，施工中大量使用汽车式起重机或轮胎式起重机吊装钢材。

有些成品钢材的尺寸较小，可以采用人工搬运的方式，如支架的斜撑杆件和水平杆件。部分尺寸大或重量大的成品钢材要使用起重机，如竖向杆件，多采用单机起吊，不满足时，则采用双机抬吊。单机起吊的绑扎点一般设为 1～3 点。一点绑扎时，绑扎位置位于构件中部，以免构件在起吊过程中因重力竖直而滑落。两点绑扎时，绑扎位置分别位于构件两侧，可使钢材成一定斜度，方便组装焊接，但必须保证钢材不致滑落。三点绑扎时，绑扎位置位于构件中段，不仅能使钢材吊起时成一定斜度，而且能保证钢材吊装时的稳定。如果构件过长，或构件两侧的转动幅度较大，可使用双机抬吊。临时支架构件的组装过程如

图 2-62 所示。组装时轴线G1 和 G2 方向上的杆件朝上，轴线 G3 和 G4 方向上的杆件着地。使用一台汽车式起重机吊装四角的竖向钢件，即 G1、G2、G3 和 G4 方向上的长构件，人工搬运斜撑杆件和横撑杆件。

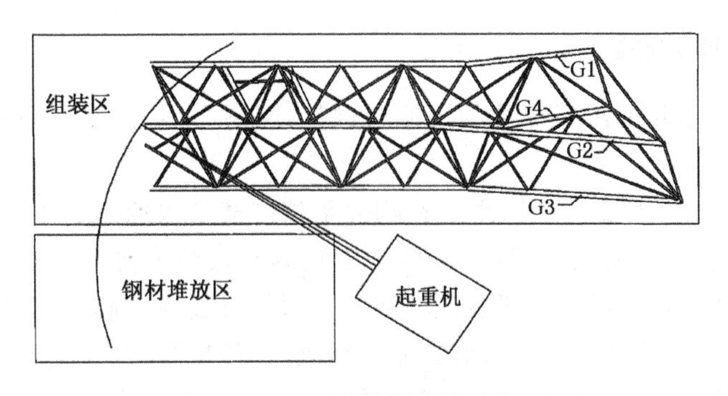

图 2-62　临时支架构件的组装过程

施工方法是先架身，后架顶；先贴地平面，再垂直地面的平面，后空中平面；先角上长杆件，后横撑和斜撑。具体步骤为：先在地面放线，确定轴线 G3 和 G4 方向上的杆件位置；利用起重机将架身区段的两根钢构件吊装到组装区，再摆放，并加以固定；然后参照临时支架的施工图，焊接支架平面 G3－G4 以上的横撑和斜撑杆件；其次在起重机的协助下，分别将架身区段的 G1、G2 钢构件吊装到组装区，悬空定位完成后，再与对应的斜撑、横撑杆件焊接固定；然后才焊接支架平面 G1－G2 上的横撑和斜撑杆件；最后，按照施工架身的方法焊接架顶区段的钢构件。

吊装钢构件的具体方法：因为钢构件较长，所以采用两点绑扎法，为了方便钢构件的定位，使钢构件倾斜 5°左右，构件的低端先施工。G3、G4：汽车式起重机先将起重臂伸至钢材堆放区，再按要求绑扎；然后缓慢抬臂，后转动起重臂至组装区，按照地面的定位线摆放杆件，加以固定。G1、G2：不同之处在于起重机将钢构件吊至组装区后，缓慢降臂到构件的焊接高度后停止下降，定位准确后，加约束防止构件移位，再次校正钢材低端位置满足要求后，开始焊接构件低端与横撑、斜撑杆件，焊接工作依次向高端移动。

四、拼装胎架的设计

网架单元的拼装胎架是指用于组对、拼装和支撑网架单元的操作平台，由底座和支撑系统组成，属于支撑与承重类脚手架。在网架的分段吊装施工中，采用固定式拼装胎架，其作用为组对网架的结构形式，方便工人操作，支撑结构自重及施工荷载。分段吊装用的拼装胎架，要求立杆具有准确的设计高度、足够的强度和合理的间距，才能保证拼装单元的稳定和施工质量。在大跨度网架分段施工中，胎架随网架结构形式、现场施工条件的不同而不同，要求灵活性较强，一般情况下拼装胎架的立杆应根据受力计算而得，必要时通过设置斜撑杆件来加固胎架立杆。

（一）拼装胎架的选材

网架单元的拼装胎架，根据支撑系统的材料常分为钢管胎架和型钢胎架两类。与钢管脚手架相似，钢管胎架可分为扣件式钢管胎架、门式钢管胎架、碗扣式钢管胎架三种。其中,扣件式钢管胎架组合搭设灵活方便,用途多样,门式和碗扣式钢管胎架需要配置多功能构配件才能应用。因此,常优先采用扣件式钢管胎架。型钢胎架的焊接工作多,但立杆的设计标高准确。

(二)胎架立杆的间距

胎架立杆的间距主要由出厂构件的尺寸与重量、网格大小、操作空间和胎架底座等因素决定。

(1) 出厂构件的尺寸与重量。这里的钢构件是指网架结构的组成单元,在工厂加工制作完成后运至施工现场,包括桁架类钢管、网架类钢管、球节点和铸铁支座等,不包括连接上述各构件的螺栓与其他连接件。网架的拼装是将网架的构件组装在一起,起支撑作用的立杆必须保证各钢构件的稳定,才能继续后续拼装工序。因此,进行拼装时,首先要考虑各钢构件的尺寸及大小。出厂的桁架类钢管的尺寸与重量均较大,一般长度不低于 2 m,单根桁架类钢管必须由两根或两根以上的立杆支撑,相邻两立杆要有一定的距离,其距离应该满足下列公式。球节点用于连接网架类钢管,必须在球节点处设置支撑立杆。网架类钢管的尺寸和重量都不大,根据结构形式确定是否需要另设支撑立杆。

$$L_a > \frac{L}{n+1}$$

式中:L_a——同一根桁架类钢管下的立杆间距;

L——单根桁架类钢管的长度;

n——单根桁架类钢管设定的立杆数量。

(2) 网格大小。确定拼装胎架的立杆间距时,必须考虑网架结构的网格大小,即拼装时的整体稳定性。

地面拼装网架的工序是先将散装构件拼装成网格单元,再由网格组装成网架单元。立杆不仅要支撑单根构件,还要支撑拼装后的网格单元和网架单元。因此,确定胎架立杆的尺寸及构造,必须考虑拼装后的立杆整体稳定性及网格的稳定性。

立杆间距的合理,主要指立杆间距的确定能使网格受力均匀,各受力节点分布均匀,不影响网格之间的对位和连接。网格较小,应该少布置立杆;网格较大,应增加立杆数量。

(3) 操作空间。立杆不能搭设过密,以免限制拼装工艺。在拼装过程中,需要搭设一些附属构件和设施,确定立杆间距时,应该保证这些构件或设施有足够的放置空间。此外,考虑施工的技术需要,还要满足工人有足够的操作空间。特别是在连接端头,拼装工艺繁重,操作空间的需求量更大。例如,对于支撑桁架类钢管的胎架,靠近钢管两端的立杆应该距该钢管边缘 0.5 m 以上。

(4) 胎架底座。大多数的拼装胎架都包括底座,且底座是型钢胎架的重要部分。有底座的胎架,其立杆均设置在底座上,底座的长度对立杆的间距也有一定的影响。从底座自身的稳定考虑,一般要求一个底座至少有两根立杆,同时,分布在同一个底座上的立杆应该尽量均匀。

(三)胎架立杆的高度

胎架是用于网架单元的拼装,胎架立杆的一个重要作用就是保证钢构件的组装准确,即各构件的相对位置。要保证网架单元吊装后不会影响结构的整体造型和受力，拼装时需确保各构件相对位置的准确。

在确定胎架立杆的高度时，通常要考虑胎架底座、立杆强度、支撑方式和网架设计标高等因素的影响。

(1) 底座。立杆位于胎架底座上，现场采用的底座在一定程度上影响立杆高度。底座应该有足够的强度、刚度、厚度和平整度。当立杆支撑钢构件时，底座会因立杆传下来的力而负载，如果胎架底座的强度和刚度不够，厚度和平整度不满足要求，2 分段吊装的前期工作底座表面将产生较大变形，甚至下陷，从而导致底座变形或下陷，附近的立杆随之下降，从而会使这些立杆所支撑的钢构件下降，导致与其相邻构件的相对位置发生变化，最终影响整个网架结构的整体性。

(2) 立杆的强度。立杆承载很大时，会发生一定的弯曲变形，如果变形超过容许范围，就会带动所支撑的钢构件移位(水平方向和竖直方向)。竖直方向的移位过大，相当于实际的立杆高度低于设计的所需高度，该处的钢构件将与相邻钢构件错位。因此，从立杆高度的角度考虑，立杆钢材的强度要达到一定要求，而且，这与立杆承载力稳定方面的强度要求大体相同。

(3) 支撑方式。胎架的立杆可以设置成单肢柱或格构柱的形式，立杆的支撑方式因支撑构件的不同而不同。对于支撑钢管构件的立杆，一般设计成双立杆；用于支撑球节点的立杆，一般设计为三立杆或四立杆。

双立杆由两根立杆、若干根横杆和多根斜杆组成。最高的横杆用于直接支撑钢管，其余的横杆起连接两根立杆的作用。斜杆的作用为增强立杆结构的整体刚度和稳定性。通常，立杆的设计高度要比立杆的支撑高度高出一定长度。立杆的设计高度是它的整个长度，即指胎架底座的上表面到立杆上顶的高度；立杆的支撑高度是指胎架底座的上表面至最高横杆上边缘的高度。

四立杆由四根立杆、若干根横杆和多根斜杆组成。每五根横杆形成一组，在同一水平面上将四根立杆连接起来。最顶上的横杆用于支撑球节点，一般要采取加固措施。

三立杆的构造与四立杆相近。

(4) 网架的设计标高。进行网架拼装时，首先要根据网架的设计图纸，确定构件间的相对位置；再根据网架的设计标高，确定每根构件的放置方式。放置方式是指构件在整个网架结构中的放置形式，比如是平放还是斜放、杆件两端的标高差值是多大等。有了具体的构件设置数据后，才能按要求设计出满足条件的立杆高度，构件支撑于立杆之上才会拼装出符合整体结构的网架单元。

地面拼装的是网架单元，因此，计算胎架立杆高度时以该拼装单元的设计标高最低的构件为基础。胎架立杆的高度可以用以下公式进行计算，公式中高度的计算点均取构件该处的最低点，如钢管的下边缘。此外，图纸上设计标高是以构件轴线计算的，公式中采用的标高还应扣除相应构件的一半尺寸，钢管应扣除外半径，球节点应扣除半径。

$$H_z = H_n - H_d - h' - h_n$$

$$H_s = H_z + \lambda$$

式中：H_s——立杆的设计高度；

H_z——立杆的支撑高度；

H_n——构件支撑点的设计标高，即立杆支撑处的构件最低标高；

H_d——每片拼装网架单元中的最低设计标高；

h'——最低构件的拼装空隙高度，一般为0.1～1.0 m；

λ——立杆设计高度与支撑高度的差值，一般为0～0.3 m；

n——立杆编号；

h_n——立杆踢脚的底座表面与最低设计标高处所对应的底座表面的标高差值。

（四）胎架的稳定性分析

胎架的破坏形式分为立杆的局部破坏和失稳破坏两类。局部破坏由连接胎架立杆的纵向或横向横杆的抗弯、抗滑强度不足引起，这种破坏方式一般都有明显的破坏先兆，即纵向或横向横杆产生很大的弯曲或滑移。在胎架设计时，只要保证纵向和横向横杆的抗弯强度及抗滑承载力，满足计算要求即可防止局部破坏。拼装网架时，胎架承受荷载较大，但立杆较多，胎架的横杆间距相对较小，能够满足抗弯、抗滑要求，一般不会发生此类破坏。拼装胎架还可能由于立杆失稳导致胎架整体坍塌，失稳破坏具有突发性，危害性大。胎架立杆可能发生整体失稳和局部失稳两种失稳破坏形式。①整体失稳破坏：胎架的立杆与刚度较小平面的横杆组成的框架沿刚度较小的弱轴平面呈大波鼓曲现象，各排立杆的鼓曲方向一致，失稳鼓曲线的半波长度大于步距。整体失稳破坏始于横向刚度较差或初弯曲较大的横向框架。一般情况下，整体失稳是胎架破坏的主要形式。②局部失稳破坏：立杆在步距之间发生小波鼓曲，波长与步距相近，各排立杆变形方向可能一致，也可能不一致。当脚手管胎架以相同步距、纵距、横距搭设时，在均布施工荷载作用下，立杆局部稳定的临界荷载高于整体稳定的临界荷载，胎架破坏形式为整体失稳。当胎架以不同步距、纵距、横距搭设时，立杆受荷不均匀时，两种形式的失稳破坏均可能发生。

在拼装过程中，胎架受力会明显增大。为了符合网架拼装的精度，必须保证胎架在网架拼装期间的变形在允许偏差范围内。因此，有必要对拼装胎架进行稳定性分析。

拼装胎架的稳定性分析可根据立杆的构造特点分为两类，即基于脚手架立杆的计算方法和基于钢框架格构柱的计算方法。

1. 基于脚手架立杆的计算方法

根据脚手架立杆的概率极限状态设计方法，得到拼装胎架的稳定性计算公式。

不组合风荷载时：

$$\frac{N}{\varphi A} \leqslant f_c$$

组合风荷载时：

$$\frac{N}{\varphi A} + \frac{M_W}{W} \leqslant f_c$$

式中：N——计算立杆段范围内的轴向力设计值，按下式确定：

不组合风荷载时：

$$N = 1.2(N_{G1K} + N_{G2K}) + 1.4\sum_{i=1}^{n} N_{QK}$$

组合风荷载时：

$$N = 1.2(N_{G1K} + N_{G2K}) + 0.85 \times 1.4\sum_{i=1}^{n} N_{QK}$$

N_{G1K}——胎架结构自重标准值、桁架结构自重标准值产生的轴向力；

N_{G2K}——构配件自重标准值产生的轴向力；

$\sum_{i=1}^{n} N_{QK}$——施工荷载标准值产生的轴向力总和；

φ——轴力受压构件的稳定系数，应根据构件的长细比 λ 查规范取值；

λ——长细比，$\lambda = \dfrac{l_0}{i}$；

i——立杆截面回转半径；

A——立杆的截面面积；

W——截面地抗矩；

M_W——计算立杆段由风荷载设计值产生弯矩；

f_c——立杆的抗压强度设计值。

胎架立杆稳定性的验算部位应包括以下内容：

(1) 等步距和非等步距胎架的首立杆。

(2) 非等步距胎架的最大步距处。

(3) 几何尺寸不规则时，负载最大、几何尺寸也最大的立杆段。

(4) 立杆变截面处。

(5) 荷载显著增加的局部。

2. 基于钢框架格构柱的计算方法

网架分段拼装用胎架可看作由立杆、纵横水平杆组成的多层单跨或多跨“空间框架结构”，其整体稳定计算可按钢框架的轴心受压格构式柱的稳定来考虑。

根据弹性稳定理论，对格构式柱计算绕虚轴的稳定性，由于相应的抗剪刚度比较弱，所以必须考虑剪力的影响，弹性杆考虑剪力影响时的临界力计算公式为

$$N_o = \frac{N_E}{1 + \dfrac{N_E}{S}}$$

式中：N_o——临界荷载；

N_E——杆件作为实腹柱看待时的欧拉临界力；

S——缀材体系的抗剪刚度，即产生单位剪切角所需要的剪力。

在实际计算中，对于格构式柱绕虚轴稳定性的计算，常采用换算长细比的方法，即引入一放大系数 μ，将格构式柱换算成临界力相同的等效实腹式柱后再进行计算，一般 μ 在1.0～1.1之间变化。必须指出的是，胎架，特别是型钢胎架类似于框架体系，计算临界力时的剪切应变不能忽略。另一方面，胎架，特别是钢管胎架，失稳破坏时所达到的立杆极限应力很低，常小于

100 N/mm²,均在弹性范围内。因此,参考钢框架的格构式柱的整体稳定计算可不考虑二阶效应及材料的塑性发展。

3. 胎架立杆的稳定性分析

为了保证网架单元的拼装安全,应对胎架立杆进行稳定性分析,分析中常规定一些计算假定,以形成简化的等效计算模型。

常用的计算假定有:

(1) 钢管的自重及上面的施工荷载为均匀线分布,作用力竖直与钢管轴心相交,且过横杆中点。

(2) 节点的自重及其上面的施工荷载为集中力分布,作用力竖直穿过节点重心,且过横杆平面形心。

除了利用公式进行计算验证外,还可以采用计算机程序进行有限元分析。图 2-63 为拼装网架时的胎架计算简图。

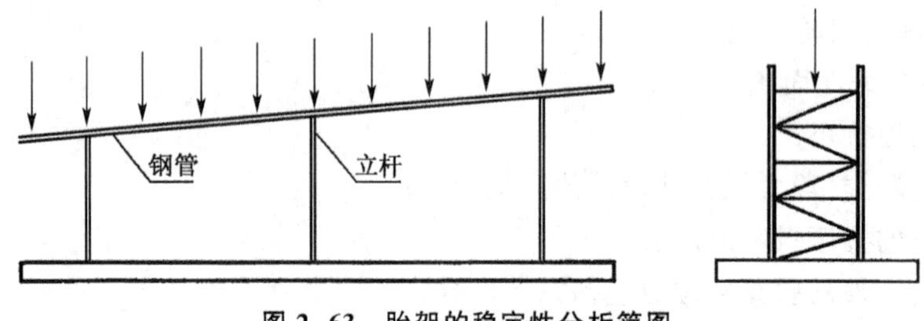

图 2-63 胎架的稳定性分析简图

五、网架单元的拼装

网架的地面拼装,是先在地面上搭设拼装胎架,再将出厂的钢构件按照设计图纸的要求组装成一定面积的结构单元。各钢构件之间的连接根据吊装方案可以确定为完全连接、部分连接或无连接。完全连接指两节间的构件均对应连接;部分连接指两节间的构件部分对应连接,其余的不连接;无连接指两节间的构件只对应靠拢,而不连接。

(一) 网架的拼装要求和原则

网架结构的拼装要求有:

(1) 钢构件在出厂前,应先进行质量验收,尽量做到把问题消除在加工厂内,大型构件散件运输至拼装现场后,堆放在现场指定的构件堆场。

(2) 拼装场地的地基应平整坚硬,以便网架拼装后不会因地基沉陷而变形。

(3) 组装前应先检查组装用构件的编号、材质、尺寸、数量和加工精度等是否符合图纸和工艺要求,确认后才能进行拼装。

(4) 拼装用的画线工具(钢卷尺、角尺等)必须事先检验合格。样板在使用前也应仔细核对,确认正确无误后才能使用。

(5) 拼装用的平台和胎架应符合构件组装的精度要求,并具有足够的强度和刚度,经检查验收后才能使用。

(6) 构件拼装时必须按照工艺流程进行,拼装前必须处理好构件连接端口。例如,采用焊缝连接时，组装前应将焊缝两侧各 50 mm 范围以内的油污、水分清除干净，并显露出钢材的金属光泽。

(7) 对于在组装后无法进行涂装的隐蔽面，以及制作后构件难以整体除锈的构件表面，应在拼装前除锈，并涂上油漆。为了保证钢网架拼装的顺利进行，可在工厂进行预拼装，即在制作厂进行网架的平面预拼装，拼装好的网架做好构件编号后，散件运至施工现场。

网架结构的拼装原则有：

(1) 拼装的网架单元必须形成稳定的结构体系。全网架结构，在两榀竖向平面网架之间，拼装若干根斜腹杆或水平腹杆，构成一个稳定的网架节间；带桁架的网架结构，桁架与相邻网架应一起组装，形成稳定结构，但桁架与网架一般不采用完全连接。

(2) 网架单元的拼装顺序即是钢构件的吊装顺序，应该按照施工工艺确定。构件的拼装应从拼装单元的一侧开始，依次逐一向另一侧移动；如果有桁架部分，应先拼装桁架构件，后拼装网架构件；杆件的拼装顺序为先下弦、再腹杆、次中弦、后上弦；铸钢节点应该根据施工工艺的顺序进行吊装；球节点的组装应在四周杆件吊装前进行。

(3) 网架结构的拼装应结合网架分段的划分和分段单元的吊装顺序。在网架分段间的断开点处，采用无连接方式；在网架分段间的断开节间范围内，构件多采用部分连接，即该节间的杆件一端分别与两侧的分段单元构件连接，而杆件的另一端只与相邻网架分段的构件对位靠拢，并不焊接；在同一个网架分段单元范围内，构件之间的连接采用全连接方式。

（二）钢构件的吊装与对位

钢构件的吊装顺序应与其制定的拼装顺序一致。构件的吊装需要吊装机械的协助，多采用行走式起重机，即汽车式起重机、轮胎式起重机和小型履带式起重机，若条件许可也可采用其他类型的起重机，如塔式起重机等。吊装钢构件时如果不需起重机水平开行，优先选用汽车式起重机；如果需要起重机水平开行，优先选用履带式起重机。使用行走式起重机时，质量和长度都不大的钢管采用单机起吊法，质量或长度较大的钢管可采用双机抬吊法，钢节点等小体积构件采用单机吊装法。钢管多为两点绑扎，绑扎点对称分布在钢管两侧，吊索与钢管的夹角不应过小，以免吊装途中因角度小而使吊索滑移靠拢。焊有吊环的铸钢节点和球节点，采用一点绑扎起吊。此外，一般会在钢管两端各系上一根粗绳，以便在吊装中调整钢管的位置及维持其稳定。现以汽车式起重机为例，简述钢构件拼装及对位的施工工艺。单机起吊钢管时，起重机先抬臂将钢管缓缓提至一定高度，如果旋转半径内无其他突出物，该高度一般为 1.0 m 左右，否则应满足该高度高于旋转半径内的突出物高度；接着旋转起重臂将钢管吊至拼装位置边缘，再抬升起重臂，让所吊装的钢管高过胎架立杆的设计高度，一般超过 0.5 m 左右；然后由地面的工人拉动系在钢管两端的绳索，调整钢管方向与胎架立杆方向一致；接着慢慢下降起重臂，当钢管位于胎架立杆支撑面上 0.1 m 左右时，停止降臂；移动钢管使其与拼装设计图纸的位置尽量一致，然后降臂将钢管放置在立杆上；检查钢管放置位置是否与设计的拼装位置一致，若不一致，则略抬起重臂使钢管成悬空状态，再调整钢管位置，直至检测符合要求为止。双机抬吊钢管时，可以采用异侧就位和同侧就位两种方式。吊装与就位方法大致与单机起吊方式相同，只是起重机的操作方法略有不同，具体方法可参考相关资料。

单机吊装铸钢节点、球节点构件的方法与单机起吊钢管的方法基本相同。图 2-64、

图 2-65为带桁架的网壳结构的现场拼装示意图。左图为单机拼装钢桁架构件，右图为单机拼装网架构件。

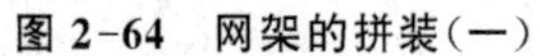

图 2-64 网架的拼装(一)

图 2-65 网架的拼装(二)

(1) 拼装质量的检查：常使用的连接方式是螺栓连接和焊接连接，尤其以焊接连接为主。钢构件的拼装质量直接影响成型网架的整体质量，因此必须进行网架单元拼装质量的检查。钢网架小拼单元一般是指焊接球网架的拼装。螺栓球网架在杆件拼装、支座拼装之后即可以安装，不进行小拼单元的拼装，允许偏差和检验方法见表 2-9。

表 2-9 小拼单元的拼装允许偏差和检验方法

<table>
<tr><th colspan="3">项　　目</th><th>允许偏差(mm)</th><th>检查方法</th><th>检验数量</th></tr>
<tr><td colspan="3">节点中心偏移</td><td>2.0</td><td rowspan="11">用钢尺和拉线等辅助量具实测</td><td rowspan="11">按单元数抽查 5%，且不应该小于 5 个</td></tr>
<tr><td colspan="3">焊接球节点与钢管中心的偏移</td><td>1.0</td></tr>
<tr><td colspan="3">杆件轴线的弯曲矢高</td><td>$L1/1\,000$，且不应大于 5.0</td></tr>
<tr><td rowspan="3">锥体型小拼单元</td><td colspan="2">弦杆长度</td><td>±2.0</td></tr>
<tr><td colspan="2">锥体高度</td><td>±2.0</td></tr>
<tr><td colspan="2">上弦杆对角线长度</td><td>±3.0</td></tr>
<tr><td rowspan="5">平面桁架型小拼单元</td><td rowspan="2">跨长</td><td>≤24 m</td><td>+3.0
−7.0</td></tr>
<tr><td>>24 m</td><td>+5.0
−10.0</td></tr>
<tr><td colspan="2">跨中高度</td><td>±3.0</td></tr>
<tr><td rowspan="2">跨中拱度</td><td>设计要求起拱</td><td>$\pm L/5\,000$</td></tr>
<tr><td>设计未要求起拱</td><td>±10.0</td></tr>
<tr><td colspan="6">$L1$——杆件长度；L——跨长</td></tr>
</table>

(2) 网架分段的拼装允许偏差和检验方法如表 2-10 所示。

表 2-10　网架分段拼装的允许偏差和检验方法

项　　目		允许偏差(mm)	检查方法	检查数量
分段长度 $L \leqslant 20$ m 时的拼接边长度	单跨	±10.0	用钢尺检查	按分段的全数检查
	多跨连续	±5.0		
分段长度 $L > 20$ m 时的拼接边长度	单跨	±20.0		
	多跨连续	±10.0		
L——跨长				

(3) 在拼装过程中,有时将几个网架分段合在一起进行网架的大拼装,对于这类网架大拼装的允许偏差和检验方法如表 2-11 所示。

焊接球节点的网架结构在总拼前应精确放线,放线的允许偏差分别为边长及对角线长的 1/10 000。

(4) 焊接节点网架所有焊缝均需进行外观检查,并做出记录。对大、中跨度钢管网架的拉杆与球的对接焊缝,应作无损探伤检验,其抽样数不少于焊口总数的 20%,取样部位由设计单位与施工单位协商确定,质量标准应符合现行国家标准《钢结构工程施工及验收规范》(GBJ 205—83)所规定的二级焊缝的要求。

(5) 网架用高强度螺栓连接时,按有关规定拧紧螺栓后,应用油腻子将所有接缝处填嵌严密,并应按钢结构防腐蚀要求进行处理。

表 2-11　网架大拼装的允许偏差和检验方法

项　　目	允许偏差(mm)	检查方法	检验数量
纵向、横向长度	±L/2 000 ±30.0	用钢尺检查	按拼装范围全范围检查
支座中心偏移	±L/3 000 30.0	用钢尺和经纬仪检查	
周边支撑网架的相邻支座高差	±L/400　15.0	用拉线和水准仪检查	
支座最大高差	30.0		
多支点支承网架的相邻支座高差	$L1$/800 30.0		
杆件弯曲矢高	$L2$/1 000 5.0		
L——纵横向长度;$L1$——相邻支座间距;$L2$——杆件长度			

(6) 当网架用螺栓球节点连接时,在拧紧螺栓后,应将多余的螺孔封口,并应用油腻子将所有接缝处填嵌严密,补刷防腐漆两道。

(7) 钢桁架起拱。带有桁架的网架结构,桁架承重较大,在拼装时要注意它的起拱效应。钢桁架在荷载的作用下会产生挠度。为了避免在使用过程中桁架出现过大的挠度,在拼装时最好预先使其承受与使用时方向相反的内力。确定预应力的原则是,在桁架自重和恒荷载的标准值作用下,桁架的挠度基本为零。在网架结构自重和恒荷载作用下,桁架的挠度会有所增大,这个增加的挠度即是桁架预拱值,而这个预拱值所对应的内力就是所求的预应力。对于较大型桁架,可采用设计预拱,即在深化设计阶段考虑预拱值进行构件的几何尺寸和节点设计,拼装胎架按照预拱曲线设置。当桁架起拱与跨度有矛盾时,要以起拱值为准。很多工程不重视设计起拱值,只重跨距,忽略起拱值,质量事故时有发生。如果采取小拼到中拼办法,会出现累积偏差,造成跨度加大或变小,保证了跨度值,而起拱值不能保证。若屋盖加荷后下挠超过允许值,严重的可能造成坍塌事故。

(三) 钢构件的涂装

为了保证结构的使用寿命及使用期间的安全性,必须保证钢构件有足够的抗锈蚀能力。一般采用的措施是先对钢材表面除锈,然后在构件表面涂刷保护层。

(1) 涂装方法:当表面除锈完成后,接着清除金属涂层表面的灰尘等杂物;预涂油漆等防护涂料,在自由边、角焊缝、手工焊缝、孔内侧及边等处在喷涂前必须用漆刷预涂装;喷涂油漆等防护涂料,喷砂处理完成后必须在 6 h 内喷涂底漆。

(2) 涂装的修补:对于拼装接头、安装接头及油漆涂料损坏区域,先手工打磨除锈并清洁,然后按上述要求分别喷涂底漆、中间漆,其漆膜总厚度达到规范要求。

(3) 不需涂装的部位:①现场焊缝两侧各 30 mm 范围内;②构件与混凝土接触部分;③设计图纸上规定的表面不需油漆部位;④高强螺栓摩擦面,高强螺栓连接板外侧仅垫圈范围。

第六节　钢结构整体吊装方案与技术

一、吊装结构概况

泰州国展中心工程采用框架结构体系,占地 273 851 m^2,其中建筑物占地面积 94 307 m^2,由大展厅、散步道和北展厅三部分组成。散步道屋盖钢结构呈双曲面,分布于 V－C1/6－43 轴线区域,位于大展厅和北展厅之间,东西长 270 m,南北宽 46 m。其结构由斜钢管柱、倒三角弧形空间钢管主桁架共 18 榀、次桁架及屋盖主次梁组成,总重约 1 800 t。主桁架端部在 V 轴线处与预埋件铰接,上表面标高 30.671 m;主桁架尾部与斜钢管柱铰接,上表面标高 33.139～38.678 m,渐变增大,主桁架长 46 m,每榀重 26 t。

钢管柱与水平面倾斜 78.7°,最大长度约 29 m,最大重量 14 t。珠江散步道的楼面标高 5.000 m,楼面以下设有两层地下室。

二、整体吊装方案

散步道的南北两侧分别为大展厅和北展厅,屋面荷载均为 2.5 kN/m^2,不具备布置吊装设备的条件,因此吊装设备布置在珠江散步道(5.000 m)。由于 6 轴线西侧不具备构件转运条件,因此所有构件的转运均从珠江散步道东侧(即 43 轴线以东)进入。结合该工程现场施工条件,采用以下吊装方案:在珠江散步道东侧地面(－6.000 m)布置一台 M250S3 大型履带起重机,先用履带起重机把 ZSC6090 行走式塔式起重机安装在散步道的东侧,然后塔式起重机自行行走到西侧;把运输台车安装在珠江散步道楼面,由 M250S3 起重机把所有构件按安装顺序吊装至运输台车上;由运输台车把构件二次运输至塔式起重机附近;行走式塔式起重机按照从西到东的顺序完成所有构件的吊装就位;由履带起重机拆除塔式起重机后,再安装塔式起重机位置的构件。

三、整体吊装工程难点

1. 大型起重机的选择

工程需要一台转运起重机和一台行走式塔式起重机，由于吊装重量、高度及半径的限制，需要选择合适型号及工况的起重机。

2. 行走式塔式起重机轨道的布置及处理工艺

如何使行走式塔式起重机的荷载不经珠江散步道楼板而直接传递到 *A*1 及 *X* 轴线混凝土柱上是工程难点。珠江散步道楼面以下还有两层结构，本工程工期紧，在钢结构施工时，其他专业也平行施工。应采用合理的方法，避免对珠江散步道楼面以下进行大范围加固，减少对其他专业施工的影响。

3. 二次运输台车设计

在楼面上二次运输的最大距离为 270 m，总共约有 2 500 件构件，总重量约 1 800 t。最大单件长 46 m，重 26 t。

4. 斜钢柱和钢管主桁架的安装方法

钢管柱高，且呈倾斜状态，底端为单向铰接固定。由于钢管主桁架为倒三角形，就位状态为双向倾斜，所以每一榀桁架倾斜的角度都不相同。

四、整体吊装施工工艺

1. 转运起重机的选择

因现场施工作业面的限制，转运起重机只能处于标高−6.000 m 层作业，根据施工现场实际放样，转运起重机须满足以下要求：34 m 吊装半径，起重量达 30 t，且主臂长度不小于 79 m，因此选择 M250S3 履带吊主臂工况，配 81 m 主臂。

2. 行走式塔式起重机的选择

行走式塔式起重机选择时须考虑以下因素：①起重量与吊装构件相称，如果起重机起重量过大，则起重机自身重量大，且吊装速度较慢；②起重机具有无级变速的特点，方便大型构件的就位安装；③吊装速度快，施工构件共有约 2 500 件，全部由该起重机负责吊装就位；④起重机底座应符合轨距要求。考虑以上要求，选择小车变幅式塔吊，型号为 ZSC6090，配 60 m 起重臂。最大起重力矩为 630 t·m，最大起重量 30 t。具体参数详见表 2-12 所示。

表 2-12　ZSC 塔式起重机起重性能

作业半径(m)	≤21	30	40	50	60
负载(t)	30	20.5	14.5	11	9

3. 行走式起重机轨道处理工艺

(1) 荷载传递路线

由于散步道楼板的承载力仅为 4 kN/m^2，若塔式起重机上的荷载直接传递到楼板上，必须对楼板进行全面加固。而且加固量大，施工措施费高，对其他专业施工也会造成较大影响，因此不能将塔式起重机上的荷载直接传递到楼板上。本工程将采取以下路线传递荷载：塔式起重机轮压→钢轨→路基箱→刚性横梁→预埋件→钢筋混凝土柱。

（2）轨道布置

轨道布置时需要考虑以下几点：吊装钢管主桁架的吊装半径不应超过 21 m；应采用最为简便的轨道安装方法；对原土建结构加固量应控制在最小。在珠江散步道区域中，土建结构在 *A*1 轴线和 *X* 轴线上布置截面为 0.8 m×0.8 m 的钢筋混凝土柱和 0.6 m×1 m 的钢筋混凝土梁，除部分轴线（空间设计需要）及伸缩缝外，在每条纵向轴线上均有布置，轴线间距7.5 m。根据以上要求，最后决定将轨道布置在 *A*1 轴线和 *X* 轴线上，轨距为 13.9 m。

（3）塔式起重机底座改造

ZSC6090 塔式起重机的底座原轨距为 10.9 m，现将轨道布置在 *A*1 轴线和 *X* 轴线上，两轴线距离为 13.9 m。因此须对 ZSC6090 塔式起重机的底座进行改造，使塔式起重机的轨距满足要求。

（4）刚性横梁设计

① 刚性横梁的数量：根据塔式起重机前后轮的距离为 13.4 m，每组刚性横梁的长度设计为 15 m，刚好跨 2 个轴线，每组刚性横梁有 3 个轴线的钢筋混凝土柱支撑。刚性支撑设置 2 组，塔式起重机行走时，可利用塔式起重机吊装周转使用。

② 刚性横梁的受力分析：对刚性横梁的两种最不利工况进行受力分析后发现，按两跨连续梁计算，最不利工况为工况Ⅱ，此时最大弯矩值为 1 439.6 kN·m（表 2-13）。

表 2-13　刚性横梁工况受力分析值

工况	M_{max}（kN·m）	工况描述
Ⅰ	1 296.1	起重机在同一组刚性横梁上，其中有一轮压位于跨中
Ⅱ	1 439.6	起重机在两组刚性横梁上，其中有一轮压处于一组跨中

③ 刚性横梁结构受力校核：由于屋面次梁材质为 Q345B，长度为 15 m，型号为 HN 500×200×10×16。利用屋面 5 根次梁组合成一刚性横梁，则组成的刚性横梁的截面参数为：$W_x = 9\,550\ cm^3$，$I_x = 239\,000\ cm^3$；抗弯强度 $\sigma_x = M_x/W_x = 150.743$ MPa，截面抗弯强度满足要求；跨中挠度 $v_x = PL^2/48EI = 0.001\,6 \leqslant 1/500$，刚性横梁的刚度满足要求。见图 2-66。

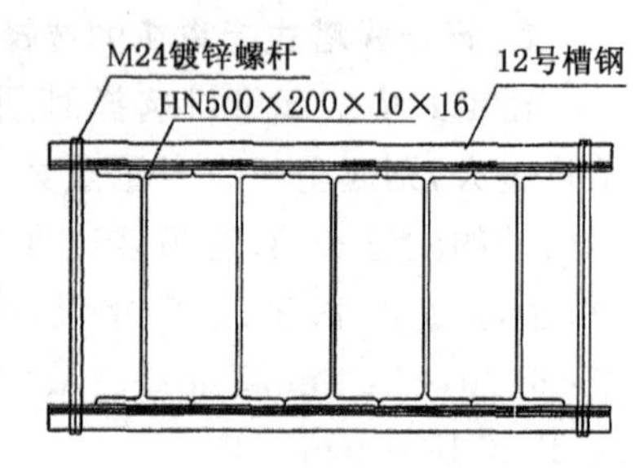

图 2-66　刚性横梁截面图

④ 刚性横梁构造设计：刚性横梁由屋面次梁组合而成，为减少对钢梁的破坏，钢梁间只有在端部上下翼缘处通过槽钢焊接在一起，其他部位通过槽钢和对接螺杆箍接而成。为确保 5 根钢梁受力均匀，在钢梁上依次铺路基箱和轨道。在钢梁下翼缘受力处设置加强槽钢，并且在 *X* 和 *A*1 轴线上，刚性横梁的所有支承位置全部设置 1 200 mm×500 mm×25 mm 预埋件，采用二次灌浆处理，确保预埋件与混凝土结合紧密。

⑤ 刚性支撑加固与计算：在没有混凝土柱的轴线处，用无缝钢管作为刚性支撑。钢管的支撑力要大于轮压945 kN。钢管上端垫 3 mm 厚的胶合板，确保与混凝土梁接触紧密。选用

无缝钢管 325×10，从－6.000 m 加固到±0.000 m，再从±0.000 m 加固到 5.000 m。±0.000 m钢筋混凝土梁的最小截面高 800 mm，最大加固高度为 5 200 mm。钢管的承压能力取决于钢管的整体稳定性，经计算，无缝钢管的最小承载力为 1 960 kN，满足设计要求。

五、二次运输台车设置

1. 运输台车组成

运输台车由主桁架支撑架、桁架、端梁、同步电动机、轨道构成。端梁和同步电动机按 40 t 桥式起重机的荷载进行设计，行走速度要求不大于 0.6 km/h。运输台车立面图如图 2-67 所示。

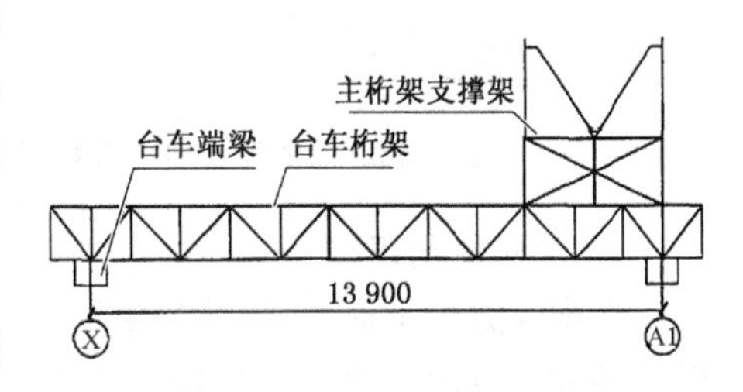

图 2-67　运输台车立面图

2. 台车轨道布置

根据散步道处结构设计，台车设置为双轨道，采用 TG 43 钢轨。布置于 A1 轴线和 X 轴线上，轨距13.9 m。在塔式起重机行走到 6 轴线处，立即铺设好台车轨道，轨道铺设到刚性横梁端部，并随吊装进度的进行逐步拆除台车轨道。

3. 台车桁架设置

台车设置为双钢桁架，钢桁架中心距为 8 m。单榀桁架按能承受跨中集中荷载 15 t 设计，桁架截面尺寸为 1 200 mm×1 200 mm，主弦杆采用等边角钢∟ 125×12，腹杆全部采用等边角钢∟ 80×8。

4. 主桁架支撑架设置

如图 2-67 所示，设置专用钢管主桁架(倒三角截面)支撑架固定于托架上，由于须确保塔式起重机吊装主桁架时吊装半径在 21 m 内，所以当用运输托架把主桁架运输到塔式起重机附近时，要使主桁架与塔式起重机的底座错开，即主桁架应从塔式起重机底座上方穿过。这就要求主桁架的支撑架高度较高，而且应布置在靠两端轨道处，与塔身错开。

六、斜钢柱吊装工艺

1. 二次运输

钢柱由运输托架运输到塔式起重机吊装能力范围内，运输时须将钢柱底端朝塔式起重机摆放，确保塔式起重机在吊起钢柱过程中吊装半径可逐渐减小。

2. 捆绑方法

因钢柱安装状态倾斜 78.7°，且钢柱很高，若采用焊接吊耳吊装，拆卸钢丝绳及切割吊耳都存在困难。因钢柱上部仅有连接耳板，也无法采用常用的捆绑吊装。故在工程中采用改进的绑扎吊装钢管柱方法，在钢柱底端设一个限位装置，吊装点设在钢柱的顶部位置，如图 2-68、图 2-69 所示。

3. 吊索工具选用

钢丝绳选用 6×37 型，直径为 31 mm，安全工作负荷为 16.20 t。选用美式弓形卸扣，规格为 35 mm，安全负荷为 13.5 t。

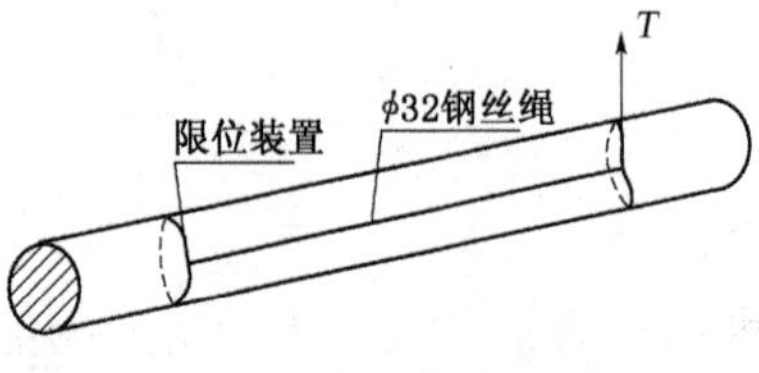

图 2-68　钢柱吊装捆绑示意图(一)

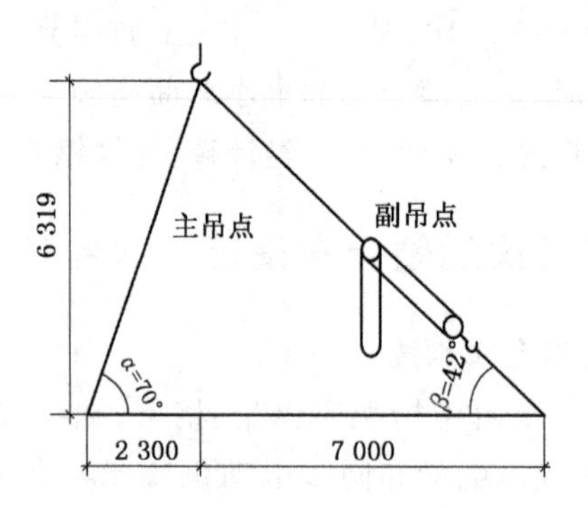

图 2-69　钢柱吊装捆绑示意图(二)

4. 空间位置调整

在南北方向平面内,钢柱的轴线与水平面夹角为 78.7°,在钢柱的正南方向设置一条缆风绳调整南北方向夹角,在钢柱正南向偏东和偏西约 20°处各设置一条缆风绳调整东西方向,钢柱东西方向的位置用经纬仪测量,钢柱南北方向用水准仪测量。

七、钢管主桁架吊装工艺

1. 二次运输

由于塔式起重机吊装钢管主桁架的吊装半径须控制在 21 m 内,而主桁架长度为 46 m,重心离端部 22 m,离尾部 24 m。因此用台车进行二次运输时主桁架的端部须朝向塔式起重机,否则塔式起重机无法将主桁架吊装就位。

2. 吊点选择

设置五个吊点,其中两个为主吊点,两个为副吊点,另外一个为辅助吊点,所有吊点都设置在上弦节点上。

3. 吊索工具选用

如图 2-69 所示,$\alpha=70°$,$\beta=42°$,$P1\cos\alpha-P2\cos\beta=0$,$P1\sin\alpha+P2\sin\beta=G$,$P1=0.803G/2=11.5(\mathrm{t})$,$P2=0.37G/2=5.3(\mathrm{t})$。其中 $P1$、$P2$ 分别为主、副吊点对钢梁的拉力;G 为主桁架的重量(t),且 $G=1.1\times26=28.6(\mathrm{t})$,考虑吊索具重量。主、副吊点钢丝绳都选用 6×37 型,直径为 39 mm,安全工作负荷为 13.10 t。选用美式弓形卸扣,规格为 35 mm,安全负荷为 13.5 t,副吊点串接 10 t 倒链调整主桁架南北方向的倾斜角度。

4. 空间位置预调整

主桁架吊离支撑架约 500 mm 高时,利用副吊点的倒链调整主桁架南北方向的倾斜角度,利用辅助吊点上的倒链调整主桁架的东西倾斜角度,使双向倾斜角度尽可能与就位状态一致。

5. 就位

主桁架应先就位尾部,然后再就位 V 轴线端部。在主桁架上设置两个安装吊篮,安装时操作人员由主桁架上表面进入安装吊篮,把主桁架的耳板与钢柱顶端的耳板对准后,插入连接销子,然后通过微调倒链使主桁架双向倾斜度达到安装状态,最后就位主桁架端部。见图 2-70。

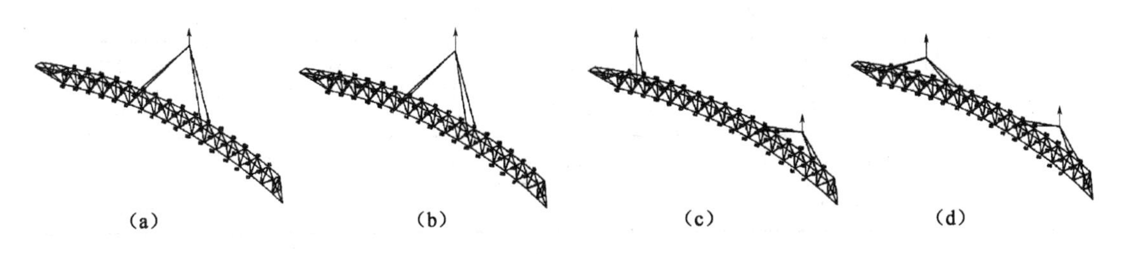

图 2-70 吊装工艺示意图

八、吊装过程中的力学分析

采用空间杆系有限元计算，针对拱架1点着吊、2点着吊、3点着吊、4点着吊时的情况，分析了拱架在起吊过程中在自重和惯性力作用下拱架中的最不利内力情况。在下列表中，σ_{N}^{r}、σ_{Mx}^{r}、σ_{My}^{r}分别代表拱架中杆上最大轴向应力和沿两主轴方向的弯曲应力，这些最大应力可能在不同的杆件上。σ_{N}^{b}、σ_{Mx}^{b}、σ_{My}^{b}、σ_{max}^{b}分别代表拱架中最不利杆件的轴向力及绕另外两主轴方向上的弯曲应力。

1. 1点着吊时的受力分析

在吊装过程中，如果出现松缆情况，会出现整个拱架只有1点着吊。由于1点着吊时整个拱架将绕着吊点旋转，出现较大的切向惯性力。对3个不同着吊点的情况，其拱架中最大应力分量情况如表2-14所示，最不利受力杆件的应力如表2-15所示。

表 2-14 1点着吊时拱架中的应力情况

工况	吊点位置(节点编号)	σ_{N}^{r}(MPa)	σ_{Mx}^{r}(MPa)	σ_{My}^{r}(MPa)
1	(45,46)	82.74	−353.6	−758.8
2	(54,55)	−271.1	−526.3	−1 293
3	(27,28)	−387.4	605.2	−1 968

表 2-15 1点着吊时最不利杆件的应力情况

工况	σ_{N}^{b}(MPa)	σ_{Mx}^{b}(MPa)	σ_{My}^{b}(MPa)	σ_{max}^{b}(MPa)
1	2.67	132.24	−758.8	893.7
2	56.58	77.06	−1 293	1 426
3	36.4	−64.6	−1 986	2 087

从表2-14、表2-15中看出，由于16Mn钢的强度设计值为315 MPa，故拱架如果只有1个点着吊时，其中某些杆件的应力远远超过其设计强度而发生破坏。出现这种情况是非常危险的，在吊装过程中应该采取必要的措施防止这一情况发生。

2. 2点着吊时的受力分析

用1台起重机起吊，拱架可选择2个起吊点，本书分析了3个不同吊点的情况，其拱架中最大内应力情况如表2-16所示，最不利杆件的应力如表2-17所示。

表 2-16　2 点着吊时拱架中的应力情况

工况	吊点位置(节点编号)	σ_N^r(MPa)	σ_{Mx}^r(MPa)	σ_{My}^r(MPa)
1	(18,19)(60,61)	−47.95	−191	−203.8
2	(18,19)(48,49)	−18.25	−93.3	−315.28
3	(33,34)(48,49)	34.71	−161.5	−345.5

表 2-17　2 点着吊时最不利杆件的应力情况

工况	σ_N^b(MPa)	σ_{Mx}^b(MPa)	σ_{My}^b(MPa)	σ_{max}^b(MPa)
1	4.95	176.72	−158.78	340.40
2	−18.25	93.30	−315.28	−426.80
3	−1.62	29.48	−107.40	138.50

从表 2-16、表 2-17 中可看出，当拱架 2 点着吊时，由于着吊点不同，拱架杆件中的应力也不一样。对于工况 1、工况 2 均有杆件中应力超过了设计值，工况 3 的应力分布较均匀，拱架中也无杆件应力超过设计值。如采用 2 点起吊，应该优先选取第 3 种工况的吊点。

3. 3 点着吊时的受力分析

当用主从吊机吊装时，可设计成拱架 3 点着吊。本书分析了 3 个不同吊点的情况，其拱架中最大内应力情况如表 2-18 所示，最不利杆件的应力如表 2-19 所示。

表 2-18　3 点着吊时拱架中的应力情况

工况	吊点位置(节点编号)	σ_N^r(MPa)	σ_{Mx}^r(MPa)	σ_{My}^r(MPa)
1	(57,58)(15,16)(30,31)	20.24	2.85	−3.88
2	(57,58)(15,16)(42,43)	19.60	2.06	−6.75
3	(21,22)(36,37)(51,52)	20.04	−2.65	−7.68

表 2-19　3 点着吊时最不利杆件的应力情况

工况	σ_N^b(MPa)	σ_{Mx}^b(MPa)	σ_{My}^b(MPa)	σ_{max}^b(MPa)
1	−20.24	1.30	−2.00	22.48
2	−19.03	2.06	−1.41	−22.50
3	−16.68	0.12	−7.68	−24.58

从表 2-18、表 2-19 中可以看出，当拱架 3 点着吊时，拱架杆件中的应力分布较均匀，最不利杆件中的应力已经很小了。但是在实际工程中，如果发生松缆情况，3 点着吊变成 2 点或 1 点着吊会发生危险。

4. 4 点着吊时的受力分析

2 台吊机协同工作，拱架 4 点着吊。本书分析了 4 个不同吊点的工况，其拱架中最大内应力情况如表 2-20 所示，最不利杆件的应力如表 2-21 所示。

表 2-20　4 点着吊时拱架中的应力情况

工况	吊点位置(节点编号)	σ_N^r(MPa)	σ_{Mx}^r(MPa)	σ_{My}^r(MPa)
1	(15,16)(21,22)(60,61)(54,55)	−18.55	−1.89	−5.88
2	(15,16)(30,31)(60,61)(45,46)	18.56	2.36	−6.04
3	(21,22)(30,31)(54,55)(45,46)	−24.97	2.65	−7.35

表 2-21　4 点着吊时最不利杆件的应力情况

工况	σ_N^b(MPa)	σ_{Mx}^b(MPa)	σ_{My}^b(MPa)	σ_{max}^b(MPa)
1	−18.55	0.11	0.93	19.59
2	−17.89	1.1	−2.02	−21.00
3	−24.97	0.01	−3.99	−29.98

从表 2-20、表 2-21 中可以看出，当拱架 4 点着吊时，拱架杆件中的应力分布较均匀，最不利杆件中的应力已经很小了。但是在实际工程中，4 点起吊用 2 台以上的吊车，起吊时必须采取措施保证各吊点同步，否则容易发生松缆情况，4 点着吊变成 2 点或 1 点着吊而发生破坏。

从上述几种讨论的情况来看，拱架在起吊过程中，吊点的位置不同会使拱架杆件中的内力发生显著的变化。起吊时应严格避免发生 1 点着吊时的情况，对 2 点起吊要选好吊点位置。3 点和 4 点起吊在力学分析上是比较理想的，在实际工程中应该注意各吊车的同步问题，避免发生松缆。

第七节　分段吊装施工工艺及技术

分段吊装的准备工作完成后，且在分段吊装的工况分析符合结构要求的条件下就可以正式进行结构分段的吊装施工，分段吊装的施工工艺主要包括临时支架的吊装、结构分段的吊装、嵌补分段的施工、临时支架的拆除以及施工过程的测控。

一、临时支架的吊装

当临时支架组装完成后，可以开始其吊装就位。支架的数量及布置位置是由网架的分段划分原则确定的，吊装根据支架的施工平面图分别进行，应注意的关键问题是临时支架必须各就其位，且朝向要正确。

（一）临时支架的吊装工艺

临时支架一般都在安装位置的附近进行组装，组装完成后就可开始其吊装就位。临时支架的吊装多采用行走式起重机，有单机吊装法和双机抬吊法。

1. 吊装方法

采用单机吊装法施工时，绑扎点不少于 2 点，设在支架上端。安装方式有滑行法安装、旋转法安装和综合吊装法安装三种，常采用综合吊装法。当支架上端靠近支架安装位置时，可采用单机滑行法安装；当支架下端靠近支架安装位置时，可采用单机旋转法安装临时支架。如果临时支架的组装位置比较随意，则不宜采用前两种方法，多采用吊装法施工。单机吊装法与前两种方法的不同之处在于：起重机先将临时支架吊至悬空，再旋转起重臂，转到支架的就位位置后降臂，使支架底端距支架预埋件 0.5 m 左右时开始调整支架方向。采用双机抬吊法施工时，常采用综合吊装法。绑扎点的设置方式有两种——都设在支架的上端和分别设在支架的两端，每台起重机的绑扎点数量一般为 1～2 个。如果绑扎点采用分别设在支架两端的形式，两端对应的绑扎点应尽量保持在支架的同一条轴线上。采用绑扎点都设在支架上端的吊装方式时，应该注意的是，两台起重机的操作要保持一致，即同时升臂、同速提升、同步旋转，以保证临时支架不倾斜。采用绑扎点分别设在支架两端的吊装方式时，吊装过程比较随意，无过多要求，只需将支架吊至就位位置时，绑扎在下端的起重机应满足将支架底端吊至距支架预埋件 0.5 m 左右处，而绑扎在上端的起重机应满足将支架尽量扶直即可。

2. 就位与固定

起重机将临时支架吊到就位位置后，接着要进行对位。首先核对支架的方向，使支架的朝向与设计方向一致；同时通过估测，旋转起重臂使支架与其预埋件粗略对应一致；接着降臂，当支架底端距预埋件 0.1 m 左右高度时停止降臂，开始调整支架底端与其预埋件的相对位置；降臂使支架低端接触预埋件，调整并核对两者的位置是否对应准确。对位准确后即刻将临时支架与支架预埋件进行连接固定。临时支架除了要与预埋件连接牢固外，还要在四周用拉索将其与基础拉牢。支架定位必须保证足够的垂直度，定位后收紧拉索。考虑受力要求，若有必要，还应另设置支架斜撑，将支架与附近结构进行刚性连接。另外，吊装支架时，支架上面的工作平台、安全设施以及可调整定位模板都应同时进行吊装，并复核定位模板的标高尺寸和相对坐标值，否则应调整。同时，在网架吊装过程中应经常观察支架的变形情况，避免因临时支架的变形而影响网架的组装精度，必要时可用千斤顶进行调整。

（二）吊装过程中常见的问题

1. 起吊时产生的变形

临时支架拼装时处于侧卧方式，如果在起吊时要先将其翻身的话，可能会使支架受力不均而产生变形。其原因为当支架翻身时，各个绑扎点可能受力不同步，先受力的绑扎点就会牵动该处转动，而其余部位只能随着转动，就会使支架受扭。扭矩的大小取决于两个因素——各绑扎点的同步性和支架的自重。绑扎点之间的起步间隔时间越大，产生的扭矩越大；支架自重越大，产生的扭矩也越大。如果扭矩超过了支架的抗扭刚度，支架产生的扭转变形就会超过容许范围。解决措施：如果支架可以不用翻身，一般在起吊时就尽量不进行支架翻身的操作；支架必须翻身时，要保证各绑扎点同时提升，避免单点受力过大，使各点受力均匀。同时，最好采用直吊的方法。

2. 吊装过程中产生的变形

在临时支架的吊装过程中，如果各吊索移动不协调，或者各绑扎点间的高差相差过大，可能会使各绑扎点受力变异而导致支架变形。例如，采用双机安装法吊装支架时，当两台起重机在开行和旋转途中不一致，就会使吊索的相对间距变化，如果吊索上端的相对间距与对应绑扎点处的相对间距相差较大，会导致绑扎点处的应力大小和方向变化，就有可能使支架变形过大。解决措施：单机吊装时，要保证各点绑扎绳索的长短尽量协调，吊索与支架的夹角不得小于 45°，最好采用直吊方式，可使用横吊梁调节其夹角；双机吊装时，起重机的操作要协调一致，保证各吊索成竖直状态。

3. 临时支架的就位倾斜

临时支架在安装时可能会出现架身倾斜的质量问题。如果由倾斜的支架支撑网架单元，会产生不必要的网架安装偏差，甚至会导致网架施工的质量问题。导致临时支架就位倾斜的原因一般有临时支架的基础面倾斜、安装时没校正好支架、支架自身不正等。解决措施：在临时支架安装前应检查支架基础表面是否平整，特别是支架各立杆预埋件的标高应该相同。如果预埋件的标高不满足要求，必须采取弥补措施，如垫高预埋件、在支架底脚加焊适当厚度的钢板等。

二、结构分段的施工

对于采用分段吊装技术的网架结构，其施工的重点是网架分段的吊装工艺。先将网架分段按照一定的吊装工艺安装就位或与相邻网架结构组对固定；当嵌补分段周围的网架分段均就位固定后，可开始嵌补分段的施工；整个吊装过程都需监测其安装偏差。

网架单元拼装完成后即可开始网架分段的吊装。大跨度网架一般应从结构的两端轮流对称吊装，多用履带式起重机进行吊装，以满足负载开行的要求。网架分段的常用吊装方法有单机吊装和双机抬吊两种方法，双机抬吊与单机吊装的区别仅在于起重机工作的协调上，具体施工方法可概括为以下几步：

1. 结构分段的脱模

地面拼装的网架单元可能包括若干个网架分段，各网架分段间的连接为无连接形式。因此，首先将需要吊装的网架分段与周围的拼装网架结构脱开，即结构分段的脱模。绑扎点位置确定后，用钢索绑扎，将吊装分段与滑轮、手动葫芦和吊车挂钩连接起来，并检查各绳索是否牢固可靠。此外，应在吊装分段的两端系上缆风绳，在网架分段提升时，人工拉紧缆风绳，以防止发生分段摆动或旋转。平稳、竖直、缓慢提升结构分段，使该网架分段与周围的拼装网架结构脱开，并将该网架分段提升至距地面拼装结构 2 m 高左右，然后停止抬升起重臂。在网架分段脱模阶段必须尽量减少结构分段之间的碰撞，也就要求分段平稳缓慢起吊。特别是对于那些采用部分连接杆件，由于一端只对拢而不焊接，所以这类杆件的对拢端与相邻网架分段的间隙很小。当起吊这类网架分段时，就要尽力杜绝构件之间的碰撞和摩擦，防止杆件发生不必要的变形。

2. 结构分段的调位

吊装分段脱模后，如果吊装分段的倾斜角度不满足安装就位要求，就需要对结构分段进行必要的调位，其中调位是指根据网架结构分段的最终安装就位形式，在适当的起吊时机，通过调节吊索将吊装分段尽量调整成安装就位的倾斜度以方便结构分段的就位工作。调位工序可在脱模之后、吊运之前进行，也可在吊运之后、安装之前进行。考虑场地及施工特点，调位常在其脱模之后、吊运之前进行。

结构分段脱模后，由履带式起重机将其吊到就近的平场地放下。根据结构分段的安装就位角度，调节滑轮和手动葫芦，改变各条钢索的起吊长度来调节吊装分段的倾斜角度，以满足其就位要求，此工序要保证绳索与起重机吊钩的中心线应通过网架分段的重心。

结构分段的调位除了可以满足吊装分段的就位倾斜角度，方便安装外，还可以使分段在就位时所受的力均匀化。吊装分段的倾斜角度与其支撑结构的高差一致，分段安装时，它的各支承点会同时与对应的支撑结构接触，就能同时受力，可以减少分段就位时的部分杆件因受力过大而产生应力集中和大变形。

如果网架分段的就位属于水平放置，就不需要再次调整分段的倾斜度，在脱模后可以直接进行吊运。钢网架安装时采用分段吊装，安装的分段位置，一端比另一端高些，为了满足要求，将网架分段进行调位，如图 2-71 所示，调位后结构分段的左端比右端高出一定距离。

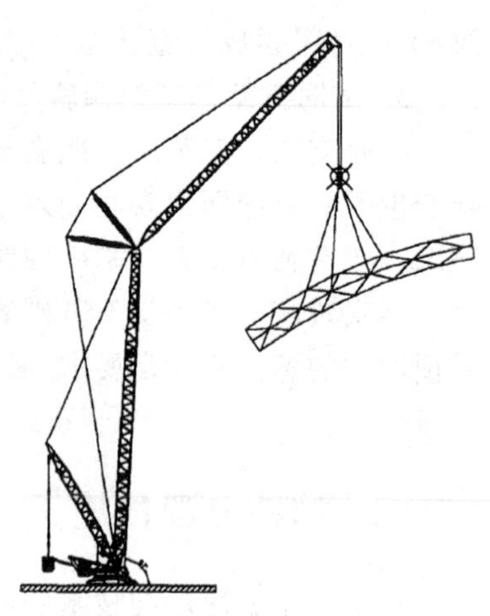

图 2-71 调位后的结构分段

3. 结构的分段吊装

完成结构分段的调位后，接着可以进行下一步吊运工序——将结构分段从调位位置吊运到安装位置，这步操作主要处理起重机与结构分段之间的协调，即采用合理的开行方法，将网架分段安全吊运到安全位置。

起重机移动之前应该将结构分段提升到一定高度，该高度一般要高于开行路线附近的结构高度，避免结构分段在吊运过程中受阻，开行过程中应保证分段的平稳移动；需要升降时，吊车必须停止移动。考虑到安全性和稳定性的要求，常用的吊运工序可分为：将结构提升至一定高度后再旋转起重臂，将结构分段从起重机的侧面旋至其正前方或正后方；缓慢开行起重机，同时用两端的缆风绳维持结构分段的稳定，并调整其方向；到达安装位置附近时，起重机停止移动，提升结构分段至超过安装高度 2 m 左右；再次旋转起重臂，将结构分段吊装到安装位置上空；再伸长或缩短起重臂，尽量满足分段的悬空方位与就位位置一致。网架分段在吊运途中必须安排工人牵拉系在网架分段两端的缆风绳。首先，牵拉缆风绳能阻止网架分段摇晃，维持分段自身的静止受力状态。这样可以防止因摇晃过大产生不可忽略的振动荷载，从而改变结构的受力状况，最终导致网架分段绑扎点处的受力增大。其次，牵拉缆风绳可以维持网架分段的稳定，还能平衡起重机和分段间的稳定性。起重机在开行过程中，如果所吊装的网架分段来回摇晃，会导致起重臂的负载不断变动，从而影响起重机与分段间的重心不断移动，尤其是起重臂要负担摇摆的荷载，最终可能会导致起重机开行不稳定。再次，牵拉缆风绳能调整网架分段的方向。由于场地环境的限制，网架分段在吊装途中可能会碰撞到结构突出物，这时可通过调整网架分段的朝向来避免该现象的发生。此外，在网架分段吊至就位位置上空前应尽量保证分段的方向与就位方向粗略一致，避免将结构分段停在就位位置上空再旋转以达到朝向一致的要求。一般而言，在吊运始或吊运末，可通过牵拉缆风绳调整分段朝向来满足这个需求。结构分段的吊运过程如图 2-72 所示。

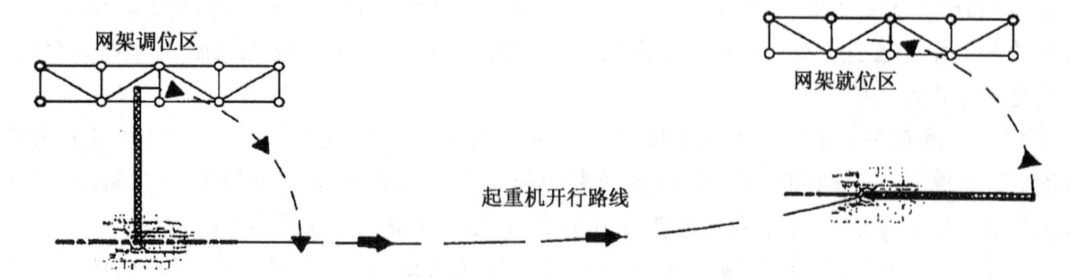

图 2-72 结构分段的吊运

4. 结构分段的就位

采用分段吊装的网架单元，由于其宽度小、长度大，常在分段的两端各设一个支承点。就位时结构分段的两端都应该支承在定位结构上，定位结构通常包括三类：混凝土或钢支座、混凝土梁或柱和临时支撑。由于结构分段的吊装顺序不同，其就位支承方式也就不同。首吊分段的两端均应就位于定位结构上。结构分段的吊装一般是从网架整体结构的两端开始，首吊的结构分段一端支于支座上，另一端支于临时支架上。后吊分段应配合前吊分段进行定位。后吊分段的定位方式常有五种：后吊分段的一端与前吊分段共用一个临时支架，另一端搁置在其他临时支架上；后吊分段的一端与前吊分段共用一个临时支架，另一端搁置在混凝土梁或柱顶上；后吊分段的一端与前吊分段先用搁排定位再连接固定(即直接与前吊分段连接定位)，另一端搁置在其他临时支架上；后吊分段的一端与前吊分段先用搁排定位，再连接固定，另一端搁置在混凝土梁或柱顶上；后吊分段的两端分别都与前吊分段先用搁排定位，再连接固定。结构分段的就位工序可具体为：结构分段在高于安装位置 2 m 左右处，用缆风绳牵拉调整好其朝向；然后缓慢伸长起重机的吊索，将分段降至高于安装高度 0.5 m 左右处停止放索；校正结构分段与安装位置的相对关系，略微旋转起重臂，并可伸缩臂长来改变起重半径，使分段与就位位置尽量一致；再次缓慢伸长起重机的吊索，同时牵拉缆风绳稳定并调整结构分段，保证分段不与相邻结构碰撞；最后将结构分段吊至安装位置略高处，用缆风绳再次牵拉调整后，同时一边牵拉缆风绳一边将结构分段就位于安装位置。在就位过程中，应用全站仪进行坐标定位，通过可调整模板来调整临时支架的坐标，直至定位正确。定位时必须考虑分段间的接口间隙以及连接变形，吊装时应避免分段间产生碰撞。

5. 结构分段的固定

各分段间的标高应跟踪测量，并考虑焊接变形，结构分段的安装高度和水平位置经校核合格后可进行各分段之间的连接固定。支承于混凝土结构上的分段，一般不需采用另外的固定措施，将其支承于混凝土结构上即可。有时会在混凝土结构上搁置减震支座，再将结构分段永久放置在减震支座上。支承于临时支架上的结构分段也不需采用连接固定措施。与混凝土或钢支座连接的结构分段，以及一端支于相邻网架结构上的结构分段，在就位后应立即采取相应措施连接固定。起重机应在连接固定完成后脱钩，以避免连接部位由于受力过大而影响其连接质量。为了避免因此脱钩造成临时支架受力过大而产生较大变形，起重机脱钩释放提升力一般分三次进行：第一次释放 1/4 左右的力，第二次释放 1/2 左右的力，第三次完全释放剩余的力。在释放过程中观测临时支架、结构分段有无变化，并做好记录以备检测。具体的连接方法与前面拼装阶段的方法相同。

三、嵌补分段的施工

采用分段吊装的结构分段之间不可能直接在高空吊装组对成整体，大部分分段之间存在一个节间的空隙。嵌补分段的施工要在其周围的结构分段吊装完成后进行。

嵌补分段的施工采用高空散装法。即以一个嵌补分段为一组组装单位，先进行单件吊装，再就位固定然后才焊接。考虑到大跨度钢网架的特点，分段吊装技术里涉及的单件主要是指钢管构件，单件的吊装可采用塔吊、卷扬机或人工提升滑轮组。由于分段吊装已经使用了临时支架，嵌补分段的散装一般不再另外搭设支撑支架，只需根据原有的临时支架和周围的网架结构搭设一定数量的拼装支架，作为操作平台之用。嵌补分段的一般施工流程如图 2-73 所示。

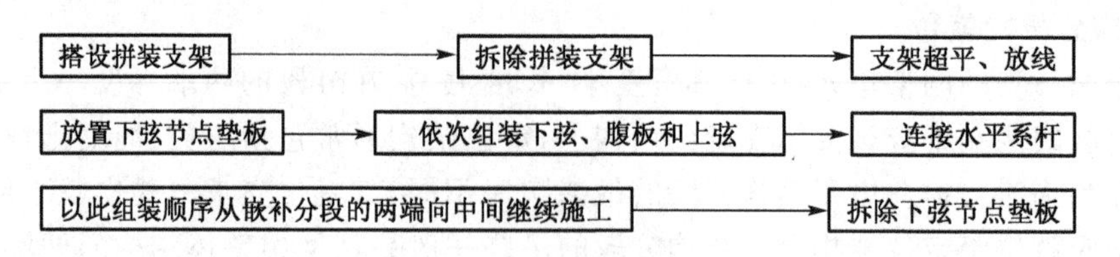

图 2-73　嵌补分段的施工流程

嵌补分段的组装质量影响分段吊装工程的整体质量,特别是嵌补分段的连接和位置控制这两个因素,直接关系到整个网架的质量。嵌补分段的施工在高空进行,连接难度远大于地面操作。不论是采用螺栓连接还是焊接连接,操作空间有限是首要的限制条件。其次,高空进行的连接节点不利于仔细检查其连接质量。再次,高空施工时,气候的影响比较明显。例如,风会影响焊接质量。此外,如果采用焊接连接形式,还必须注意防火要求。要保证嵌补分段的连接质量,首先要做好高空施工的准备工作,制定详细的施工方法。还要加强连接节点的验收工作,应该采用逐一检查的方法。为了防止漏查,检查时必须对照施工图纸,每检查一个节点,均要在图纸和网架节点上做好标记,以备复查补漏。由于嵌补分段采用高空散装法,因此各构件的标高及轴线位置不易控制,而且其散装构件的标高和轴线控制应按照小拼单元的拼装要求验收。

为了保证嵌补分段的位置符合要求,不仅要严格控制其构件的轴线位置和标高大小,还要加强测量和监测力度。除了做好测量的每一道工作,包括试测和复测,也应该大力使用测量精度高的仪器。

四、临时支架的拆除

整个网架结构安装并检查完成后可进行临时支架的拆除,使网架结构形成自稳体系。

拆除前,必须认真分析整个拆除过程的受力变化。在拆除过程中,应该使用合格的测量仪器,结合工程实际情况,采用优化的施工方法,监控临时支架的每一次下沉,做好记录,科学分析每一次结果。分析结果如果不符合安全值时,应该立刻采取有效的解决措施。

1. 临时支架的拆除

当结构分段的吊装工序和嵌补分段的焊接拼装工作完成后,必须对网架进行全面的质量检查。检查内容包括安装偏差的检查和焊缝质量的检查两部分。其中,焊缝的质量检查应该在网架结构形成整体后进行,不仅要检查有无漏焊情况,还要检查焊缝强度是否达到要求,焊缝受力后是否出现不良现象,如出现焊接裂缝、焊缝起壳、焊缝脱落等。质量检查合格后方可进行临时支架的拆除。临时支架拆除前,网架各分段的质量由支撑系统共同承受。即整个网架结构分成若干个单元,其自重分别由支承系统承担。此时,临时支架作为消化承重结构的支撑系统。当临时支架拆除后,整个网架的承重体系将发生变化,原由支架所承担的荷载,通过网架结构传递给其他的永久性支撑结构。那么,在临时支架拆除前后,网架结构的内力会因此而变化,特别是支架附近和距永久性支撑结构较远的网架杆件。同时,临时支架拆除后,网架结构还会因为内力的变化导致结构的下移。因此,临时支架的拆除一般从跨中开始,逐渐向两端或四周进行。为了避免支架一侧的网架变形过大,最好采用对称拆除支架的方法。考虑到支架拆除后网架中央的沉降量最大,故常用的拆除方法为:按先中央、再中间、后边缘的顺序,分多次依序按比例对称下降支架。即,同一个临时支架分若干次下沉,三个区的每轮下降比例为2∶1.5∶1。下降支架时要严格保证同一支架的各肢同步下降,避免由于个别支点受力而使这些支点处的网架杆件变形过大甚至破坏。根据千斤顶安装位置的不同,拆除临时支架的方法一般有两种——上拆法和下拆法。上拆法即在吊装结构分段之间,先将千斤顶安置在临时支架的上端,并与临时支架固定,结构分段吊装后支承于千斤顶上,拆除支架时只需按要求下调千斤顶,使网架结构与临时支架分离,然后再搬运支架。下拆法即将吊装的结构分段直接与临时支架连接,拆除支架前才将千斤顶安置在支架脚端,并承受支架上部的所有荷载,在割断支架脚端后,按要求下调千斤顶,使网架结构与临时支架分离,然后再搬运支架。使用上拆法施工,必须处理好千斤顶和临时支架的固定,防止千斤顶因为受力过大而倾斜。下拆法的拆除过程可概括为以下几步:

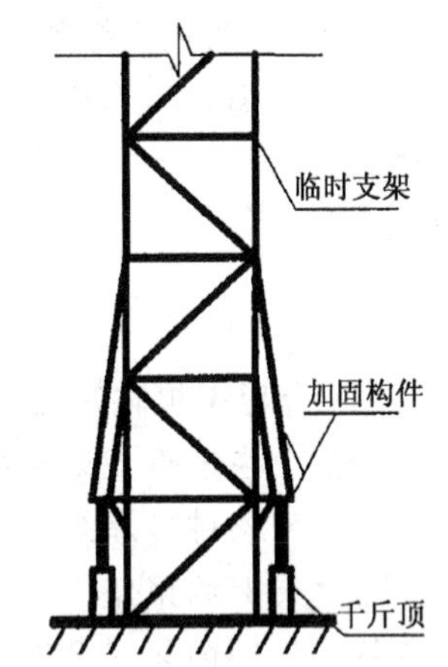

图2-74　千斤顶、加固构件和临时支架的相互关系

(1)加固临时支架的脚端。分阶段拆除临时支架,需要用千斤顶暂时支承支架所承受的荷载,同时也是为了方便分次下降临时支架,因此必须在支架脚端加固支架,以保证临时支架承受的荷载安全传递给千斤顶等机具。常见的加固原理与临时支架的受力原理相同,也就是在支架立杆外焊接若干根钢构件,网架传递下来的荷载在此处通过加固构件转移给千斤顶,再由千斤顶将荷载传至地面等。千斤顶、加固构件和临时支架的相互关系如图2-74所示。

(2)放置千斤顶等承重机具支承并传力是千斤顶的两大作用之一。将千斤顶的底座平放在临时支架脚端的地面等坚实承重基础上,再固定,然后调整千斤顶高度,使其支承临时支架的加固构件。一般来说,每根支架立杆至少有一个千斤顶支承。

(3)割断临时支架。当千斤顶调整到足够高度,满足支承临时支架的荷载时,可以进行割断临时支架的工序。割断位置在临时支架的加固构件之下,支架各立杆的割断高度应该保证相同。

(4)下调千斤顶。临时支架在脚端割断以后,再根据支架的拆除方法分次下调千斤顶的高度。为了防止因千斤顶的下调速率和下调量不同而导致支架倾斜,要求各千斤顶的下调速率和下调量必须一致。

(5)监测。拆除临时支架的全过程,必须全程监控网架结构的变形和应力的变化。若接近允许范围,应立即停止下沉支架,分析具体原因,采取有效措施阻止发生破坏的可能性。

(6)搬移临时支架。当临时支架完全脱离上面的网架结构,而且网架也稳定,就可以采用合适的措施搬移临时支架。

2. 拆除时的网架内力分析

拆除临时支架时,需要监控网架的变形,用测量的实际值与理论值比较,分析施工的安全性。因此,必须尽可能准确地了解临时支架拆除前后的网架内力变化情况。目前,借助计算机的发展和有限元程序的开发,分析该工况的内力变化并不困难,甚至能模拟出该阶段的结构变形过程。采用有限元程序分析临时支架拆除前后的网架内力变化情况时,应该注意以下几点:

(1)正确建立整个网架结构的分析模型。临时支架拆除后会影响整个网架结构,必须建立整个结构体系的模型,才能准确地分析出各构件的变形和内力。构筑网架模型时,除了要准确建立网架杆件和节点的空间坐标外，还要尽可能地简化模型。常采用的方法是用线单元组成网架结构，单元之间(即钢管之间)的焊接节点或球节点不单独建立，其重量以集中力的作用方式作用于线单元之间的节点上。

(2) 适当简化永久性支撑的约束作用。分析模型必须为一个稳定体系，无论临时支架拆除与否，永久性支撑的约束作用始终不变。因此，必须根据实际情况，将永久性支撑体系的约束适当简化后作用到模型上。置于混凝土梁柱顶上的网架节点，一般在该处受到单向位移约束，即 $U_Y=0$(Y 为空间高度方向)。与混凝土重力墩刚结的节点，一般在该处受到全约束，即

$$U_X = U_Y = U_Z = ROT_X = ROT_Y = ROT_Z = 0$$

(3) 合理模拟临时支架的影响作用。由于临时支架的拆除工作分阶段进行，那么后拆支架仍然会在前拆支架拆除时发挥约束作用。前拆支架拆除后，原本由该支架承担的荷载会通过网架构件传递给其他的后拆支架和永久性支撑结构。此时，后拆支架的受力将会增大。后拆支架约束作用的模拟一般有两种方法：①不考虑后拆支架的自身变形，将后拆支架的约束作用简化成三向铰支座。即在由后拆支架支撑的网架节点处，存在 $U_X = U_Y = U_Z = 0$。②考虑后拆支架的自身变形，模型中引入后拆支架，使后拆支架和网架结构一起受力变形。如果后拆支架的刚度大，并在施工设计中考虑了这类荷载的影响，通过加固来限制后拆支架发生较明显变形，而且，临时支架的拆除采用对称方式，那么一般可忽略后拆支架的自身变形，多采用第一种模拟后拆支架约束作用的方式。实际施工分析中也常使用第一种模拟约束的方法。

3. 临时支架拆除的若干个问题

临时支架的拆除是网架吊装施工的最后工序，关系到整个施工的成败。为了保证支架拆除的安全，除了在整个吊装工艺中严格把关外，还必须在拆除支架的过程中认真监测、观察，处理好每一种可能导致意外的现象。采用下拆法施工，常见的施工问题有：

(1) 支架脚端的加固构件变形过大。在临时支架的下降过程，特别是在第一次下降时，临时支架所承受的荷载和大部分自重由支架脚端的加固构件传递给千斤顶。千斤顶所支承的加固构件可能会因为受力过大而产生较大变形。尤其是与千斤顶直接接触的横向加固杆件更易产生弯曲变形。因为网架荷载和上部支架荷载都传至横向加固杆件，如果横向加固杆件和其他加固杆件的焊接节点(力的作用点)不与千斤顶和横向加固杆件的受力点在同一铅垂线上时，横向加固杆件上将出现力矩，会致使其弯曲变形。同时，其他加固杆件也会由于力矩而发生弯曲变形。解决措施：在焊接加固构件时，应充分考虑各种荷载因素，一般要求焊接的加固构件有足够的强度和刚度，保证其受荷后不会产生较大变形而影响支架的下降控制。如果在临时支架拆除过程中支架脚端的加固构件变形过大，应该立即停止下降支架，分析原因，积极采取应付方法，如补焊加固构件等。

(2) 网架变形过大。临时支架拆除前，网架的部分重量有支架承受，而且，临时支架还限制网架的下降变形，特别是在网架结构的跨中区域。临时支架一旦下降，网架的荷载不能由支架承担，或由支架承担的荷载减小，网架将在荷载作用下变形。同时，由于网架下降最终不会受到支架的限制，网架结构将变形至稳定平衡状态。网架的这个变形范围在设计中已经考虑，但有时也会因为施工质量不高导致网架变形超过设计要求。施工工艺导致网架变形过大的原

因一般有网架单元的拼装质量达不到要求，网架构件的尺寸与设计不符，网架构件间的连接质量不高，网架中缺少应有构件，网架结构与永久性支撑体系连接不好等。解决措施：只要在网架结构的整个施工过程中严格把关，一般能杜绝网架变形过大现象的发生。如果在拆除临时支架时发现网架的下降量接近设计范围，应立即停止下降支架，分析原因，采取应对方法。例如，如果是网架结构本身的质量问题，应该用千斤顶回顶临时支架，然后再弥补质量缺陷，最后才开始拆除临时支架。一般要求在拆除临时支架前对网架质量进行全面检查，尽量避免在拆除支架过程中出现网架质量导致的变形过大的质量问题。

(3) 临时支架倾斜。下降临时支架时，可能出现支架倾斜的质量问题。导致该类事故的原因有：固定在临时支架脚端的多个千斤顶，其下调速率或下调量不一致；支架重心与形心不重合，而且支架顶部与网架脱离。解决措施：对于第一种原因，只要保证千斤顶的下调速率和下调量始终相同即可避免。如果出现千斤顶的下调速率或下调量不一致造成的支架倾斜现象，应该立刻停止下调千斤顶，先调整个别下调量小的千斤顶，使其下调量与其他千斤顶的下调量相同，然后再统一千斤顶的下调速率，继续下调千斤顶。第二种原因可能性较小，一般是通过收紧固定缆风绳而达到限制其倾斜的目的。

五、施工过程的监测

不仅需要监测网架单元的拼装过程，而且在整个吊装施工过程中也必须时时监测安装偏差和变形状况。网架吊装施工过程的监测内容包括临时支架的安装位置，临时支架的变形，临时支架的应力和应变，网架分段的安装位置，网架分段的变形，网架分段的应力和应变变化，网架结构的整体位置，网架结构的整体变形等。其中，安装位置的监测包括平面位置、标高和垂直度的测量，变形和应力、应变的测量应该同时进行，临时支架拆除时必须监测网架结构的整体变形和应力、应变的变化。

钢网架结构的安装偏差允许值如表 2-22 所示。

表 2-22　钢网架结构的安装偏差允许值

项　　目	允许偏差(mm)	检验方法
纵向、横向长度	L/2 000，且不应大于 30.0； $-L$/2 000，且不应小于$-$30.0	用钢尺实测
支座中心偏移	L/3 000，且不应大于 30.0	用钢尺和经纬仪实测
周边支撑网架相邻支座高差	L/400，且不应大于 15.0	用钢尺和水准仪实测
支座最大高差	30.0	
多点支撑网架相邻支座高差	$L1$/800，且不应大于 30.0	
L——纵向、横向长度；$L1$——相邻支座间距		

临时支架和网架的变形、应力和应变的变化范围，一般根据设计要求和材料性能限定，同时应考虑施工方案中的预拱值。

第八节　分段吊装的工况分析

正式吊装网架结构的分段之前，为保证各工况的安全性，应该进行吊装工况安全性分析。

考虑到大跨度钢网架结构的施工特点，保证吊装施工的质量和安全，除了按照正常的吊装工艺施工外，还应分析各吊装工况的安全性。分析内容包括临时支架在吊装过程中的变形，结构分段在吊装期间的受力，临时支架和结构分段分别在分段就位时的稳定性。

本节使用有限元分析方法，数值模拟各工况的吊装过程，分析其安全性。分析的临时支架和结构分段均以泰州国展中心工程项目为例。

一、网架分段的有限元法

网架结构受荷后其变形远小于结构杆件截面的尺寸，属于小变形范畴。因此在一般的静动力计算时可不考虑大变形、大挠度所引起的结构几何非线性变化，但在研究网架结构的稳定性时一定要考虑结构的几何非线性变化。换句话说，在一般的静动力计算时，网架结构的材料可按处于弹性受力状态来计算，即不用考虑材料的非线性变化。

有限元法是否考虑几何非线性的区别主要在于几何非线性考虑网壳变形对网壳内力的影响，网壳的平衡方程建立在变形以后的基础上；而线性则忽略网壳变形对网壳内力的影响，网壳的平衡方程始终建立在初始不受力状态的位置上。因此，在推导空间杆单元几何非线性有限单元法时，空间杆单元的单元刚度矩阵就应在变形以后的位置上建立。

空间杆系有限元法以网架结构的各个杆件作为基本单元，以节点位移作为基本未知量。先对杆件单元进行分析，建立单元杆件内力与位移之间关系，然后再对结构进行整体分析。根据各节点的变形协调条件和静力平衡条件建立结构上的节点荷载和节点位移之间的关系，形成结构的总刚度矩阵和总刚度方程。解出各节点位移值后，再由单元杆件内力和位移之间的关系求出杆件内力。

空间杆系有限元法是目前杆系空间结构中计算精度最高的一种方法。它适用于分析各种类型的网架，可考虑不同平面形状、不同边界条件和支承方式，还可考虑网架与下部支承结构共同工作。

（一）大跨度钢网架结构的受力分析方法

网架结构是由多根杆件连接而成的，其节点有多种形式，通常均为刚性连接，能传递轴力和弯矩。网壳结构和网架结构都是高次超静定结构，但网壳结构的阶数比网架结构的还多，因此两者具有相同的分析与计算原理，而网壳结构的计算和分析又是以网架结构的理论为基础。因此，网架结构和网壳结构的分析原理是相同的。早期通过线性方法来估算网架结构的稳定临界力，其计算结果与结构的实际受力状况有相当的差距。后来在很长一段时间内，限于计算机技术的发展水平，只能将网架结构等代为连续体，按平面或空间的连续结构以非线性解析方法进行分析计算。此后，随着计算机的普及与发展，几何非线性问题的理论表达式和平衡路径跟踪的计算技术也都日渐成熟，非线性有限元分析方法得到了飞速发展，逐渐成为网架结构受力分析的主要工具。网架结构受荷后其变形远小于结构杆件截面的尺寸，属于小变形范畴。因此在一般的静动力计算时可不考虑大变形、大挠度所引起的结构几何非线性性质，但在研究网架结构的稳定性时一定要考虑结构的几何非线性性质。同样，在一般的静动力计算时，网架结构的材料可按处于弹性受力状态来计算，即不用考虑材料的非线性性质。网架结构的计算方法很多，其计算假定各有不同，但基本假定可归纳为：节点为铰接或刚接，杆件只承受轴力；按小挠度理论计算；按弹性方法分析。

网架结构的计算模型大致可归纳为三种：①杆系计算模型，这种计算模型把网架看成铰接或刚接杆件的集合，未引入其他任何假定，具有较高的计算精度；②梁系计算模型，这种计算模型除基本假定外，还要通过折算方法把网架简化为交叉梁，以梁段作为分析基本单位，求出梁的内力后再回代求杆的内力；③板壳计算模型，这种计算模型除基本假定外，又把网架折算为平板或壳体，解出板壳的内力后回代求杆内力。

有了网架的模型，下一步需寻找合适的分析方法求出它们的内力，这些分析方法大致有有限元法、差分法、力法、微分方程近似解法。

网架结构的具体计算方法见表 2-23 所示。

目前，随着计算机技术的飞速发展和非线性有限元分析方法的广泛应用，已出现多种计算与分析网架结构的大型通用程序。而以有限元法为基础的计算机分析程序更是得到广泛应用，如 ANSYS、SAP、ALGOR、ADNIA 等程序。其中，最常用的分析程序是 ANSYS。

表 2-23　网架结构的计算方法

计算模型	具体计算方法	分段分析
平板	拟板法	微分方程近似解法
	拟夹层板法	
	假象弯矩法	差分法
梁系	交叉梁系力法	力法
	交叉梁系梁元法	有限元法
	交叉梁系差分法	差分法
	正放四角锥网架差分法	
铰接杆系	空间杆系有限元法	有限元法
	下弦内力法	

（二）空间杆系结构的有限元法

空间杆系结构的有限元法有三种：空间桁架法、交叉梁系法和空间刚架法或称空间梁元法。空间桁架法采用的单元只受轴力，杆端节点视为铰接，其转角不受约束而不予考虑。即每个端节点只考虑三个线位移，相应的有三个集中力，也就是说每个网架节点有三个自由度。

空间刚架法采用的单元受轴力和弯矩的作用，梁端节点视为刚铰接，其转角受约束而必须考虑。即每个端节点要考虑三个线位移和三个角位移，相应的有三个集中力和三个弯矩，也就是说每个网架节点有六个自由度。单层网壳结构和临时支架应该采用空间刚架法进行有限元分析。根据杆件与节点间的连接构造不同，网架结构的计算主要有铰接连接和刚接连接两种方式。其中，单层网壳多采用刚接连接模型，而网架和双层网壳结构多采用铰接连接模型。对于铰接连接网壳，采用空间桁架单元有限单元法；对于刚接连接网壳，宜采用空间刚架有限单元法。

空间桁架结构是三维受力结构，平面桁架结构是二维受力结构，是空间桁架结构的特殊形式。因此，在用有限元法分析平面桁架时，可根据空间桁架杆元的有限元法。下面讨论采用铰接连接模型的网架及双层网壳结构的分析方法，即三维受力的空间桁架有限元法。

（三）空间桁架有限单元法

1. 空间桁架有限元法的基本假定

(1) 网架的节点设为空间铰接节点，忽略节点刚度的影响，即不计次应力对杆件内力影响。

(2) 杆件只承受轴力，有轴向变形和内力。

(3) 假定结构处于弹性阶段工作，在荷载作用下网架变形很小。

2. 单元位移与节点力列阵

杆件单元的两个端点编号节点分别为 i、j，每一节点有三个自由度，即 u、v、w；位移符号规定沿三轴正向为正。

即 i 节点的位移列阵为

$$\boldsymbol{\delta}_i = [u_i \quad v_i \quad w_i]^{\mathrm{T}}$$

单元位移列阵为

$$\boldsymbol{\delta}^e = [u_i \quad v_i \quad w_i \quad u_j \quad v_j \quad w_j]^{\mathrm{T}}$$

单元节点力列阵为

$$\boldsymbol{F}^e = [X_i \quad Y_i \quad Z_i \quad X_j \quad Y_j \quad Z_j]^{\mathrm{T}}$$

3. 局部坐标系中的单元刚度矩阵

取沿杆轴线方向为 x 轴，当节点 i 或 j 发生 x 轴向的单位伸缩时，仅引起沿 x 轴向的节点内力。故有

$$\boldsymbol{K}^e = \begin{bmatrix} \frac{EA}{l} & 0 & 0 & -\frac{EA}{l} & 0 & 0 \\ 0 & 0 & 0 & 0 & 0 & 0 \\ 0 & 0 & 0 & 0 & 0 & 0 \\ -\frac{EA}{l} & 0 & 0 & \frac{EA}{l} & 0 & 0 \\ 0 & 0 & 0 & 0 & 0 & 0 \\ 0 & 0 & 0 & 0 & 0 & 0 \end{bmatrix}$$

式中：EA——杆件截面抗拉压刚度；

l——杆长。

4. 整体坐标系中的单元刚度矩阵

(1) 节点轴力、位移在整体坐标系里的投影分量空间桁架杆单元扩端点在整体坐标系中的三轴投影分量为$\overline{u_i}$、$\overline{v_i}$、$\overline{w_i}$与$\overline{u_j}$、$\overline{v_j}$、$\overline{w_j}$，而杆件单元与三轴的夹角分别为 α、β、γ，则杆轴方向的节点位移为

$$\begin{bmatrix}\Delta_i\\ \Delta_j\end{bmatrix}=\begin{bmatrix}\cos\alpha & \cos\beta & \cos\gamma & 0 & 0 & 0\\ 0 & 0 & 0 & \cos\alpha & \cos\beta & \cos\gamma\end{bmatrix}\begin{bmatrix}\overline{u_i}\\ \overline{v_i}\\ \overline{w_i}\\ \overline{u_j}\\ \overline{v_j}\\ \overline{w_j}\end{bmatrix}$$

即
$$\Delta = \boldsymbol{A}^T \overline{\boldsymbol{\delta}}^e$$

(2) 整体坐标系的单元刚度矩阵,根据虎克定律求得单元刚度矩阵为

$$\overline{\boldsymbol{K}}^e=\begin{bmatrix}\cos^2\alpha & & & & & \\ \cos\alpha\cos\beta & \cos^2\beta & & & & \\ \cos\alpha\cos\gamma & \cos\beta\cos\gamma & \cos^2\gamma & & & \\ -\cos^2\alpha & -\cos\alpha\cos\gamma & -\cos\alpha\cos\gamma & \cos^2\alpha & & \\ -\cos\alpha\cos\beta & -\cos^2\beta & -\cos\beta\cos\gamma & \cos\alpha\cos\beta & \cos^2\beta & \\ -\cos\alpha\cos\gamma & -\cos\beta\cos\gamma & -\cos^2\gamma & \cos\alpha\cos\gamma & \cos\beta\cos\gamma & \cos^2\gamma\end{bmatrix}\frac{EA}{l}$$

(3) 总刚度方程

针对整个结构各节点建立静力平衡关系 i 节点:

$$\sum_e \sum_{n=i,j} \overline{\boldsymbol{K}_{in}}\,\overline{\boldsymbol{\delta}_n} = \overline{\boldsymbol{F}_i}$$

最终进而集合成结构刚度方程:

$$\overline{\boldsymbol{K}}\,\overline{\boldsymbol{\delta}} = \overline{\boldsymbol{F}}$$

式中:$\overline{\boldsymbol{\delta}}$——结构位移列阵;

$\overline{\boldsymbol{F}}$——结构节点外荷载列阵;

$\overline{\boldsymbol{K}}$——结构总刚度列阵。

其子矩阵由相关杆元单刚矩阵的同脚码子矩阵组集形成,方法同前。

5. 边界条件

边界条件根据边界节点所受约束的不同考虑,通常可分为以下几条:

(1) 完全约束

该节点三个坐标轴向均无可能位移,即

$$u_i = v_i = w_i = 0$$

(2) 沿某一轴向($\overline{x}$)的自由移动

可用位于 $\overline{yoz}$ 平面的两根交汇成三角形的连杆表示。其边界约束条件为

$$v_i = w_i = 0$$

(3) 在某一平面($\overline{xOz}$)内可以自由转动

可用垂直于该平面的一根连杆($\overline{y}$ 方向)表征,即

$$\overline{v_i} = 0$$

边界条件引入后就可以解出 $\overline{\boldsymbol{\delta}}$,然后可以求出各杆的轴向位移与内力。

二、平面桁架有限元法

采用空间桁架有限元法的网架结构是三维受力结构,能等效为二维受力结构的平板网架结构,可以采用平面桁架有限元法。平面桁架有限元法是分析平面结构的桁架杆元有限元法,是空间桁架结构的特殊形式,空间桁架有限元法的理论平面桁架有限元法的节点列阵为

$$\boldsymbol{\delta}_i = \begin{bmatrix} u_i \\ v_j \end{bmatrix}$$

$$\boldsymbol{\delta}_j = \begin{bmatrix} u_j \\ v_j \end{bmatrix}$$

单元位移列阵为

$$\boldsymbol{\delta}^e = [u_i \quad v_i \quad u_j \quad v_j]^{\mathrm{T}}$$

单元节点力列阵为

$$\boldsymbol{F}^e = [X_i \quad Y_i \quad X_j \quad Y_j]^{\mathrm{T}}$$

局部坐标的单元刚度矩阵为

$$\boldsymbol{K}^e = \begin{bmatrix} \frac{EA}{l} & 0 & -\frac{EA}{l} & 0 \\ 0 & 0 & 0 & 0 \\ -\frac{EA}{l} & 0 & \frac{EA}{l} & 0 \\ 0 & 0 & 0 & 0 \end{bmatrix}$$

其他矩阵可根据空间桁架的相关内容推得。

三、结构分段的吊装分析

对于采用分段吊装技术的网架结构,其吊装受力分析的重点是网架分段的工况安全性分析。网架分段在吊装前后,部分构件会改变其受力情况,特别是钢杆件,可能使原本受拉构件因吊装的原因变成受压构件。为了保证吊装方案和吊装工艺的合理性,即保证分段结构在吊装前后的内力变化不会影响整体结构的稳定性,应该对网架分段进行吊装安全性分析。

双层网壳结构屋盖,钢杆件通过焊接空心球连接。杆件和焊接空心球的直径均不一致。各钢管的自重以线荷载的作用方式影响结构分段的受力,球节点的自重以集中力的方式作用于节点上。结构分段的划分必须遵循前述的分段划分原则,同时还应该结合工程自身的特点和施工条件。本节以安装高度最大、重量也较大的结构分段 3(如图 2-75)为分析对象,分段 3 的两端分别支承在临时支架 HJ－7 和 HJ－8 上。用有限元分析其吊装过程的受力状况。钢材密度 $\rho = 7\,850\ \mathrm{kg/m^3}$,泊松比 $\beta = 0.3$,弹性模量 $E = 2.06 \times 10^{11}\ \mathrm{N/m^2}$。受力简图见图 2-76。

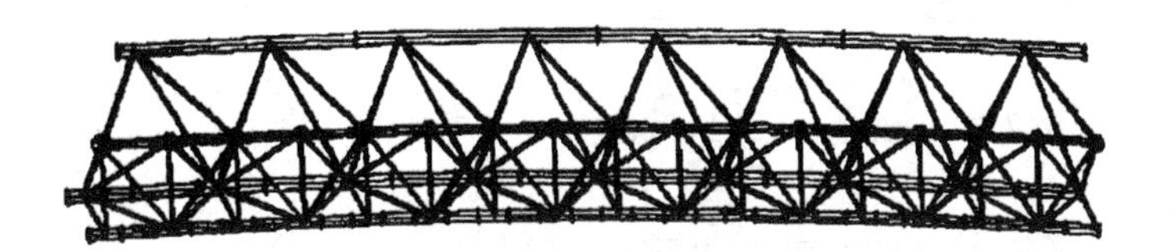

图 2-75　结构分段 3 的模型

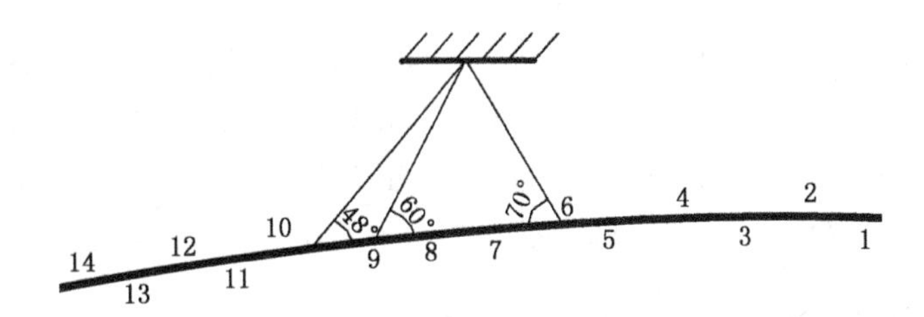

图 2-76　结构分段 3 受力简图

桁架段的钢管为 600 mm × 16 mm($D \times t$)，其截面积 $A = 293.40\ \text{cm}^2$；连接球节点的钢管为 325 mm × 14 mm，其截面积 $A = 136.78\ \text{cm}^2$；连接桁架间或连接桁架与球节点的钢管多为 140 mm × 8.0 mm，其截面积 $A = 33.18\ \text{cm}^2$，其他连接钢管有 102 mm × 6.0 mm，其截面积 $A = 18.10\ \text{cm}^2$；另外一类连接钢管为 203 mm × 12 mm，其截面积 $A = 72.01\ \text{cm}^2$。

焊接空心球采用的型号为 D600 mm × 28 mm，其重量为 $F = 2\,260$ N。

进行数值模拟时，根据结构分段的构造特点，模型化原结构，建立适合模拟的分析模型。一般来说，结构分段吊装时的受力来自三部分：随机荷载、构件自重和绑扎点处的提升力。其中，随机荷载有风载和吊装时的振动力等。由于吊装网架分段的过程比较缓慢、平稳，正常天气条件下可忽略随机荷载的影响。同时，将该过程看作匀速平动，即认为吊装的结构分段属于静力范畴。结构分段 3 的自重为 6.094 t，长度为 51.4 m，采用四点绑扎吊装，其中两个绑扎点分别对称设在上层网壳的球节点处，另两个绑扎点分别对称设在桁架中弦杆上。

另外，网架结构一般具有一定的倾斜角度，在吊装时，为了保证分段安装就位的倾斜度，常需要把吊装分段调出一定角度，而不是以水平状态吊装。对于结构分段 3，考虑支架 HJ－8 和 HJ－7 之间的高差 $h = 5.4$ m，需要放张一侧的吊索，将结构分段 3 进行调位以满足分段 3 的两端高差为 5.4 m，并保证结构分段的横向应力不超过构件的屈服强度，应使吊索与结构分段的较小夹角不小于特定值 α。吊装分段 3 时采用的 α 约为 48°，另外夹角分别为 60°和 70°，桁架杆件由 13 根直钢管焊接而成，绑扎点对应设在第 10、9、6 节点处。

吊装结构分段时，由于提升、移动速度较慢，可将该工况等效为结构分段的静止状态。因为分段在平面上也受到作用力，会产生轴向变形，考虑程序分析的要求，假定结构分段在绑扎点处均有约束。在利用程序 ANSYS 分析时，假定四个绑扎点均存在约束，即要求一绑扎点的 $U_X = U_Y = U_Z = 0$，另三点只有 $U_Y = 0$。

杆件自重以线荷载的作用方式、空心球自重以集中力的作用方式影响结构分段 3。吊索的受力以外力的形式作用于绑扎点处，下面计算绑扎点处的受力大小。

分别对应 48°、60°、70°的吊索力为 F_1、F_2 和 F_3，其三向分力分别以 X_i、Y_i 和 Z_i 表示，吊索分别与结构平面的交角为 α_1、α_2 和 α_3，吊索绑扎点至起重机挂钩距离在立面上的投影长度分

别为 L_1、L_2、L_3。计算结果如下：

$$L_1 = 17.6478 \Rightarrow \tan\alpha_1 = \frac{L_1}{2.25} \Rightarrow \alpha_1 = 82.7^\circ$$

$$L_2 = 15.2256 \Rightarrow \tan\alpha_2 = \frac{L_2}{2.25} \Rightarrow \alpha_2 = 81.6^\circ$$

$$L_3 = 14.1116 \Rightarrow \tan\alpha_3 = \frac{L_3}{2.25} \Rightarrow \alpha_1 = 80.9^\circ$$

$$Z_1 = F_1 \cdot \cos\alpha_1 \qquad Y_1 = F_1 \cdot \sin\alpha_1 \cdot \sin 48^\circ \qquad X_1 = F_1 \cdot \sin\alpha_1 \cdot \cos 48^\circ$$

$$Z_2 = F_2 \cdot \cos\alpha_2 \qquad Y_2 = F_2 \cdot \sin\alpha_2 \cdot \sin 60^\circ \qquad X_2 = F_2 \cdot \sin\alpha_2 \cdot \cos 60^\circ$$

$$Z_3 = F_3 \cdot \cos\alpha_3 \qquad Y_3 = F_3 \cdot \sin\alpha_3 \cdot \sin 70^\circ \qquad X_3 = F_3 \cdot \sin\alpha_3 \cdot \cos 70^\circ$$

$$X_1 + X_2 = 2X_3 \qquad Y_1 + Y_2 + 2Y_3 = 609\,400\ \text{N} \qquad Z_1 = Z_2$$

求得，$F_1 = 111\,005$ N，$F_2 = 96\,568$ N，$F_3 = 179\,828$ N。

根据前述思路，可得 ANSYS 的数值模拟分析结果：

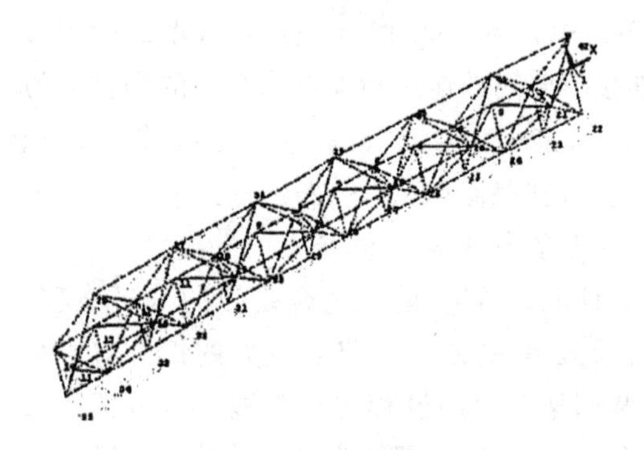

图 2-77　结构分段 3 变形

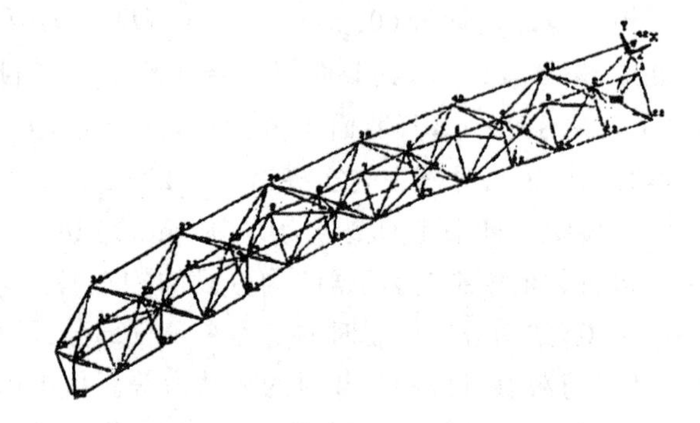

图 2-78　结构分段 3 的 X 向结果

图 2-77 为结构分段 3 在吊装状态下的变形情况，产生的最大变形值为 0.011 879 m，包括因重力导致的偏移量。图 2-78 为结构分段 3 的 X 向结果。图 2-79 为结构分段 3 的应力矩阵图。图 2-80 为结构分段 3 的分析简图。

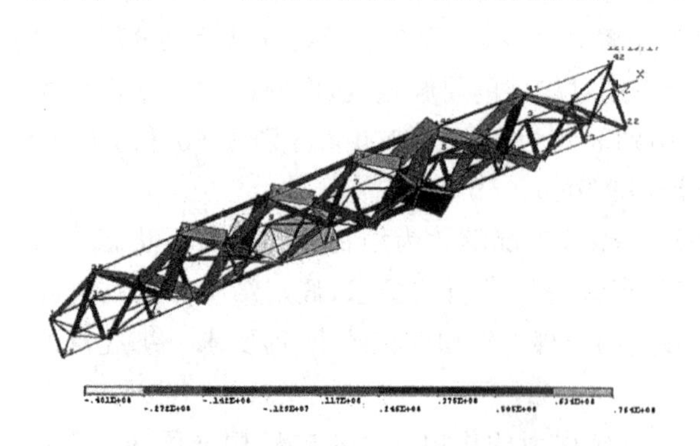

图 2-79　结构分段 3 的应力矩阵图

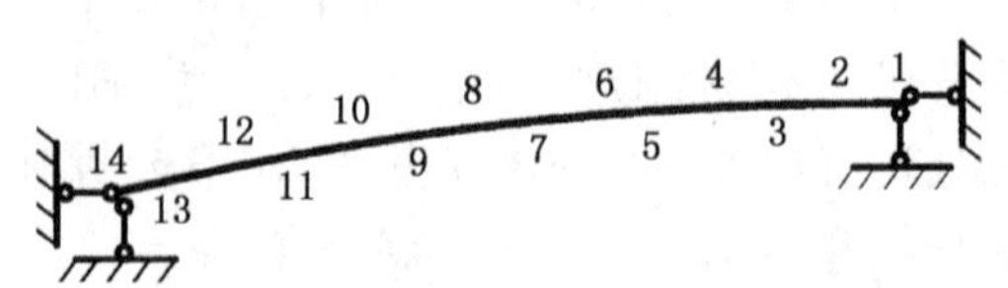

图 2-80　结构分段 3 的分析简图

表 2-24 为结构分段 3 单元应力的最大绝对值；表 2-25 为结构分段 3 节点变形的最大绝对值。

表 2-24　结构分段 3 单元应力的最大绝对值　　　（单位：Pa）

单元编号	最大值	单元编号	最小值
47	0.763 51E+08	61	−0.401 04E+08

表 2-25　结构分段 3 节点变形的最大绝对值　　　（单位：m）

	U_X	U_Y	U_Z
节点编号	35	35	22
最值	0.158 41E−02	−0.998 12E−02	0.819 64E−02

四、结构就位后的工况分析

每块结构分段吊装就位后会影响临时支架及结构分段的内力和变形，因此在分段吊装结构之前，应该进行结构分段的强度和变形模拟，确保吊装的安全合理，只有在工况分析安全的前提下才能进行分段吊装。

结构分段 3 安装就位后，其两端分别由临时支架 HJ－7、HJ－8 支承，而且分段的下弦杆和上弦杆同时与支架顶端固定，共有四个支承点。由于临时支架 HJ－7 和 HJ－8 所用材料相同，则两支架的变形相似，接近一致；同时支架的刚度较大，当支承结构分段 3 的自重时，两支架的变形较小。因此，分析结构分段 3 就位后的受力情况，可以忽略支架变形对结构分段的影响，从而将临时支架简化为铰支座。由于结构分段 3 安装就位后非水平放置，同时其重心也不与形心重合，所以在支承点处是采用扣件将其固定，会使各支承点存在三向受力。结构分段 3 就位后的分析立面模型如图 2-80 所示，图中的编号 1～14 为实际桁架钢管间的连接节点。使用有限元程序分析时，假定支承点为三向铰支，即该四个支承点的 $U_X = U_Y = U_Z = 0$（Y 为高度方向，Z 为垂直于立面方向）。杆件自重以线荷载的作用方式、空心球自重以集中力的作用方式影响结构分段 3。

图 2-80 为结构分段 3 安装就位后的变形情况，产生的最大变形为 0.010 456 m；图 2-81 为结构分段 3 各节点在 Y 向上的结果；图 2-82 为结构分段 3 的应力矩阵图。

表 2-26 为结构分段 3 单元应力的最大绝对值；表 2-27 为结构分段 3 节点变形的最大绝对值。

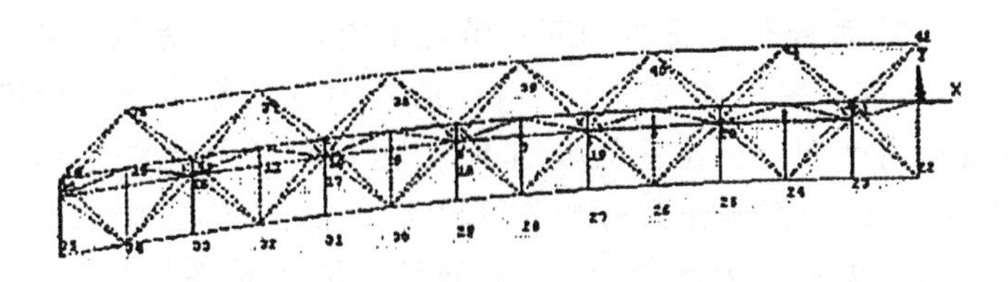

图 2-81　结构分段 3 的 Y 点结果

表 2-26　结构分段 3 单元应力的最大绝对值　　　（单位：Pa）

单元编号	最大值	单元编号	最小值
47	0.864 09E+08	90	−0.839 91E+08

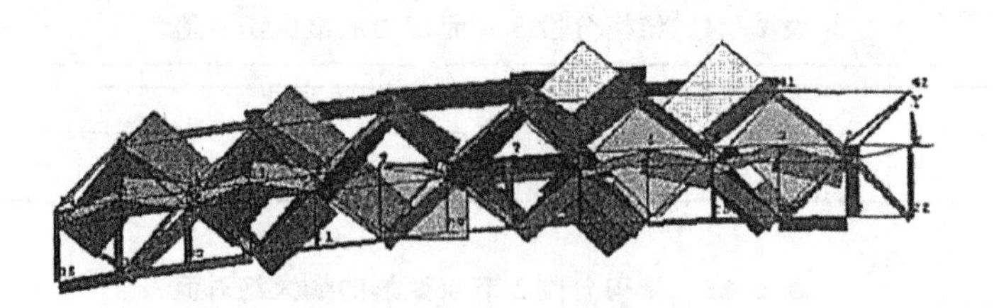

图 2-82 结构分段 3 的应力矩阵图

表 2-27 结构分段 3 节点变形的最大绝对值 （单位：m）

	U_X	U_Y	U_Z
节点编号	13	7	28
最值	0.144 01－02	－0.838 70E－02	0.633 10E－02

表 2-28 为结构分段 3 的支座反力值。

表 2-28 结构分段 3 的支座反力值 （单位：N）

关键点编号	节点编号	X 向力	Y 向力	Z 向力
34	15	0.264 07E＋06	0.168 55E＋06	842 2.7
22	21	－0.274 85E＋06	0.132 66E＋06	－57 315
41	22	－0.219 25E＋06	0.126 96E＋06	0.000 0
54	35	0.230 03E＋06	0.181 26E＋06	48 892
总计		0.000 0	0.609 43E＋06	0.218 28E－10

五、划分结构分段的几个技术难点

该工程在按照前述网架分段的划分原则和方法进行网架分段的划分时，还遇到了一些技术难点。

1. 起重机对划分结构分段的影响

所划分的结构分段，不仅要保证其重量在起重机的吊装能力范围内，还得考虑起重机的臂长能否达到网壳的安装位置。如果将场内网壳及对应的外围网壳划分为一个分段，虽然其总重量均在 LR5000 型履带起重机的起重量范围内，但从起重机的臂长考虑，这样的划分方法就会造成施工困难。因为场内网壳及对应的外围网壳作为一个分段单元，其重心会向悬挑端移动，在就位高度和就位位置的限制下，起重机臂长就无法达到安装位置。例如，如果将结构分段 9 和 28 的一部分作为一个分段单元，那么其重心将会远离主拱。又由于主拱在网壳分段前吊装，如果从场内吊装，就要求分段在吊装时必须跨过主拱；从场外吊装，也要求结构分段的吊装必须跨越主体结构的 Y 形柱。这两种方法都因分段单元的重心向内移动而无法满足起重机的吊装能力。解决措施：划分结构分段时，将场内网壳与场外悬挑部分断开。LRS000 型履带式起重机场内开行，负责主拱与会场内网壳的吊装；600 型履带起重机场外开行，负责体育场外围悬挑网壳的吊装。这样，每个分段单元的重心均离主体结构的 Y 形柱一定距离，而且缩短结构分段重心到起重机停机点的距离，满足起重机的吊装能力。

2. 主体结构形式与划分结构分段的关系

划分结构分段时必须结合整个主体结构的特点，如Y形柱、看台、圆柱形楼梯井、多角钢支撑等。Y形柱的柱顶伸出看台面，用于放置网壳的球节点。柱距决定了网壳的网格大小，划分结构分段时必须以网格为单位。此外就是上一条所提及的，即由起重机臂长限制分段单元的长度。因为该网壳的跨度大，其四个着地点距第一个Y形柱顶较远，且两者横跨了部分看台，无法在吊装时搭设临时支架。同时，为了保证整个网壳结构的稳定，协助混凝土柱支撑网壳，在圆柱形楼梯井上均安置一个多角钢支撑，这就要求多角钢支撑上面的网壳部分应作为一个分段单元，结构分段6就属于这种情况。解决措施：先在Y形柱和圆柱形楼梯井边缘处断开网壳，再保持特殊区段的网壳为一个分段单元。

3. 施工顺序与划分结构分段的联系

施工顺序必须结合结构分段的划分方法，保证前序分段的吊装不能影响后续分段的施工。该工程的主要网壳单元分布在场内，场外悬挑部分为附属结构，采取先将场内结构分段吊装完成后才施工场外悬挑部分的方式。吊装顺序制定为先吊装场内的结构分段，接着再吊装对应的场外悬挑单元和其他后续场内结构分段。解决措施：根据制定的吊装顺序，将整片网壳划分为两大部分，即场内网壳部分和场外悬挑网壳部分，再分别将场内和场外网壳划分成若干个结构分段。

4. 结构受力与结构分段的划分

整个网壳结构的自重和附加荷载传给Y形图、多角钢支撑柱和主拱，主拱上的荷载和主拱的自重再由拱传递给两端的大体积混凝土重力墩。在划分结构分段时，必须考虑承重结构的影响，主要是主拱单元的划分。解决措施：将主拱划分为多个吊装单元；Y形柱距主拱范围内的网壳，垂直于主拱方向上的为整体，平行于主拱方向上的再划分为若干个单元；悬挑部分的网壳沿柱列方向也划分为若干个结构分段。

六、施工监测与工况分析比较

施工工况的主要监测内容是临时支架和结构分段的变形及内力变化，变形大小通过监测点与测控基准点的相对位移差确定，内力变化由应力大小确定。监测仪器采用振弦式应变计、电子全站仪，并辅以激光经纬仪和钢尺。

吊装时的监测，将某一个绑扎点视为测控基准点，绑扎点即为理论分析中假定三向均被约束的支承点，并在其他需要测设的位置布控监测点。监测点布控在其他绑扎点附近，变形和应力可能出现最大值或最小值的位置，以及其他重要位置。临时支架的监测点选择性地设置在四个支架立杆的底端、中端或顶端，处于支架上部、中部或下部连接杆的中间或端部。网架结构分段的监测点设置在绑扎点、中部腹杆处。钢管应变片的贴放位置在高度方向的中部。安装就位时的监测，基于吊装的监测点进行测控。现场施工的监测均测得分段吊装各工况的变形及应力值。

1. 临时支架吊装结果的比较

数值模拟分析的理论变形结果与监测的变形结果见表2-29。

表 2-29 节点变形结果的比较 (单位:m)

	分析值	实测值	相差百分比
U_X	$-0.148\,67E-02$	$-0.001\,480$	0.45%
U_Y	$-0.133\,81E-02$	$-0.001\,345$	0.51%
U_Z	$-0.887\,53E-03$	$-0.000\,884$	0.40%

从表 2-29 中可以看出,分析值与实测值相差很小,说明工况安全性分析所建立的模型符合实际情况。

2. 结构分段吊装结果的比较

数值模拟分析的理论变形结果与监测的变形结果见表 2-30。

表 2-30 节点变形结果的比较 (单位:m)

	分析值	实测值	相差百分比
U_X	$0.158\,41E-02$	$0.001\,56$	1.5%
U_Y	$-0.998\,12E-02$	$-0.009\,71$	1.1%
U_Z	$0.819\,64E-02$	$0.008\,15$	0.57%

从表 2-30 中可以看出,Z 向上的分析值与实测值相差很小,X 向和 Y 向上分析值与实测值相差略大,其主要原因为吊装时绑扎绳索和结构分段 3 的夹角与分析模型中采用的夹角不太一致。但工况安全性分析所建立的模型仍与实际情况符合。

3. 结构分段就位后的分段比较

理论变形结果与监测的变形结果如表 2-31,数值模拟分析的理论应力和监测的实际应力如表 2-32。

表 2-31 节点变形结果的比较 (单位:m)

		分析值	实测值	相差百分比
GK1	U_X	$0.144\,01E-02$	$0.001\,43$	0.71%
	U_Y	$-0.838\,70E-02$	$-0.008\,37$	0.20%
	U_Z	$0.633\,10E-02$	$0.006\,30$	0.49%

从表 2-31 的比较结果可知,工况安全性分析所建立的模型符合结构分段的实际情况,采用这样的简化模型能较好地分析结构分段就位后的变形情况。

表 2-32 单元应力极值的比较 (单位:MPa)

		最大值	相差百分比	最小值	相差百分比
GK1	分析	86.409	0.16%	−83.991	0.30%
	实测	86.27		−83.74	

从表 2-32 的比较结果可知,工况安全性分析模型的分析结果均与实际监测值接近。

4. 结构分段就位后的支架比较

模拟分析的理论变形结果与监测的变形结果如表 2-33 所示,理论应力和监测的实际应力如表 2-34所示。

表 2-33　节点变形结果的比较

(单位：m)

		分析值	实测值	相差百分比
GK1	U_X	−0.224 08E−02	−0.002 224	0.76%
	U_Y	−0.560 57E−02	0.005 551	0.99%
	U_Z	0.111 25E−01	0.010 864	24.0%

表 2-34　单元应力极值的比较

(单位：Pa)

		最大值	相差百分比	最小值	相差百分比
GK1	分析	211.87	13.82%	−96.985	0.44%
	实测	186.14		−96.56	

从表 2-33 的比较结果可以看出，Z 向变形与实际不符，同时 X、Y 向的结果与实测值也相差较大。其原因为支架顶端的模拟模型与实际模型存在一定差异，造成模型顶端的刚度比实际刚度低，从而导致竖向变形与实际相差较远；同时，竖向差异也对 X、Y 向变形造成一定的不良影响，使平面上的变形偏离实际结果。从表 2-34 的比较结果可知，最大应力值的差异较大，而最小应力值的差异较小。其原因为最大应力出现在临时支架的顶端，支架顶端的模拟模型与实际模型存在一定差异，即该处模型的刚度比实际刚度低，造成杆件应力失真，而最小应力值出现在支架中端或下端，这些部位的杆件模型与实际符合，传力均匀。

第九节　钢结构焊接工程施工技术

一、现场焊接概要

工程现场焊接工程量大，焊接质量要求高。主桁架和钢挑梁焊缝均采用坡口全熔透焊缝，焊缝质量等级为一级。所有对接焊缝质量等级为一级，其他坡口全熔透焊缝质量等级为二级。钢挑梁全熔透对接焊缝尚应满足−20℃时不低于 27 J 冲击韧性的要求。角焊缝质量等级为三级，其外观质量需符合《钢结构工程施工质量验收规范》二级焊缝的规定。所有焊缝的坡口形式、构造细节除注明外均按照《多、高层民用建筑钢结构节点构造详图》的规定。

二、焊接前的准备工作

1. 焊接工艺评定

一般工程所用钢构件材质主要为 Q235B、Q345B，为了能较好地保证工程的焊接质量，技术工艺部门将依据《建筑钢结构焊接技术规程》JGJ 81—2002 标准的有关规定，并根据本公司相关项目施工经验，充分利用公司已有的焊接工艺评定数据，做好焊接工艺评定，并制定完善、可行的焊接工艺方案和措施，作为工程中指导焊接作业的工艺规范。

2. 焊接工艺评定流程

焊接工艺评定试件应该从工程中使用的相同钢材中取样，并在焊接之前完成。焊接工艺评定按表 2-35 所示程序进行。

表 2-35 焊接工艺评定流程

序号	评定流程
1	由技术员提出工艺评定任务书(焊接方法、试验项目和标准)
2	焊接责任工程师审核任务书并拟定焊接工艺评定指导书(焊接工艺规范参数)
3	焊接责任工程师将任务书、指导书安排焊试责任人组织实施
4	焊接责任工程师依据焊接工艺评定指导书，监督由本企业熟练焊工施焊试件及试件和试样的检验、测试等工作
5	焊试室责任人负责评定试样的送检工作，并汇总评定检验结果，提出焊接工艺评定报告
6	评定报告经监理单位和焊接责任工程师审核，技术总负责人批准后，正式作为编制指导生产及现场施工的焊接工艺的可靠依据
7	焊接工艺评定所用设备、仪表应处于正常工作状态且为项目正式施工使用的设备，试样的选择必须覆盖本工程的全部规格并具有代表性

3. 焊接工艺评定原则

进行焊接工艺评定时以及评定结果的运用应遵循表 2-36 所示的原则。

表 2-36 焊接工艺评定原则

序号	原则
1	不同焊接方法的评定结果不得互相代替
2	不同类别钢材的焊接工艺评定结果不得互相代替
3	Ⅰ、Ⅱ类同类别钢材中当强度和冲击韧性级别发生变化时，高级别钢材的焊接工艺评定结果可代替低级别钢材；不同类别的钢材组合焊接时应重新评定，不得用单类钢材的评定结果代替
4	接头形式变化时应重新评定，但十字形接头评定结果可代替 T 形接头评定结果，全焊透或部分焊透的 T 形或十字形接头对接与角接组合焊缝评定结果可代替角焊缝评定结果
5	评定试件的焊后热处理条件应与钢结构制造、安装焊接中实际采用的焊后热处理条件基本相同
6	焊接工艺评定结果不合格时应分析原因，制定新的评定方案，按原步骤重新评定，直到合格为止
7	施工企业已具有同等条件焊接工艺评定资料时，可不必重新进行相应项目的焊接工艺评定试验

三、焊接材料的选用

1. 焊接材料选用

一般工程选用的焊接材料见表 2-37 所示。

表 2-37　焊接材料选用表

焊接方法	母材材质	焊接材料	适用范围
SMAW	Q235B	E4303	定位焊、对接、角接
GMAW	Q235B	ER49、二氧化碳(CO_2)	定位焊、对接、角接
SMAW	Q345B	E5015	定位焊、对接、角接
GMAW	Q345B	ER50、二氧化碳(CO_2)	定位焊、对接、角接

2. 焊接材料保管与使用

(1) 保管。焊接材料库建立“物资验收记录表”，写明焊材进厂日期、牌号、规格、产地、质保书号、复验编号等。每批焊材检验、复验合格后才能进入合格品区，否则分堆摆放，进行退货。库房内要通风良好，保持干燥。焊条、焊丝、焊剂搬运堆放时不得乱摔、乱砸，应注意轻放。不准拆散焊材原始包装，以防散包混杂。焊材存放在专用的货架上，货架离地面、墙均在 300 mm 以上。焊材库内所有焊材必须按其品种、规格、牌号等分类存放在货架上，并有明显标牌以示区别。

(2) 发放。焊接材料库建立“焊材发放台账”，领用应签字记账，凭“焊材发放限额单”领料。发料时严格按工艺要求、预算、规格、牌号、数量发放，不得超领、超发。发出时仓库保管员应填写“焊材发放记录”及“检验和试验合格通知单”，注明规格、牌号、复验编号、数量、批号、检验合格情况等，发给领用部门。发料时应按焊材出厂日期的先后发放，以防存久变质。

(3) 领用。焊工作为使用人，应根据工程结构对应施焊接头的母材材质和工艺规定，凭“焊材发放限额单”从焊接材料库领取合格的焊材。领取的焊条置于保温筒中，随用随取，焊接过程中必须盖好保温筒盖，严禁焊材外露受潮。如发现焊材受潮，须立即回库重新烘焙(焊条烘干次数不宜超过 2 次)。

(4) 烘焙和储存。焊接材料在使用前应按材料说明书规定的温度和时间要求进行烘焙和储存。如材料说明要求不详，可按表 2-38 要求执行，焊接材料使用的条件如表 2-38 所示。

表 2-38　焊接材料使用条件

焊条或焊剂	焊条药皮或焊剂类型	使用前烘焙条件	使用前存放条件	容许在大气中暴露时间
焊条：E5015	低氢型	350～400℃ 1～2 h	(120±20)℃	4 h
焊条：E4316	低氢型	350～400℃ 1～2 h	(120±20)℃	4 h

四、焊接设备投入计划

1. 本工程拟投入的焊机及辅助机具

本工程拟投入的焊机及辅助机具型号数量见表 2-39。

表 2-39 本工程焊机及辅助机具型号

序号	设备名称	规格型号	数量	制造年份	额定功率(kW)	用于生产部位
1	直流电焊机	ZX-5	50	2001	AX-320	焊接
2	CO_2 焊机	CPXS-500	10	2002	CPXS-500	焊接
3	碳刨机	ZX5-630	2	2002	ZX5-630	焊接
4	电焊条烘箱	YGCH-X-400	2	2003	YGCH-X-400	焊条烘焙
5	电热焊条保温筒	TRB 系列	100	2003	5	焊条保温
6	角向砂轮机	JB1193-71	20	2001	2	焊缝打磨
7	空气压缩机	XF200	2	2002	3	焊接

2. 焊机及辅助机具管理

(1) 焊机的采用及注意事项

设备应符合相应的现行国家标准,安全防护装置齐全;电源必须有独立而容量足够的保护装置,如自动断路装置等,保护装置应能可靠地切断设备最大额定电流,以保证安全;设备的各接触点和连接件必须连接牢固,在运行中不松动和脱落;设备应有保护接地或保护接零线,保护接地或保护接零线中间不得有接头;应放置在干燥、通风良好的地方,并避免剧烈的振动和碰撞;焊机应有良好的绝缘保护,经常清扫,保持干净。

(2) 辅助机具及其他

焊钳、焊枪应有良好的绝缘性能和隔热性能;焊钳、焊枪与电缆连接处必须简便牢固、接触良好,且连接处不得外露,以防触电;焊接电缆应有良好和足够的导电截面和绝缘层;焊接电缆线应为多股细线组成的软线,且应具有较好的抗机械性损伤能力及耐油、耐热和耐腐蚀等性能;焊机与配电盘连接的电源线长度不超过 3 m。严禁将电源线拖在工作现场地面上;焊接电缆中间不应有接头,如需短线连接则接头不宜超过 2 个,接头应用紫铜导体制成,并且连接要牢靠,绝缘要良好;严禁利用现场的金属结构、管道、轨道、爬梯及其他金属物搭接起来作为导线;电缆不可置于电弧或炽热焊件附近,以防烫坏绝缘层。横穿现场通道或道路时要加遮盖,以防碾压磨损;通过焊接电缆的电流不得超过电缆线的安全载流量;电加热器等预热设备布设应由电工负责,不得有裸露的电阻丝或导线。

五、焊接工艺

1. 钢柱焊接工艺

外径 $\phi1200 \sim \phi500$ 的圆管,对接焊接时在柱对接位置以下约 1.3 m 处配备两名焊工。施焊前,焊工应检查焊接部位的组装质量,如不符合要求,应修磨补焊合格后方能施焊。坡口表面不允许带有污泥、杂质、油污、氧化皮等影响焊接的物体。焊接时,两人对称施焊。每层起弧点要相距 30~50 mm,避免缺陷集中在一处,每焊一层要认真清渣,圆管柱对接焊接顺序如图 2-83 所示。

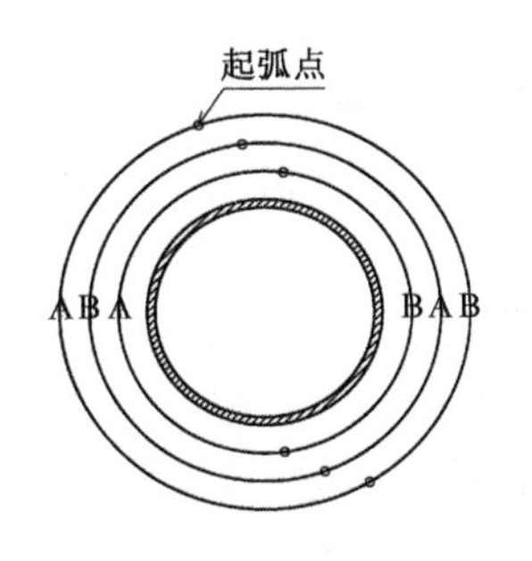

图 2-83　圆管柱对接焊接顺序

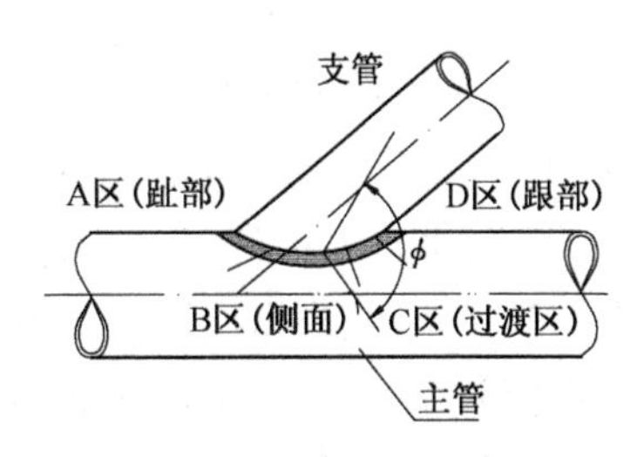

图 2-84　钢管相贯线焊接工艺

2. 钢梁焊接工艺

钢梁与钢柱牛腿焊接采取先焊下翼缘，再焊上翼缘，焊好梁的一端后再焊接另一端。钢管相贯线焊缝分为四个区：根部施焊、次层焊接、填充层焊接及面层焊接。钢管相贯线焊接工艺如图 2-84 所示。根部施焊应自下部起始处超越中心线 10 mm 起弧，与定位焊接头处应前行 10 mm 收弧。再次始焊应在定位焊缝上退行 10 mm 引弧，在顶部中心处熄弧时应超越中心线至少 15 mm 并填满弧坑。另一半焊接前应将前半部始焊及收弧处修磨成较大缓坡状并确认无未熔合及未熔透现象后在前半部焊缝上引弧。仰焊接头处应用力上顶，完全击穿；上部接头处应不熄弧连续引带至接头处 5 mm 时稍用力下压，并连弧超越中心线至少一个熔池长度(10～15 mm)方允许熄弧。次层焊接，焊接前剔除首层焊道上的凸起部分及引弧收弧造成的多余部分，仔细检查坡口边沿有无未熔合及凹陷夹角，如有必须除去。飞溅与雾状附着物，采用角向磨光机时，应注意不得伤及坡口边沿。次层的焊接在仰焊部分时采用小直径焊条，仰爬坡时电流稍调小，立焊部位时选用较大直径焊条，电流适中，焊至爬坡时电流逐渐增大，在平焊部位再次增大。其余要求与首层相同。填充层的焊接工艺过程与次层焊接完全相同，仅在接近面层时注意均匀留出 1.5～2 mm 的深度，且不得伤及坡边。管、管面层焊接，直接关系到该接头的外观质量能否满足质量要求，因此在面层焊接时，应注意选用较小电流值并注意在坡口边熔合时间稍长，接头时换条与重新燃弧动作要快捷，焊接过程如图 2-85 和图 2-86 所示。

图 2-85　二氧化碳保护焊焊接工艺

图 2-86　惰性气体保护焊焊接工艺

六、焊接质量控制

1. 焊接质量预控措施

为保证工程的焊接质量，应对影响焊接工程质量的“人、机、料、法、环”五要素作出重点预控。

(1)"人"包括焊接工程师、焊接质检人员、无损探伤人员、焊工,以项目为核心,以无损探伤(NDT)一次合格率大于95%为目标,保证工程的质量。各焊接相关人员的资格应符合《钢结构焊接规范》(GB 50661—2011)中的规定。

① 焊接工程师:负责组织进行焊接工艺评定,负责焊接技术方案的编制、交底,焊接材料选用和管理要求的制定;负责向公司提出新材料、新工艺进行工艺评定的申请,保证所有焊接作业都有工艺评定作为技术依据,处理施工过程中的焊接技术问题;参与主要部件的焊接质量验收;记录和整理工程技术资料;组织进行焊接工程和专业技术总结。

② 焊接质检人员:负责焊接工程质量全过程的质量控制和相关质量措施的实施;深入现场监督相关技术措施的实施,及时制止违章作业并及时报告有关部门;掌握焊工技术状况,检查焊工合格证件,对焊接质量不稳定的焊工有权停止其焊接工作;根据设计文件要求确定焊缝检测部位,填报签发检测报告;及时积累和总结焊接质量监督资料,整理焊工质量档案。

③ 无损探伤人员:按照设计文件或相应规范规定的探伤方法及标准,对受检部位进行探伤,填报签发检测报告;对于外观不合格或不符合检验要求的焊缝,应拒绝进行无损检测。

④ 焊工:按焊接作业指导书或工艺卡规定的工艺方法、参数和措施进行焊接,当遇到焊接准备条件、环境条件及焊接技术措施不符合焊接作业指导书要求时,应要求焊接技术责任人员采取相应的整改措施,必要时应拒绝施焊;持证焊工不得担任超越其合格项目的焊接工作。

(2)"机"是指焊接用的工器具、质量检测和试验设备及仪器、仪表等。在施工过程中按照技术上先进、经济上合理、生产上适用、性能上可靠、使用上安全、操作上方便和维修方便等原则选好焊接、热处理及检测设备,并在施工过程中对设备要用好、管好和维修好,按规定定期检查和维修,严格执行操作规程,做到专人使用和管理,保证施工顺利进行。

(3)"料"是指母材和焊接材料。严格对材料质量复核或检验确认,不符合要求的拒绝使用。焊接材料包括焊条、焊丝、氧气、乙炔、CO_2等。

① 焊接材料的选择:由焊接技术人员根据以下原则确定:焊条、焊丝的选用应根据母材的化学成分、机械性能和焊接接头的抗裂性、碳扩散、焊前预热、焊后热处理以及使用条件等综合考虑;焊缝金属性能和化学成分与母材相当;工艺性能良好。

② 焊接材料的管理:焊接材料到货后由焊接质检员会同材料管理员对焊材观感质量、质保书批号、焊材牌号进行核对检查,合格后方可入库。库内必须干燥且通风良好,避免焊材受潮,不允许有腐蚀性介质。焊条、焊丝均应存放在架子上,离地面距离不小于300 mm。

③ 焊材发放前必须按焊材技术要求进行烘焙,烘焙时间、温度不同的焊材必须分箱烘焙。经烘焙过的焊条必须放置在保温筒内,随用随取。经烘焙两次以上的焊条或其他因素造成不能继续使用的焊材必须申请报废处理,并及时分区存放,并标识明确。

(4)"法"是指焊接工艺,包括焊接工艺评定、焊接工艺卡、焊接作业施工措施等,根据焊接工艺评定,制定焊接工艺卡及焊接施工措施,并且选择正确、合理的工艺参数和工艺装备;严格按照工艺措施施焊,并对过程进行监控。

(5)"环"是指工作地点的温度、湿度、照明、气候、作业空间位置和清洁条件等因素。

2. 焊接缺陷及修复

（1）焊缝表面缺陷超过相应的质量验收标准时，对气孔、夹渣、焊瘤、余高过大等缺陷应用砂轮打磨、铲凿、钻、铣等方法去除，必要时应进行焊补；对焊缝尺寸不足、咬边、弧坑未填满等缺陷应进行焊补。

（2）经无损检测确定焊缝内部存在超标缺陷时应进行返修，返修应符合下列规定：返修前应由施工企业编写返修方案；应根据无损检测确定的缺陷位置、深度，用砂轮打磨或碳弧气刨清除缺陷。缺陷为裂纹时，碳弧气刨前应在裂纹两端钻止裂孔并清除裂纹及其两端各 50 mm 长的焊缝或母材；清除缺陷时应将刨槽加工成四侧边斜面角大于 10°的坡口，并应修整表面、磨除气刨渗碳层，必要时应用渗透探伤或磁粉探伤方法确定裂纹是否彻底清除；焊补时应在坡口内引弧，熄弧时应填满弧坑；多层焊的焊层之间接头应错开，焊缝长度应不小于 100 mm；当焊缝长度超过 500 mm 时，应采用分段退焊法；返修部位应连续焊成。如中断焊接，应采取后热、保温措施，防止产生裂纹。再次焊接前宜用磁粉或渗透探伤方法检查，确认无裂纹后方可继续补焊；焊接修补的预热温度应比相同条件下正常焊接的预热温度高，并应根据工程节点的实际情况确定是否需用超低氢型焊条焊接或进行焊后消氢处理；焊缝正、反面各作为一个部位，同一部位返修不宜超过两次；对两次返修后仍不合格的部位应重新制订返修方案，经工程技术负责人审批，并报监理工程师认可后方可执行；返修焊接应填报返修施工记录及返修前后的无损检测报告，作为工程验收及存档资料。

七、雨季焊接施工

梅雨季节的气候潮湿且降雨频繁，将严重影响焊接操作的进行及焊接质量。对此，制定以下应对措施：雨天焊接必须设置防雨设施，否则严禁进行焊接作业；雨天焊接施工需做好安全工作，采取防滑措施，避免安全事故发生；焊接作业区的相对湿度不得大于 90%；当焊接表面潮湿，应采取加热去湿除潮措施；严格做好焊条烘焙工作，烘焙方法按照产品说明书进行，烘焙后的低氢焊条在大气中放置时间超过 4 h 应重新烘干；焊条重复烘干次数不宜超过 2 次；受潮的焊条不应使用。

八、焊接质量检查

1. 焊接过程中检查

在施焊过程中，焊接人员应时刻注意焊缝成形质量，并做出相应调整。经常检查焊接相关设施参数，检查内容包括：电流、电压检查；二氧化碳气体流量、纯度、压力检查；送丝稳定性、焊丝伸出长度检查；导电嘴、保护气罩检查；焊道清渣、层间温度检查。若发现焊缝成形不够理想应立即做出调整，并报告现场焊接负责人。钢结构的检验过程如图 2-87 和图 2-88 所示。

2. 外观检验

焊接完成后，首先清理表面的熔渣及两侧飞溅物，待焊缝冷却到环境温度后进行焊缝检验，Q345 钢材应以焊接完成 24 h 后检查结果作为验收依据。检验方法按照《钢结构工程施工质量验收规范》(GB 50205—2001)执行。所有焊缝需由焊接工长进行目视外观检查，并记录成表。焊缝外观质量应满足下列规定：一级焊缝不得存在未焊满、根部收缩、咬边和接头不良等缺陷；一级焊缝和二级焊缝不得存在表面气孔、夹渣、裂纹和电弧擦伤等缺陷。

图 2-87　钢结构无损探伤检测过程(一)

图 2-88　钢结构无损探伤检测过程(二)

二、三级焊缝外观质量应符合表 2-40 的要求。

表 2-40　二、三级焊缝外观质量条件

焊缝质量等级	二级	三级
未焊满 (指不足设计要求)	≤0.2+0.02 t 且≤1.0 mm	≤0.2+0.04 t 且≤2.0 mm
	每 100 mm 焊缝内缺陷总长≤25 mm	
根部收缩	≤0.2+0.02 t 且≤1.0 mm	≤0.2+0.04 t 且≤2.0 mm
	长度不限	
咬边	≤0.05t 且≤0.5 mm，连续长度≤100 mm 且焊缝两侧咬边总长度≤总长度的 10%	≤0.1t 且≤1.0 mm，长度不限
裂纹	不允许	允许存在个别长度≤5 mm 的弧坑裂纹
电弧擦伤	不允许	允许存在个别电弧擦伤
接头不良	缺口深度≤0.05 t 且≤0.5 mm	缺口深度≤0.1 t 且≤1.0 mm
	每米焊缝不得超过一处	
表面夹渣	不允许	深≤0.2 t，长≤0.5 t 且≤20 mm
表面气孔	不允许	每 50 mm 长度焊缝内允许直径≤0.4 t 且≤3 mm 的气孔 2 个，孔距≥6 倍孔径

3. 无损检验方案

工程设计焊缝均要求与母材等强，焊缝质量应符合相关质量标准，焊缝内部质量应按表 2-41 进行检查。

表 2-41　无损检验方案

焊缝质量等级		一级	二级
内部缺陷超声波探伤	评定等级	Ⅱ	Ⅲ
	检验等级	B 级	B 级
	探伤比例	100%	20%

续表 2-41

焊缝质量等级		一级	二级
内部缺陷射线探伤	评定等级	Ⅱ	Ⅲ
	检验等级	AB 级	AB 级
	探伤比例	100%	20%

注：探伤比例的计数方法应按以下原则确定：(1)对工厂制作焊缝，应按每条焊缝计算百分比，且探伤长度应不小于 200 mm，当焊缝长度不足 200 mm 时，应对整条焊缝进行探伤；(2)对现场安装焊缝，应按同一类型、同一施焊条件的焊缝条数计算百分比，探伤长度应不小于 200 mm，并应不少于 1 条焊缝。

钢结构超声波检测流程见图 2-89。

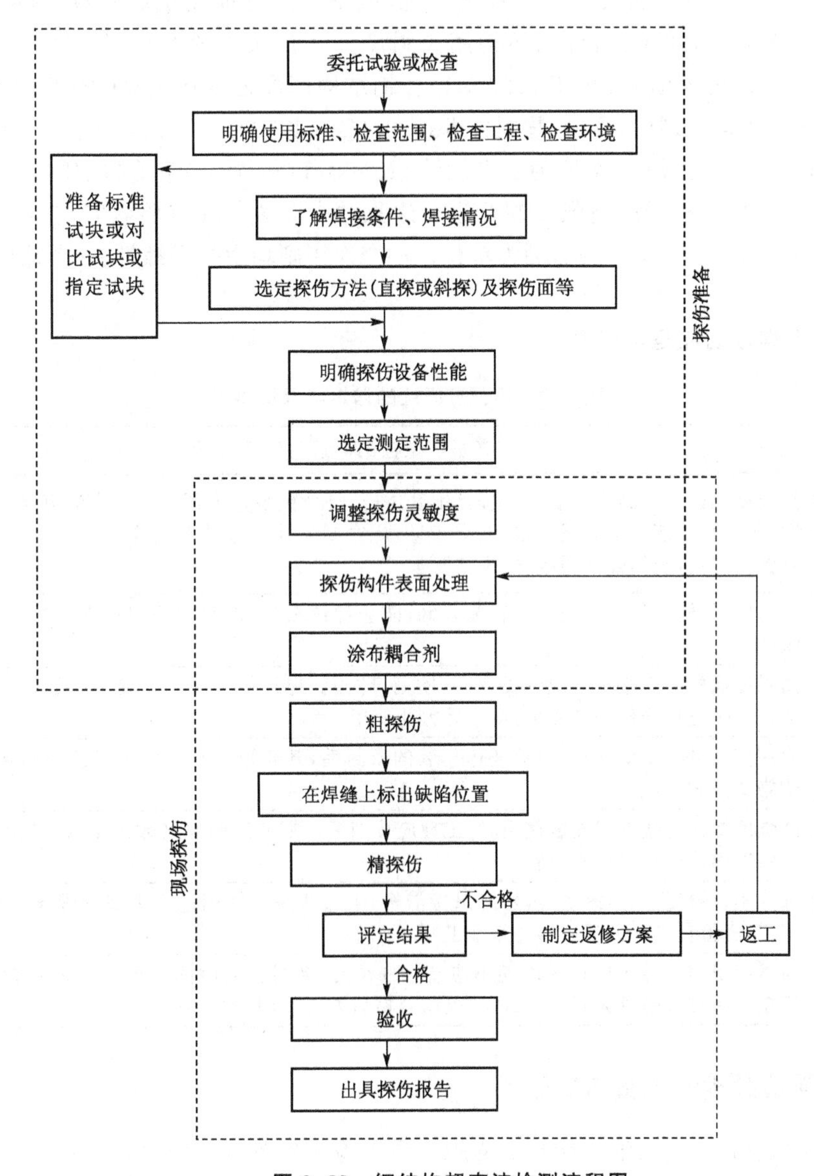

图 2-89　钢结构超声波检测流程图

第十节 高强度螺栓连接施工技术

一、高强度螺栓进场检验与保管

钢结构工程使用HS10.9级高强度螺栓主要规格为M30、M24、M20，其中M24和M20采用扭剪性高强度螺栓，M30螺栓采用大六角高强度螺栓，高强度螺栓使用数量大约为17万套。

1. 高强度螺栓的进场检验

采用扭矩法施工的高强度螺栓进场验收时，现场应按批提交扭矩系数、材质、质量报告单和出厂质量保证书，并应符合《钢结构用高强度大六角头螺栓》(GB/T 1228-91)、《钢结构用高强度大六角头螺母》(GB/T 1229-91)、《钢结构用高强度垫图》(GB/T 1230-91)、《钢结构用高强度大六角头螺栓、螺母、垫圈技术条件》(GB/T 1231-91)的规定。采用扭矩法施工的高强度螺栓，应保证扭矩系数 K 值达到设计 ($K=0.11\sim0.15$) 和合同($K=0.12\sim0.14$)的要求。验收时，应对进场的高强度螺栓进行逐批抽查验收。交货验收时，应以同一性能等级、同一种工艺、同一批号生产的产品为单位。一个连接副均由一个螺杆、一个螺母、两个垫圈所组成。

2. 高强度螺栓的储运与保管

表2-42 高强度螺栓的储运与保管要求

序号	高强度螺栓的储运与保管要求
1	高强度螺栓连接副应由制造厂按批配套供应，每个包装箱内都必须配套装有螺栓、螺母及垫圈，包装箱应能满足储运要求，并具备防水、密封功能。包装箱内应带有产品的合格证和质量保证书；包装箱外注明批号、规格及数量
2	在运输、保管及使用过程中应轻装轻卸，防止螺纹损伤，严禁使用螺纹损伤严重或雨淋过的螺栓
3	高强度螺栓入库应按规定分类存放，防雨、防潮。螺纹损伤时不得使用。螺栓、螺母及垫圈有锈蚀时应抽样检查紧固力，满足后方能使用
4	使用前尽可能不要开箱，以免破坏包装的密封性，开箱取出部分螺栓后应原封包装好，以免沾染灰尘和锈蚀
5	高强度螺栓连接副在安装使用时，工地应按当天计划使用的规格数量领取，当天安装剩余的高强度螺栓应送回仓库保管
6	螺栓不得被泥土、油污沾染，始终保持洁净、干燥状态。使用过程中如发现异常应立即停止施工，经检查确认无误后再进行施工
7	高强度螺栓连接副的保管时间不应超过6个月，超过保管时间后再使用必须按要求再次进行扭矩系数试验或紧固轴力试验，检验合格后方可使用

二、高强度螺栓的试验与复验

高强度螺栓使用前，应按《钢结构工程施工质量验收规范》(GB 50205—2001)的有关规定对高强度螺栓及连接件至少进行以下几项检验：

1. 高强度螺栓连接副扭矩系数试验

大六角头高强度螺栓，施工前按每 3 000 套螺栓为一批，不足 3 000 套的按一批计，复验扭矩系数，每批复验 8 套。

2. 连接件的摩擦系数（抗滑移系数）试验及复验

采用与钢构件同材质、同样摩擦面处理方法、同批生产、同等条件堆放的试件，每批三组，由钢构件制作厂及安装现场分别做摩擦系数试验。试件数量，以单项工程每 2 000 t 为一批，不足 2 000 t 者视作一批。试件的具体要求和检验方法按照《钢结构工程施工质量验收规范》的有关要求。

3. 螺母保证荷载复验

在每批任意抽取不少于 8 个做保载试验，采用特别夹具在试验机上进行。将螺母拧入特制夹具螺纹芯棒，试验时夹头的移动速度不超过 3 mm/min，对螺母施加保证荷载。其试验数据应满足表 2-43 中荷载。

表 2-43　螺栓保证荷载值

螺纹规格	M12	M16	M20	M22	M24
10H 保证荷载(N)	87 700	163 000	255 000	315 000	367 000
8H 保证荷载(N)	70 000	130 000	203 000	251 000	293 000

三、高强度螺栓施工工艺

1. 高强度螺栓连接长度确定

高强度螺栓连接长度见表 2-44。

表 2-44　高强度螺栓连接长度

螺栓直径(mm)	接头钢板总厚度外增加的长度(mm)	
	扭剪型高强度螺栓	大六角头高强度螺栓
16	25	30
18	30	35
22	35	40
24	40	45

2. 高强度螺栓连接长度计算公式

$$L=\delta+H+n\times h+c$$

式中：L——高强度螺栓的连接长度；

δ——连接构件的总厚度(mm)；

H——螺母高度(mm)，取 0.8D(D 为螺栓直径)；

n——垫片个数；

h——垫圈厚度(mm)；

c——螺杆外露部分长度(mm)(2～3 扣为宜，一般取 5 mm)；

计算后取 5 的整倍数。

四、高强度螺栓安装流程

高强度螺栓安装流程如图 2-90 所示。

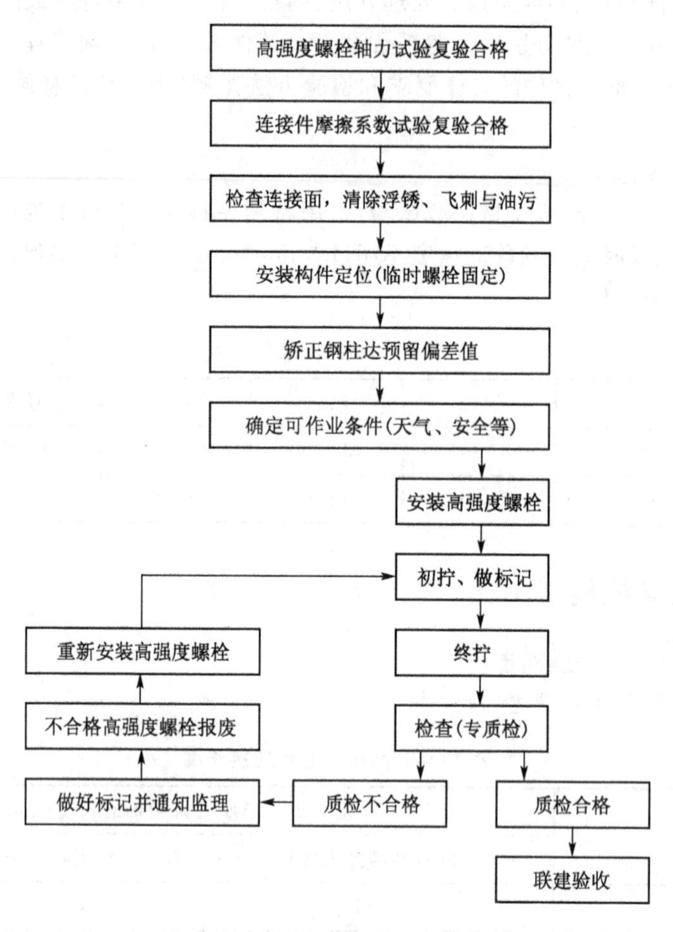

图 2-90　高强度螺栓安装流程图

五、接触面缝隙及连接节点的处理

1. 接触面缝隙处理

高强度螺栓安装时应清除摩擦面上的铁屑、浮锈等污物，摩擦面上不允许存在钢材卷曲变形及凹陷等现象。安装时应注意连接板是否紧密贴合，对因钢板厚度偏差或制作误差造成的接触面间隙应及时进行处理。

2. 连接节点的处理

高强度螺栓连接应在其中心位置调整完毕后再对接合件进行矫正，消除接合件的变形、错位和错孔，摩擦面贴紧后，安装高强度螺栓。为了接合部板间摩擦面贴紧、结合良好，先用临时普通螺栓和手动扳手紧固，达到贴紧为止。在每个节点上穿入临时螺栓的数量应由计算决定，一般不得少于高强度螺栓总数的 1/3。最少不得少于 3 个临时螺栓。冲钉穿入数量不宜多于临时螺栓总数的 30%。不允许用高强度螺栓兼作临时螺栓,以防止损伤螺纹,引起扭矩系数的变化。

高强度螺栓连接面板间应紧密贴实,对因板厚公差、制造偏差或安装偏差等产生的接触面间隙按表 2-45 所示方法处理。

表 2-45　高强度螺栓处理方法

项　目	示意图	处理方法
1	t	$t<1.0$ mm 时不需处理
2	t	$t=1.0\sim3.0$ mm 时将厚板一侧磨成 1∶10 缓坡,使间隙 $\leqslant1$ mm
3	t	$t>3.0$ mm 时加垫板,垫板厚度不小于 3 mm,最多不超过三层,垫板材质和摩擦面处理方法应与构件相同

3. 高强度螺栓安装

高强度螺栓安装分两个步骤进行:①吊装钢构件,用临时螺栓或冲钉固定,严禁把高强度螺栓作为临时螺栓使用,临时螺栓数量不应少于螺栓总数的 1/3 且不少于 3 个;②高强度螺栓替换临时螺栓紧固。

(1) 对孔及穿孔。钢构件吊装就位后每个节点用两只过镗冲对齐节点板上的上下螺栓孔,使螺栓能从孔内自由穿入,用手动扳手拧紧后,对余下的螺栓孔直接安装高强度螺栓,用手动扳手拧紧后,拔出过镗冲,再进行该处高强度螺栓的安装。

(2) 扩孔。当打入过镗冲对齐节点板上下螺栓孔,个别螺栓孔不能自由穿入时,可用铰刀或锉刀进行扩孔处理,其四周可由穿入的螺栓拧紧,扩孔产生的毛刺等应清除干净,严禁气焊扩孔或强行插入高强度螺栓。

安装高强度螺栓偏差较大时的处理方法:当打入过镗冲对齐节点板上下螺栓孔,其余螺栓孔大部分不能自由穿入时,先将可自由通过的螺栓孔用临时螺栓拧紧后,对不能自由穿入的孔用绞刀扩孔,然后再穿入高强度螺栓。

(3) 穿入方向。高强度螺栓安装在节点全部处理好后进行,高强度螺栓穿入方向要一致。一般应以施工便利为宜,对于箱形截面部件的接合部,全部从内向外插入螺栓,在外侧进行紧固。如操作不便,可将螺栓从反方向插入。高强度螺栓制作如图 2-91 所示,构件安装效果见图 2-92。

图 2-91　高强度螺栓构件连接制作过程

图 2-92　高强度螺栓构件安装效果

六、高强度螺栓的紧固

1. 高强度螺栓紧固的过程

高强度螺栓紧固时，应分初拧、终拧，同时应遵循“先栓后焊”的原则，即先对高强度螺栓初拧，初拧完成后，对高强度螺栓进行终拧，终拧完成后方可进行焊接。

初拧：第一次紧固称为初拧。初拧扭矩为终拧扭矩的 50%。

终拧：对安装的高强度螺栓作最后的紧固，称为终拧。终拧的扭矩值以计算得出的扭矩值为目标，并应符合设计要求。

当天安装的高强度螺栓应在当天内终拧完毕。

当高强度螺栓初拧完毕后，做黄色标记，终拧完毕后做红色标记，以避免漏拧和超拧等安全隐患。

高强度螺栓连接面应保持干燥、整洁。

扭剪型高强度螺栓的初拧值如表 2-46 所示。

表 2-46　扭剪型高强度螺栓的初拧值

螺栓直径 d(mm)	M16	M20	M22	M24
初拧扭矩(N・m)	115	220	300	390

2. 高强度螺栓紧固的方法

本工程高强度螺栓的拧紧采用扭矩法施工，即用能控制紧固扭矩的带响扳手、指针式扳手或电动扭矩扳手按照计算确定的施工紧固扭矩进行终拧。

七、高强度螺栓拧紧顺序及验收

一个接头上的高强度螺栓，应从螺栓群中部开始安装，逐个拧紧。初拧、复拧、终拧都应从螺栓群中部开始向四周扩展，逐个拧紧，每拧一遍均应用不同颜色的油漆做上标记，防止漏拧。接头如有高强度螺栓连接又有电焊连接时，是先紧固还是先焊接应按设计要求规定的顺序进行。设计无规定时，按先紧固后焊接(即先栓后焊)的施工工艺顺序进行，先终拧完高强度螺栓再焊接焊缝。高强度螺栓的紧固顺序从刚度大的部位向不受约束的自由端进行，同一节点内从中间向四周，以使板间密贴。典型节点高强度螺栓拧紧顺序如表 2-47 所示。

表 2-47　典型节点高强度螺栓拧紧顺序

节点形式	图　示	说　明
板式节点接合部	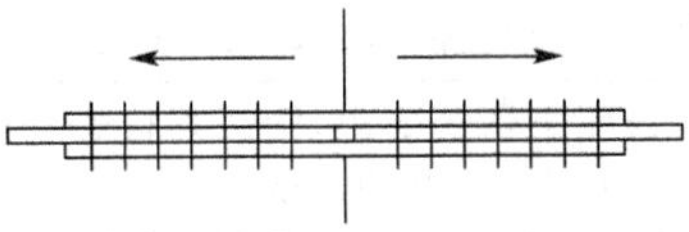	从中部螺栓向两端螺栓紧固
箱形部件节点接合部	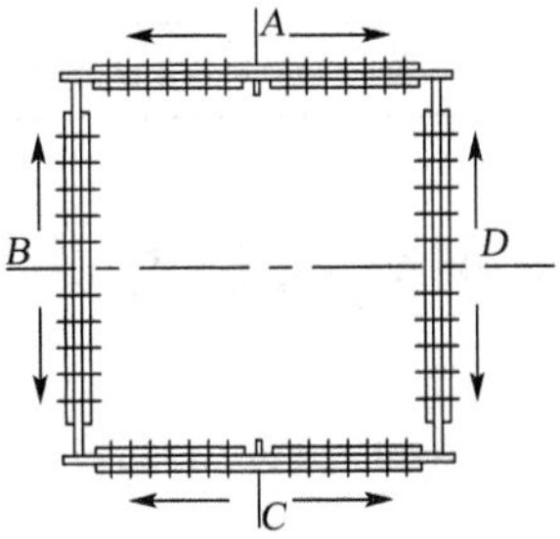 A B D C	A、B、C、D 螺栓群的紧固沿箭头方向进行
H 型钢紧固顺序	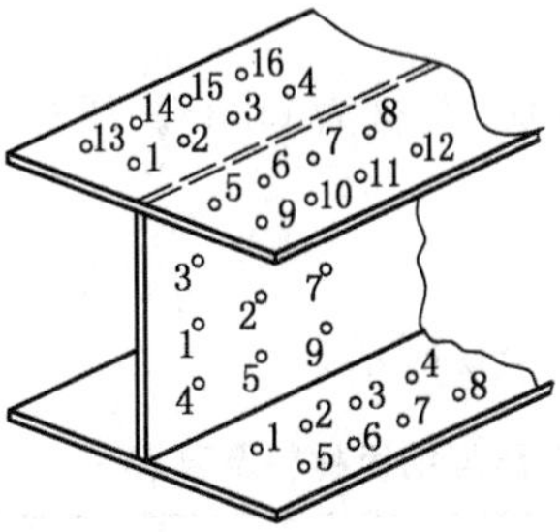 13 14 15 16 4 1 2 3 8 5 6 7 12 9 10 11 3 7 2 1 9 4 5 4 3 2 1 8 7 6 5	按下列顺序紧固： 1. 柱侧连接板 2. 腹板连接板 3. 上翼连接板 4. 下翼连接板 各板按顺序号紧固

高强度螺栓安装注意事项见表 2-48，施工安装质量验收见表 2-49。

表 2-48　高强度螺栓安装注意事项

序号	注意事项
1	高强度螺栓的穿入应在结构中心调整后进行，其穿入方向应以施工方便为准，力求方向一致
2	安装时注意垫圈的正反面，螺母带圆台面的一侧应朝向垫圈有倒角的一侧
3	安装时严格控制高强度螺栓长度，避免由于以长代短或以短代长而造成的强度不够、螺栓混乱等情况。终拧结束后要保证有 2～3 个丝扣露在螺母外圈
4	同一高强度螺栓初拧和终拧的时间间隔要满足要求，初拧、终拧都要做出标记
5	雨天不得进行高强度螺栓安装，摩擦面上和螺栓上不得有水及其他污物，并要注意气候变化对高强度螺栓的影响
6	高强度螺栓安装应能自由穿入孔，个别螺栓孔不能自由穿入时，可用铰刀或锉刀进行扩孔处理，其四周可自由穿入的螺栓必须拧紧，扩孔产生的毛刺等应清除干净，严禁气焊扩孔或强行插入高强度螺栓
7	当大部分不能自由穿入时，可先将安装螺栓穿入，可自由通过的螺栓孔拧紧后再将不能自由通过的螺栓孔扩孔，然后放入高强度螺栓
8	高空作业时注意拿稳扳手，梅花头应收集在专用容器中，防止高空坠物伤人

表 2-49　高强度螺栓施工安装质量验收

序号	安装施工检查
1	指派专业质检员按照规范要求对整个高强度螺栓安装工作的完成情况进行认真检查，将检验结果记录在检验报告中，检查报告送到项目质量负责人处审批
2	如果检验时发现螺栓紧固强度未达到要求，则需要检查拧固该螺栓所使用的扳手的拧固力矩(力矩的变化幅度在10%以下视为合格)
3	高强度螺栓安装检查在终拧 1 h 以后、24 h 之前完成
4	检查不符合规定再扩大检查10%，若仍有不合格者整个节点高强度螺栓应重新拧紧

第十一节　压型钢板及栓钉施工技术

一、压型钢板和栓钉施工

1. 压型钢板型号

本工程使用的是 DECK - 914 压型钢板，钢材为 Q235。压型钢板与钢梁连接的栓钉选用 $d = 65$ mm。

2. 原材料要求

金属屋面施工所用材料及要求如表 2-50 所示。

表 2-50　压型钢板材料及要求

序号	材料及要求
1	压型钢板基板应符合国家现行《碳素结构钢》(GB 700—88)中的规定，应保证抗拉强度、屈服强度、延伸率、冷弯试验合格，以及硫(S)、磷(P)的极限含量，同时物理力学性能需满足要求
2	压型钢板和连接件等的品种、规格以及性能应符合设计要求和国家现行有关标准的规定，供货方供货时应提供质量证明书、出厂合格证和复验报告
3	由于压型钢板厚度较小，为避免焊接施工时烧穿，焊接时可采用ϕ2.5 mm、ϕ3.2 mm 等小直径的焊条
4	压型钢板配套使用的钢质连接件及固定支架必须进行镀锌防护

3. 压型钢板进场质量验收要求

表 2-51　压型钢板进场质量验收要求

<table>
<tr><th colspan="2">项　目</th><th>允许偏差(mm)</th></tr>
<tr><td colspan="2">波　距</td><td>±5.0</td></tr>
<tr><td rowspan="2">波高</td><td>截面高度≥75 mm</td><td>+2.0，−1.0</td></tr>
<tr><td>截面高度<75 mm</td><td>±1.0</td></tr>
<tr><td colspan="2">覆盖宽度</td><td>±5.0</td></tr>
<tr><td rowspan="2">板长</td><td>≥10 m</td><td>0，+10.0</td></tr>
<tr><td><10 m</td><td>0，+5.0</td></tr>
<tr><td rowspan="2">镰刀形弯曲值</td><td>测量长度≥10 m</td><td>≤20.0</td></tr>
<tr><td>测量长度<10 m</td><td>≤8.0</td></tr>
</table>

4. 运输与堆放

表 2-52　压型钢板堆放要求

序号	要　求
1	压型钢板应按合同文件规定包装出厂，每个包装箱应有标签，标明压型钢板材质、板型、板号（板长）、数量和净重，且必须具有出厂合格证书
2	压型钢板按照施工现场的进度以一施工段的数量为一单进行包装出厂
3	压型钢板装车时应将压型钢板和配件按型号分装好并捆绑牢固，防止金属面被磨损或划伤
4	压型钢板堆放场地要求平整坚实、无积水，堆放时，应与施工顺序相吻合
5	压型钢板在工地堆放时采用设有橡胶衬垫架空枕木，垫木间距为 2.5～3 m，堆放的高度不宜超过 1.5 m，架空枕木应有一定的倾斜度，以防止板面积水

二、压型钢板铺设

1. 铺设顺序

为了保证下层安装施工的安全，采取压型钢板预先铺设的方法，即先铺设顶层，后铺设下层。同一楼层平面内的压型钢板铺设时，本着先里后外的原则进行。

2. 压型钢板安装步骤

压型钢板安装步骤见图 2-93。

第一步：压型钢板吊装

第二步：压型钢板铺设

第三步：边角部位修割

第四步：点焊、加固牛腿部位压型钢板

第五步：压型钢板吊装

图 2-93　压型钢板安装步骤

表 2-53　压型钢板安装要求

安装步骤	安装要求
铺设	压型钢板的铺设按照板的布置图进行，用墨线标出每块压型钢板在钢梁上翼缘的铺设位置，按其位置将所需块数配置好，沿墨线排列好，然后对切口、开洞等做补强处理。若压型钢板通长穿过梁布置时，可直接将栓钉穿透压型钢板焊于钢梁上翼缘，压型钢板与钢梁顶面之间间隙应控制在 1 mm 以下。按基准线铺设压型钢板，搭接长度应≥50 mm，如下图。
固定	压型钢板定位后，可采用角焊塞焊连接，以防止压型钢板相互移动或分开。焊缝间距 300 mm 左右，长度 20～30 mm 为宜
	压型钢板端与钢梁连接，采用焊钉穿透压型钢板与钢梁焊接熔融在一起的方法，固定位置的最大平均间距为 300 mm
	压型钢板侧向与钢梁接触，均需在跨间或 90 mm 间距(取最小值)有一处侧向固定，采用焊接或焊钉穿透焊
堵头板、收边板安装	堵头板、收边板是阻止混凝土渗漏的关键部件，应与压型钢板紧贴严密，点焊要牢固。本工程采用闭口型压型钢板，端头无需封口
洞口制作	洞口制作采用两种方法：凡洞口尺寸小于 500 mm×500 mm 时采用先浇混凝土后开洞；洞口尺寸大于 500 mm×500 mm 时，应先在洞口四周做补强处理，然后按设计要求尺寸支设封沿板，固定后再开洞。两种方法均应先测量放线
	后开洞形式：即在进行楼面混凝土施工时，按所需洞口的位置支模，模板的外沿尺寸为洞口尺寸。待水、电、通风、管道施工时切割
	先开洞形式：按设计要求先在洞口四周做补强处理，即在洞口四周设置小梁和封沿板并焊接牢固，然后按设计要求尺寸切割洞口

表 2-54　安装注意事项

序号	具体内容
1	压型钢板在打包时必须有固定的支架并且有足够多的支点，防止在吊运、运输及堆放过程中变形，严禁用钢丝绳捆绑在压型钢板上直接进行起吊，吊点要在固定支架上。放置在楼层内时，应放置在主梁与次梁的交界处
2	压型钢板铺设时应注意不要一下将所有的压型钢板拆包，要边拆包、边铺设、边固定。每天拆开的压型钢板必须铺设并固定完毕，没有铺设完毕的压型钢板要用铁丝等进行临时固定，避免大风或其他原因造成压型钢板飞落伤人
3	压型钢板铺设不得出现探头板
4	铺设完毕，一定要注意成品保护问题。要做到工完场清，每天切割的压型钢板边角料及时收集集中运送到地面，焊后的瓷环必须清理装袋并及时运送到地面，避免划伤压型钢板，以及下雨后锈蚀压型钢板
5	不要将重物直接放置在压型钢板上，避免集中荷载。若要放置，一定要将受力点支撑在楼层钢梁上。在主要的行走通道要铺设跳板，避免直接在压型钢板上行走
6	浇灌混凝土时，为避免混凝土堆积过高，以及倾倒混凝土所造成的冲击，应从功能楼层钢梁处开始浇灌混凝土，避免从压型钢板的搭接中段开始浇灌

压型钢板制作过程复杂，有着特殊的安全及质量要求，是保证工程质量的必要措施。具体体现在：梁柱接头处压型钢板切口采用等离子切割机进行；压型钢板铺设时，纵、横向压型钢板要注意沟槽的对直沟通；要保证平面绷直，避免有下凹现象；收边板的安装需严格按照设计及规范要求进行施工。以上关键技术措施构成一个不可分割的质量控制过程，具体质量保证措施如表 2-55 所示。

表 2-55　压型钢板施工质量保证措施

序号	压型钢板安装质量保证措施	示意图
1	梁柱接头处压型钢板切口采用等离子切割机进行，不得使用火焰进行切割	用等离子切割示意图
2	压型钢板铺设时，纵、横向压型钢板要注意沟槽的对直沟通，便于钢筋绑扎	压型钢板安装示意图

续表 2-55

序号	压型钢板安装质量保证措施	示意图
3	收边板的安装需严格按照设计及规范要求进行施工	收边板安装示意图

三、现场栓钉穿透焊

栓钉焊又称栓焊，主要用于钢柱、梁与外浇混凝土之间以及压型钢板混凝土组合楼面中的剪力钉焊接，直径为 16 mm，长度 65 mm，栓钉应符合《电弧螺柱焊用圆柱头焊钉》(GB/T 10433—2002)规定。

1. 栓钉焊接流程

栓钉焊接流程工艺要求苛刻，技术性强，其具体流程如图 2-94 所示。

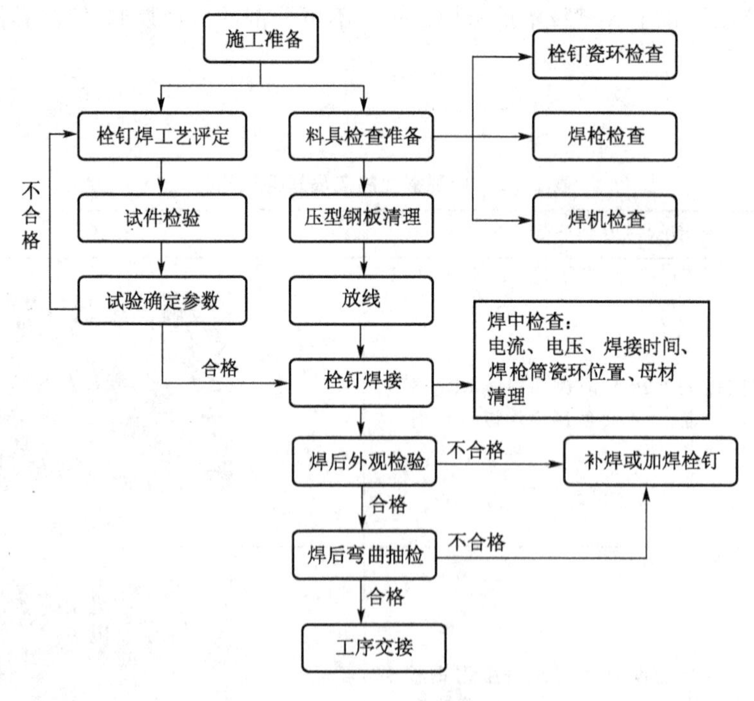

图 2-94 栓钉焊接流程图

栓钉焊接示意图见图 2-95。

图 2-95　栓钉焊接示意图

栓焊过程示意图见图 2-96。

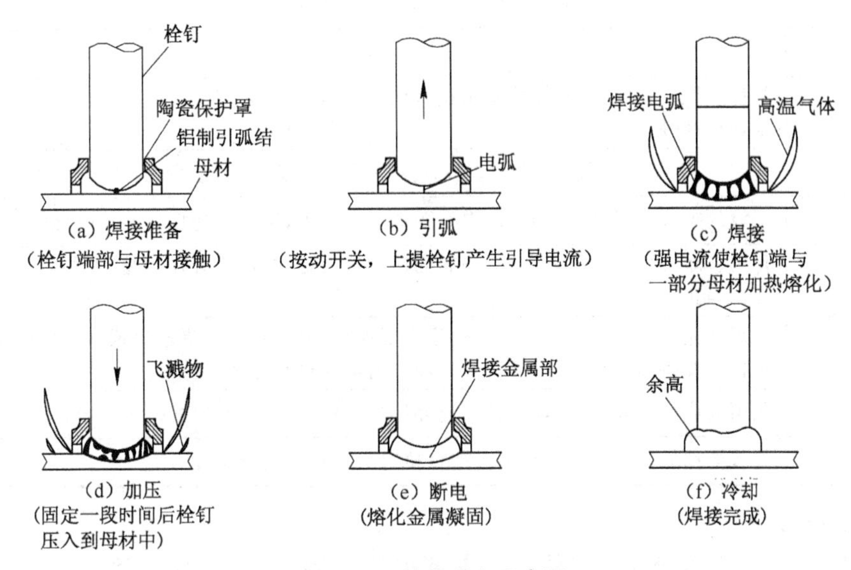

图 2-96　栓焊过程示意图

2. 现场栓钉穿透焊接施工工艺

表 2-56　现场栓钉穿透焊接施工工艺

序号	工艺措施
1	本工程栓钉直径为 16 mm，采用电弧栓焊，焊接时钢梁上部最好无油漆，若有油漆还应进行除漆处理，一般栓钉直径增大或母材上有镀锌层时，所需电流、时间等各项工艺相应增大
2	主弧电流的选择及稳定：为保证电弧稳定，电网点波动不超过 5%(电流波动也是 5%以内)，设置专用配电箱及专用线路(从变压器引入)
3	主弧电压的选择与稳定：主弧电压是由电弧长度决定，不同的栓钉均有一个最佳高度，而最佳高度的实现就是通过设定“提升量”即提升高度来实现的
4	焊接时间的选择与稳定：焊接时间过长，弧压增加，气孔增多，飞溅大，焊接时间过短，熔化不足，焊接不牢。焊接时间允许在 1%～2%范围内变化，否则将不能保证质量
5	栓钉伸出量的选择：栓钉的伸出量是决定焊缝包络质量的好坏，也是穿透焊补偿穿透压型板，吹开镀锌层的一种方式，普通栓钉焊的伸出量不能用于穿透焊工程

续表 2-56

序号	工艺措施
6	组合楼板与母材之间的间隙:要尽量减少组合楼板与母材之间的间隙,不得使用外形不规则或已产生变形的组合楼板;对于个别间隙过大处应采取强制措施,使两者之间的间隙尽可能缩小。一般情况下,组合楼板与母材之间的间隙不得大于 1 mm。如采用各种措施后仍无法保证所允许的间隙尺寸,则应在焊后对此类栓钉焊缝进行逐个检查,并对存在质量问题的栓钉焊缝采用手工焊接方法进行补焊
7	镀锌板含锌量的影响:组合楼板单位面积中镀锌板含锌量越高越不利于焊接质量的保证。为保证焊接质量,应尽量采用含锌量小于 180 g/m(双面)的镀锌板。否则,应在焊后适当增加栓钉的抽检比例,以确保焊接质量

3. 安装注意事项

表 2-57　现场安装注意事项

序号	注意事项
1	焊接过程中,应随时对焊接质量进行检测,发现问题及时纠正。对于发现的个别焊缝缺陷进行修补
2	若施工中存在大批量的不合格焊缝,需考虑是否焊接参数发生变化,应查明原因,及时纠正
3	焊枪的夹头与焊钉要配套,使焊钉既能顺利插入,又能保持良好的导电性能
4	焊枪、焊钉的轴线要尽量与工作表面保持垂直,同时用手轻压焊枪,使焊枪、焊钉及瓷环保持静止状态
5	在焊枪完成引弧,提升、下压的过程中要保持焊枪静止,待焊接完成,焊缝冷却后再轻提焊枪。要特别注意,在焊缝完全冷却以前不要打碎瓷环
6	阴雨天或天气潮湿时,焊工拿的瓷环尽量少些,保持瓷环始终处于干燥状态
7	焊接操作人员在施工过程中应严格执行焊接作业指导文件

4. 栓钉焊接检查

焊接过程中要随时检查焊接质量,栓钉焊接中需检查的项目见表 2-58。

表 2-58　栓钉焊接中需要检查的项目

序号	检查要求	检查时间
1	电压、电流、焊接时间	每层更换位置时
2	膨径尺寸	每层更换位置时
3	焊枪筒的移动要平滑	随时
4	瓷环与焊枪筒要同心	随时
5	焊枪夹头要稳固	随时
6	瓷环的位置正确稳固	随时
7	焊接区的清理,除油	焊前

栓钉质量检查方法如下:

(1) 外观检查。焊接良好的栓钉应满足以下要求:成型焊肉周围 360°范围内,根部高度大于 1 mm,宽度大于0.5 mm,表面光洁,栓钉高度差小于±2 mm,没有可见咬肉和裂纹等焊接缺陷。外观不合格者打掉重焊或补焊。在有缺陷一侧做打弯检查。见表 2-59。

表 2-59 栓钉质量检查方法

外观检验项目	合格标准	检验方法
焊缝外形尺寸	360°范围内：焊缝高＞1 mm；焊缝宽＞0.5 mm	目检
焊缝缺陷	无气孔、无夹渣	目检
焊缝咬边	咬边深度＜0.5 mm	目检
焊钉焊后高度	高度偏差＜±2 mm	用钢尺量测

(2) 弯曲检查。弯曲检查是现场主要检查方法。用锤敲击栓钉使其弯曲，偏离母材法向 30°角。敲击目标为焊肉不足的栓钉或经锤击发出间隙声的栓钉。弯曲方向与缺陷位置相反，如被检栓钉未出现裂纹和断裂即为合格。抽检数量为 1%，不合格栓钉一律打掉重焊或补焊。

(3) 穿透焊栓钉焊接缺陷及处理方法。穿透焊栓钉焊接缺陷直接影响结构的性能，需对其焊接质量缺陷进行全方位的检测与处理，具体要求如表 2-60 所示。

表 2-60 穿透焊栓钉焊接缺陷及处理方法

序号	焊接缺陷	原　因	处理方法
1	未熔合	栓钉与压型钢板未熔合	加大电流，增加焊接时间
2	咬边	电流大，时间长	调整焊接电流及时间
3	磁偏吹	直流焊机电流过大所造成	将地线对称接在工件上，或在电弧偏向的反方向放一块铁板
4	气孔	板与梁有间隙，瓷环排气不当，焊件上有杂质	减小间隙，做好焊前清理
5	裂纹	压型钢板除锌不彻底或低温焊接	彻底除锌，焊前做好栓钉的材质检验；做好预热、后热工作

(4) 栓钉焊接外形检查标准。栓钉焊接外形质量是影响工程整体质量的一个方面，通过对外形焊接质量的检查及修补可有效提高工程的表面观感质量，其检验的质量标准如表 2-61 所示。

表 2-61 栓钉焊接外形质量检查标准

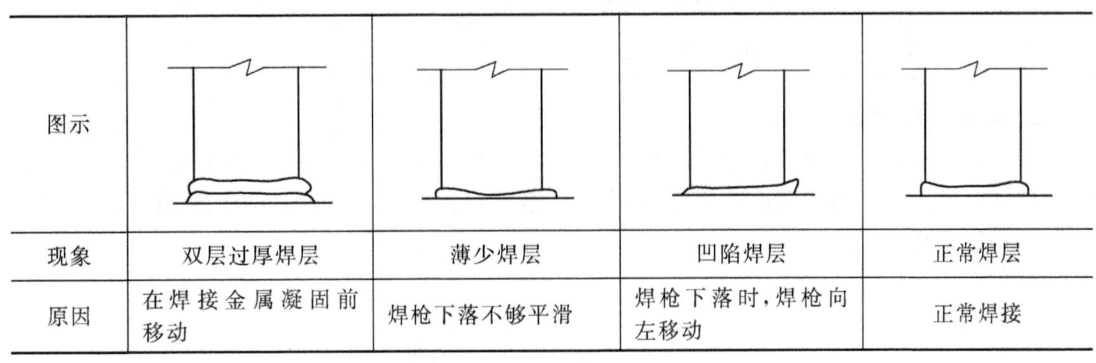

图示				
现象	双层过厚焊层	薄少焊层	凹陷焊层	正常焊层
原因	在焊接金属凝固前移动	焊枪下落不够平滑	焊枪下落时，焊枪向左移动	正常焊接

第十二节　钢结构涂装施工技术

一、钢结构防腐修补与面漆涂装

1. 防腐涂装要求

钢结构构件除现场焊接、高强度螺栓连接部位不在制作厂涂装外，其余部位均在制作厂内完成底漆、中间漆涂装，所有构件面漆待钢构件安装后进行涂装。

表 2-62　钢结构防腐涂装要求

序号	涂装要求	设计值	备　注
1	表面净化处理	无油、干燥	
2	喷砂除锈	Sa2.5	
3	表面粗糙度		
4	无机富锌底漆	80 μm	
5	环氧云铁中间漆	100 μm(2×50)	
6	防火涂料	超薄型	
7	可覆涂脂肪族聚氨酯面漆	80 μm(2×40)	

2. 油漆补涂部位

钢结构构件因运输过程和现场安装原因，会造成构件涂层破损。所以，在钢构件安装前和安装后需对构件破损涂层进行现场防腐修补，修补之后才能进行面漆涂装。见表 2-63。

表 2-63　油漆填涂部位

序号	破损部位	补涂内容
1	现场焊接焊缝(包在混凝土中的构件除外)	底漆、中间漆
2	现场运输及安装过程中破损的部位	底漆、中间漆
3	高强度螺栓连接节点	底漆、中间漆

3. 防腐涂装顺序

在钢构件安装过程中，随外筒各功能层结构逐步施工完成，以功能层划分施工区域，从下至上依次交叉进行现场防腐涂装施工；每个施工区域在立面从上至下逐层涂装，在平面按顺时针方向进行涂装。

4. 施工工艺

表 2-64　施工工艺

名　称	施工工艺
涂装材料要求	现场补涂的油漆与制作厂使用的油漆相同，由制作厂统一提供，随钢构件分批进场
表面处理	采用电动、风动工具等将构件表面的毛刺、氧化皮、铁锈、焊渣、焊疤、灰尘、油污及附着物彻底清除干净
涂装环境要求	涂装前，除了底材或前道涂层的表面要清洁、干燥外，还要注意底材温度要高于露点温度 3℃以上。此外，应在相对湿度低于 85%的情况下进行施工
涂装间隔时间	经处理的钢结构基层应及时涂刷底漆，间隔时间不应超过 5 h
	一道漆涂装完毕后，在进行下道漆涂装之前，一定要确认是否已达到规定的涂装间隔时间，否则就不能进行涂装
	如果在过了最长涂装间隔时间以后再进行涂装，则应该用细砂纸将前道漆打毛并清除尘土、杂质以后再进行涂装
涂装要求	在每一遍通涂之前，必须对焊逢、边角和不宜喷涂的小部件进行预涂

二、防腐涂装施工质量保证措施

表 2-65　防腐施工质量保证措施

序号	防腐施工质量保证措施
1	防腐涂料补涂施工前对需补涂部位进行打磨及除锈处理，除锈等级不低于 Sa2.5 的要求
2	钢板边缘棱角及焊缝区要研磨圆滑，$R = 2.0$ mm
3	露天进行涂装作业应选在晴天进行，湿度不得超过 85%
4	喷涂应均匀，完工的干膜厚度应用干膜测厚仪进行检测
5	涂装施工不得出现漏涂、针孔、开裂、剥离、粉化、流挂等缺陷

三、防火涂料施工

1. 钢结构防火要求

表 2-66　钢结构防火要求

序号	防火要求
1	本工程耐火等级为二级。耐火极限：钢柱 2.5 h，桁架 1.5 h，钢梁 1.5 h，楼板 1.0 h
2	凡被混凝土包住的钢结构不做防火涂料
3	防火涂料需由专业单位施工，并由主管部门验收合格后方可投入使用

2. 施工工艺

表 2-67 施工工艺

施工项目	施工工艺
施工准备及基本要求	清除表面油垢灰尘,保持钢材基面洁净干燥
	涂层表面平整,无流淌、无裂痕等现象,喷涂均匀
	前一遍基本干燥或固化后才能喷涂下一遍
	涂料应当日搅拌当日用完
厚涂型防火涂料	采用压送式喷涂机喷涂,空气压力为 0.4～0.6 MPa,喷枪口直径一般选 6～10 mm
	每遍喷涂厚度 5～10 mm
薄涂型防火涂料	采用重力式喷枪进行喷涂,其压力约为 0.4 MPa
	底层一般喷 2～3 遍,每遍涂层厚度不超过 2.5 mm,面层一般涂饰 1～2 次

四、施工工艺流程

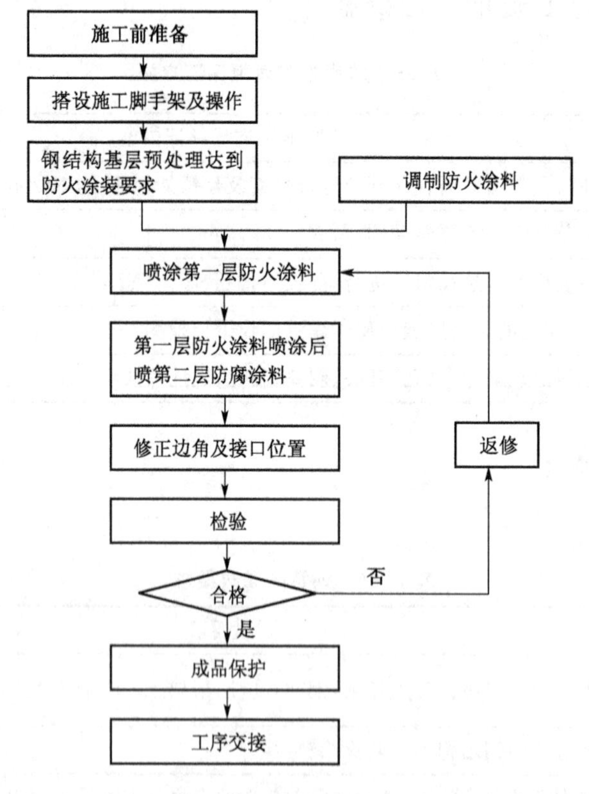

图 2-97 施工工艺流程图

五、防火涂料修复

防火涂料修复见表2-68。

表2-68　防火涂料修复

名　称	防火涂料的修补
修补方法	喷涂、刷涂等方法
表面处理	必须对破损的涂料进行处理，铲除松散的防火涂层并清理干净
修补工艺	按照施工工艺要求进行修补

防火涂料施工质量保证措施见表2-69。

表2-69　防火涂料施工质量保证措施

序　号	防火涂料施工质量保证措施
1	施工前应用铲刀、钢丝刷等清除钢构件表面的浮浆、泥沙、灰尘和其他黏附物；钢构件表面不得有水渍、油污，否则必须用干净的毛巾擦拭干净
2	钢构件表面的返锈必须予以清除干净，基层表面处理完毕并通过相关单位检查合格后再进行防火涂料的施工
3	防火涂料施工必须分遍成活，每一遍施工必须在上一道施工的防火涂料干燥后方可进行
4	防火涂料施工的重涂间隔时间应视现场施工环境的通风状况及天气情况而定，在施工现场环境通风情况良好、天气晴朗的情况下，重涂间隔时间为8～12 h
5	当风速大于5 m/s，相对湿度大于90%，雨天或钢构件表面有结露时，若无其他特殊处理措施，不宜进行防火涂料的施工
6	防火涂料施工时，对可能污染到的施工现场的成品用彩条布或塑料薄膜进行遮挡保护

第十三节　钢结构屋面工程施工技术

一、屋面材料施工流程

施工准备→钢结构复核、测量→屋面檩条→屋面底板安装→吸音棉(下设无纺布)→几字檩条支撑构件安装→钢丝网、PVC膜→保温棉、防水性拨热膜→屋面板制作、安装→屋面收边、泛水处理→屋面清理→屋面竣工验收。金属屋面系统构造层安装次序如图2-98所示。

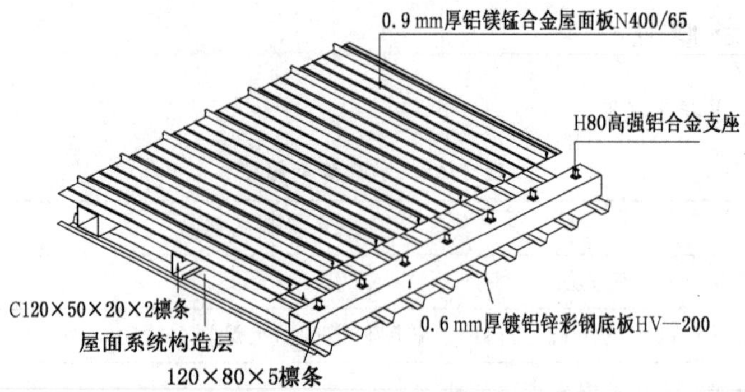

图 2-98　金属屋面板构造安装顺序

二、金属屋面板上板方案

屋面板采取在现场制作的方式进行。以常设展区及办公服务区的 1/A2 - A10～AD - AM 为例,屋面板最长约 36.2 m,屋面板安装时将进口的铝合金卷材及屋面板成型设备以汽车运至施工现场。屋面板垂直运输计划安排一台 35 t 汽车吊进行吊装,吊升时在屋面檐口的提升位置处。在结构层纵轴方向以钢管、脚手片及走道木板等铺设一片施工操作平台,供施工人员在高空行走、站立,场地外围边线以脚手管及安全绳布设一圈安全生命线,做好安全防护措施。沿钢方管平台出板方向在屋顶钢檩条上方搭设高空走道,用于工人抬板运输安全平台。运输平台如图 2-99 所示,屋架结构如图 2-100 所示。

图 2-99　屋面板安装运输平台

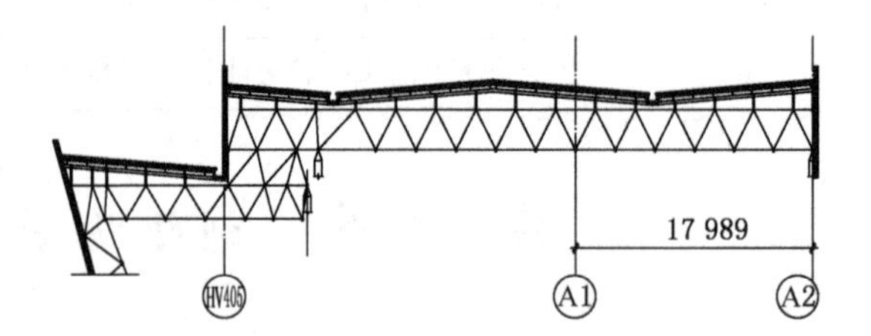

图 2-100　金属屋面屋架结构

1. 屋面系统材料吊装

屋面板为直立锁边 HV405 铝镁锰合金板,长度在 36.2 m 左右,按每块板 39.18 kg 计算,一次性吊装 93 张左右,总重量在 3.64 t 左右,吊装高度在 31 m 左右,作业半径≤8 m,根据 35 t 汽车吊主臂工况额定起重量表,起重量在 6.3 t,所以使用 35 t 吊机进行垂直吊装能够满足起重要求。屋面板吊装时为了不被折短及从吊装安全考虑,吊装必须使用专用吊架,俗称"扁担"。外骨架用 120 mm×60 mm×4 mm 的方管制作,横主骨架长度根据屋面板长度需要 18 m,整个"扁担"高度在 1.2 m 左右,在横主骨架设置一排屋面板支撑杆,每隔 1.5 m 用 50 mm×50 mm×3 mm 的钢方管制作,宽度为 600 mm,桁架立杆采用,桁架斜杆采用 80 mm ×80 mm×3 mm 的钢方管制作。上部为使整个骨架更加牢固,使用 50 mm×50 mm×3 mm

的钢方管斜撑交叉布置，整个吊点焊接两块连接板，孔径为 ϕ18 mm，间距 6 m。“扁担”外观形状如图 2-101 所示。

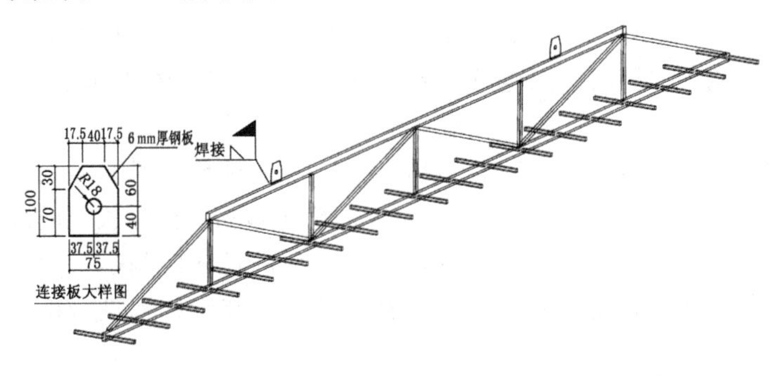

图 2-101　“扁担”外观形状示意图

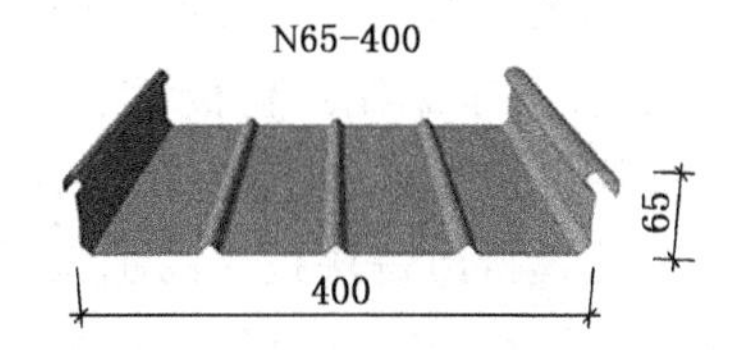

图 2-102　金属屋面板截面尺寸

2. 屋面现场制作方案

(1) 防水屋面板概述

金属屋面板采用 0.9 mm 厚直立缝锁边铝镁锰合金板，屋面板型均为 400/65 型。该款屋面板属于国外引进的直立锁边咬合系统，表面无穿孔、无穿刺的隐蔽式安装设计，从而使整个屋面系统形成一种“耐候性”。固定屋面板的铝支座采用铸压铝合金固定座与檩条固定，再将屋面板与铝支座的梅花头用锁边机扣合。另外，在固定座下加装硬性 PVC 塑料法兰垫，以螺丝予以固定，可以防止由于铝构件与钢材之间产生的电化学反应，有效控制冷桥效应。具体板材截面尺寸如图 2-102 所示。

本屋面板的最大特点是可以按工程造型要求制作出各种正弯、反弯、变截面板。屋面板采用专门的锁边机械将屋面板与支架连接成为一个防水及抗风的整体，又无需用螺钉穿透屋面板，且在温度变化下整个屋面板系统可自由滑动、伸缩，避免了由于温度变化屋面板热胀冷缩引起的屋面板与板之间咬合缝错位，从而产生屋面渗漏的现象。考虑到运输问题，屋面压板设备将运到现场，在现场加工制作。

(2) 屋面板制作设备

屋面板将采用公司直接从国外进口的屋面板成型设备进行现场加工制作，一套屋面板压型机的日生产能力为 3 000 m^2，本工程屋面板面积约 60 000 m^2，屋面板压型设备全力加工约需 20 天。屋面板压型设备如图 2-103 所示，制作直立缝咬合屋面板的专门的金属屋面板加工设备设置于一个 24 英寸标准集装箱内，外形尺寸为 11.5 m×2.5 m；集装箱＋内部成型轮自

图 2-103　金属屋面板压型设备

重共计 22 t;13 排滚轮组成;采用数码电控操作系统;成型板采用厚度为 0.7～1.2 mm 铝合金板;成型板宽度满足 200～800 mm;模具轴直径是 ϕ75 mm;工件角度误差满足≤±1.5;工件直线度误差≤3 cm;工作速度满足 10～16 m/min;电源电压采用 380 V;压型设备主要由放料架、冷轧成形机、剪切部分、成品出料装置、传动部分、电气控制部分及安全防护部分组成。

(3) 板材加工质量控制

加工方案的确定及原材料的检测在施工前按施工组织设计及业主、监理单位对屋面板加工、检测要求编制细化板材加工方案,并经业主审准。屋面板尺寸的确定包括屋面板长度的准确是屋面板制作成败的关键;屋面板应在钢结构偏差(可能存在)调整后的尺寸的基础上通过三维建模得出每块板材的加工尺寸;屋面板在正式安装以前可在部分已安装钢结构进行试拼装,并进行验收,认可后方可大批量制作。

在板材箱式压型机进行后进行设备的调试,并进行首件产品的加工,经调试并对外形尺寸、压型后的涂装质量等情况自检合格后的板材作为首件产品上报业主、监理检验认可,并作为加工中的质量标准的一部分。

单块板材加工工艺流程:上料→定尺寸→输入数据参数→压制成型→出板→裁切→搬移→检验→堆放。

板材在加工前需对压型钢卷的打卷质量进行检查,对不齐、卷孔太大的重新打卷,并要符合钢卷上料的要求。压型板材时,将钢卷平板伸入主机,由滚动轮进行渐变式轧制成型。全机采用电脑制作,当板材达到一定长度后,由切断装置进行自动切断,送入成品托架。板材从压型机的辊轴出来后,应有足够的成品托架,以防止板材折坏。在板刚压出时,必须由抬板人员抬着板,引导板沿着辊轴往前行走,而后可由板自动沿辊轴往前行走。当生产出的屋面板超过 10 m 时,须由屋面抬板人员抬着向前走,直至生产出足够长的屋面板。当屋面板板长度达到设计的板长时,停止压板并切割。面板长度宜比设计略长 100 mm,便于将来板端切割调整。在设备的出板方向处应有足够长的空地,以保证按图纸要求生产。

为保证屋面板的质量,要求对生产出的屋面板板宽和大小肋进行严格检查,不合格的屋面板不能使用。面板加工宽度允许误差为±1.0 mm 内;压板机就位调试,试生产上料出板;面板大小肋高度允许误差为±1.0 mm 内;调试、试生产面板大小肋卷边直径允许误差要求在±0.5 mm 以内。

三、屋面压型底板安装

(一) 底板结构概述

屋面底板布于檩条上部,底板采用 0.6 mm 厚镀铝锌 HV-200 压型钢底板,底板的板型尺寸为:有效覆盖宽度为 980 mm,波高 25 mm,波间距 200 mm,其板型尺寸如图 2-104 所示。

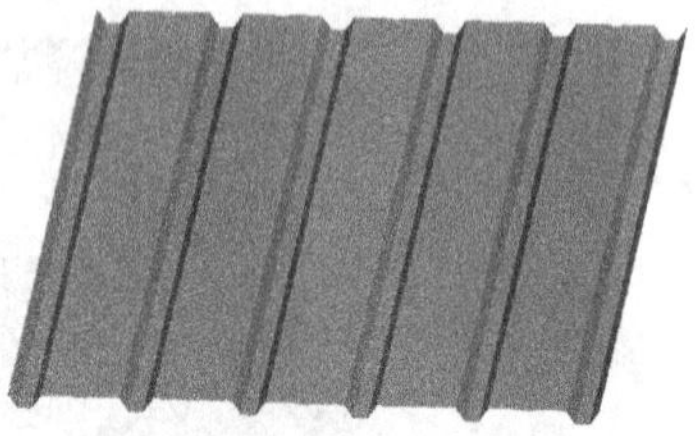

图 2-104　底板形状图

(二) 底板的安装流程

底板安装依据主结构桁架间隔,通过排版设计,划分成一块块独立的施工区域进行施工。安装时,以主结构网架弦杆为基准线,以确定底板的安装轴线。

其安装流程为安装准备→安装作业平台的设置→安装前对钢结构及建筑标高等的复测→屋面底板的运输(运至安装作业面)→放基准线→首块板的安装→复核→后续屋面底板的安装→安装完成后的自检、整修、报验。

1. 安装前的准备

屋面底板安装的好坏直接影响到整个屋面的造型及各项性能,因此屋面底板在安装前需要对施工作业面上已安装完成的钢结构檩条及各关键部位的标高进行复测,发现有与设计不符之处应该及时与钢结构单位以及监理沟通协调,并进行局部调整,保证底板安装的顺利进行。本工程底板位于钢檩条上方,施工人员可以直接在檩条上铺板施工。

2. 屋面底板的运输

屋面底板一般在工厂预制。预制完成的镀锌钢底板受运输条件限制,一般控制在12 m以内。在屋面施工过程中,屋面镀锌钢底板在运抵现场后,用吊机直接吊到屋面,在吊装时采用专用吊具吊装。另外,在吊机无法伸及的地方,底板的运输可采用在钢结构上安装定滑轮,利用钢丝索通过电动卷扬机将屋面底板从地面拉至屋面。吊装前将屋面底板装入自制的托架当中,再由卷扬机吊至屋面,进行底板的安装。

3. 屋面底板安装

压型钢板采用不锈钢自攻螺钉与主檩条连接。底板安装时利用檩条安装作业面先安装一排底板,然后利用已安装的板作为作业平面依次向前安装。在底板安装前先放出定位板边线,安装定位板。根据定位板依次安装底板,每10排板放1条复合线。复核底板安装尺寸偏差并进行调整,以免产生较大的累积误差。为保护压型钢板表面及保证施工人员的安全,必须戴干燥和清洁的手套来搬运与安装,不要在粗糙的表面或钢结构上方拖拉压型钢板,其他杂物及工具也不能在压型板上拖行。在底板安装前,利用水准仪和经纬仪在安装好的檩条上先测放出第一列板的安装基准线,以此线为基础,每20块板宽为一组距,在屋面整个安装位置测放出底板的整个安装测控网;测控网测设完成后,安装前将每一组距间每块板的安装位置线测放至屋面檩条之上。以此线为标准,以板宽为间距,放出每一块板的安装位置线。当第一块压型板固定就位后,在板端与板顶各拉一根连续的准线。这两根线和第一块板将成为引导线,便于后续压型板的快速固定。在安装一段区域后要定段检查,方法是测量已固定好的压型板宽度,在其顶部与底部各测一次,以保证不出现移动和扇形。钢底板的安装顺序为由低处至高处,由两边缘至中间部位安装;搭接为高处搭低处。安装到下一放线标志点处,复查板材安装偏差,当满足设计要求后进行板材的全面紧固。不能满足要求时,应在下一标志段内调整。当在本标志段内可调整时,可在调整本标志段后再全面紧固。安装完成后的底板应及时检查有无遗漏紧固点,对于压型钢板安装边角位置,其空隙处用保温材料填满,底板的安装如图2-105所示。

(三) 檩条及固定支座的安装

1. 檩条安装

主檩条采用120 mm×80 mm×5 mm钢方管,次檩条C型钢采用120 mm×50 mm×20 mm×2.5 mm,檩条表面需采用防腐处理。檩条连接固定,本工程底板厚度为0.6 mm,为保证底板与几字形檩条之间连接牢固,施工时底板与几字形檩条之间的连接采用专用不锈钢自攻螺钉。安装时螺钉必须双侧固定,相邻自攻螺钉间距要严格控制,不得大于设计要求间距。纵向相邻两几字形檩条,其端头连续搭接,搭接长度30～50 mm。檩条的密度严格按设

图 2-105　屋架及金属底板的安装

计掌控，直线度不得超标。

2. 屋面固定支座安装

屋面固定支座的施工是屋面板施工的关键程序，因其直接关系到屋面板能否顺利安装，屋面板的抗风能力能否合乎标准，整体屋面的外观及弧度能否达到设计要求。本工程屋面板固定支座采用高强度铝合金开模成型。其材质采用 T6063 高精级铝合金材料，其机械性能满足：受拉和受压强度≥84.2 MPa，受剪强度≥48.9 MPa，由模具造成的纵向挤压痕深度不超过 0.05 mm。铝合金支座实样及尺寸见图 2-106。为了防止铝合金材料与钢结构材料直接接触，引发电化学反应，在整个系统设计时，为铝合金支座底部专门配有绝缘隔热垫，见图 2-107。

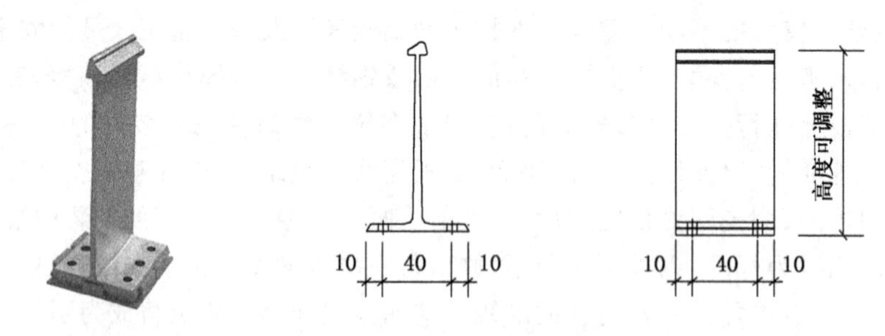

图 2-106　铝合金支座实样及尺寸图

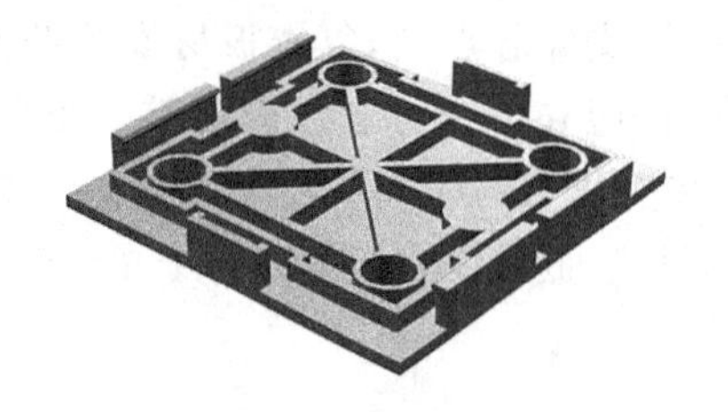
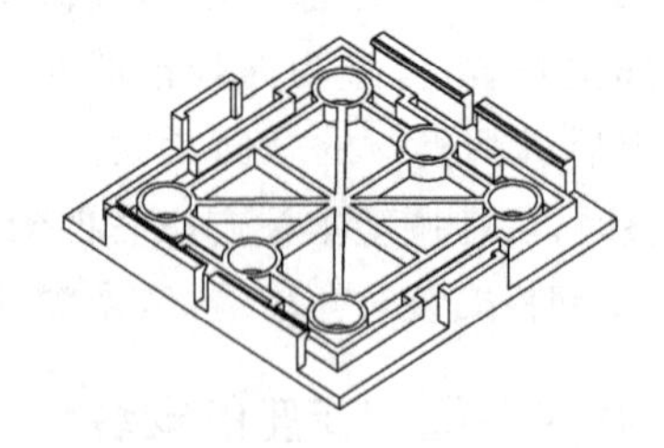

图 2-107　橡胶绝缘隔热垫片

屋面板固定支座应由铝合金铸压成型，整体为一整件，无接缝及连接处。

(1) 屋面铝支座的安装流程

铝合金面板固定支座是将屋面风载传递到副檩的受力配件，它的安装质量直接影响到屋面板的抗风性能。另外，铝合金支座的安装误差还会影响到屋面板的纵向自由伸缩、前屋面板槽口扣合的严密性。因此，屋面板支座的安装也是本工程中的关键工序。

整个屋面铝支座的安装流程为安装前的测量放线→屋面铝支座的安装→安装完成后的复查→铝支座的安装精度调整。

(2) 屋面铝支座的安装工艺

① 安装前的测量放线

首先采用经纬仪将轴线引测到檩条上表面，作为铝合金支座安装的纵向控制线。然后根据全站仪投放关键部位的铝支座三维坐标，用于控制整体弧度及曲线度。根据屋面板材安装图进行固定座位置控制点的测设及对底板安装的控制线测设。屋面板固定座的主要控制线为屋面板的平行线。固定座的主要控制线为屋面板的平行线、屋面板安装起始线。控制点采用如图 2-108 所示的方法设置。

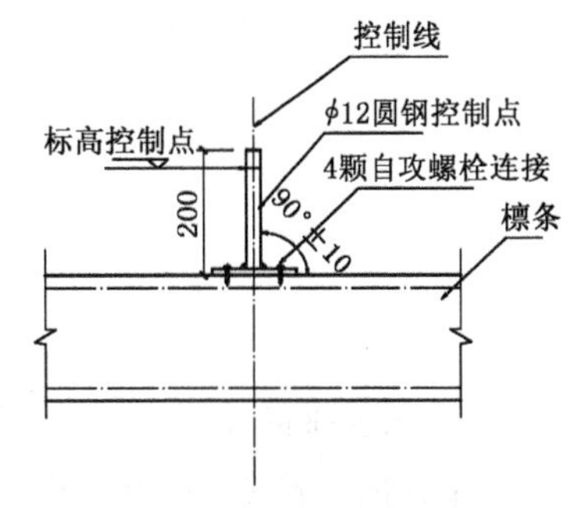

图 2-108　安装测量放线控制点的设置方法

固定支座的测量，还应该注意支座安装的直线度、平行度及间隔支座的高差控制。第一排铝合金支座安装最为关键，将直接影响到后续支座的安装精度。因此，第一排支座位置要多次复核，支座间距应采用标尺确定。另外，铝合金支座数量的多少，决定着屋面板的抗风能力。所以，铝合金支座应沿板长方向的排数严格按图纸设计进行安装，不得漏装、少装。

② 铝支座的安装

在屋面板安装后，因热胀冷缩，能使屋面板自由滑移。为防止出现因支座安装不正确在屋面板滑移的过程中将屋面板拉破，安装铝合金支座时，应先安装支座下方的隔热垫。支座的安装采用对称打 2 个自攻螺钉。固定支座安装在几字形檩条上。安装时，应先打入 1 个自攻螺钉，然后对支座进行一次校正，调整偏差，并注意支座端头安装方向应与屋面板铺板方向一致。校正完毕，再打入第二个螺钉将其固定。安装好后，应控制好螺钉的紧固程度，避免出现沉钉或浮钉。铝支座安装过程如图 2-109 所示。

图 2-109　铝支座安装过程

③ 安装完成后的复测

固定座的安装坡度应放正，要求与屋面板平行，施工前应事先检验屋面檩条的安装坡度，不符合要求的及时校正。先用目测检查每一列铝合金支座，看是否在一条直线上。铝合金支座如出现较大偏差时，屋面板安装咬边后，会影响屋面板的自由伸缩，严重时板肋将在温度作用下被磨穿。因此，如发现有较大的偏差时，应对有偏差的支座进行纠正，直至满足安装要求。

在支座安装完成后进行全面检查，采用在固定座梅花头位置用拉线方式进行复查，对错位及坡度不符、与屋面板不平行的及时调整，其调整如图 2-110 所示。

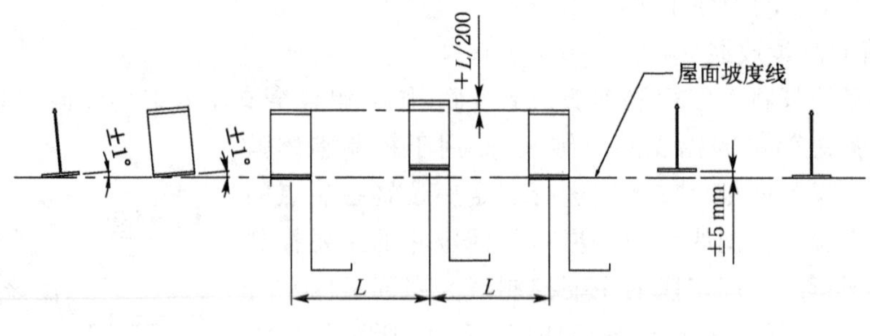

图 2-110　屋面不平行调整图

④ 铝支座的调差

细部的标高偏差，可以通过在屋面板固定支座下部塞入一定厚度的 EPDM 垫片，从而使屋面板标高符合设计要求。

⑤ 高强度铝支座固定螺丝的选择

高强度铝支座的固定是靠自攻螺丝直接固定在镀锌钢衬檩上的。本工程高强度铝支座安装时选用不锈钢自攻螺钉。由于金属的活动性不同，不同金属之间接触会存在电化学腐蚀。电化学腐蚀问题产生的基本条件一是存在电位差，二是直接接触。施工时通过增加橡胶垫隔断介质防止电化学腐蚀，从而克服其缺点，充分发挥其优点。使用螺栓如图 2-111 所示。

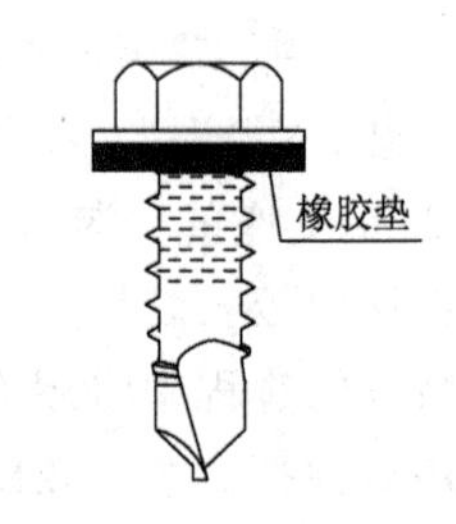

图 2-111　使用螺栓效果图

(3) 高强度铝支座安装质量控制

高强度铝支座安装尺寸偏差应满足表 2-70 所示的要求。

表 2-70　高强度铝支座安装尺寸偏差

序号	项目内容	允许误差
1	横向角度	<1°　屋面基准线
2	纵向角度	<1°　屋面基准线
3	纵向固定座高差	d　<d/200　屋面基准线
4	横向固定座高差	<5 mm　屋面基准线
5	纵向轴线偏差	固定座轴线　<2 mm

（4）施工注意事项

檐口板两侧的固定座离板边不宜太远，而且两侧相同，一般在 50 mm 内，这样有利于此处泛水板安装及泛水板宽度一致，此间距可用每块板材的有效偏差调节。固定座应在天窗的端头位置等板材受力薄弱处加密。

3. 保温棉材料的铺设

本工程屋面采用 100 mm 厚玻璃纤维保温棉层，容重为 24 kg/m^3；吸音棉 50 mm，容重为 24 kg/m^3。施工时为了具有更有效的保温效果，采用错开搭接铺设。保温棉的安装应与屋面板安装同步进行，当采取先安装保温棉后铺设屋面板时，保温棉与屋面板前后距离不宜太长，确保当时铺设的保温棉由屋面板安装覆盖。考虑到本工程屋面对整体工程的重要性，在岩棉保温下部设置 PVC 膜气密层，起防潮作用。保温材料铺设过程如图 2-112 所示。

图 2-112　保温材料铺设过程

四、金属屋面板安装

本工程金属屋面板采用 0.9 mm 的铝镁锰合金板。表面采用氟碳树脂烤漆涂层，屋面板的固定方式为无孔锁扣式连接，板型规格为板宽 400 mm，肋高 65 mm。

1. 屋面板的安装流程

屋面板安装的流程为放线→就位→咬边→板边修剪。

放线：屋面板的平面控制，一般以屋面板以下固定支座来定位完成。在屋面板固定支座安装合格后，只需设板端定位线。一般以板出排水沟边沿的距离为控制线，板块伸出排水沟边沿的长度以略大于设计为宜，以便于修剪。

就位：施工人员将板抬到安装位置，就位时先对准板端控制线，然后将搭接边用力压入前一块板的搭接边，最后检查搭接边是否紧密接合，如图 2-113 所示。

咬边：屋面板位置调整好后用专用电动锁边机进行锁边咬合。要求咬过的边连续、平整，不能出现扭曲和裂口。在咬边机咬合爬行过程中，其前方 1 mm 范围内必须用力卡紧使搭接边接合紧密，这也是保证机械咬边的质量关键所在。当天就位的屋面板必须完成咬边，以免刮风时板块被吹坏或刮走。如图 2-114 所示。

板边修剪：屋面板安装完成后，需对边沿处的板边进行修剪，以保证屋面板边缘整齐、美观。屋面板伸入天沟内的长度以不小于 80 mm 为宜。屋面板修剪如图 2-115 所示。

图 2-113　搭接边安装过程

图 2-114　搭接边机械咬边过程

在完成屋面板安装前的测试之后开始进行屋面板的安装。铝合金屋面板安装采用机械式咬口锁边。屋面板铺设完成后应尽快用咬边机咬合，以提高板的整体性和承载力。当面板铺设完毕，对完轴线后，先用人工将面板与支座对好，再将咬口机放在两块面板的接缝处上，由咬口机自带的双脚支撑住，防止倾覆。屋面板安装时，先由两个工人在前沿着板与板咬合处的板肋走动，边走边用力将板的锁缝口与板下的支座踏实。后一人拉动咬口机的引绳，使其紧随人后，将屋面板咬合紧密。在完成金属屋面板的安装后，安排技术小组对已安装完成的金属屋面板的各项性能进行测试，以保证金属屋面板防水、抗风等性能。

图 2-115　屋面板修剪过程

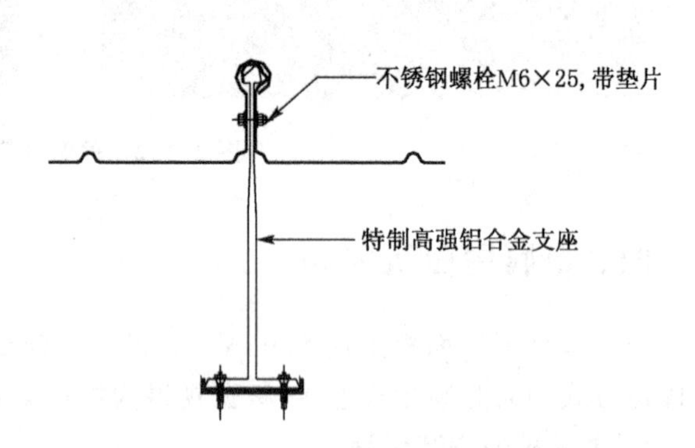

图 2-116　固定节点示意图

2. 屋面固定点

为了使其在热胀冷缩时沿预定方向伸缩，在金属屋面安装时必须设置固定点。同时，鉴于屋面板长度长且屋面呈弧度，为防止屋面板滑动，也同样需要设置固定点。固定点的设置与屋面板长度、屋顶坡度、板材宽度和屋面荷载有关。固定点设置的方式也有许多种。根据本工程的实际情况，固定点节点如图 2-116 所示，这样设置屋面板可以沿两个长度方向自由伸缩，成功地解决了这一问题。

3. 屋面施工时关键节点处理

(1) 屋面泛水板的安装

屋面泛水板采用工厂制作、现场连接安装方式进行。根据安装部位的不同，屋面泛水板有多种连接方式。

① 天沟处泛水板。天沟处泛水板的功能主要为天沟上部作为披水板，天沟下部作为挡水用的密封板，其连接方式多采用螺钉及铆钉连接。

② 屋脊处泛水板。屋面脊处泛水板，常规统称屋脊盖板。其连接形式多利用屋脊两侧的外堵头及屋面板的板肋作为依靠，用铆钉进行连接固定。

③ 山墙处泛水板。山墙处泛水板，多利用山墙处紧固件将泛水板与山墙部位用螺钉连接成形。

（2）屋面板堵头及天沟节点安装

① 屋面板堵头安装。屋面板堵头分为两种：①内堵头，主要用于天沟处，如图 2-117 所示；②外堵头，主要用于屋脊及檐口部位，如图 2-118 所示。

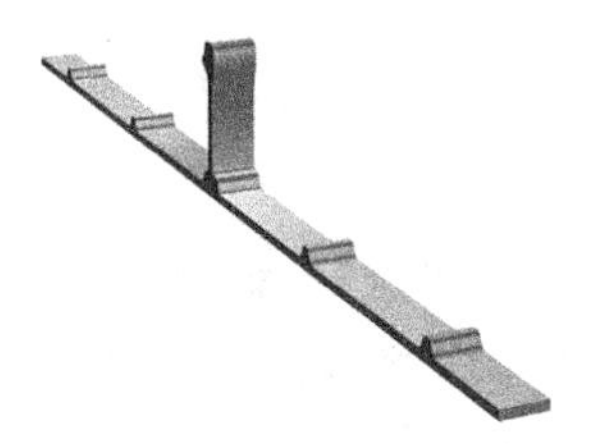

图 2-117　内堵头示意图

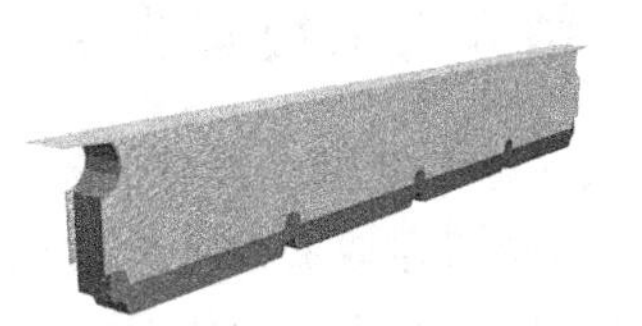

图 2-118　外堵头示意图

堵头在屋面板安装后进行。其中，内堵头安于两块屋面板交界面处，其连接采用双面胶粘贴成形；外堵头直接以人工安于屋面板板面上，利用屋面板的两个板肋将其卡住连接。

② 天沟处的节点处理。天沟处的构造处理涉及屋面板与不锈钢天沟两种材质的连接处理，为解决天沟溢水现象，从以下方面加以控制，确保整体排水的顺畅。天沟处泛水板，其功能主要为天沟上部作为披水板，天沟下部作为挡水用的密封板，其连接方式为将泛水板两端翻边，靠屋面内部一侧上翻，而与天沟接触面下翻，泛水板用螺钉固定在方管上，这样可以防止雨水飞溅落入屋面内侧。本工程在天沟处施工时，屋面板端部设通长铝合金角铝，在滴水角铝与屋面板之间塞入与屋面板板型一致的防水堵头，尺寸定位后再进行统一咬合。这样一方面可增强板端波谷的刚度；另一方面可形成滴水片，使屋面雨水顺其滴入天沟而不会渗入室内，使板肋形成的缝隙能够被完全密封，防止因风灌入雨水。如图 2-119 所示。

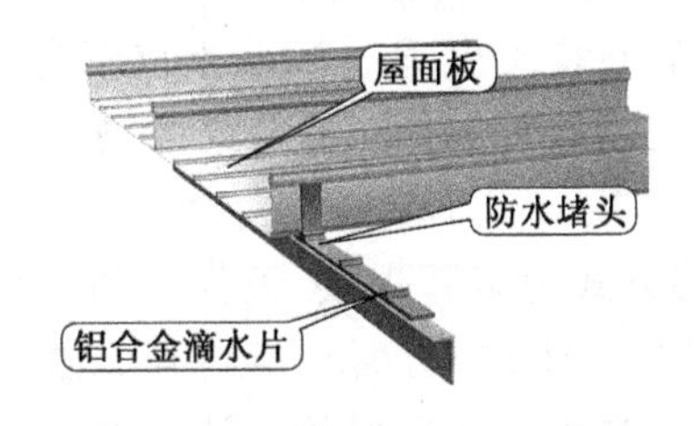

图 2-119　天沟处防水处理图

图 2-120　屋面板天沟示意图

通过设计计算，确定屋面雨水流量及天沟段各区域的汇水量及流量、流速大小，获得相关数据；根据计算值合理布置多个集水井，通过集水井的大小、分布及数量来控制天沟雨水流量、流速；在天沟最边缘的集水井，其最后一雨水斗放大，采用 2 倍汇水及排水，且设置溢流口，确保排水通畅；在其余集水井部位均匀布置挡水板。

（3）屋面避雷节点处理

由于该建筑为公共建筑，故防雷等级较高。防雷设计尤为重要，在屋面容易受雷击的部位檐口、屋脊等处设有避雷带及避雷网引下线，通过镀锌钢带将电流引到次檩，再通过屋面钢底板及主檩条与主结构避雷系统结合，最终将电流引至地面，完成避雷、防雷的作用。

根据国家《建筑物防雷设计规范》(GB 50057—2010)规定，除第一类防雷建筑物外，金属屋面的建筑物宜利用其屋面作为接闪器，但应符合下列要求：金属板之间采用搭接时，其搭接长度不应小于100 mm；金属板下面无易燃物品时，其厚度不应小于 0.5 mm；金属板下面有易燃物品时，其厚度，钢板不应小于 4 mm，铜板不应小于 5 mm，铝板不应小于 7 mm；金属板无绝缘被覆层。屋面系统完全满足上述条件，因此将屋面板作为接闪器，通过固定网格交叉点设置引下线，将电流引至结构檩条，形成避雷体系。本方案无需另设避雷带，从而使屋面整洁美观，并可节省一定投资。

五、不锈钢天沟系统安装技术

采用 2.0 mm 厚不锈钢板折弯成型。天沟的制作在工厂内进行，根据设计详图，确定屋面天沟的展开尺寸，然后在双联数控电液压大型折弯机上进行成型，以 1.2 m 左右一段的形式统一包装，现场安装时进行安装焊接，屋面天沟效果如图 2-120 所示。

1. 天沟安装工艺流程

天沟安装工艺流程为测量放线→天沟支撑架安装→地面天沟段对接→天沟就位→天沟焊接→天沟伸缩缝及端头板安装→天沟安装尺寸复核调整→安装天沟泛水板→安装屋面内堵头→安装屋面板滴水片→屋面板端头裁切、折弯→天沟蓄水试验→天沟开孔处理→天沟清理→溢流试验→缺陷修补→完工。

2. 天沟的安装方法

(1) 安装前的检测、调差。安装天沟支架前必须进行天沟测量。天沟放线必须与屋面板材在天沟位置标高同步进行。天沟安装的好坏影响到屋面的排水性能。由于屋面天沟骨架接在钢结构的骨架上，因此钢结构的安装精确度直接影响天沟的安装。因此，本工程屋面天沟在施工前，将在天沟骨架及天沟边线上设置天沟定位片，作为天沟安装的基准。同时，该定位片还将作为屋面安装过程中的一个固定点，作为保证施工安全的生命线。在进行屋面天沟骨架焊接前，对各安装点位置钢结构的各项性能进行测量，保证骨架焊接的准确性。在确保天沟水平度与直线度的同时应保证屋面固定座、檐口收边板的安装尺寸，防止天沟上口不直线或天沟骨架在安装固定支座的位置坡度不一，使在天沟部分无法将板端位置固定或檐口收边板不直线。

(2) 天沟段的焊接和对接。两段天沟之间的连接方式为氩弧焊接，天沟段的对接采用搭接焊，如图 2-121 所示。不锈钢天沟对接前将切割口打磨干净，打磨程度达到无缝表面的标准，采用轻度磨料、酸洗膏除去焊接的回火颜色，以保证饰面一致。对接时注意对接缝间隙不能超过 1 mm，先每隔 10 cm 点焊，确认满足焊接要求后方可焊接。焊条型号根据母材确定。天沟焊接后不应出现变形现象，否则会引起天沟积水，可在焊接两侧铺设湿毛巾，焊缝一遍成形。天沟焊接时应四周围焊，在焊接完成后必须对焊接部位焊渣清除及刷防锈漆 2 道。所有工序完成后应进行统一的修边处理，清理剪切边缘的毛刺与不平。最终完工后，要对天沟进行清理，清除屋面施工时的废弃物，特别是雨水口位置要保证不积淤，确保流水顺畅。天沟安装完毕后应进行相应的蓄水试验。

(3) 焊缝检查。每条天沟安装好后，除应对焊缝外观进行认真检查外，还应在雨天检查焊缝是否有肉眼无法发现的气孔，如发现气孔渗水，应用磨光机打磨该处并重新焊接。

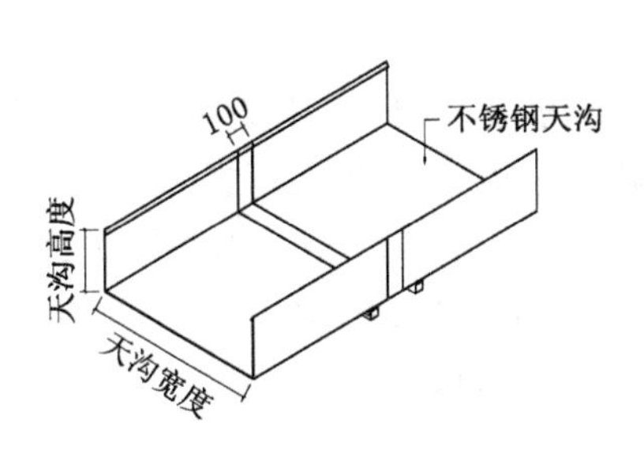

图 2-121　屋面板天沟段搭接焊

(4) 与排水系统雨水斗安装。本工程为重力式排水，安装好一段天沟后，先要在设计的落水孔位置中部钻排水孔，安装排水口，避免天沟存水而对施工造成影响。

(5) 闭水试验。天沟安装完成后应进行天沟的闭水试验。闭水试验时天沟内部灌水应达到天沟最大水量的 2/3，且闭水达到 48 h 以上，天沟灌水后应立即对天沟底部进行全面检查，直到 48 h 不漏水为止，如有漏水点应及时进行补焊处理。

六、施工过程中安装防护措施

1. 安全通道的设置

屋面底板铺设前为了保证施工操作人员的安全，防止滑落，人员的行走和材料搬运全部从安全通道上行走。在每个施工区域结构上贯穿整个结构层设置一道安全通道，在通道上设置防护栏杆，立杆采用 30 mm×3 mm 的角钢，在防护栏杆上齐腰高位置通长设置 $\phi 8$ 钢绞线，见图 2-122。在檩条上铺设 50 mm 细木工板，木工板与檩条用铅丝绑扎。南北通道之间每隔 4 m设置生命线，操作时在生命线上挂好安全带。天沟边一圈每隔两根檩条焊接立杆，采用 30 mm×3 mm的角钢，立杆之间拉好安全生命线，使得天沟内外分成两个工作面，结构外围有脚手架防护，在天沟外檐口施工时挂好安全带，这样施工时可以有效防止滑落，见图 2-123。待屋面底板安装完毕后，安全通道设置在底板上，在底板上铺设 50 mm 细木工板，在木板上搭设钢管防护栏杆，屋面底板铺设后安全通道三维轴测图如图 2-124 所示。

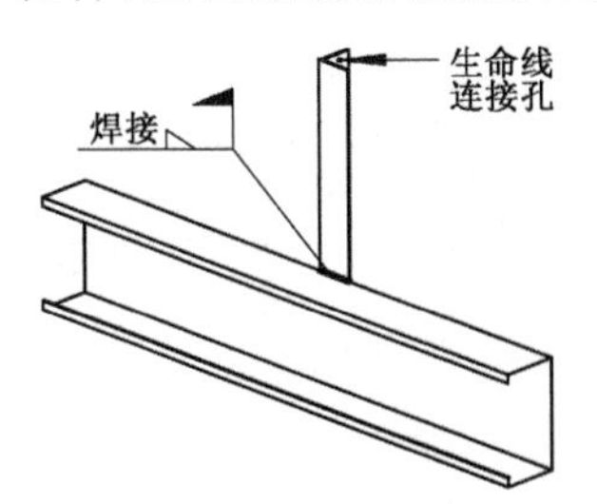

图 2-122　生命线立杆与构架的连接详图

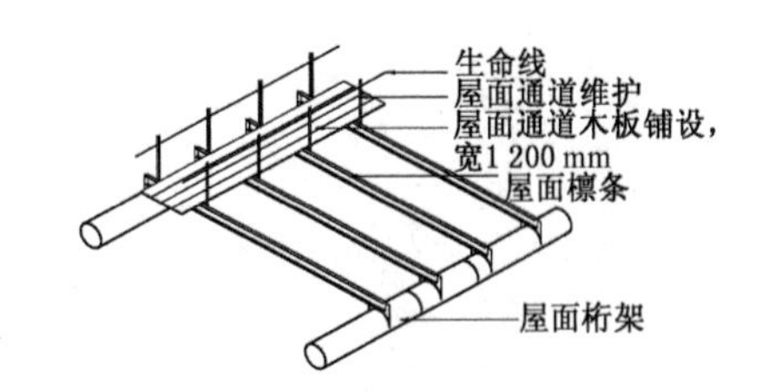

图 2-123　底板铺设前安全通道三维轴测图

2. 高空坠落防护的设置

为防止屋面系统安装时人员高空坠落，在桁架结构的下面设置安全密目网，安全网采用 1 500 mm×6 000 mm 网眼 50 mm 的标准尼龙网和 1 500 mm×6 000 mm 网眼 20 目/cm^2 密目网，根据现场实际情况，因钢结构前期已经布置安全网，所以在原有安全网基础上进行加密、修补，施工时东西移动布置。

3. 屋面材料的安全保护

屋面材料吊装至屋面后必须立即派工人抬开分散，以免产生集中荷载而影响结构安全。当天就位的面板必须完成咬边，保证夜晚来风时板不会被吹坏或刮走。同时，对于边缘处的面板必须用棕绳将屋面板绑扎在檩条上，如图 2-125 所示。如果屋面已经铺设屋面底板，若施工人员直接在底板上行走，很容易踩踏变形。因此，保护屋面底板，在抬运人员行走的路线上用木模板铺设走道，这样既可保证施工人员的安全，同时又可保证已安装好的屋面底板的质量。

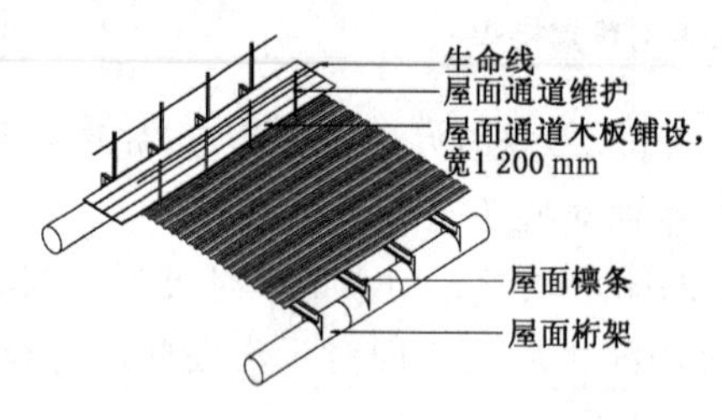

图 2-124　底板铺设后安全通道三维轴测图

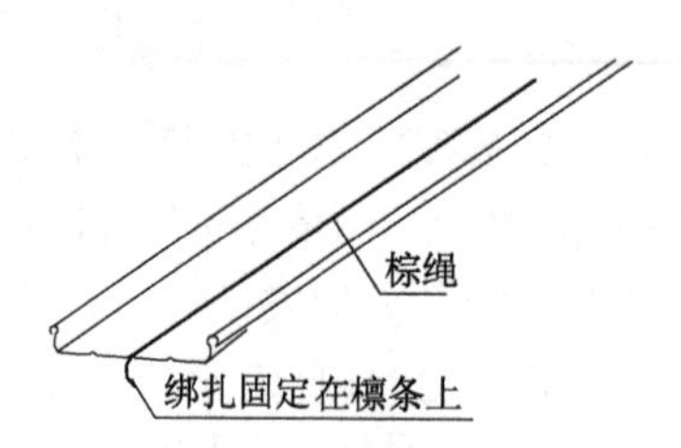

图 2-125　屋面板天沟段搭接焊

第三篇 附着式脚手架原理及实用新技术

第一节 附着式升降脚手架基本概况

一、名称术语

附着式升降脚手架:依靠升降设备,附着在建(构)筑物结构上,实现升降的脚手架。

整体式附着式升降脚手架:升降时的机位数在三个以上,并实行升降同步控制的整体升降脚手架。

单片式附着式升降脚手架:仅有两个机位,实行单跨升降的附着式升降脚手架。

工作脚手架:采用钢管杆件和扣件搭设的位于相邻两竖向主框架之间和水平支承桁架之上的作业平台。

水平支承结构:承受架体竖向荷载的稳定结构。

竖向主框架:垂直于建筑物立面,与水平支承结构、工作脚手架和附着支承结构连接,承受和传递竖向和水平荷载的构架。

架体:升降脚手架的承重结构,由工作脚手架、水平支承结构、竖向主框架组成的稳定结构。

附着支承结构:附着在建(构)筑物结构上,与竖向主框架连接并将架体固定,承受并传递架体荷载的结构件。

架体高度:架体最底层横向杆件轴线至架体顶部横向杆件轴线间的距离。

架体宽度:架体内、外排立杆轴线之间的水平距离。

架体支承跨度:两相邻竖向主框架中心轴线之间的距离。

悬臂高度:架体的附着支承结构中最上一个支承点以上的架体高度。

悬挑长度:竖向主框架中心轴线至水平支承端部的水平距离。

防倾覆装置:防止架体在升降和使用过程中发生倾覆的装置。

防坠落装置:架体在升降过程中发生意外坠落时的制动装置。

导轨:附着在附着支承结构或竖向主框架上,引导脚手架上升或下降的轨道。

升降设备:依靠电力或液压动力系统,驱动脚手架升降运动的设备或执行机构。

制动距离:额定荷载状态下,架体开始坠落到防坠落装置制停的滑移距离。

机位:安装升降设备的竖向主框架的数量。

荷载控制系统:能够反映、控制升降动力荷载的系统装置。

同步控制系统:能够反映、控制升降时机位高度差在一定范围内的系统装置。

使用工况：架体由竖向主框架通过附着支承结构和防倾覆装置固定在建筑结构上，施工人员可在工作脚手架上作业的工况。

升降工况：利用升降设备，将架体的垂直荷载悬挂在建筑结构上，架体的防倾覆和运动的方向依靠附着支承结构上导向轮和防倾覆装置，同时防坠落装置打开处于工作状态，升降设备工作实行架体的上升运动或下降运动的工况。

坠落工况：架体在使用或升降工况时，架体的垂直荷载失去外力约束，架体在重力作用下坠落的工况，此时防坠落装置快速进入工作状态，将架体的垂直荷载传递到建筑结构上。

二、附着式升降脚手架应用状况

脚手架的技术进步和发展与社会经济及建筑业的发展是相协调的。进入 20 世纪 90 年代后，由于高层建筑以及高耸构筑物在建设工程中所占比重迅速扩大，同时，对施工脚手架在安全可靠、快速和经济方面提出了更高的要求，安全可靠、快速、经济的附着式升降脚手架在建筑工程施工中开始出现并得以快速发展。附着式升降脚手架的架体仅需 7～10 个步距高度，并通过附着支承结构附着于建筑工程结构上，具有防倾覆装置和防坠落装置，依靠自身的升降设备和装置，随着工程结构主体的施工逐层向上爬升，直至主体结构封顶；外墙装饰作业时，再逐层向下降至最下标准层。满足主体结构施工、安装施工、装饰施工等各个阶段中工人在建筑物外侧进行操作时的施工工艺及安全防护需要。附着式升降脚手架是在挑、吊、挂脚手架的基础上发展起来的，是适应高层建筑特别是超高层建筑施工需要的新型脚手架。

对于高层和超高层建筑施工，附着式升降脚手架要比传统的落地式外脚手架、悬挑吊挂脚手架的材料用量低，使用经济，特别当建筑物高度在 80 m 以上时，附着式升降脚手架的适用性和经济性显得尤为突出。对扣件式钢管脚手架、碗扣式钢管脚手架、门式脚手架、桥式脚手架、悬挑式脚手架和附着式升降脚手架进行经济分析，结论表明，除附着式升降脚手架外，其他形式的脚手架体系的投资价格随着高度的增加而增大；附着式升降脚手架的投资价格不随高度的增加而增大，基本呈水平状态，只有当其高度超过 45 m 时才有经济优势。附着式升降脚手架作为高层建筑或超高层建筑施工外脚手架，与常规落地式脚手架相比，能显著地减少脚手架钢管和扣件等周转材料的占有量，与悬挑式脚手架相比，能较大幅度地提高施工效率，从 20 世纪 80 年代末期开始，这种脚手架在高层建筑施工中逐步得到广泛应用。建设部在推广应用 10 项新技术中将其列入内容之一。

三、附着式升降脚手架使用中存在的安全问题

脚手架构造不合理，安全系数偏小，架体在使用过程中发生变形，影响施工安全。脚手架与建筑结构的连接方法欠妥，一是会影响建筑结构的成品保护，二是不能保持架体升降过程中的垂直，影响施工安全。升降动力装置故障多，使用失灵的升降动力装置会发生安全事故。防倾覆装置与建筑结构的连接不固定，或者应用于建筑结构主体偏差大的地方不好调节，也是发生安全事故的隐患。防坠落装置的可靠度不确定，使得在使用过程和升降过程中防止发生坠落的保障线打折扣。脚手架在施工生产使用过程中的不规范，如架体堆放模板、钢筋等严重超载现象是导致安全事故的直接原因。脚手架提升过程中的同步控制系统不可靠，机位间的高

差超标准，一是架体结构会发生严重变形，二是某机位超载运行，会发生坠落现象。附着式升降脚手架是技术含量较高、工作环境恶劣的施工机具，很多企业在开始使用时的安全装置是齐全有效的，长期使用后管理不善，失灵的安全装置仍在使用可能会发生安全事故。

四、附着式升降脚手架种类和形式

附着式升降脚手架的形式按脚手架的组架方式可分为单片式附着式升降脚手架和整体式附着式升降脚手架。附着式升降脚手架的形式按升降设备可分为电动葫芦式附着式升降脚手架、手拉葫芦式附着式升降脚手架、液压式附着式升降脚手架、卷扬机式附着式升降脚手架。附着式升降脚手架的形式按爬升方式和附着支承形式可分为互爬式附着式升降脚手架、套管式附着式升降脚手架、导轨式附着式升降脚手架、导座式附着式升降脚手架。图 3-1～图 3-6 给出 6 种附着式升降脚手架示意图。

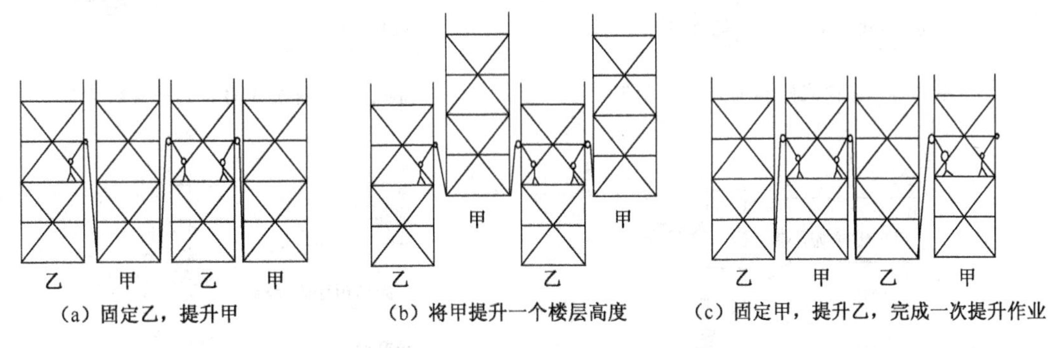

(a) 固定乙，提升甲　(b) 将甲提升一个楼层高度　(c) 固定甲，提升乙，完成一次提升作业

图 3-1　互爬式附着式升降脚手架

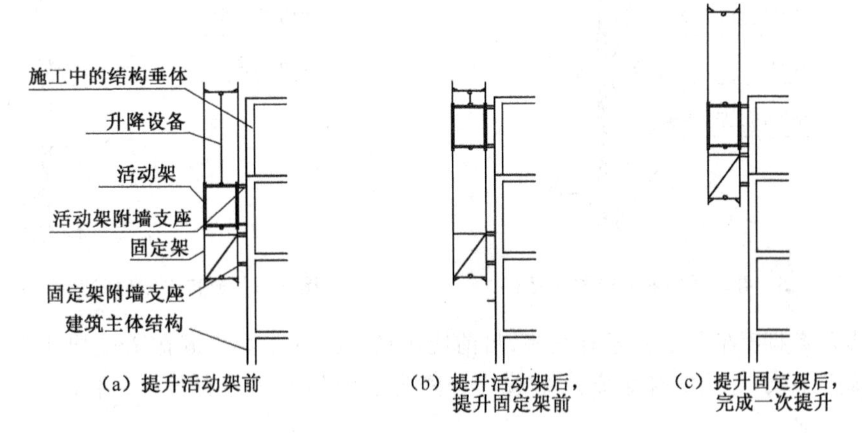

(a) 提升活动架前　(b) 提升活动架后，提升固定架前　(c) 提升固定架后，完成一次提升

图 3-2　套管式附着式升降脚手架

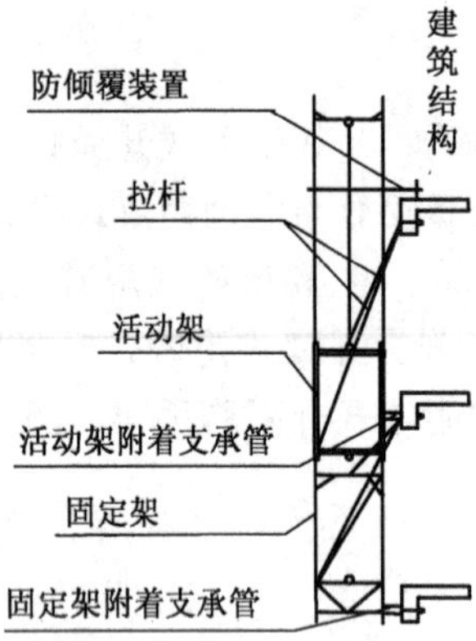

防倾覆装置
拉杆
活动架
活动架附着支承管
固定架
固定架附着支承管
建筑结构

图 3-3　撑拉式附着式升降脚手架

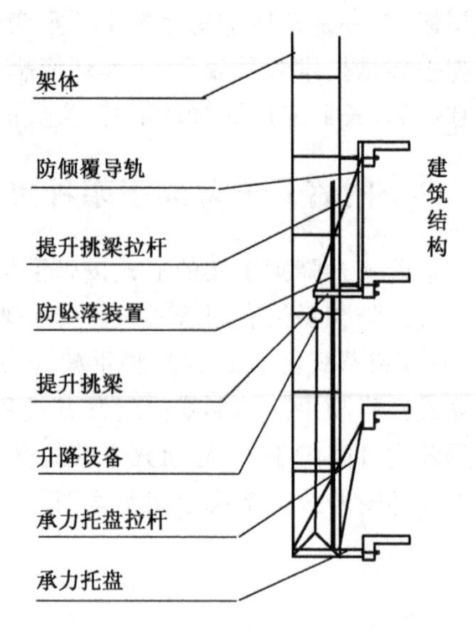

图 3-4　悬挑式附着式升降脚手架

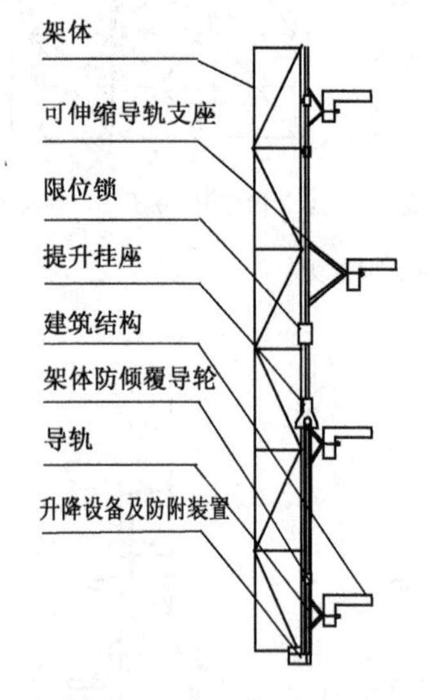

图 3-5　导轨式附着式升降脚手架

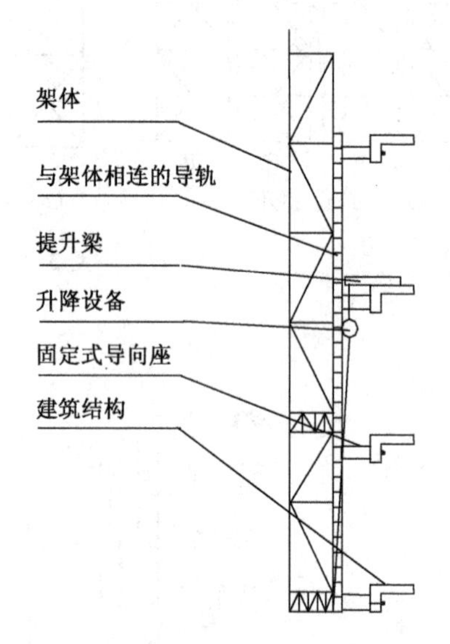

图 3-6　导座式附着式升降脚手架

附着式升降脚手架的形式还有很多，目前应用最广泛的是导轨式附着式脚手架和导座式附着式升降脚手架，导轨式和导座式附着式升降脚手架的形式还有很多，将在下面逐步给予介绍。

五、附着式升降脚手架的三种工况

附着式升降脚手架在升降、使用过程中存在着升降前、升降中、升降后使用前三种工况。见图 3-7。

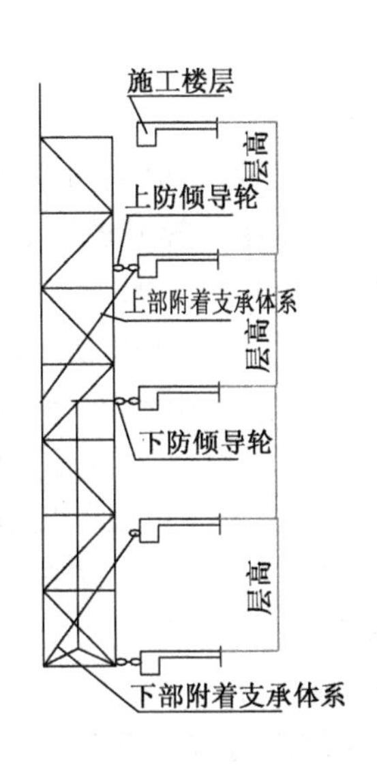

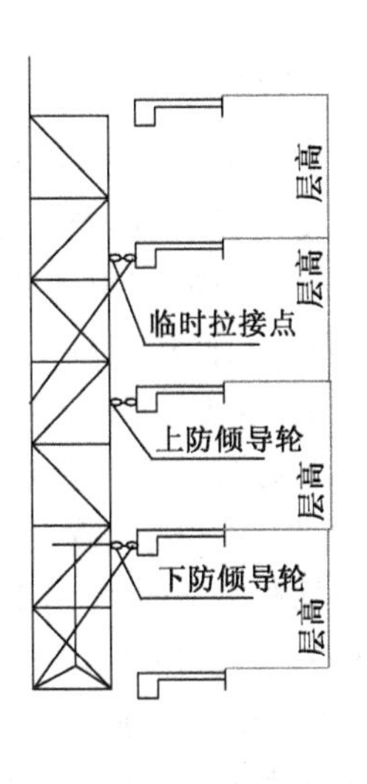

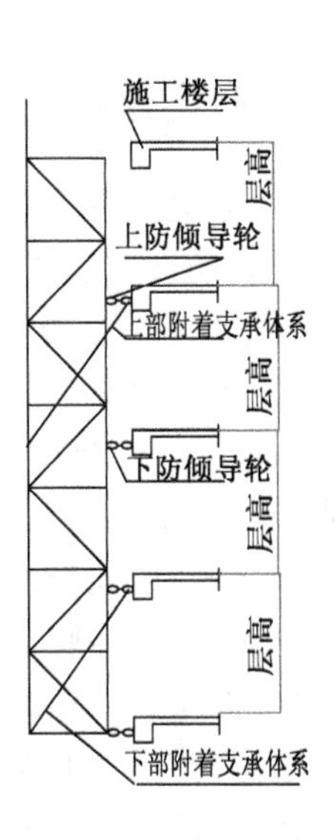

(a) 升降前的准备工况　　(b) 升降工况　　(c) 升降后的准备工况

图 3-7　附着式升降脚手架三种工况图

升降前的准备工作要求：提升设备的上端通过悬挑梁悬挂在建筑结构上，下端固定在脚手架的底部；防坠落装置的防坠杆固定在与建筑结构相连接的附着支承上，防坠装置固定在脚手架上，防坠落装置的中间穿插防坠杆件，防坠装置工作状态正常；上下防倾导轨之间距离应小于 2.8 m 或小于等于 1/4 架体高度；升降行程范围内无伸出墙面外的障碍物；额定荷载超过 30%或额定荷载失载 70%时，报警停机系统可靠；架体的垂直度偏差≤0.5%架体全高，且≤60 mm；安装最上层的附着支承处结构混凝土强度≥C10；专业人员操作，并持证上岗，架体上无闲杂人员，垂直立面与地面进行警戒，控制柜设置在楼面上。

升降工况应做好以下工作：根据升降前的准备工作要求进行检查验收合格后才能发布升降令。在脚手架的升降过程中，应设立统一指挥，统一信号，参与作业人员必须服从指挥，确保安全。升降时应进行检查，并符合下列要求：各个机位建筑机构受力点的混凝土墙体或预埋件应无异常变化；各个机位的竖向主框架、水平支承结构、附着支承结构、导向装置、防倾装置、受力构件应无异常现象；各个防坠落装置的开启情况和失力锁紧工作应正常；控制柜的指示灯，压力表，同步控制系统和超、失载报警停机系统的工作应正常。当发现异常现象时，应停止升降工作，查明原因，隐患排除后方可继续进行升降工作。

升降后、使用前应进行检查，并符合下列要求：脚手架的垂直荷载由建筑结构承担；最上一道防倾覆装置牢固可靠；防坠落装置属于工作状态；提升设备或装置处于非受力状态；脚手架底层脚手板与墙体的间隙小于 50 mm；在竖向主框架的最上附着支承与最下附着支承之间的间距≥5.6 m 或≥1/2 架体高度。

脚手架在使用过程中严禁下列违章作业：架体上超载，集中堆载；利用架体作为吊装点和张拉点；利用架体作为施工外模板的支板架；拆除安全防护设施或消防设施；构件碰撞或扯动架体；其他影响架体安全的违章作业。

六、附着式升降脚手架发展趋势

由于附着式升降脚手架技术高于其他脚手架，其架体构造的合理性，提升动力系统的可靠性及承载能力，防倾覆装置的可靠性和适应性，防坠落装置的可靠性，整体提升的同步性，超载失载控制系统的灵敏性、可靠性，使用工况、升降工况和坠落工况缺乏理论证明和实践依据，以及缺少应用发生事故案例的预防措施内容和使用过程的管理经验，没有指导附着式升降脚手架的设计、安装、使用、拆除的行业标准等，因此在以前一段时间内推广应用附着式升降脚手架一度受到影响。随着附着式升降脚手架通过十多年的应用，在架体结构设计、防倾覆装置设计、防坠落装置设计、同步控制系统的开发和超载失载报警系统的研究开发以及使用过程的管理方面积累的丰富的经验，积极推广应用附着式升降脚手架的条件已经成熟。附着式升降脚手架现在已经有了行业标准，《建筑施工工具式脚手架安全技术规程》(JGJ 202—2010)中有详细的附着式升降脚手架的要求，《液压升降整体脚手架安全技术规程》(JGJ 183—2009)也发布和实施了，形成"政府统一领导、部门依法监管、企业全面负责"的使用附着式升降脚手架的格局。使用附着式升降脚手架是建筑业发展的新趋势。

第二节　附着式升降脚手架的构造与工作原理

一、附着式升降脚手架基本参数

架体结构高度不应大于5倍楼层高；架体全高与支承跨度的乘积不应大于110 m^2；架体宽度不应大于1.2 m；直线布置的架体支承跨度不应大于8 m，折线或曲线布置的架体，中心线处支承跨度不应大于5.4 m；水平悬挑长度不应大于跨度的1/2，且不得大于2 m；当两主框架之间架体的立杆作承重架时，纵距应小于1.5 m，纵向水平杆的步距不应大于1.8 m。提升动力大于等于50 kN。竖向主框架是垂直于建筑物立面，与水平支承结构、工作脚手架和附着支承结构连接，承受和传递竖向和水平荷载的构架。竖向主框架应符合下列规定：竖向主框架可采用整体结构或分段对接式结构，结构形式应为桁架或门型刚架式两类，各杆件的轴线应汇交于节点处，并应采用螺栓或焊接连接；竖向主框架内侧应设有导轨或导轮；在竖向主框架的底部应设置水平支承，其宽度与竖向主框架相同，平行于墙面，其高度不宜小于1.8 m，用于支撑工作脚手架。水平支承结构是承受架体竖向荷载的稳定结构，水平支承应符合下列规定：水平支承各杆件的轴线应相交于节点上，并应采用节点板构造连接，节点板的厚度不得小于6 mm；水平支承上、下弦应采用整根通长杆件，或于跨中设一拼接的刚性接头。腹杆与上、下弦连接应采用焊接或螺栓连接，水平支承斜腹杆宜设计成拉杆。

二、附着式升降脚手架主要构件和装置

工作脚手架是采用钢管杆件和扣件搭设的位于相邻两竖向主框架之间和水平支承桁架之上的作业平台，其结构构造应符合国家现行标准《建筑施工扣件式钢管脚手架安全技术规程》(JGJ 130—2011)的规定，工作脚手架应设置在两竖向主框架之间，并应与纵向水平杆相连。立杆底端应设置定位销轴。架体是附着式升降脚手架的承重结构，由工作脚手架、水平支承结

构、竖向主框架组成。附着支承结构是附着在建(构)筑物结构上,与竖向主框架连接并将架体固定,承受并传递架体荷载的连接结构。附着支承结构应符合下列规定:在建筑物对应于竖向主框架的部位,每一层应设置上下贯通的附着支承;在使用工况下,竖向主框架应固定于附着支承结构上;在升降工况下,附着支承结构上应设有防倾覆、导向的结构装置;附着支承应采用锚固螺栓与建筑物连接,受拉端的螺栓露出螺母不应少于 3 个螺距或 10 mm,防止螺母松动的方法宜采用弹簧垫片,垫片尺寸不得小于 100 mm×100 mm×10 mm;附着支承与建筑物连接处混凝土的强度不得小于 10 MPa。

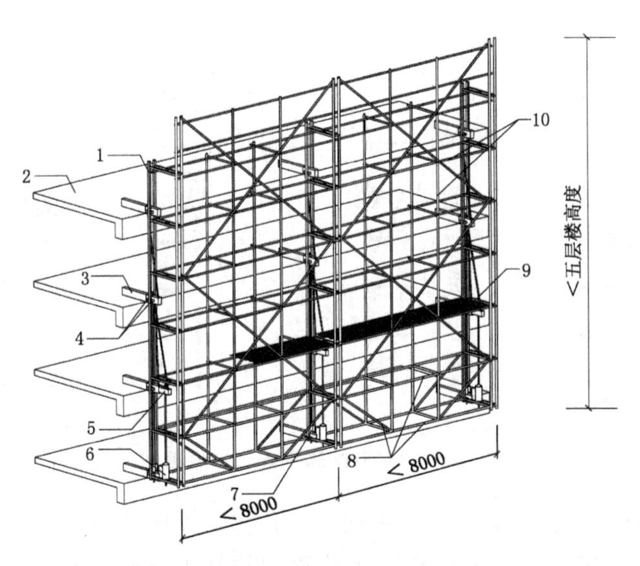

图 3-8　液压升降整体脚手架组成示意图(单位:mm)

1—竖向主框架;2—建筑结构混凝土楼面;3—附着支承结构;4—导向及防倾覆装置;5—悬臂(吊)梁;6—升降设备;7—防坠落装置;8—水平支承结构;9—工作脚手架;10—架体结构

防倾覆装置是防止架体在升降或使用过程中发生平面外倾覆的装置。防倾覆装置使用工况应设置三道,升降工况应设置两道。导向装置是架体与附着支承间保持垂直升降的设施,一般是采用滚动摩擦(即滚轮导向)。升降装置是依靠电力系统(如电动葫芦)、液压系统(液压千斤顶)驱动脚手架升降运动的执行机构。防坠落装置是架体在升降过程中发生意外坠落时的制动装置。荷载控制系统是当实际荷载超过设计荷载 30%或失载 70%时荷载控制系统会自动停止升降工作并报警。当相邻机位高差达到 30 mm 或整体架体最大升降差超过 80 mm 时,同步控制系统应能自动停止升降工作并报警,待其他机位与超高超低机位相平时方可重新开机。

三、附着式升降脚手架的组成及工作原理

附着式升降脚手架主要由架体(脚手架的承重结构,由工作脚手架、水平支承结构、竖向主框架组成的稳定结构,是用竖向主框架和水平支承结构及钢管扣件搭设 7～10 层工作脚手架的整体稳定结构)、附着支承结构(附着在建筑物结构上,与竖向主框架连接并将架体固定,承受并传递架体荷载的连接结构)、升降设备(依靠电力或液压动力系统,驱动架体升降运动的设备或执行机构,如电动葫芦、液压千斤顶)、防倾覆装置(防止架体在升降或使用过程中发生平

面外倾覆的装置)、防坠落装置(架体在升降或使用过程中发生意外坠落时的制动装置)等组成。

附着式升降脚手架工作原理见图 3-9,将提升梁从 1 层的支承梁架上移到 2 层的支承梁架上,提升梁拉杆将提升梁拉平直,处于受力状态。将爬杆上移,与提升梁可靠连接,开动液压控制台,将脚手架向上提升 3～5 个行程(15～25 cm),将整体脚手架的垂直承力槽钢拆除。

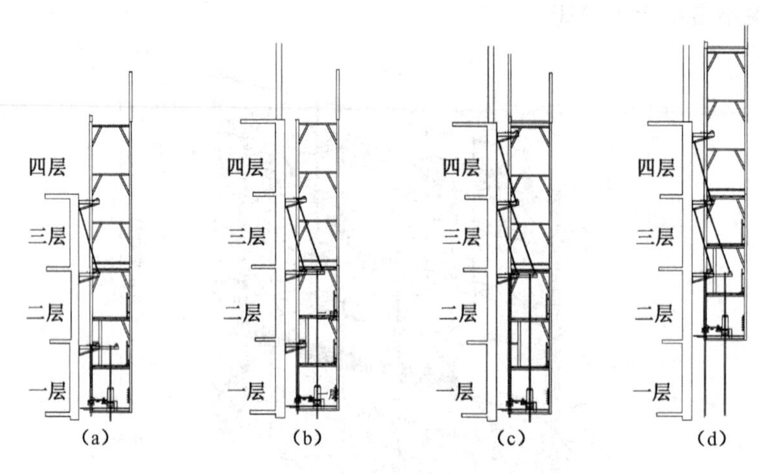

图 3-9　附着升降脚手架工作原理图

将第一层的附着支承拆除后安装到第四层的位置。见图 3-9(c),将第二、三、四层的附着支承调整好,拉杆拉接好。将机械式防坠装置的拉杆上端悬挂在第二层的附着支承上。开动液压控制台将整体脚手架提升一层高度加 120 mm,将垂直承力槽钢搁置在附着支承上。再开动液压控制台,将整体脚手架向下降至垂直力全部由垂直承力槽钢及第二层附着支承承担为止,见图 3-9(d)。附着式升降脚手架升降装置的可行性是使用附着式升降脚手架的关键所在,它的产品质量直接影响使用中的安全,施工中使用的升降装置必须采用产品鉴定或验收时原来厂家、原来品牌、原来型号规格的产品。升降装置现在常用的有电动葫芦和液压千斤顶。

(1) 电动葫芦

电动葫芦,简称电葫芦,又名电动提升机。它保留了手拉葫芦轻巧方便的特点,由电动机、传动机构和卷筒或链轮组成,分钢丝绳电动葫芦和环链电动葫芦两种。附着式升降脚手架采用的是环链电动葫芦,采用盘式制动电机作用力,行星减速器减速,具有结构紧凑、体积小、重量轻、效率高、使用方便、制动可靠、维护简单等特点。起重量一般为 5～10 t,起升高度为3～6 m。电动葫芦的工作原理:电动葫芦的上挂钩挂在与建筑物固定连接的悬臂梁上,下端挂钩挂住脚手架的底部,电动葫芦通电,盘式制动器打开,电动机开始正转,通过减速器减速带动环链轮盘转动,从而带动环链移动,减小上下挂钩间的距离,实现脚手架上升的功能。

电动葫芦安全操作规程要求:每次升降前应检查机械运转是否正常,如有异常必须查明原因,待修复后启用。使用前认真查看环链、吊钩、悬挂梁等部件是否完好。升降时吊钩底下严禁站人,操作者应主动避让并制止无关人员进入工作区。操作者必须集中思想与搭档人员密切配合，在确保安全状况下升降，作业时严禁谈笑嬉闹。对电动葫芦要定期检查、维修、保养，使设备随时处于良好状态，严禁带病作业。由专人操作，严禁无关人员随便按控制按钮。每次使用完毕及时切断电源。

电动葫芦的使用维护要求：新安装或经拆检后安装的电动葫芦，首先应进行空车试运转数次，但在未安装完毕前切忌通电试运转。在正常使用前应进行以额定负荷的125%，起升离地面约100 mm，10 min的静负荷试验，并检查是否正常。动负荷试验是以额定负荷重量做反复升降试验，试验后检查其机械传动部分、电气部分和连接部分是否正常可靠。在使用中绝对禁止在不允许的环境下及超过额定负荷和每小时额定合闸次数（120次）的情况下使用。安装调试和维护时，必须严格检查限位装置是否灵活可靠，当吊钩升至上极限位置时，吊钩外壳到卷筒外壳的距离必须大于50 mm。不允许同时按下两个使电动葫芦按相反方向运动的控制按钮。工作完毕必须把电源总闸拉开，切断电源。电动葫芦稍大由专人操作，操作者应充分掌握安全操作规程，严禁歪拉斜吊。在使用中必须由专门人员定期对电动葫芦进行检查，发现故障及时采取措施，并详细记录。调整电动葫芦下滑量时，应保持额定荷载下制动下滑量 $s \leqslant L/100$（L 为负荷下一分钟内稳定起升的距离）。电动葫芦使用中必须保持足够的润滑油，并保持润滑油干净，不应含有杂质和污垢。电动葫芦不工作时，不允许把重物悬于空中，防止零件产生永久变形。使用与管理按《钢丝绳电动葫芦安全规程》（JB 9009—1999）中第4条执行，检查与维修按《钢丝绳电动葫芦安全规程》中第5条执行。

电动葫芦使用安全注意事项：对使用说明书和铭牌上内容熟记后再操作。将上下限位的停止块调整后再起吊物体。在使用之前请确认制动器状况是否可靠。使用前若发现环链出现下列异常情况时，绝对不要操作：弯曲、变形、腐蚀等；环链断裂程度超过规定要求，磨损量大。安装使用前用500 V兆欧表检查电机和控制箱的绝缘电阻，在常温下冷态电阻应大于5 MΩ方可使用。绝对不允许起吊超过额定负荷量的物件，额定负荷量在起重吊钩铭牌上已经标明。起吊物禁止有人，绝对不允许将电动葫芦作为电梯的起升机构用来载人。起吊物下面不得有人。起吊物体、吊钩在摇摆状态下不能起吊。将葫芦移动到物体正上方再起吊，不得斜吊。限位器不允许当作行程开关反复使用。不得起吊与地面相连的物体。不要过度点动操作。维修前一定要切断电源。维修检查工作一定要在空载状态下进行。

（2）液压千斤顶

液压千斤顶见图3-10、图3-11。

图3-10　南通长阳机械有限公司生产的采用 $\phi25$ 光圆钢做爬杆

图3-11　江苏云山模架有限公司生产加工的竹节圆钢做爬杆

防坠落穿心式液压上升和下降千斤顶工作原理见图 3-12。

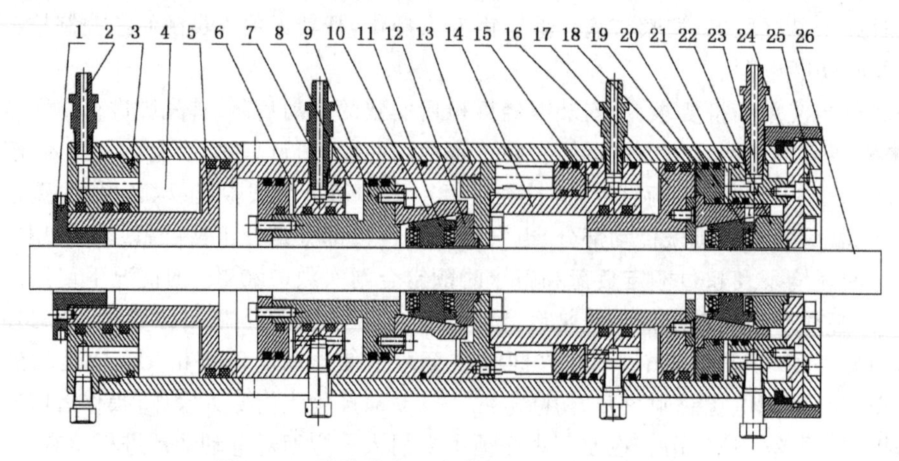

图 3-12　防坠落穿心式液压上升和下降千斤顶

1—行程盖帽；2—主油缸进油口；3—主缸盖；4—主活塞腔；5—主活塞；6—上锁紧机构回油腔；7—上锁紧机构进油口；8—上锁紧机构进油腔；9—上锁紧机构活塞；10—上锁紧机构锁紧卡块套；11—锁紧卡块；12—锁紧卡块支座；13—副缸筒；14—副缸筒支承油缸内柱；15—副缸筒支承油缸活塞；16—下锁紧机构进油嘴；17—下锁紧机构活塞；18—下锁紧机构锁紧卡块套固定座；19—下锁紧机构锁紧卡块套；20—锁紧卡块；21—下锁紧机构回油腔；22—锁紧卡块支座；23—下锁紧机构回油腔油嘴；24—千斤顶底座；25—千斤顶底部托板；26—爬杆

上升原理：①下锁紧机构锁紧，②上锁紧机构松开，③副缸支承油缸进油，将副缸及主活塞顶至上部位，④上锁紧机构锁紧，⑤下锁紧机构松开，⑥主油缸进油，将千斤顶筒体向上提升一个行程。下降原理：①下锁紧机构锁紧，②上锁紧机构松开，③主油缸进油，将主活塞及副缸顶至下部，④上锁紧机构锁紧，⑤下锁紧机构松开，⑥主油缸回油，千斤顶筒体在重力作用下向下下降一个行程。

液压千斤顶的技术要求：液压升降装置应符合国家现行标准《液压缸技术条件》(JB/T 10205—2010)、《液压缸试验方法》(GB/T 15622—2005)的有关规定。液压控制系统应符合国家现行标准《液压系统通用技术条件》(GB/T 3766—2001)和《液压元件通用技术条件》(GB/T 7935—2005)的有关规定。液压控制系统应具有自动闭锁功能。液压系统额定工作压力宜小于 16 MPa，各液压元件的额定工作压力应大于 16 MPa。溢流阀的调定值不应大于系统额定工作压力的 110%。液压油清洁度应符合下列规定：①液压系统的油液清洁度不应低于那氏 9 级；②液压元件清洁度应符合国家现行标准《液压件清洁度评定方法及液压件清洁度指标》(JB/T 7858—2006)的有关规定。

液压控制系统的性能检验应符合下列要求：①各回路通断及各元件工作应正常；②泵的噪声、压力脉动、系统振动应在允许范围内；③压力表、信号灯、报警器等各种装置的测量和信号应准确无误。当达到额定工作压力的 1.25 倍时，保压 15 min，液压升降装置应无异常情况。在额定工作压力状态下连续运转 30 min 后，液压油温度应在 60℃以下。在负载工况运转时，噪声不应大于 75 dB(A)。在额定荷载作用下，当液压控制系统出现失压状态时，液压升降装置不得有滑移现象。液压升降装置最低起动工作压力应小于 0.5 MPa。液压升降装置在 1.5 倍额定工作压力作用下，不得有零件损坏等现象。在额定工作压力下和温度－20～45℃的环境中，液压升降装置应可靠工作，固定密封处不得渗漏油，运动密封处渗油不应成滴。在正常工作状态时，液压控制系统应有防止误操作的功能。

液压油维护应符合下列要求：①不同牌号液压油不得混用；②液压升降装置应每月进行一次维护，各液压元件的功能应保持正常；③液压油应每月进行一次检查化验，清洁度应达到那氏9级。当液压源出现异常噪声时应立即停机检查，排除噪声源后方可运行。液压升降装置应安装在不易受到机械损伤的位置，应具有防淋、防尘措施。液压管路应固定在架体上。液压控制台的安装底部应有足够的强度和刚度，应具有防淋、防尘措施。液压升降装置在使用12个月或工程结束后应更换密封件，检验卡齿并应重新采取防腐、防锈措施。

（一）防倾覆装置及导向装置

防倾覆装置及导向装置见图3-13、图3-14。

图3-13　电动葫芦提升的防倾覆装置及导向装置

图3-14　液压千斤顶提升的防倾覆装置及导向装置

上图两种属于导座式升降脚手架，从图中可以看出：一是电动葫芦提升防倾覆装置，防止垂直于墙面的倾覆效果比较好，防止平行于墙面的倾覆效果不理想，因为导座是悬臂梁结构，刚度偏小，稳定性较差。竖向主框架是单片式，导轨与竖向主框架是分体式的，刚度和稳定性也较差。二是附着支承是用大螺栓固定于剪力墙体上的，强度和刚度高于一级，垂直于墙面的倾覆及导向是靠内外共四只滚轮，平行于墙面的倾覆是靠固定在墙体上附着支承在竖向主框架中间，为此竖向主框架只能沿着附着支承垂直向上移动。而竖向主框架是桁架格构式的，刚度和稳定性高于单片式。

防倾覆装置的技术要求：①液压升降整体脚手架在升降工况下，竖向主框架位置的最上附着支承和最下附着支承之间的最小间距不得小于2.8 m或1/4架体高度；在使用工况下，竖向主框架位置的最上附着支承和最下附着支承之间的最小间距不得小于5.6 m或1/2架体高度。②防倾覆导轨应与竖向主框架有可靠连接。③防倾覆装置应具有防止竖向主框架前、后、左、右倾斜的功能。④防倾覆装置应采用螺栓与建筑主体结构连接，其装置与导轨之间的间隙不应大于8 mm。⑤架体的垂直度偏差不应大于架体全高的0.5%，防倾覆装置通过调节应满足架体垂直度的要求。⑥防倾覆装置与导轨的摩擦宜采用滚动摩擦。

防倾覆装置的使用与维护要求：①防倾覆装置与墙体或阳台的连接必须牢固可靠，不松动摇摆；②导向轮不得锈蚀，须加注润滑油；③与偏差大的墙体连接固定时，要保证垂直度偏差在规定的范围内；④必须保持清洁，不得有混凝土残渣；⑤防倾覆装置损坏或是竖向主框架变形的应进行更换；⑥安装时上下一定要保持在同一平面内。

（二）防坠落装置

防坠落装置见图 3-15～图 3-17。

图 3-15　防坠落装置类型一

图 3-16　防坠落装置类型二

图 3-17　防坠落装置类型三

1. 防坠落装置类型一的工作原理

防坠落装置类型一的工作原理见图 3-18。

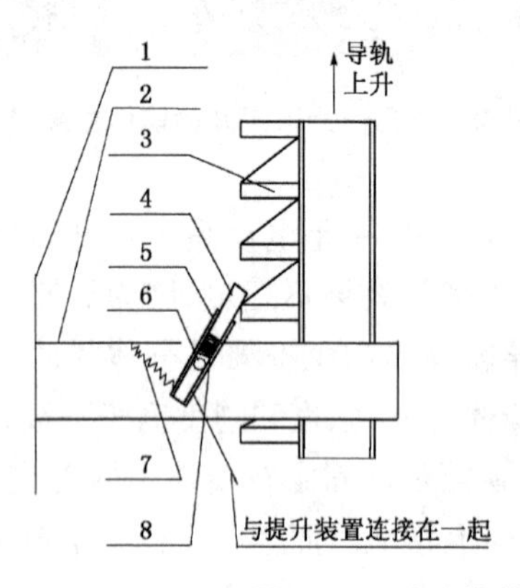

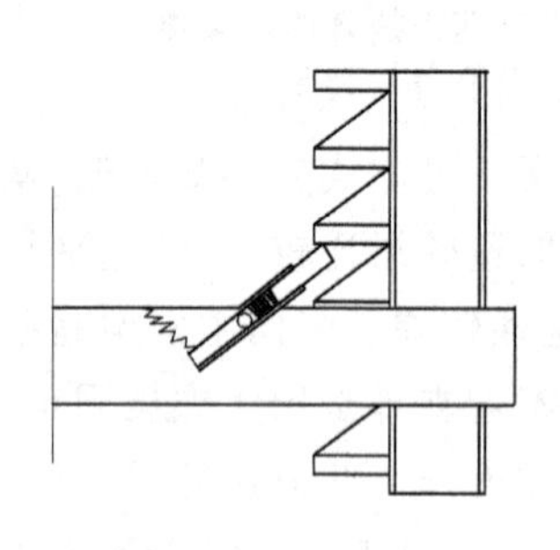

图 3-18　防坠落装置类型一工作原理图

1—剪力墙墙体；2—附着支承及防倾覆装置；3—导轨及齿条；4—防坠落装置轴；5—轴套；6—防坠落装置铰接点；7—拉伸弹簧；8—压缩弹簧

防坠落装置安装在附着支承 2 上，中间有铰点 6，可以转动。防坠落装置的后端有拉伸弹簧 7，使得防坠落装置轴 4 一直靠着导轨的齿条部位。架体及导轨 3 上升时，齿条可以顺利顶着防坠落装置轴 4 通过一格齿条。上升时始终起到防坠落保护作用。齿条通过防坠落装置轴 4 后，防坠落装置轴 4 在拉伸弹簧力的作用下又伸向下一个齿条的下面，起防坠落作用。在架体及导轨下降前，将轴套的后端用钢丝绳牵引至提升装置的下挂钩上，使得防坠落装置轴 4 的前端离开齿条的外垂线，导轨及齿条能顺利地向下通过防坠落装置轴 4。当提升系统失力，发生坠落现象时，轴套的后端用钢丝绳牵引失力，立即使得防坠落装置轴 4 的前端靠紧齿条，防坠落装置轴 4 又会立即将齿条顶着，起到坠落保护作用。

2. 防坠落装置类型二的工作原理

防坠落装置类型二的工作原理见图 3-19。

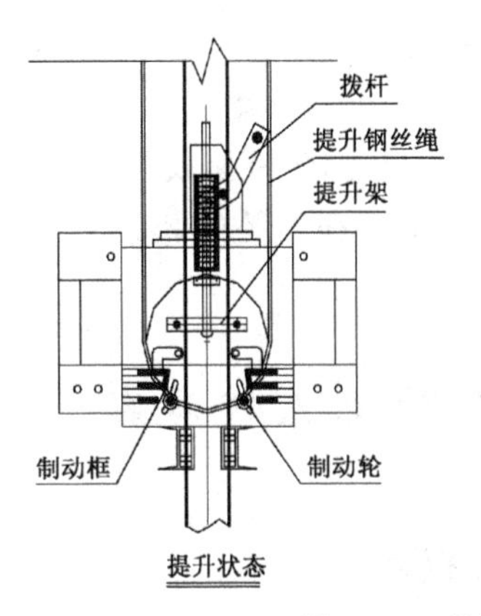

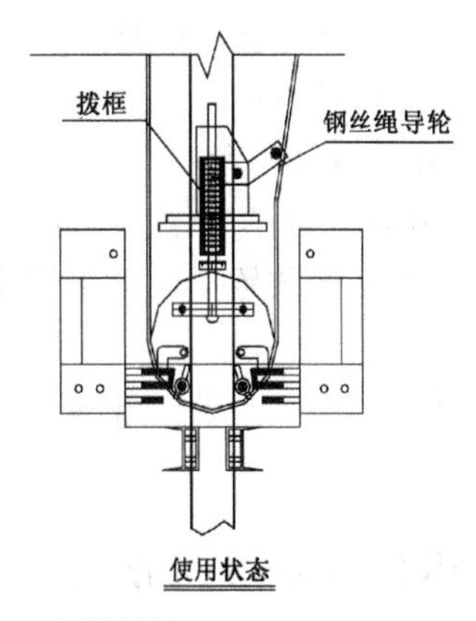

图 3-19　防坠落装置类型二工作原理图

防坠落装置安装在提升架上；导轨穿过防坠落装置的中间；提升葫芦的钢丝绳穿过滑轮和拨杆的滚轮；防坠落装置的制动框是固定的；制动轮是活动的，制动轮置于导轨和制动框之间的楔形空间内；升降状态，钢丝绳将拨杆压紧，中间的机构将活动的制动轮向下压紧移动，防坠落装置属于开锁状态，导轨式附着脚手架的导轨能自由地在防坠落装置中间移动（正常升降情况导轨是固定在建筑结构上的），架体能够正常升降。当发生提升力失力状态时钢丝绳不受力，制动轮将楔死于导轨与制动框之间，起到脚手架架体防坠落的效果。

3. 防坠落装置类型三的工作原理

防坠落装置类型三的工作原理见图 3-20。

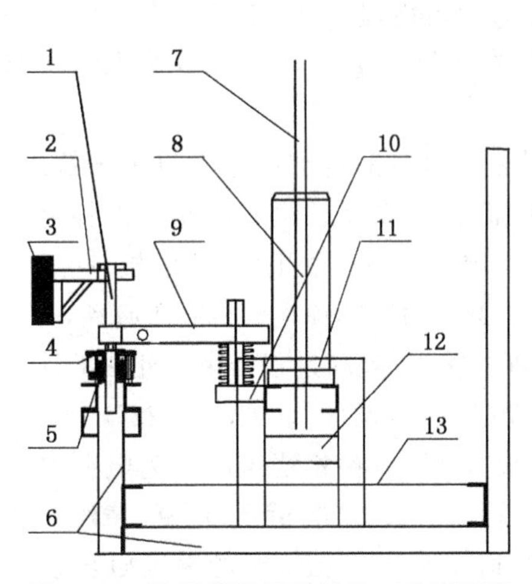

图 3-20　防坠落装置类型三工作原理图

1—防坠落杆件；2—防坠落杆附着支承；3—建筑结构；4—防坠落装置；5—防坠落装置连接件；6—竖向主框架；7—爬杆；8—液压升降装置；9—杠杆；10—杠杆托板；11—液压升降装置上横梁；12—液压升降装置下搁梁；13—液压升降整体脚手架底平台

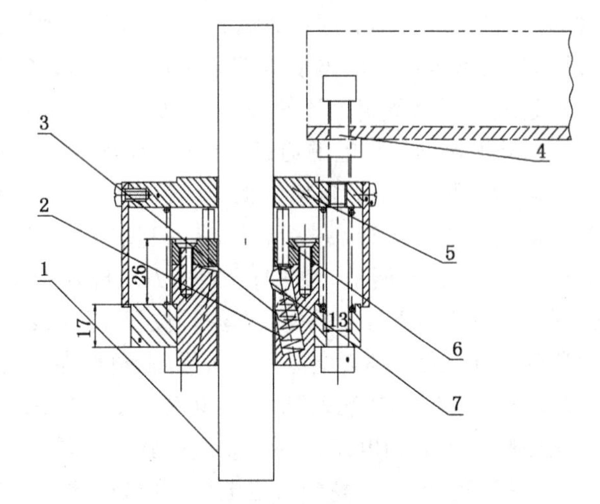

图 3-21　防坠落装置 4 工作原理图

1—爬杆；2—宝塔压缩弹簧；3—钢球被压柱 6 压下的位置；4—杠杆前端；5—压盖；6—压柱；7—钢球

防坠落装置 4 安装在竖向主框架 6 上，中间穿插防坠落杆件 1，防坠落杆件 1 的上端固定连接在建筑结构 3 上。防坠落装置 4 与液压升降装置 8 之间采用杠杆原理，当液压升降装置

8 承受力时，杠杆 9 提升装置端受力，防坠落装置 4 端的杠杆将防坠落装置的顶盖压下，将防坠落装置打开，防坠落杆件 1 能自由地在防坠落装置 4 中间上下移动。

当液压升降装置 8 不承受力时，杠杆的提升装置端不受力，防坠落装置 4 端的杠杆也不对防坠落装置的顶盖压缩，防坠落装置闭合，防坠落杆件 1 不能在防坠落装置 4 中间移动，起到防坠落的效果(防坠落装置 4 详细工作原理见图 3-21)。

第三节　附着式升降脚手架控制系统及技术

一、三相异步电动机的应用、保养及维修技术

三相交流异步电动机是塔式起重机上重要的电器设备，其好坏直接影响到是否能顺利地安装或拆卸塔式起重机。在正常使用中，如电动机发生故障，不仅影响工程进度，而且增加了架设人员和维修人员的劳动强度和工作的危险性。因此，在安装塔式起重机前和正常施工中，对电动机的保养和日常巡检是至关重要的。利用电磁原理，将电能转换成机械能的机械称为电动机。在塔式起重机中，旋转系统、变幅系统、升降系统等均是用电动机输出机械能来进行工作的。每一个维修人员必须熟悉、了解电动机及其有关的要求和系统。

电动机从接通电源开始转动，转速逐渐增加，一直达到额定转速为止，这一过程称为起动过程。

(1) 全压起动(直接起动)。直接给电动机定子绕组加上电动机的额定电压叫全压起动。这种方式简单经济，不需起动设备。但起动电流大，约为额定电流的 4～7 倍。在电网允许的条件下，起动不太频繁的电动机都采用这种方法。容量在 10 kW 以下的三相异步电动机起动电流不超过变压器额定电流的 20%～30%。

(2) 降压起动。将电源通过一定的专用设备，使其电压降低后再加在电动机定子绕组上，以减小起动电流(约为额定电流的 2～2.5 倍)。当电动机达到或接近额定转速时再将电动机换接到额定电压下运行，称为降压起动。具体方法有：①定子绕组串联电阻(或电抗)起动。这种方法如图 3-22(a)所示，起动时先将三刀双掷开关投向“起动”位置，使电动机降压起动，待转速上升到一定数值后再将开关投向“运行”位置，降压设备即被除去，起动过程结束。此法的缺点是电阻器(或电抗器)要消耗电能。②星形/三角形降压起动(Y/△起动法)。如图 3-22(b)所示，在起动时，先将开关投向“起动”位置。电动机定子绕组接成 Y 形，使各相绕组电压为电源电压的 1/3，从而减小了起动电流。等电动机达到一定转速后，再将开关投向“运行”位置，绕组改接为△形。各相绕组电压升高到额定电压。所以，这种方法适于定子三相绕组的额定电压正好等于电源电压的情况。它的起动电流是全压起动电流的 1/3(均指线电流)。③自耦变压器降压起动。将自耦变压器一次接入电源，二次接电动机，以便降压起动。一般可用改变自耦变压器的分接头来调节电动机的端电压(根据负载要求的起动转矩来选择变压器的轴头)以减小起动电流。但自耦变压器的价格较贵，体积大，检修不便，易损坏。

(3) 绕线式电动机转子串电阻起动。

以上各种起动方法都有缺点，且调整性能也不理想。所以在要求起动电流小、起动转矩大又需调速性能好的场合，如塔吊起重机的卷扬系统，需要采用绕线式三相异步电动机才能满足要求。因为转子电路也由三相绕组组成，这是其起动、调速性能都能变好的原因，但其价格较

高。绕线式电动机起动是先将转子电路中的起动电阻器串入最大值。合上电源,转子开始转动,并逐渐减小电阻器的电阻值,电动机转速逐渐升高,待起动完毕电阻器全部从转子电路中切除,使转子绕组呈短接状态。

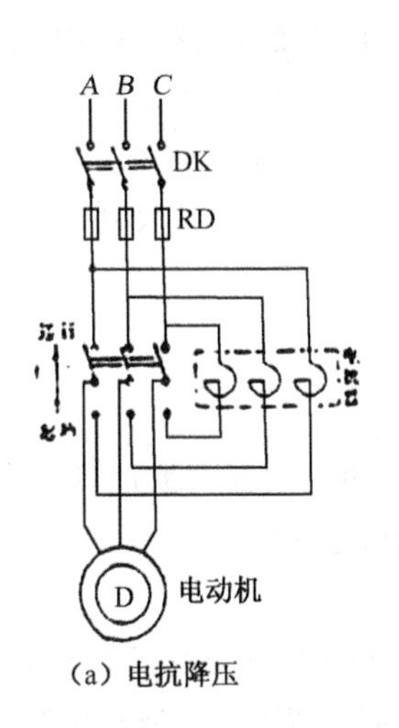

(a) 电抗降压

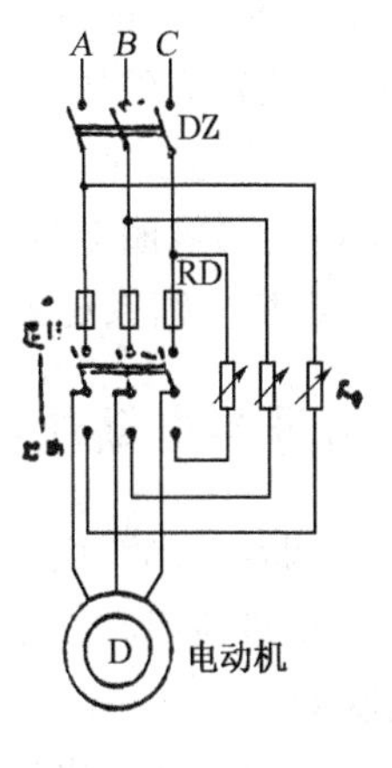

(b) 电阻降压

图 3-22　异步电动机的降压起动

需要注意的是,绕线式三相异步电动机在起动时,转子绕组回路串接电阻,以减小起动电流。由于电动机起动时的电流值远远大于额定电流,而起动用变阻器是按照短时工作的条件设计的。因此如果在起动过程中起动变阻器中途停留过久,不但会造成电动机发热,而且将会使起动变阻器烧毁。所以操作时应一次起动到电动机的额定转速,而不得在起动中途停留太久。

二、三相异步电动机的调速

在塔式起重机机械的运行过程中需要调节各传动系统中电动机的转速。在同一负载情况下,改变电动机的转速,称为调速。塔吊起重机通常采用以下调速方法:

1. 改变定子绕组的磁极对数调速

根据电动机的转速原理:

$$n = 60f/p$$

式中:n——电动机同步转速(理论转速);

f——电源频率;

p——电动机磁极对数。

从式中可看出,运行中只要改变磁极对数 p 就能改变电动机的转速,而转速是整数倍地变化。QTZ80 自升式塔式起重机起重电机就是采用了改变定子绕组磁极对数的多速电机。

2. 在转子电路中串入电阻调速

在电动机的起动方式中我们已介绍过绕线式电动机转子串电阻的方法,此法只适于绕线式异步电动机,通过改变串入转子电路中的电阻阻值达到调速的目的。阻值越大,转速越低。其优点是能在一定范围内平滑调速,所以被广泛采用。

3. 双电机调速

选择两只不同转速的电机。在不同的情况下通过减速装置改变两电机的电源相序,利用电动机的正反转实现调速。QTZ25 塔式起重机起重系统采用了该方式。

4. 电磁调速

利用电动机转轴上的励磁(涡流)绕组,使其通过直流电流产生铰链磁通,经过若干对爪形磁极交叉形成 N、S 极。电动机旋转时,电枢切割磁力线产生涡流,电枢内的涡流与磁场相互作用产生转矩。此转矩的作用使磁极转子与电枢同一方向旋转,其转速必须低于电动机的转速,因为只有当电枢与磁极两转子的速度有差异,电枢与磁板才有相对运动。

改变励磁(涡流)线圈流过的直流电压的大小,实现调速的目的。意大利 AIFA—AP882、QTZ80 塔式起重机变幅系统采用了该方式调速。

三、三相异步电动机的制动

当电动机切断电源后,由于电动机的转动部分和被拖动的机械都有惯性,所以不能立即停转,从塔式起重机使用和安全的角度考虑就需要快速制动,方法如下:

1. 机械制动

常用电磁抱闸(或制动电磁铁)来实现制动。它是利用抱闸上弹簧的压力使闸瓦紧压电动机轴上的闸轮,当抱闸电磁铁线圈通电后,电磁铁的吸力克服弹簧压力,吸动电磁铁的可动铁芯(衔铁),使闸瓦松开,电动机就可以自由转动。如电动机脱离电源,电磁铁线圈也同时失电,铁芯在弹簧的作用下立即释放,闸瓦迅速紧抱闸轮,使电动机制动。

2. 电力制动

电力制动是利用电动机本身来实现制动的一种方式,其主要是使电动机在停车过程中,产生一个与电动机实际旋转方向相反的制动转矩以迅速降低转速,使电动机很快停下来。

(1) 能耗制动。当电动机脱离三相交流电源后,令其立即接入直流电源,使定子绕组流入直流电流,产生一个固定磁场,这时由于机械系统的惯性,电动机仍按原方向旋转,它切割定子的固定磁场而产生感应电动势(右手定则),使转子出现感应电流,转子电流与定子磁场相互作用所产生的转矩与转子旋转方向相反(左手定则)即产生一个制动力矩,使转子迅速停转。由于这种方法是把转子的动能转换为电能消耗在转子电路中,所以称为能耗制动。

(2) 反接制动。反接制动是改变电源相序,使电动机产生一个与转子旋转方向相反的旋转磁场和转矩,迫使转子迅速停转。但停转后,必须立即切断电源,否则转子就要开始反转。

(3) 发电制动(又称再生制动)。在电动机工作过程中,有时因某些原因可使转子的转速超过旋转磁场的转速,使转子电流的方向随着相对切割方向的改变而变化。这时电动机所产生的电磁转矩的方向与其旋转方向相反,则拖动转矩变为制动转矩,产生了制动作用。如起重机械在重物下降时,转子由于受重物拖动,其转速可以超过同步转速,这时转子导体切割旋转磁场的磁力线所产生感应电势和电流的方向与原来相反,电磁转矩变为制动转矩,使重物不致下降过快。也就是说,电动机变为发电机运行,将重物的机械能转换为电能反馈给电网。所以这种制动称为发电制动。

四、电动机的检查与保护

1. 电动机的检查

对于新的或长期不使用的电动机,使用前都应检查和测定电动机绕组间、绕组对外壳(对地)间的绝缘电阻。对绕线式电动机还应检查转子绕组及滑环对外壳和滑环间的绝缘电阻。一般情况下,要求每伏工作电压有 1 000 Ω 的绝缘电阻,通常对 500 V 以下的电器设备应用 500 V 型兆欧表测量。电机绝缘电阻必须大于等于 0.5 MΩ 时方可通电运转,否则须经干燥处理后方可试运转。

2. 电动机的保护

(1) 短路保护。一般熔断器和自动开关就是短路保护装置。当三相异步电动机发生短路故障时,将产生很大的短路电流,如不及时切断电源,将会使电动机烧毁甚至引起更大的事故。加装短路保护装置后,很大的短路电流就会使装在熔断器中的熔丝立刻熔断,从而切断了电源,保护了电动机及其他电气设备。大的短路电流还可使自动开关脱扣器动作,切断电路。

为了不使故障范围扩大,熔断器应逐级安排,使之只切断电路中故障部分。熔断器应装在开关的负载侧,以保证更换熔丝时切断电源,在不带电的情况下操作。

(2) 过载保护

热继电器就是电动机的过载保护装置。当电动机因某种原因发生短时间的过载运行不会马上损坏电动机,但长时间的过载运行就会使电动机定子绕组发热而损坏电动机。因此,在电动机网路中装接热继电器加以保护,在电动机通过额定电流时热继电器不动作,当电流过载 20%运行时,热继电器在 20 min 内动作,切断控制回路并通过联锁装置切断电源保护电动机。一般热继电器的瞬时动作电流整定值,应为所保护的电动机额定电流的 2.5 倍。

(3) 失压保护。电动机的电磁转矩与电压的平方成正比,若电源电压过低将使电动机转速下降,电流增大。如果长时间低压运行,会损坏绝缘,烧毁电动机,所以应在电源电压过低的情况下及时切断电动机电源。同时,电动机正常运行中突然停电,当恢复供电后,也不允许电动机自行起动,一般均采用失压保护。磁力起动器的电磁线圈在起动电机控制电路中起失压保护作用,以便在上述两种情况下对电动机起保护作用。

五、电动机的维护与保养

电动机在使用过程中要经常做好清洁、防尘、防潮和防止过热,可分成以下三个方面经常检查。

1. 绕组绝缘

(1) 电机绕组必须保持干燥,绝缘电阻低于 0.5 MΩ 应立即进行干燥处理。线圈绕组受潮原因很多,如长期搁置、受潮、雨水侵蚀、装置点积水、环境潮湿等。

(2) 电机内部不允许积有灰尘、混土或其他杂质,这些杂物侵入后,将严重降低绝缘电阻,损坏绝缘或产生击穿绝缘现象,甚至造成接地故障,尤其是电刷、滑环、短接装置更应保持清洁。

(3) 电机运行过程中,温升不允许超过额定值,电机温升由所用绝缘材料不同分为六级:A 级 60℃,E 级 70℃,B 级 85℃,F 级 110℃,H 级 135℃,C 级 135℃以上。

电机过热原因有过载、通风不良、电压偏低或偏高、环境温度高、接线错误、线圈质量不好、缺相运行等。

2. 机械方面

机械方面主要应注意轴承润滑和防止振动。

(1) 轴承应定期注油和换油。一般 6～12 个月更换一次,常用润滑油为钙基润滑脂(黄油)2G-1、2G-5 或用钠基润滑脂与二硫化铝。

(2) 注意轴承的磨损,磨损增大,将造成电机运行时振动大,电动机转子铁芯与定子铁芯之间空气间隙减小，噪声大，温升高，轴承变形，运转不同心等。

3. 滑环装置

电机滑环装置易发生故障，如电刷火花过大，电刷磨损严重，电刷弹簧压力不够，绕组引出线脱焊、断线等。滑环装置应及时清除石墨粉末和金属粉，经常检查接线螺栓的紧固情况和转子绕组引出线接头的焊接情况，防止发生断线和脱焊，换向器与滑环表面应光滑平整，无磨痕和烧蚀现象。一经发现，应及时打磨调整，保持装置的清洁、干燥、绝缘良好。电刷磨损和破碎时应按规定进行更换，同时，要保证整台电动机的电刷牌号一致，否则会引起各电刷间负荷分配不均。电刷更换后，电刷与换向器接触面应用00号砂纸研磨光滑，并达到良好吻合。

六、电动机的故障及维修

电动机的故障主要有不能起动、声音不正常、温度超过正常或冒烟、轴承发烫、滑环式电机在外部电阻切除后转速缓慢，其原因及处理方法见表3-1。

表3-1　电动机故障原因及处理方法

故障	原　　因	处　理　方　法
不能起动	1. 电源未接通	1. 线路上的接头有油垢、灰尘，用电工刀刮净； 2. 接线接头松脱，把螺栓拧紧； 3. 线路上导线断开，接好或换新线
	2. 熔丝熔断	1. 通过计算更换适当的新熔丝； 2. 电机的定子、转子绕组短路或接地； 3. 电动机过载、抱闸未开，修抱闸，负荷太大，减轻或换电动机
	3. 过载保护设备	1. 电动机过载、抱闸未开，修抱闸，负荷太大，减轻或换电动机； 2. 过载保护设备的选用和调整不当，重新计算调整
	4. 电压过低	1. 导线太细，起动时压降太大，更换恰当的粗导线； 2. 电动机本是△接法，误接为Y，改正； 3. 电压低，与供电部门商议把变压器电压适当提高
	5. 控制设备接线	详细核对接线图，改正
	6. 带动的负载被轧住	检查机械，消除故障
	7. 定子或转子线圈断开	用万用表查出开路处，接好
	8. 定子或转子线圈短路	当个别绕组局部短路时，电动机还是能起动的，这时只能引起熔丝熔断；如果短路严重，电动机绕组很快冒火，这时电动机必须拆线重绕
	9. 轴承轧住	指小电动机而言，将转子转动，用螺丝刀尖端放在轴承盖处俯耳听或用手摸，查出并换新
	10. 黄油太硬	冬天小电动机有时有这种情况，只要在轴承的内外圈滚道上加点稀油（机油）就可解决
	11. 槽配合不当	1. 把转子外圆车小（最多不多于1 mm）； 2. 重新设计转子或定子槽数
	12. 电动机内首尾线接错	拆开端盖，抽出转子，查出错处纠正

续表 3-1

故障	原　因	处　理　方　法
声音不正常	1. 电动机两相运行(电动机发出低沉吼声)	1. 随时觉察,立即停车检修好,否则 Y 接法的要烧坏两组线圈,△接法的烧坏一组线圈; 2. 电源缺一相,查出,修复; 3. 一相熔丝熔断,可能是熔体太小,应通过计算调换适当的新熔丝(一般是三相一起换,严禁两大一小)
	2. 振动	1. 带动机器可能不平衡,应校正; 2. 滑环式电动机转子修好后,没有校正好动平衡,重校正好动平衡; 3. 安装电动机的铁轨不平直,要垫平,若底脚螺栓松动,应旋紧螺母
	3. 转子与定子摩擦	1. 校正转子中心线; 2. 锉去定子转子内外的硅钢片突出部分; 3. 校正轴或更换新轴承
	4. 空气间隙不均	2. 校正转子中心线、更换; 2. 更换新轴承
	5. 转轴上部分零件松动	1. 拧紧各个螺丝,使它们不松动; 2. 轴小,重配轴
	6. 定子、转子铁芯压装不坚实	1. 重绕时,有设备条件,可以重新压装; 2. 在拆除线圈时,也可用绝缘纸板等填塞
	7. 风扇、风罩、端盖间有撞击	1. 风扇或风罩松动,拧紧螺丝; 2. 风罩或端盖有杂物,应清除
	8. 滑环式电动转子线圈短路	用万用表测出修理好
	9. 滚动轴承发出响声	1. 严重缺乏润滑油,拆下轴承盖,加黄油满 2/3 油室; 2. 轴承本身磨损,滚道上有麻点,重新换轴承; 3. 有杂物,清除
	10. 电动机内部连线接错	拆下电动机,除去盖,查明首尾连接,校核正确
	11. 联轴器松动	停车查清松动处,把螺丝拧紧
温度超过正常或冒烟	1. 过载	1. 用钳形电流表测量,若有过载,适当减少负荷; 2. 调换容量大的电动机
	2. 日光曝晒或通风不畅	1. 搭简易凉棚、荫架,避免电动机受日光照射; 2. 移开阻塞风道的物件,使空气对流畅通
	3. 电压过低或过高	1. 与供电部门协商把变压器电压适当调高或调低; 2. △接法电动机误接为 Y 接法,恢复△接法; 3. Y 接法电动机误接为△接法,发热厉害,立即停电改接法
	4. 机器被轧住或皮带太紧	1. 机器轧住,找出原因排除,如缺乏润滑油,清洗后加油润滑; 2. 调整皮带的松紧度
	5. 定子绕组短路	1. 小范围短路打开电动机内部用目观、鼻闻、手摸检测短路处; 2. 找到短路处,把短路线圈割断,用连线跳接,暂解急用; 3. 大范围严重短路只有拆线重绕

续表 3-1

故障	原　因	处理方法
温度超过正常或冒烟	6. 定子绕组接地	用摇表检查,查出接地处用绝缘物裹好
	7. 滑环式转子线圈接线松脱或鼠笼式转子断条	1. 对于滑环式,用万用表查出松脱处,焊好或用螺栓紧固好; 2. 对于鼠笼铜条转子只有车去两端端环,拆掉其中导线,重新制作
	8. 定子转子铁芯摩擦	同第二类故障中 3
轴承发烫	1. 轴承装配过紧(端盖轴承室小,转轴大)	重新加工到标准尺寸
	2. 皮带过紧	调整皮带松紧度
	3. 黄油中有杂物	清除原黄油,另换好的润滑油
	4. 轴承室严重缺乏黄油	拆下轴承盖,用机油把轴承室洗净,重加黄油
	5. 电动机两侧端盖没有盖好	将两侧端盖装妥或加工好,并紧固螺栓
	6. 滑动轴承润滑油不够	把油加到标准油面线
	7. 滑动轴承用油环轧煞或转动缓慢	1. 冬天换掉润滑油; 2. 查明轧煞处,修好或更换新油环
	8. 滚动轮承用黄油填塞太多	挖掉一点,只可填塞 2/3 油室
滑环式电机在外部电阻切除后转速缓慢	1. 控制设备进出线太细	改用较粗导线
	2. 控制设备离电机太远	将两者尽量移近
	3. 转子电路断路(包括触头连接和接至控制设备的导线)	查出,修复
	4. 电刷有火花	检查电刷与滑环,清除
	5. 电刷与滑环间有尘垢、油垢	先用汽油清洗尘垢油污,然后用布擦净
	6. 电刷咬住	改用适当大小的电刷
	7. 电刷压力不合	调整电刷压力
	8. 滑环表面粗糙	1. 轻微的用砂纸擦光; 2. 严重的车光或磨光
	9. 滑环不圆	车圆或磨圆
	10. 振动很大	1. 注意底脚松动,紧固; 2. 转子校动平衡; 3. 被带动机器不平衡,拆卸检查修复
	11. 过载	1. 适当减少负荷; 2. 用鼓风机或风扇对面吹风冷却
	12. 电源电压大	与供电部门协商进行调节
	13. 带动机器不灵活或轻微轧住	拆卸检查、清洗、加油使之转动灵活

第四节　电气控制线路及技术

一、概述

在塔式起重机电气系统中，我们把电源隔离开关、变压器初级线圈、电动机、变阻器等叫做一次设备，连接它们的线路叫做一次回路（或主电路、主回路），在电气原理图（表示连接方法的电路图）上用粗线条表示。把那些保护、控制、监督和测量的电器叫二次设备，连接它们的线路叫做二次回路（或辅助电路），用细线条表示。现代电气系统中用作自动控制的二次回路是必不可少的，二次回路的范围很广且内容也非常丰富。

将电源和负载联接起来，构成全电路如图 3-23 所示，合上开关 K，电流 I 从电源的正极经过 K，流过电阻 R，回到电源的负极，这是一条完整的闭合回路。如果电源通向电阻 R 的两根导线不经过电阻 R 而相互直接接通，就发生了电源被“短路”的情况。

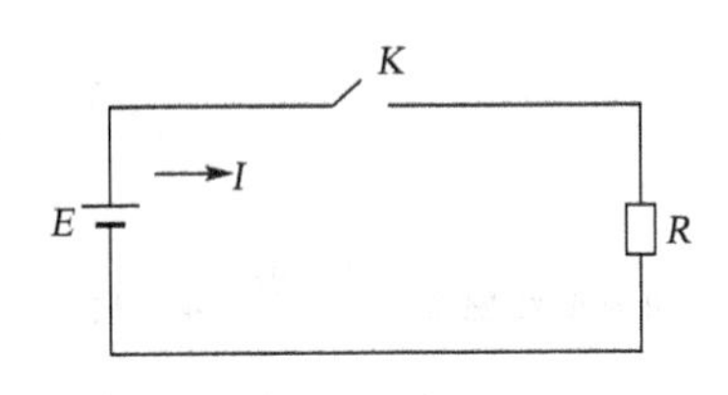

图 3-23　最简单的全电路

电路中某一部分断开，例如导线、电气设备的线圈等断线，使电流不能流过电阻 R 的现象称为“断路”。

二、电气原理图

对于塔式起重机的操作人员、架设人员、电器维修人员，不但要了解塔式起重机每一部件、每一个机构的用途、作用原理和检修方法，还要了解电器设备的特点、构造及电气线路的分布、控制器动作顺序等。要达到上述要求，首先要熟悉电气原理图。

用规定的符号，按主电路与辅助电路相互分开及各电气元件动作顺序等原则所绘制的线路图称为电气原理图。电气原理图具有结构简单，层次分明，适宜于研究、分析电路和工作原理等特点，所以得到了广泛应用。

1. 主电路

塔式起重机供电线路均为三相四线制，电源经导线连接，通过隔离开关、熔断器、交流接触器主触头三相异步电动机的定子绕组、转子绕组和起动用电阻器形成完整的主电路。主电路按各机构又可分成几个独立的支电路，如卷扬支电路、行走支电路、旋转支电路、变幅支电路等。

2. 二次回路（辅助电路）

二次回路主要用于控制交流接触器的线圈电源，使其主电路接通或断开。在这个基础上，为了保证电器设备的正常运行和机械的安全使用，在二次回路的线路中串接了按钮、安全开关、接触器辅助触头、力矩保护、超重保护、超高保护、热继电器触头、时间继电器触头等。

三、控制线路工作原理

单方向运转点动控制如图 3-24 所示。

其工作原理如下:合上刀开关 DK,按下按钮 QA,其常开触点闭合,接触器 C 的励磁线圈通电,接触器动铁芯带着动触头与静触头闭合。电动机 D 的电源接通,按规定方向运转。当松开按钮 QA,触点断开,接触器励磁线圈失电,主触头亦断开,电源被切断,电动机停转。这样可以很方便地对电动机实行单方向旋转的点动控制。在塔式起重机中,顶升系统液压电动机的工作原理就是这样的。

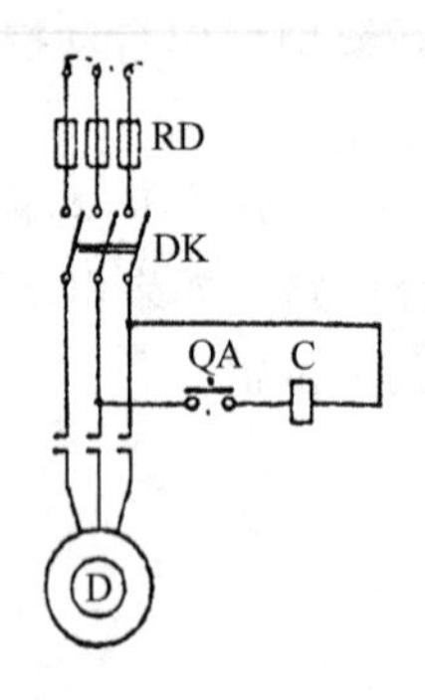

图 3-24　单方向运转点动控制线路图

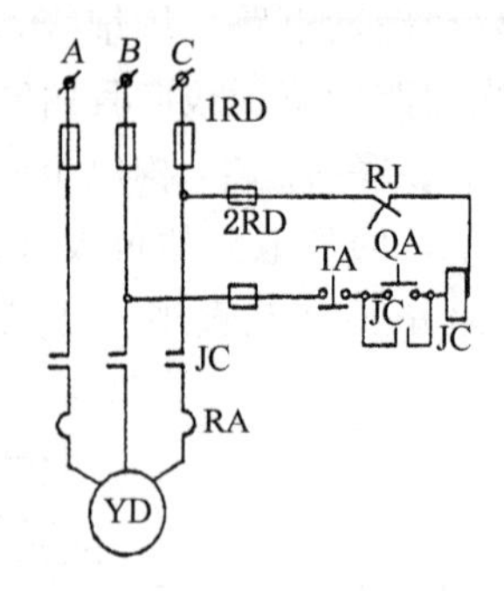

图 3-25　单方向连续运转原理图

单方向连续运转控制如图 3-25 所示。该电路在单向点动线路的基础上增加了停止按钮 TA、热继电器 RJ 和交流接触器常开触点。其工作原理如下:电源接通后,按下起动按钮 QA,控制电流经熔断器 2RD、热继电器 RJ、接触器 JC 线圈、起动按钮 QA 常开触点、停止按钮 TA 常闭触点构成回路。接触器线圈得电,其主、副常开触点闭合,与起动按钮 QA 并联的辅助常开触点自锁维持控制回路的电源通路;同时主触点将主回路电源接通。通过继电器 RJ 的热元件供给电动机 YD,电动机得电起动工作。当电动机需停止工作时,按下停止按钮,TA 常闭触点断开,切断接触器 JC 线圈电压,JC 失电释放,其主副常开触点断开,停止向电动机 YD 供电。同时,JC 常开副触点解除自锁,主回路及控制回路停止工作。

在工作过程中,如电动机 YD 过载或故障时电流超过其额定值,此时热继电器的热元件电流值增大,发热加快,双金属片受热变形,推动动作机构,使热继电器常闭触点断开,切断控制电路电源,接触器线圈失电释放,使电动机停止工作,从而保护了电动机。电路停止工作后,热继电器开始冷却至常温后可自动或手动复位,使其常闭触点闭合,为再次工作准备。

该电路在塔式起重机中应用在主电源接触器的通断系统中,所不同的是负载不是电动机 Y,而是主电路上几个独立的支电路,为各支电路的主电源。在控制回路中,塔式起重机上增加了中间继电器、零位保护装置等电气元件。

1. 正反向起动控制

电动机的正反向旋转是通过改变电源的相序以改变电动机旋转磁场的方向来达到正反向运转。和单向连续运转相比,增加了一只反转接触器 FC、反转按钮 FA,用上了接触器的辅助常闭、常开触点实现互相联锁。见图 3-26。

其工作原理如下:当按下正向起动按钮 ZA 时,控制电流经起动按钮 ZA、反向接触器常闭触点 FC、正转接触器 ZC 的线圈、热继电器 RJ 的常闭触点形成回路,接触器线圈 ZC 得电,其

ZC 常开触点闭合，接通电动机电源，电机正转；同时，接触器常开副触点闭合自锁，常闭副触点 ZC 断开，切断反转接触器 FC 的控制电路，此时按下反转按钮。由于反转接触器 FC 的控制回路被切断，不可能得电动作，从而防止了短路现象的发生。

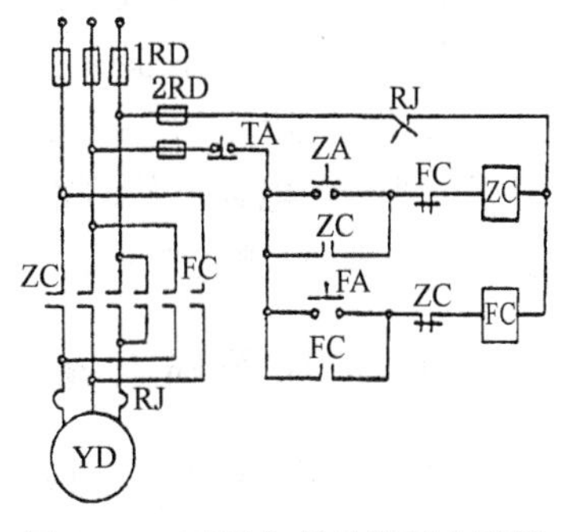

图 3-26　正反向起动控制电路图

当电机需反转时，必须按下停止按钮 TA，使正转接触器 ZC 停止工作，其常闭副触点 ZC 闭合接通反转控制回路，按下反转起动按钮，反转接触器才能得电动作，将电源相序调换后供给电动机，使电动机反向旋转。当反向接触器 FC 得电工作时，其常闭触点断开，切断正转接触器控制回路，ZC 不可能得电动作，同时防止了短路现象的发生。在正反向起动电路中，控制回路的相互联锁有常闭副触点联锁、起动按钮联锁或起动按钮及接触器常闭副触点同时联锁几种，作用都是防止正反转接触器同时动作，避免短路现象的发生。该控制系统是塔式起重机最常见的电路，应牢牢掌握，并能实际运用。

2. 能耗制动控制

该电路结构是在电动机三相电源断开时，在电动机定子绕组中通入直流电后，定子绕组中产生一个固定磁场，旋转的转子绕组切割磁场产生感应电流，而形成一个与电动机旋转方向相反的转矩，这个转矩消耗了电动机转子的动能而起制动作用。因此该电路属能耗制动方式。电路工作过程如图 3-27 所示。

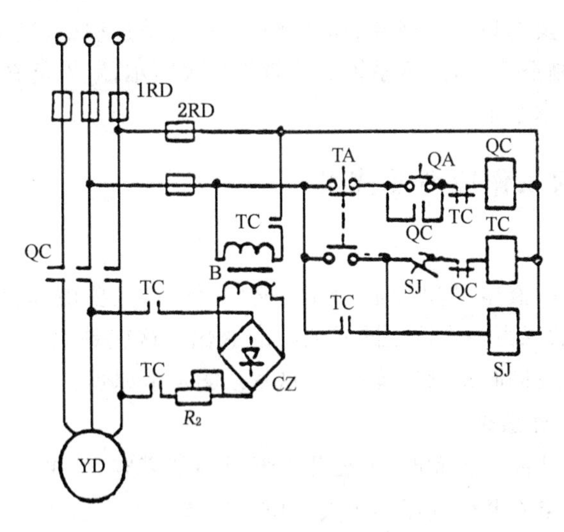

图 3-27　能耗制动控制电路图

按下起动按钮 QA，QC 得电自锁，并接通电动机 YD 三相电源，YD 得电运转，同时 QC 常闭副触点断开，切断 TC 控制电源，防止 YD 工作时制动电源加给 YD 定子绕组而发生故障。当按下停止按钮 TA 时，QC 失电。断开电动机 YD 三相电源，同时 QC 常闭副触点闭合，TA 常闭触点接通时，TC、SJ 得电动作，TC 常开副触点自锁，SJ 开始延时，TC 接通制动电源变压器电源，经单相桥堆整流器 CZ 整流后，将直流电源供给电动机定子绕组，制动开始。当 ST 延时到时后，ST 常用触点切断 TC 控制电源，TC 失电，断开变压 B 电源，制动结束。电路中可

变电阻 R_2 是用来调整制动直流电源的。

由上面四种控制原理图和工作原理，可以发现从简单的点动控制到较为复杂的能耗制动控制，它们的规律都是一样的。因此，我们在研究、分析塔式起重机原理图时，可按“条块分割”的原则找出各电器元件的相互关系，将原来的复杂电路化简为简单的电路，这样对熟悉塔式起重机的原理图，顺利地安装和拆卸、维修电器设备都大有帮助。

四、液压控制系统

液压传动是根据 17 世纪帕斯卡发现的液体静压力传动原理（帕斯卡原理）而发展起来的一门新兴技术。在机械领域，尤其是工程机械领域，液压传动技术更显示出重要性。液压传动技术在塔式起重机上的运用，主要体现在塔机的组装和拆卸过程中，如整体拖运、快速架设的小型下旋转塔机的整体摆放和上旋转的中大型自升式塔机的升高和拆卸。近年来，液压传动在塔式起重机的非顶升系统中也得到了应用，如用液压马达代替电机，实行较为完善的无级变速等。随着技术的成熟，这将成为一种趋势。

液压传动与其他形式的传动相比有其自身的特点：实现无级调速，且调速范围大；传动平稳，冲击小；液压传动装置相对机械传动装置结构小、重量轻；操纵控制简单方便，易于实行复杂工序的自动循环，以及远距离操纵；易于实现过载保护，能自行润滑，装置寿命较长；液压元件容易实行标准化、系列化、通用化，便于维修、更换，组织大批量生产，成本低。

其缺点主要是：由于液体介质的泄漏和压力损失以及液体的可压缩性使得传动效率低；对环境要求较高，环境温度变化影响液体的黏度，从而影响液压油的泄漏量和液体的可压缩性，故对不同温度时的传动要选择不同型号的液压油；液压传动过程中，液压油对传动装置的密封性能要求较高，增加了制造成本；液压系统的故障排除较困难，对人员素质及设备要求较高，使用和维护需要较高的技术水平。

五、液压传动的工作原理及技术

1. 帕斯卡原理

盛放在密闭容器内的液体，其外加压力 P 发生变化时，只要液体仍保持其原来的静止状态不变，液体中任一点的压力均将发生同样大小的变化。这就是说，在密闭容器内，施加于静止液体上的压力将以等值同时传到液体各点，这就是帕斯卡原理。

2. 液压千斤顶的工作原理

当手动油泵的活塞Ⅱ向上运动时，油腔Ⅱ中形成局部真空，使单向阀 1 关闭，阀 2 开启，空腔Ⅱ中气压小于大气压。液体在大气压作用下从油箱经管道、单向阀进入Ⅱ腔。当活塞Ⅱ在 F_2 作用下向下运动时，腔Ⅱ中的液体被压缩，关闭单向阀 2，开启单向阀 1。液体经管道、阀 1 进入腔Ⅰ，推动活塞Ⅰ，克服负载 F_1，向上运动。当活塞Ⅱ不断往复运动，油液不断吸入，推动活塞Ⅰ不断向上运动达到硬升负载的目的。当负载顶高到一定高度之后，打开处于关闭状态的阀 3，在负载 F_1 作用下，液体关闭阀 1，经阀 3 回流到油箱，如图 3-28 所示。

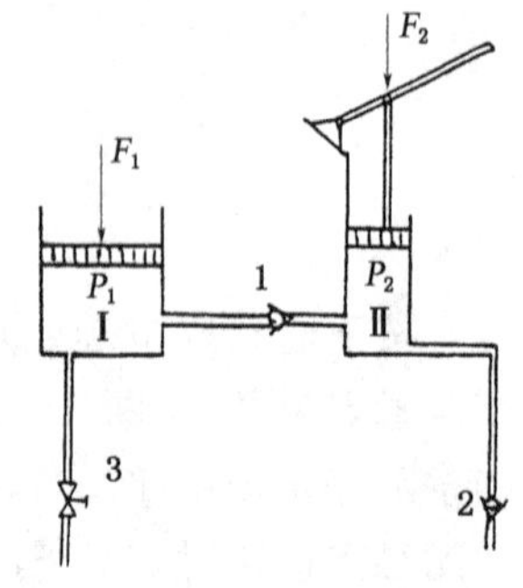

图 3-28　液压千斤顶工作原理图

当油腔1的活塞截面A_1是活塞Ⅱ截面A_2的n倍，即：$A_1/A_2=n$；负载F_1就是手动活塞F_2的n倍，即：$F_1=nF_2$。从上述推理可以得到以下结论：由于千斤顶的$A_1/A_2=$定值，那么，千斤顶压杆的作用力将随外力负载的变化而变化，即千斤顶压杆的作用力是负载的$1/n$。

3. 液压传动的关键技术指标

(1) 压力。由外力和自重作用在液体单位面积上产生的作用力称压力。通常用P表示，单位为Pa(帕)。压力分类见表3-2。

表3-2　压力级别及范围

压力级别	低压	中压	中高压	高压	超高压
压力范围(MPa)	0～2.5	2.5～8	8～16	16～32	大于32

在塔机液压系统中多采用中高压和高压。例如，意大利ALA、AP822塔吊顶升压力为15 MPa，江丽QT80塔吊顶升压力为18 MPa，沈阳H3/36B塔吊顶升压力为30 MPa。

(2) 流量。流量是指单位时间内流过某一截面(m^2)的液体体积，通常用Q表示，单位为m^3/s。

(3) 液体的压缩性和膨胀性。在一定作用力下，液体体积缩小，单位体积内液体的质量变大的特征称为液体的压缩性。在一定外力作用下，液体温度升高，单位体积内液体的质量变小的特征，称为液体的膨胀性。

(4) 黏性和黏度。液体在外力作用下流动时，其内部分子之间的作用力阻碍分子的相对运动，即分子间存在摩擦力或切应力的性质称为液体的黏性。在实际观察过程中，表现为液体流动时的稠和稀。液体黏性的大小称为黏度，它是液体最重要的特性之一，是液压系统中选择液压油的主要指标，它直接影响到液压系统能否正常工作和液压系统的工作效率与灵敏性。

(5) 液体流动中的能量损失。油液在相同直径的管路中流动时，由于液体的黏性以及与管壁之间摩擦而产生能量损失，称为沿程损失。液体流过阀门、弯头或不同管径的油管而引起液体的速度、方向等的急剧变化而造成的损失，称为局部损失。

(6) 液压冲击。由于液压系统突然起动、停止、变速或换向等原因而引起液体的局部压力突然升高，形成一个很大的压力峰值，称为液压冲击。液压冲击时出现的最大冲击力为冲击压力。液压冲击常伴随着巨大的噪声和振动，使液压系统产生温升，有时会损坏一些液压元件或管件。

(7) 气蚀和噪声。在一定温度下，当液压油压力低于某值时，溶解在油液中的空气会突然迅速地从油液中分离出来，产生大量气泡。当这些气泡随着液流流到压力较高的管中某部位时，因承受不了高压而破灭，产生局部的液压冲击，发出噪声，引起振动。当附着在金属表面上的气泡破灭时，产生局部高温和高压，使金属剥落，表面粗糙或出现海绵状的小洞穴，这种现象称为气蚀。在节流孔的下部位常会发生这种现象。防止气蚀的主要措施是尽量减少管道的急转弯或截面过细，及时清理、更换滤芯，增强零件的机械强度和抗腐蚀性能以及提高金属零件内壁的光洁度。产生噪声的主要原因除上述气蚀现象外，还应保持机械部分连续完好、支承稳固，另外减少操纵不当和执行元件在起动和停止时的冲击。

六、液压油选择技术

在液压系统中,油液既是传动介质,又对各种元件起着润滑作用,因而它比一般润滑油的要求更高。塔吊液压系统采用中高压传动,单项工程使用塔机时间较长,随季节、温差变化较大,必须根据所处地域选择适中的运动黏度和化学稳定性较强的液压油。

液压油主要从以下几个方面进行选取:①根据塔机工作环境温度,选择合适黏度的液压油,使得系统泄漏和压力损失最小,同时系统又能正常运转。通常在夏季环境温度较高时选择高黏度液压油,冬季选择低黏度液压油。②具有良好的润滑性能,液压油在工作温度、压力变化范围内应保证摩擦面间的润滑性能,具有较高的油膜强度,减小磨损。③具有良好的化学稳定性,不易氧化、水解。④具有良好的防腐蚀性,不腐蚀金属,不破坏密封。⑤闪点、燃点要高,凝点要低。热膨胀系数要低,比热容和导向系数要高。⑥质量要纯净,不应含有沥青和杂质,不应含空气和水。

对于一般液压设备常采用代号为 YA—N32、YA—N46 和 YA—N68 等普通液压油,亦可采用黏滑性能较好的 YA—N32G 和 YA—N68G 液压油。在工程机械中,超高压的液压系统常采用抗磨性较好的适用 10 MPa 以上的代号为 YB 的抗磨液压油,如 YB—N32、YB—N46、YB—N150 等。表 3-3 为几种常见的普通液压油的性能指标。

表 3-3　几种常见的普通液压油的性能指标

	质量指标					备注
运动黏度(40℃)(mm^2/s)	N32 20	N46 30	N68 40	N32G 20	N68G 40	
		28.8～ 35.2	41.4～ 50.6	61.2～ 74.8	28.8～ 35.2	61.2～ 74.8
黏度指数不小于	90					
闪点(开口)/℃不低于	70					
凝点/℃不高于	−10					
水分×100	无					
机械杂质×100	无					
水溶性酸或碱	无					
氧化安定性	1 000					
黏滑性能(沥青摩擦系效差值)不大于	0.08					

对于不同类型的泵,选用不同类型的液压油。表 3-4 给出了液压泵常用液压油的黏度表。

表 3-4　液压泵常用液压油的黏度表　　(单位:mm^2/s)

泵的类型		工作温度(℃)	
		50～40	40～80
叶片泵	7 MPa 以下	19～29	25～44
	7 MPa 以上	31～42	35～55
齿轮泵		19～42	58～98
轴向柱塞泵		26～42	42～93
径向柱塞泵		19～29	39～135

目前,在 100 t·m 左右塔机的液压系统中,采用普通液压油或黏滑性能较好的液压油。在大吨位塔机的液压系统中,如沈阳 H3/36B 采用了柱塞泵,压力较高,可以提高所使用的液压油等级。

七、液压系统的组成技术

液压泵将机械能转化成液压能,是液压系统的能源元件。按液压泵的结构类型可分成齿轮泵、叶片泵、柱塞泵。塔机的液压系统中大多采用齿轮泵作为能源元件。外啮合齿轮泵是由一对相互啮合的齿轮、壳体以及前、后端盖等组成。在图 3-29 中,齿轮Ⅰ为主动齿轮,齿轮Ⅱ为被动齿轮。当齿轮Ⅰ旋转时,轮齿开始进入啮合之处为压油腔。当齿轮按图示箭头方向旋转时,吸油腔由轮齿 8、9、10、1、1′、10、9 的表面及壳体和端盖的内表面组成,轮齿 8 和 9′所扫过的容积大,使吸油腔的容积增加,形成局部真空。油箱中的液压油在大气压的作用下通过油管进入吸油腔,这就是齿轮泵的吸油过程。

由于齿间充满着液体,随着齿轮的旋转,齿间的液体被带到压油腔。压油腔由轮齿 2、Ⅰ、Ⅰ′、2′、3′的表面及壳体和端盖的内表面组成。由于正处于啮合的轮齿Ⅰ和Ⅰ′所扫过的容积比轮齿 2 和 3′所扫过的容积小,使压油腔的容积减小,液体被排出压油腔,这就是齿轮泵的压油过程。随着齿轮的旋转,轮齿依次进入啮合,吸油腔周期性地由小变大,排油腔也周期性地由大变小,于是齿轮泵就能不断地吸入或排出液体。齿轮泵的泄漏主要有:①齿轮侧面与侧板之间的轴向间隙;②齿轮顶圆与壳体内表面之间的径向间隙;③齿轮的啮合间隙。

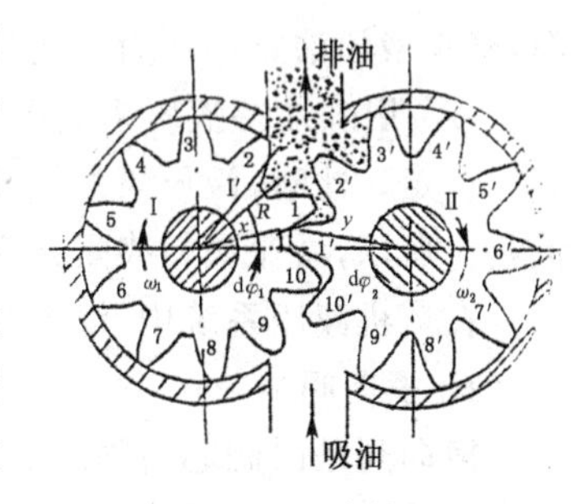

图 3-29　齿轮泵

液压马达、液压缸是将液压能转化成机械能的元件,是主要的液压执行元件。目前,在塔机的液压系统中较少采用液压马达,极少采用液力耦合器。但在塔机液压顶升过程中,广泛采用了液压油缸,主要采用的是双作用单杆活塞缸。如图 3-30 所示,它是双向液压驱动,两个方向均可获得较大的牵引力。由于两腔有效作用面积不等,无杆腔进油时牵引力大而速度慢,有杆腔进油时牵引力小而速度快,这一特点完全符合塔机顶升时的工况需要。当塔机顶升时,要求推力大,但速度必须慢,很平衡地将塔吊上部结构顶起,确保安全。而下降时,有杆腔进油,亦不需要太大的牵引力,此时速度相对也快一些。

双作用单杆活塞缸主要由缸底、缸筒、活塞杆、活塞、缸盖组成。缸筒一端与缸底焊接,

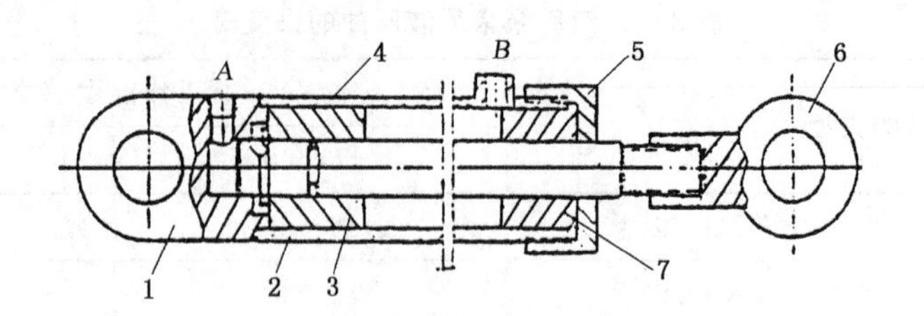

图 3-30　双作用单杆活塞缸

1—缸底;2—缸筒;3—活塞杆;4—活塞;5—缸盖;6—吊环;7—轴套

另一端用螺纹与缸盖连接,两端各有一个油口。活塞与活塞杆由卡键连接,活塞头套有支承环(常采用石墨环)。两环之间的活塞槽中有O形密封圈,外缘有Y形密封圈。当工作腔油压升高时,Y形密封圈的唇边被液压油挤压张开紧贴活塞和缸壁内表面,压力越高,贴得越紧,从而起到密封作用。在缸盖一端设置导向套、防尘封等,在缸底通常设置缝隙缓冲装置。

液压控制元件主要指各种控制阀,按阀的作用可分成三种:①压力控制阀:主要用来控制液流的压力,以满足载荷变化的要求。如保持液压系统一定压力、限制最高压力等。常用的有溢流阀、平衡阀等。②流量控制阀:控制系统中液流的流量,以满足工作机构速度变化的要求。常用的有节流阀、调速阀。③方向控制阀:控制液压系统中液流的方向,以满足工作机构改变动作方向的要求。常用的有单向阀、换向阀。

塔机的液压系统中常用到溢流阀、平衡阀、单向阀、换向阀等。下面对塔机液压系统中常用阀件作一些介绍。溢流阀在液压系统中主要起两个方面的作用:

(1) 系统超负荷时,溢流阀起安全保护作用,此时又称它为安全阀。液压系统最高承受压力定为某一值,则溢流阀就调定在该值。当超过该值时,溢流阀打开,液压油经溢流阀回到油箱,确保液压油路中压力不超过调定值,从而保护整个系统的各元件。

(2) 用来维持液压系统压力恒定,称之为恒压阀。液压系统中,溢流阀使液压泵出口压力维持恒定。此时,液压泵的供油量总是大于液压缸的需求量,多余的液压油则通过溢流阀流回油箱。所以,溢流阀始终是开启的,只随着负荷的变化,溢流量变化而已。

在塔机液压系统中,溢流阀更多的是作为安全阀使用,起安全保护作用。

1. 换向阀

换向阀是由阀芯与阀座之间相对位置的改变来控制油液流动方向的。换向时要求压力损失小。液流在各阀口间的缝隙泄漏量较小,换向动作灵敏、可靠、平稳,过渡无冲击。

按操作方式的不同,换向阀分为手动换向阀、电动换向阀、气动换向阀、液动换向阀等;按换向阀的工作位置和通路数又可分为二位、三位和多位,二通、三通和多通。塔机液压系统中常采用手动三位四通阀,如图 3-31 所示。

2. 平衡阀

平衡阀又称为限速阀,广泛应用于负重下降系统中。在工程机械中存在许多负重下降工况,为避免自重作用下的超速下降,常设置平衡阀。平衡阀性能的优劣将严重影响这些机械的工作质量和安全可靠程度。平衡阀是由顺序阀和单向阀结合,并进一步改善其结构而成的。其符号如图 3-32 所示。

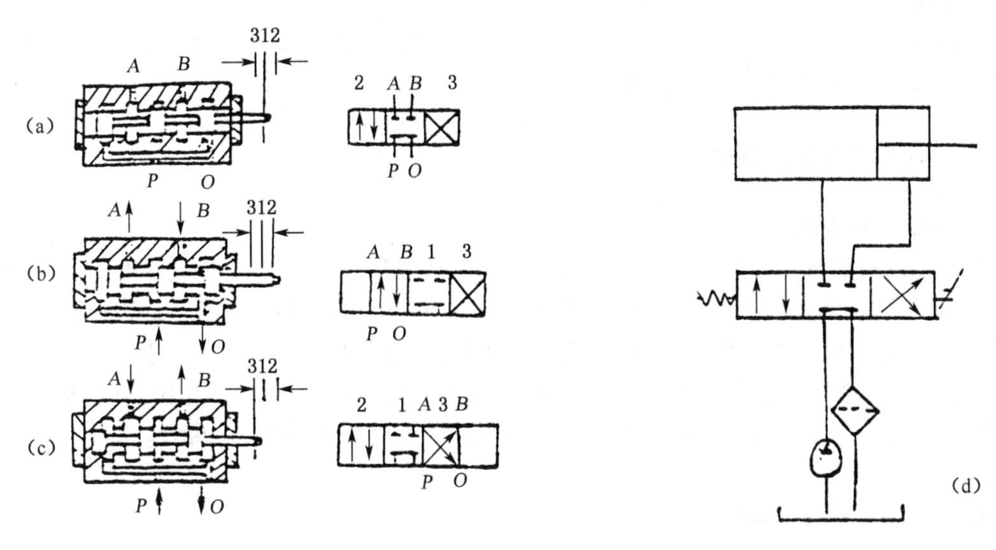

图 3-31 换向阀

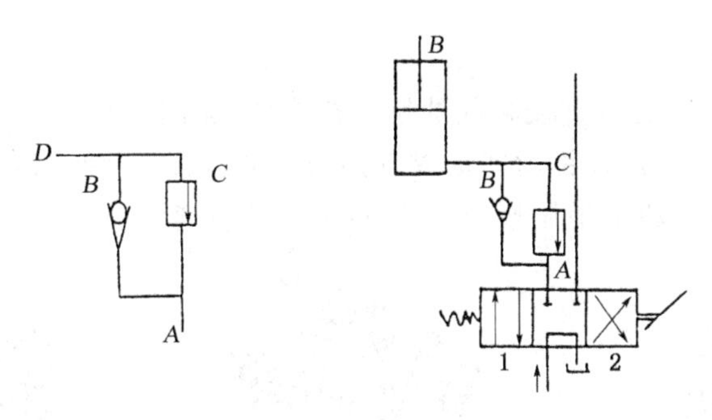

图 3-32 平衡阀符号

3. 液压辅助元件

常见的液压辅助元件有滤油器、油管、管接头、油箱、密封装置和压力表等。密封装置应在一定的压力、温度范围内有良好的密封效果,能抗腐蚀,耐磨,不易老化,工作寿命长,在运动件之间的密封件引起的摩擦力要小而平稳。塔机液压系统中主要有防尘圈、O 形圈、Y 形密封圈等。在油缸伸缩过程中,O 形圈、防尘圈很容易磨损,Y 形密封圈主要用在油缸的活塞头上,市场上常见的是用耐油橡胶或聚氨酯制成 Y 形,液压油进入 Y 槽以后,在压力作用下贴紧缸体内壁,达到密封效果。在油缸受载过大时,容易翻边,造成内泄。

4. 油管

油管分为两种:①无缝钢管:主要用于中、高压系统中;②橡胶软管:分成高压管和低压管。高压管中夹有几层钢丝,钢丝层数越多,耐压越高。在液压系统中应尽量增大油管的弯曲半径,以防产生过高的液压冲击。

5. 滤油器

滤油器是有效去除液压油中杂质的有效元件。对来自空气中的尘埃、液压元件加工装配过程中残留的机械杂质以及液压件工作过程中运动磨损产生的杂质,除沉淀部分大颗粒杂质在油箱中以外,主要是应用各种滤油器去除。

6. 油箱

油箱主要用于储存液压系统所需的液压油，具有散热、沉淀杂质和分离油液中气泡等作用，其容积将影响液压系统的工作温度。

八、超载失载控制系统

1. 同步控制系统

起重中使用的索具与吊具在整个起重作业中占有重要地位，因为它们使用频繁，易磨损和损坏，尤其经常在高温、有害、湿度大、腐蚀性强的现场使用的索(吊)具，由于腐蚀严重，致使强度下降，有可能在起重中折断，如使用不当或操作失误，更易产生后果严重的事故。

钢丝绳是起重机械和设备中最常用的挠性件，与焊接环形链、片式链相比，具有断面相等、强度高、承载大、经受冲击和过载能力强、工作平稳可靠、自重轻以及可以高速作业等优点；缺点是不易弯曲。

2. 钢丝绳的分类、特点及用途

钢丝绳按不同的方式可分为六大类，其特点、用途如表 3-5 所示。钢丝绳断面结构分为普通型和复合型两种。

(1) 普通型断面结构

普通型结构的钢丝绳是由直径相同的钢丝捻成的，见图 3-33(a)，由于钢丝直径相同，相邻各层钢丝的捻矩就不同，所以钢丝间形成点接触。虽然点接触使用寿命较短，但由于工艺简单，制造方便，目前在起重机上使用最为广泛，因此称为普通型。

(a) 普通型

(b) 复合型粗细式

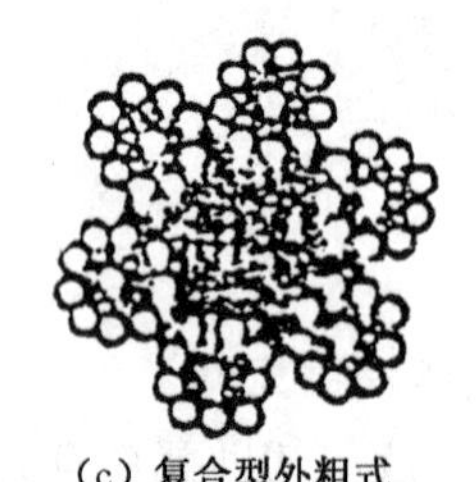

(c) 复合型外粗式

图 3-33 钢丝绳断面结构图

表 3-5 钢丝绳分类、特点及用途

分类		特点	用途
按钢丝绳绕制次数分	单捻(单股)	由若干层钢丝绕同一绳芯绕制而成，这种钢丝绳挠性差，僵性最大，不能承受横向压力	不宜用作超重绳，适于作起重机的桅索、不运动的拉索及架空索道的承载索
	双捻(多股)	密封式钢丝绳是专门制造的一种特种构造的单绕绳，表面光滑，横向承载能力强	用作索道的承载索
	三捻	先由钢丝绕成股，再由股圈绕绳芯绕成绳。这种钢丝绳的挠性受绳芯材料影响很大，比单绕绳挠性好	起重机中广泛应用

续表 3-5

分类		特点	用途
按钢丝绳绕制方法分	同向捻	钢丝绳绕成股的方向和股捻成绳的方向相同，故称为同向捻。如绳股右捻称为右同向捻，绳股左捻称为左同向捻。这种钢丝绳钢丝之间接触较好，表面比较平滑，挠性好，磨损小，使用寿命较长，但是容易松散和扭转	在自由悬吊的起重机中不宜采用，在不怕松散的情况下有导轨时可以采用
	交互捻	钢丝绕成股的方向和股捻成绳的方向相反，称为交互捻。如绳右捻，股左捻，称为右交互捻；绳左捻，股右捻，称为左交互捻。这种钢丝绳的缺点是僵性较大，使用寿命较短，但不容易松散和扭转	在起重机中广泛应用
	混合捻	钢丝绕成股的方向和股捻成绳的方向一部分相同，一部分相反，称为混合捻。混合捻具有同向捻和交互捻的特点，但制造困难	应用较少
按钢丝绳中丝与丝的接触状态分	点接触	这是普通钢丝绳，股内钢丝直径相等，各层之间钢丝与钢丝互相交叉，呈点状接触。丝间接触应力很高，使用寿命较短	一般应用
	线接触	由不同直径钢丝捻制而成，股内各层之间钢丝在全长上平行捻制，每层钢丝螺距相等，钢丝之间呈线状接触，包括西鲁钢丝绳（S 型）、瓦林吞钢丝绳（W 型）及填充式（F1 型）。这种钢丝绳消除了点接触的二次弯曲应力，能降低工作时总的弯曲应力，耐疲劳性能好，结构紧密，金属断面利用系数高，使用寿命长，比普通钢丝绳寿命高 1～2 倍	广泛应用
	面接触	股内钢丝形状特殊，呈面状接触，密封式面接触，钢丝绳表面光滑，抗蚀性和耐磨性均好，能承受大的横向力	用作索道的承载索
按股绳截面形状分	圆股	股绳截面形状圆形	
	异型股	股绳截面主要有三角形、椭圆形和扁圆形。这种钢丝绳支撑表面比圆股钢丝绳大 3～4 倍，在卷筒上支撑点增加 3～4 倍。耐磨性强，不易产生断丝。钢丝绳结构密度大，在相同绳径和强度条件下，总破断拉力大于圆股钢丝绳，使用寿命比普通圆股钢丝绳约高 3 倍	逐渐广泛应用
	多股不扭转	由两层绳股组成，这两层绳股的捻制方向相反，是采用旋转力矩平衡的原理捻制而成的。钢丝绳受力时其自由端不会发生旋转，在卷筒上支撑表面比较大，钢丝支撑点比普通钢丝绳增加 3.33 倍，有较大的抗压强度，使用时不易变形。总破断拉力大于普通钢丝绳	用于起升高度大且钢丝绳分支数少的起重机、动臂起重机、竖井提升

续表 3-5

分类		特点	用途
按钢丝绳绳芯分	有机芯（麻芯或棉芯）	具有较高挠性和弹性，不能承受横向压力（不宜缠绕在卷筒上），不能承受高温辐射	起重机少用
	纤维芯	具有较高挠性和弹性，不能耐高温，不能承受横向压力	起重机广泛应用
	石棉芯	具有较高挠性和弹性，不能承受横向压力，可在高温条件下工作	用于高温环境下工作的起重机
	钢丝芯	强度较高，能承受高温和横向压力，但挠性较差	适宜受冲击负荷、受热和受挤压条件下使用

目前在起重机上普遍采用普通型结构钢丝绳，用绳 6×19 和绳 6×37 表示。以绳 6×19 为例，股内钢丝数等于 1 + 6 + 12 = 19，中间有麻纤维芯。

(2) 复合型断面结构

为了克服普通型易磨损的缺点而出现复合型断面，复合型就是钢丝绳的钢丝直径粗细不同，丝与丝之间形成线接触，这样就克服了普通型钢丝绳点接触的缺点，复合型钢丝绳比普通型钢丝绳的使用寿命可提高 1.5～2 倍。复合型钢丝绳又分为复合型粗细式（瓦林吞式）和复合型外粗式（西鲁式）两种。复合型结构钢丝绳用 6X(19) 或 6W(19) 表示，X 表示线接触外粗式结构，W 表示线接触粗细式结构。

3. 钢丝绳标记代号

由于分类角度不同，钢丝绳标记的符号是不一样的，如表 3-6 所示。

表 3-6 钢丝绳标记代号

名称	代号	名称	代号	名称	代号
		钢丝横截面			
钢丝表面状态		圆形钢丝	无代号	钢丝绳横截面	
光面钢丝	NAT	三角形钢丝	V	圆形钢丝绳	无代号
A 级镀锌钢丝	ZAA	矩形或扁形钢丝	R	编织钢丝绳	Y
AB 级镀锌钢丝	ZAB	梯形钢丝	T	扁形钢丝	
B 级镀锌钢丝	ZBB	椭圆形钢丝	Q	捻向	P
钢丝绳芯		半密封钢丝（或钢轨形	H	左向捻、西鲁式钢丝绳	
纤维芯	FC	钢丝）与圆形钢丝搭配		瓦林吞式钢丝绳	S
（天然或合成的）		Z 形钢丝	Z	右同向捻	W
天然纤维芯	NF	股的横截面		左同向捻	ZS
合成纤维芯	SF	圆形股	无代号	右交互捻	SZ
金属丝绳芯	IWR	三角形股	V	左交互捻	
金属丝股芯	IWS	扁形股	R		
		椭圆形股	Q		

（1）全称标记示例及图解说明

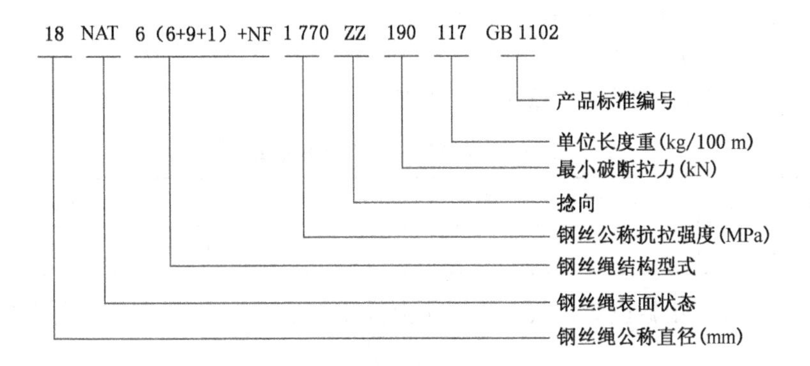

（2）简化标记示例

18NAT6×19S＋NF1770ZZ190

18ZBB6×19W＋NF1770ZZ

九、钢丝绳的破坏及其原因

1. 钢丝绳的破坏过程

钢丝绳在使用过程中经常受到拉伸、弯曲，容易产生"金属疲劳"现象，多次弯曲造成的弯曲疲劳是钢丝破坏的主要原因之一。经过数次拉伸作用后，钢丝之间产生摩擦，钢丝表面逐渐产生磨损或断丝现象。折断的钢丝数越多，未断的钢丝承担的拉力越大，断丝速度加快。断丝超过一定限度后，钢丝绳的安全性能已不能保证，在吊运过程中或意外因素影响下，钢丝绳会突然折断。化工腐蚀能加速钢丝绳的锈蚀和破坏。

2. 钢丝绳破坏原因

造成钢丝绳损伤及破坏的原因是多方面的，概括起来，钢丝绳损伤及破坏的主要原因大致有以下四个方面：

（1）截面积减少。钢丝绳截面积减少是因钢丝绳内外部磨损、损耗及腐蚀造成的。钢丝绳在滑轮、卷筒上绕次数愈多，愈容易磨损和损坏。滑轮和卷筒直径愈小，钢丝绳愈易损坏。

（2）质量发生变化。钢丝绳由于表面疲劳、硬化及腐蚀引起质量变化。钢丝绳缺油或保养不善。

（3）变形。因松捻、压扁或操作中产生各种特殊形变而引起钢丝绳变形。

（4）突然损坏。钢丝绳因受力过度、突然冲击、剧烈振动或严重超负荷等原因导致其突然损坏。

除了以上原因外，钢丝绳的破坏还与起重机的工作类型、钢丝绳的使用环境、钢丝选用和使用以及维护保养等因素有关。

十、钢丝绳直径的计算与选择

钢丝绳直径的计算与选择按下列两种方法进行，设计时，可根据具体情况选一种方法。

（1）按钢丝绳最大工作拉力及钢丝绳所属机构工作级别有关的安全系数选择钢丝绳直径，适用于运转钢丝绳和拉紧钢丝绳。因此所选钢丝绳的破断拉力应满足

$$F = F_{max} \cdot K$$

式中：F——所选用钢丝绳的破断拉力(N)；

F_{max}——钢丝绳最大工作静拉力(N)；

K——钢丝绳最小安全系数，按表 3-7 选取。

表 3-7　钢丝绳最小安全系数 K

机构工作级别	M1	M2	M3	M4	M5	M6
安全系数 K	3.5	4	4.5	5	5.5	6

(2) 钢丝绳直径可由钢丝绳最大工作静拉力按以下公式确定，适用于运转钢丝绳。

$$d_{min} = C\sqrt{F_{max}}$$

式中：d_{min}——钢丝绳最小直径(mm)；

C——钢丝绳选择系数。

选择系数 C 的取值与机构工作级别有关，按表 3-8 选取，表 3-9、表 3-10 中所列的是具有纤维芯，其结构型式为 6×19 和 6×37 的钢丝绳的选择系数 C 值。

表 3-8　钢丝绳的选择系数 C 值

机构工作级别	选择系数 C 值		
	钢丝公称抗拉强度(MPa)		
	1 550	1 700	1 850
M1	0.085	0.080	0.077
M2	0.090	0.085	0.080
M3	0.095	0.090	0.085
M4	0.100	0.095	0.090
M5	0.105	0.100	0.095
M6	0.109	0.103	0.100

表 3-9　钢丝绳(6×19)

绳 6×19

股(1+6+12)主要用途：各种超重、提升和牵引设备

绳纤维芯

直径(mm)		钢丝总断面积(mm^2)	参考质量(kg/100 m)	钢丝绳公称抗拉强度(MPa)				
钢丝	钢丝绳			1 372	1 519	1 666	1 813	1 960
				钢丝破断拉力总和$\sum s$(N)　≥				
6.2	0.4	4.32	13.53	19 600	21 658	23 814	25 872	28 322
7.7	0.5	22.37	21.14	30 674	33 908	37 240	40 474	43 806
63 112	9.3	0.6	32.22	30.45	44 198	48 902	53 606	58 408

续表 3-9

直径(mm)		钢丝总断面积(mm^2)	参考质量(kg/100 m)	钢丝绳公称抗拉强度(MPa)				
				1 372	1 519	1 666	1 813	1 960
钢丝	钢丝绳			钢丝破断拉力总和$\sum s$(N) ≥				
11.0	0.7	43.85	41.44	60 074	66 542	73 010	79 478	86 926
12.5	0.8	57.27	54.12	78 498	86 926	95 354	103 390	112 210
14.0	0.9	72.49	68.50	98 980	109 760	120 540	131 320	141 610
15.5	1.0	89.48	84.57	122 500	135 730	148 960	162 190	174 930
17.0	1.1	108.28	102.3	148 470	164 150	180 320	196 000	212 170
18.5	1.2	128.87	121.8	176 400	195 510	214 620	233 240	252 350
20.0	1.3	151.24	142.9	207 270	229 320	251 860	273 910	295 960
21.5	1.4	175.40	165.8	240 590	266 070	292 040	317 520	343 490
23.0	1.5	201.35	190.3	275 870	305 760	335 160	364 560	394 450
24.5	1.6	229.09	216.5	314 090	347 900	381 220	415 030	448 840
26.0	1.7	258.63	244.4	354 760	392 490	430 710	468 440	506 660
28.0	1.8	289.95	274.0	397 390	440 020	482 650	525 280	567 910
31.0	2.0	357.96	338.3	490 980	543 410	596 330	648 760	701 190
34.0	2.2	433.13	409.3	593 880	657 580	721 280	784 980	
37.0	2.4	515.46	487.1	707 070	782 530	858 480	934 430	
40.0	2.6	604.95	571.1	629 570	918 750	1 004 500	1 092 700	
43.0	2.8	701.60	663.0	962 360	1 063 300	1 166 200	1 269 100	
46.0	3.0	805.41	761.1	110 250	12 200	1 337 700	1 460 200	

表 3-10　钢丝绳(6×37)

绳 6×37
股(1+6+12+18)主要用途:各种起重、提升和牵引设备
绳纤维芯

直径(mm)		钢丝总断面积(mm^2)	参考质量(kg/100 m)	钢丝绳公称抗拉强度(MPa)				
				1 372	1 519	1 666	1 813	1 960
钢丝	钢丝绳			钢丝破断拉力总和$\sum s$(N) ≥				
8.7	0.4	27.88	26.21	38 220	42 336	46 354	50 470	54 585
11.0	0.5	43.57	40.96	59 682	66 150	72 520	78 988	85 358
13.0	0.6	62.74	58.98	86 044	95 256	104 370	13 680	122 500
15.0	0.7	85.39	80.27	117 110	129 360	142 100	154 350	167 090
17.0	0.8	111.53	104.82	152 880	169 050	185 710	201 880	218 540

续表 3-10

直径(mm)		钢丝总断面积(mm²)	参考质量(kg/100 m)	钢丝绳公称抗拉强度(MPa)				
				1 372	1 519	1 666	1 813	1 960
钢丝	钢丝绳			钢丝破断拉力总和$\sum s$(N) ≥				
19.5	0.9	141.16	132.7	193 550	214 130	234 710	255 780	276 360
21.5	1.0	174.27	163.8	238 630	264 600	290 080	315 560	341 530
24.0	1.1	210.S7	198.2	289 100	319 970	350 840	382 200	413 070
26.0	1.2	250.95	235.9	34 398	380 730	417 970	454 720	491 470
28.0	1.3	294.52	276.8	403 760	447 370	490 490	533 610	577 220
30.0	1.4	341.57	321.1	468 440	518 420	568 890	618 870	669 340
32.5	1.5	392.11	368.6	537 530	595 350	653 170	710 500	768 320
34.5	1.6	446.13	419.4	612 010	622 350	742 840	808 500	874 160
36.5	1.7	503.64	473.4	774 200	764 890	838 880	912 870	984 900
39.0	1.8	564.63	530.8	774 200	857 500	940 310	1 019 200	110 250
43.0	2.0	697.08	655.3	955 990	1 058 400	1 161 300	1 259 300	136 220
47.5	2.2	843.47	792.9	1 156 400	1 278 900	140 140	1 528 800	
56.0	2.6	1 178.07	1 107.4	1 612 100	1 788 500	196 000	2 131 500	
60.5	2.8	1 366.28	1 284.3	1 871 800	2 072 700	2 273 600	2 474 500	
65.0	3.0	1 568.43	1 474.3	2 151 100	2 381 400	2 611 700	2 842 000	

十一、报废标准

钢丝绳因变形、磨损、损坏、锈蚀等因素影响可能要报废。对于符合《圆股钢丝绳》标准的钢丝绳，在断丝与磨损的指标上，应按下列原则进行检查和报废。

1. 断丝报废标准

(1) 一个捻距内的断丝数

钢丝绳在一个捻距内断丝数的多少可按表 3-11 进行报废。

捻距又叫节距，捻距就是每一股在钢丝绳上环绕一周的轴向距离。六股钢丝绳在绳的一条直线上数六节，此长度即为捻距，图 3-34 为六股钢丝绳的捻距。

表 3-11　钢丝绳断丝报废标准

钢丝绳 / 断丝数量 / 安全系数	钢丝绳结构(GB 1102—74)					
	绳 6W(19) 绳 6X(19)		绳 6×37		绳 6×61	
	一个节距中的断丝数					
	交互捻	同向捻	交互捻	同向捻	交互捻	同向捻
<6	12	6	22	11	36	18
6—7	14	7	26	13	38	19
>7	16	8	30	15	40	20

图 3-34　钢丝绳的一个捻距

（2）锈蚀或磨损的断丝数

钢丝绳有锈蚀或磨损时，应将表 3-11 中报废断丝数按表 3-12 折减，并按折减后的断丝数报废。

表 3-12　折减系数表

钢丝绳表面磨损或锈蚀量(%)	10	15	20	25	30～40	>40
折减系数(%)	85	75	70	60	50	0

注：当磨损或锈蚀量>40%时，按报废处理。

【例 3-1】　有一根 6×37 同向捻钢丝绳，$K<6$，断钢丝 9 根。在自由状态磨损量为 20%，判断此绳是否要报废更新。

【解】　当 $K<6$ 时，查表 3-11 悉知同向捻钢丝绳 6×37 断丝更新标准为 11 根钢丝，因为钢丝绳还有 20% 的磨损，查表 3-12 找到相应的折减系数为 70%，故磨损后的更新标准为 11×70%＝7.7(根)。

因为 9 根>7.7 根，所以此钢丝绳应报废更新。

2. 钢丝绳报废标准

钢丝绳应按《起重机械用钢丝绳检验和报废实用规范》(GB/T 5972—2006)的规定予以报废。

凡具有下列情况之一的应该予以报废：①整根绳股断裂；②麻芯外露；③钢丝绳打死结；④局部外层钢丝伸长呈笼形状态；⑤发现与图 3-35 中变形损坏相同者；⑥其他变形损坏。

图 3-35　钢丝绳变形损坏

十二、钢丝绳的连接、使用与维护

1. 钢丝绳安全连接

钢丝绳的连接一般有五种方法，即用卡子、编结、键楔、锥套和压缩方法连接。

从表 3-13 中看出，用卡连接时，卡子数目一般不少于 3 个，卡子的间距应大于等于钢丝绳直径的 6 倍，最后一个卡子距绳头距离大于等于 110～150 mm。

表 3-13　钢丝绳连接法及安全技术

<table>
<tr><th>连接法</th><th>连接强度（%）</th><th colspan="5">钢丝绳固定安全技术规格</th><th>简　图</th></tr>
<tr><td rowspan="3">卡子</td><td rowspan="3">≥80～85</td><td>钢丝绳直径 d(mm)</td><td>≤19</td><td>19～32</td><td>32～38</td><td>38～44</td><td>44～60</td><td rowspan="3"></td></tr>
<tr><td>卡子数(个)</td><td>3</td><td>4</td><td>5</td><td>6</td><td>7</td></tr>
<tr><td colspan="6">卡子之间的距离不小于绳径的 6 倍</td></tr>
<tr><td rowspan="3">编结</td><td rowspan="3">≥75</td><td>钢丝绳直径 d(mm)</td><td><16</td><td>16～36</td><td>26～38</td><td colspan="2">>38</td><td rowspan="3"></td></tr>
<tr><td>连接强度(5%)</td><td>90</td><td>85</td><td>85</td><td colspan="2">75</td></tr>
<tr><td colspan="6">编结长度≥15d，并至少≥300 mm</td></tr>
<tr><td>键楔</td><td>≥75</td><td colspan="6">斜度 1∶4
楔套用钢材制成</td><td></td></tr>
<tr><td>锥套</td><td>100</td><td colspan="6">灌铅配比：铅 60%，锡 30%，锑 9%，铋 1%，熔化温度 230～250℃</td><td></td></tr>
<tr><td>压缩</td><td>100</td><td colspan="6">卡板厚度视钢丝绳直径 d 而决定</td><td></td></tr>
</table>

图 3-36 是卡子使用示意图。

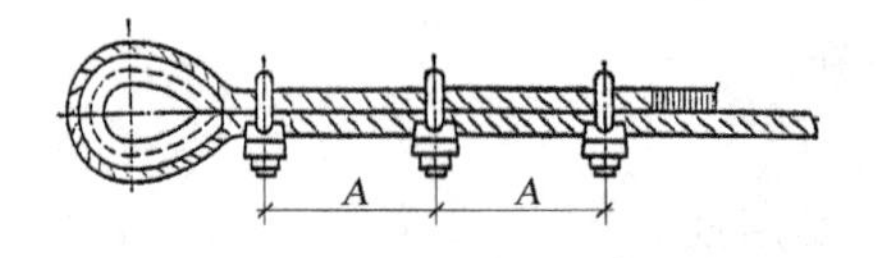

图 3-36　卡子使用示意图

图 3-37　卡钢丝绳时预留安全弯

用卡子卡钢丝绳时一定要卡紧，建议预留安全弯，以防钢丝绳窜动或卡子失效。安全弯预留要求见图 3-37。

预留安全弯时不能太大，防止引起套刮事故。用铝合金套压缩法连接时，应以可靠的工艺方法使铝合金套与钢丝绳紧密牢固地贴合。表 3-13 所指的连接强度百分数是指连接强度占钢丝绳破断拉力百分数，例如编结连接时，连接强度≥75%，即连接强度大于等于破断拉力的 75%。

为保证钢丝绳使用安全，必须在选用、操作、维护方面做到下列各点：选用钢丝绳时要合理，不准超负荷使用。解卷钢丝绳时要避免打结、松散，在从钢丝绳卷绳木滚上截取钢丝绳时，应使木滚支在专用木架上（图 3-38），然后按需要截取，其中左图的方法是正确的，右图的方法是错误的。截取钢丝绳前必须检查钢丝绳的合格证，以保证其机械性能、规格与原设计的钢丝绳相一致。

图 3-38　钢丝绳的解卷截取

在使用钢丝绳前，必须对钢丝绳进行详细检查，达到报废标准的应报废更新，严禁凑合使用。在使用中不能发生曲折、挑圈，防止被夹或压扁。钢丝绳应缓慢受力，不能受力过猛或产生剧烈振动，防止张力突然增大。穿钢丝绳的滑轮边缘不许有破裂现象，钢丝绳与物体、设备或接触物的尖角直接接触，应垫麻袋或木块，以防损伤钢丝绳。要防止钢丝绳与电线、电缆线接触，避免电弧打坏钢丝绳或引起触电事故。测量钢丝绳时一般使用游标卡尺。经常保持钢丝绳清洁，定期涂抹无水防锈油或油脂。钢丝绳使用完毕，应用钢丝刷将上面的铁锈、脏垢刷去，不用的钢丝绳应进行维护保养，按规格分类存放在干净的地方。露天存放的钢丝绳应加盖防雨布罩。

钢丝绳应保持良好的润滑状态，润滑时应特别注意不易看到和不易接近的部位。

2. 卡环

（1）卡环种类与许用拉力

卡环又叫卸扣或卸扣甲，用于吊索、构件或吊环之间的连接，它是起重作业中用得广泛且较灵便的栓连工具。卡环有螺旋式和销子式之分，常用前者。卡环环体是用 Q235、20 号、25 号钢锻造而成。常用的卡环一般采用 20 号钢做本体，45 号或 40 号钢做插销。使用中要求选用标准卡环。卡环许用拉力可查表求出。图 3-39 是螺栓式卡环简图，表 3-14 是螺栓式卡环的主要尺寸和许用载荷一览表，螺栓式卡环许用载荷可直接从表中查出。

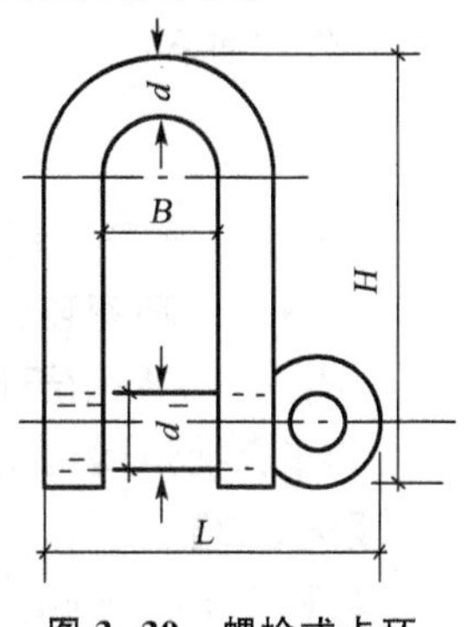

图 3-39　螺栓式卡环

表 3-14　螺栓式卡环的主要尺寸及许用载荷一览表

主要尺寸(mm)					许用载荷(t)	钢丝绳直径(mm)
d	*B*	*H*	*L*	d_1		
6	12	49	34	8	0.25	4.7
8	16	63	45	10	0.4	6.5
10	20	72	54	12	0.6	8.5
12	24	87	66	16	0.9	9.5
14	28	102	75	18	1.25	11.5
16	32	116	86	20	1.75	13.0
20	36	132	101	24	2.1	15.0

续表 3-14

主要尺寸(mm)					许用载荷(t)	钢丝绳直径(mm)
d	B	H	L	d_1		
175	22	40	147	113	28	2.75
24	45	164	125	32	3.5	19.5
28	50	200	161	40	6.0	26
32	64	226	180	45	7.5	28
40	70	225	198	50	9.5	31
45	80	285	221	55	11.0	34
48	90	318	242	60	14.0	40.5
50	100	345	260	65	17.5	43.5
60	110	375	294	70	21.0	46.5

(2) 近似计算法

由于在现场起吊物体时不便从表中查找卡环许用载荷，故采用近似计算法求卡环许用载荷，其公式如下：

$$F_{许}=6d^2 \quad 或 \quad F_{许}=4{d_1}^2$$

式中：$F_{许}$——卡环许用拉力(kg)；

d——卡环弯环(卸体)部分直径(mm)；

d_1——卡环销子直径(mm)。

为了保证强度，要求销子直径一般都比弯环部分直径尺寸大。

【例 3-2】 一个卡环销子直径为 24 mm，求许用拉力。

【解】 $F_{许}=4{d_1}^2=4\times24^2=2\,304(kg)$

(3) 卡环安全技术要求

① 禁止使用铸造和焊接(补焊)的卡环，铸造和焊接的卡环易于损坏。1980 年 4 月 17 日，某厂因使用补焊过的卡环，吊运时超载，结果发生了卡环和链条折断的恶性事故。卡环折断发生在补焊焊缝之处，断口周圈出现了拉伸缩颈现象。因为卡环焊接时，焊区变脆又没回火，在超负荷运行中，焊口就易于损坏、折断。卡环折断既有超负荷的因素，又有补焊变脆的因素。

② 卡环使用要求。使用中应使其符合受力方向的要求，图 3-40 所示卡环使用方法是错误的，钢丝绳受力方向与铺轴垂直才是正确的。

如发现卡环有裂纹、严重磨损或横轴弯曲等现象时应停止使用，在使用过程中，为防止横轴脱落掉下击伤人体和损坏设备，要将横轴拴牢。

3. 吊钩

吊钩是起重机械中应用最广的专用取物装置。

(1) 吊钩的种类和材料

吊钩按其形式不同，分为单钩、双钩和吊环三种，见图 3-41。

图 3-40　卡环错误使用

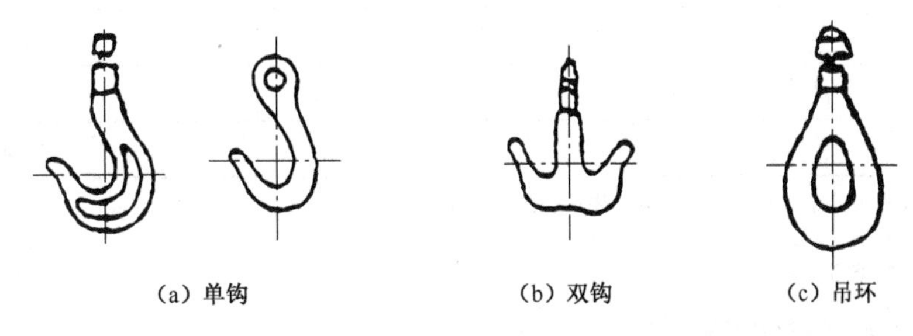

(a) 单钩　　(b) 双钩　　(c) 吊环

图 3-41　吊钩的种类

单钩和双钩按其钩挂长短又分为长钩和短钩。吊钩上端有螺纹部分以便和挂架固结，螺纹下部为圆形端顶钩柱，钩体呈弯曲形状，有一定开度，以便能放进挂物体的绳索。

吊钩材料应采用 20 号钢，或 16Mn、20SiMn，并必须经锻造加工。起重机械严禁使用铸造的吊钩。

吊钩表面应光洁，无剥裂、飞边角、毛刺、裂纹等缺陷，不允许焊补后使用。吊钩上设防脱棘爪。

(2) 吊钩的检验

对吊钩检验所施加的检验载荷应遵循下列原则：

① 人力驱动的起升机构用吊钩，应以 1.5 倍额定载荷作为检验载荷进行试验。

② 动力驱动的起升机构用吊钩，检验载荷应按表 3-15 取值。

表 3-15　吊钩的检验载荷

起重量(t)	试验载荷(kN)	起重量(t)	试验载荷(kN)
(0.100)	(2)	(0.200)	(4)
0.125	2.5	0.260	5
(0.150)	(3.2)	0.320	6.3
0.400	(8)	10	200
0.500	10	12.5	250
0.630	(12.5)	16	315
0.800	(16)	20	400
1	20	25	500
0.25	(25)	32	600

续表 3-15

起重量(t)	试验载荷(kN)	起重量(t)	试验载荷(kN)
(1.6)	(32)	40	700
2	40	50	850
2.5	50	63	1 000
3.2	(63)	80	1 200
(4)	(80)	100	1 430
5	100	112	1 580
6.3	125	125	1 725
8	160	140	1 890

注:(1) 起重量指吊钩于正常使用情况下允许承受的最大重量。
(2) 1 t = 10 kN。
(3) 括号内数值很少采用。

卸载后检查必须遵守下列原则:

① 吊钩卸去检验载荷后,在没有任何明显缺陷和变形的情况下,开口度的增加不应超过原开口度的 0.25%。

② 吊钩应能可靠地支持住 2 倍的检验载荷而不脱落。

③ 检验合格的吊钩,应在低应力区作出不易磨灭的标记,并签发合格证,标记内容至少应包括:a. 额定超重量;b. 厂标或生产厂名;c. 检验标记;d. 生产编号。

(3) 检验报废标准

吊钩出现下列情况之一时,必须予以报废:

① 用 20 倍放大镜观察表面有裂纹及破口。

② 钩尾和螺纹部分等危险断面及钩筋有永久性变形。

③ 挂绳处断面磨损量超过原高的 10%。

④ 心轴磨损超过其直径的 5%。

⑤ 开口比原尺寸增加 15%。

第五节　吊索具近似许用负荷

前面我们讲了钢丝绳、受力计算及安全使用要求。对于受力计算,还提供了简易近似计算方法,有时还要运用计算工具。在长期的起重实践工作中,人们根据自己的经验和体会,创造了不少快速、简易及近似计算钢丝绳、卡环负荷的方法,还创造了吊索在不同角度时所承受负荷的经验公式,并编写了近似许用负荷口诀。

这些口诀的特点是简单、快速、便于熟记,适合现场使用,深受起重工人和安技人员的欢迎。由于是近似计算,它与理论计算值有一点差距。

钢丝绳、卡环日常使用中最容易发生折断和损坏事故,起重工也不习惯进行受力计算,而凭经验估算,有时误差太大而发生问题。表 3-16 是钢丝绳、卡环近似许用负荷口诀表。

表 3-16　钢丝绳、卡环许用负荷口诀表

直　径			钢丝绳			卡环(d_1 计算)	
公制(mm)	英制(英寸)	口诀	近似许用负荷(t)	理论许用负荷(t)	$\frac{F_{环}}{F_{钢}}$	近似许用负荷(t)	理论许用负荷(t)
12	1/2=4 英分	四四一十六	1.6	1.756	1/3	0.533	0.6
15	5/8=5 英分	五五=十五	2.5	2.39	1/3	0.833	0.825
18	3/4=6 英分	六六三十六	3.6	3.12	1/3	1.2	1.25
21	7/8=7 英分	七七四十九	4.9	4.87	1/3	1.6	1.75
25	1=8 英分	八八六十四	6.4	7.02	1/3	2.2	2.453
28	9/8=9 英分	九九八十一	8.1	8.24	1/3	2.7	2.75
32	5/4=10 英分	10×10=100	10	10.97	1/3	3.3	3.5
35	11/8=11 英分	11×11=121	12.1	12.49	1/3	4.0	4.25
38	3/2=12 英分	12×12=144	14.4	15.8	1/3	4.8	5.25
42	13/8=13 英分	13×13=169	16.9	19.9	1/3	5.9	9.9
45	7/4=14 英分	14×14=196	19.6	22.5	1/3	6.6	7.5
48	15/8=15 英分	15×15=225	22.5	25.6	1/3	7.5	8.7
51	2=16 英分	16×16=256	25.6	28.9	1/3	8.6	9.8
54	17/8=17 英分	17×17=289	28.9	32.92	1/3	9.6	10.7
57	9/8=18 英分	18×18=324	32.4	33.71	1/3	108	12.2
60	19/8=19 英分	19×19=361	36.1	38.2	1/3	12	14
63	5/4=20 英分	20×20=400	40	43.9	l/3	13.3	16.1

注：钢丝绳近似许用负荷用 $F_{钢}$ 表示，卡环近似许用负荷用 $F_{环}$ 表示，卡环直径 d_1 指销轴直径。

此表有一定实用价值，从中可以看出一定的规律性：

$$F_{钢}=\frac{\text{钢丝绳直径(英分) 的平方}}{10}\quad(\text{t})$$

$$F_{环}=\frac{1}{3}F_{钢}$$

【例 3-3】 当钢丝绳、卡环(销轴)直径为 12 mm 时，求它们的近似许用负荷。

【解】 ϕ=12 mm≈4 英分，直径(英分)自平方。

查表 3-16 中钢丝绳一栏内，口诀为“四四一十六”，钢丝绳近似许用负荷 $F_{钢}$ 将口诀值缩小10 倍。16/10=1.6(t)，钢丝绳近似许用负荷为 1.6 t；卡环近似许用负荷为 1/3×1.6=0.533(t)。这种计算较简单，其间内在联系十分清楚。

第一节　溪洛渡左岸浙江金华高压直流输电工程技术应用

一、工程概况

1. 工程概况

溪洛渡左岸浙江金华±800 kV 高压直流输电工程起于四川省宜宾市，止于浙江省金华市武义县，额定电流 5 000 A，额定输送功率 8 000 MW，线路全长约 1 670.8 km，途经四川、贵州、湖南、江西、浙江五省。溪浙线浙 1 标段，线路起自赣、浙省界处庙底村附近的转角耐张塔（T3851 号塔），止于衢州市衢江区大元畈村附近的转角耐张塔（T3981 号塔），线路长 73.207 km。地形主要为山地、丘陵、平地、高山。设计风速为 27 m/s 和 29 m/s，最大设计覆冰为 10 mm、15 mm冰区。10 mm 冰区采用 JL/G3A－900/40 导线，15 mm 冰区采用 JL/G2A－900/75 导线，两根地线均采用 LBGJ－150－20AC 铝包钢绞线。

基础采用人工挖孔桩基础 Zxx、岩石锚杆基础 Mxx、直柱板式基础 Bxx、岩石嵌固基础 Yxx、直柱掏挖基础 Txx、斜插板式基础 Xxx 共计六种基础型式。由于本工程掏挖式和岩石嵌固式基础开挖深度较深，开挖过程中需要结合爆破、机械、人工操作，为防止安全事故的发生采取如下系统技术。

2. 塔位地形及地质

沿线地区在地貌分区上位于衢州—金华侵蚀剥蚀丘陵盆地，地势总体表现为西北、东南高，中间低，地貌以丘陵为主，局部为剥蚀准平原及河漫滩。按地貌成因形态分类可分为侵蚀剥蚀高丘陵、侵蚀剥蚀低丘陵、剥蚀准平原和侵蚀堆积成因的河漫滩。

沿线地区地层划分大致以江山—绍兴深断裂为界，西北为江南地层，东南为华南地层。沿线地区是地质较复杂的地方，地层出露较全，自元古界至第四系均有分部，除三叠系和第三系缺失外，其余均有出露，其分布和相互关系复杂多变，多呈北东—西南向的条带状出露。沿线的基岩岩性主要有泥岩、页岩、泥质页岩、泥质砂岩、砂岩、石英砂岩、砂砾岩等碎屑岩，灰岩、泥灰岩、白云质灰岩等碳酸盐岩以及凝灰岩等火山碎屑岩。第四系地层主要有素填土、粉质黏土、粉质黏土混细砂、粉质黏土混碎石、粉砂、中砂、中粗砂、中粗砂夹粉质黏土、砾砂、卵石、碎石、残积土等。

3. 沿线地下水位及分布

根据沿线地区区域水文地质条件，按照赋存条件等可将地下水划分为松散岩类孔隙潜水、碳酸盐岩类裂隙岩溶水、基岩裂隙水三大类。

松散岩类孔隙潜水主要赋存于全新统冲洪积砂砾石含水层中，含水层上部为粉质黏土、粉细砂，下部为卵砾石，呈狭长条带状分布于江山港两岸，含水层厚度一般为3～9 m，地下水埋深一般为0.5～3.0 m，水量中等至丰富，地下水水位主要受大气降水及河水位的影响，丰枯季节水位变化较大。

碳酸盐岩类裂隙岩溶水主要赋存于沿线石灰岩地区的岩溶裂隙中，富水性不均一，富水程度除受构造控制外，还与岩性、地貌关系密切，一般在断裂带附近、质纯性脆的灰岩地区及江山港漫滩区岩溶发育较好，富水性强，而其他区域则富水性较弱。

基岩裂隙水一般可分为构造裂隙水和风化带裂隙水两类。构造裂隙水的富水程度受断裂构造及裂隙发育程度控制，一般地下水埋藏较深，水量贫乏，在局部断裂密集带、岩石破碎的区域则形成相对富水的地段。风化带裂隙水主要与风化层的厚度、补给、排泄条件有关，一般地下水埋藏深，水量贫乏，在局部风化层厚度大，补给条件好，排泄条件较差的地段则地下水较丰富。沿线丘陵地区的地下水一般埋藏较深，勘测期间测得的地下水稳定水位埋深为2.20～6.80 m，河漫滩及剥蚀准平原地区的地下水稳定水位埋深较浅，地下水初见水位埋深为0.60～2.00 m。

4. 施工现场自然条件

沿线分别经过山地、丘陵、平地、高山等地区。道路运输条件差，施工地区地质条件较差，自然条件恶劣，地下水位较高，由于中基坑开挖后暴露的土层易风化松散滑落，故施工安全极为重要。

5. 岩石嵌固基础、掏挖式基础情况

岩石嵌固基础、掏挖式基础情况见表4-1。

表4-1　岩石嵌固基础和掏挖式基础坑深、地质情况一览表

序号	桩号	坑深(m)	掏挖基础扩大头尺寸(m)	地质	地下水位(m)
1	3851	8		泥岩	
2	3853	8		泥岩	
3	3855	5.1～5.4	3.6～3.8	粉质黏土、泥岩	
4	3861	8～8.1	4.6	泥岩	
5	3862	4.8～5.1	4～4.2	泥岩	
6	3865	4.7～5.1	3.9～4.2	泥岩	
7	3866	5	3～3.1	粉质泥岩、灰岩	
8	3868	6.9～7.1	4.1～4.5	泥岩	
9	3869	5.4～5.6	4.3～4.5	泥岩	
10	3870	10.5		泥岩	
11	3871	13		泥岩	
12	3872	4.8～5	3～3.2	泥岩	
13	3877	6.1～8	4.8～5	泥岩、粉质黏土、灰岩	
14	3878	8.5～10.5		灰岩	
15	3879	6～8.1	4.8～5	残积土、泥灰岩	

续表 4-1

序号	桩号	坑深(m)	掏挖基础扩大头尺寸(m)	地质	地下水位(m)
16	3880	5.7	3.8	泥灰岩	
17	3881	5.1～5.2	3.6～3.8	粉质黏土、混碎石、泥灰岩	
18	3882	5.9～8	4.8～5.2	泥岩	
19	3883	4.8～4.9	3.4～3.5	粉质黏土、泥灰岩	
20	3884	5.2～5.4	3.7～3.8	碎石、泥灰岩	
21	3885	5.2～5.5	4.3～4.5	粉质黏土、泥岩	
22	3886	8.1～8.2	4.6	粉质黏土、混碎石、灰岩	
23	3888	4.8～4.9	4.3～4.4	粉质黏土、泥岩	
24	3890	4.3～4.5	3.8～4	粉质黏土、混碎石、泥岩	
25	3891	7.8	4.8	粉质黏土、混碎石、灰岩	
26	3892	9.5m11.5		粉质黏土、灰岩	
27	3893	8～8.1	4.6	泥岩	
28	3894	4.8～5	3～3.2	泥灰岩、泥岩	
29	3896	5.1～5.1	3.9～4.2	泥岩、页岩	
30	3897	5.6～5.9	4.0～4.2	粉质黏土、泥灰岩	
31	3898	5.1	3.9～4.1	碎石、泥灰岩	
32	3901	6～8.1	4.8～4.9	灰岩	
33	3902	5.2～5.5	3.7～3.8	粉质黏土、灰岩、泥灰岩	
34	3903	7.5～7.8	4.8～5	灰岩	
35	3904	5.9～6	4.2	灰岩、粉质黏土、混碎石	
36	3905	4.3～4.5	4.3～4.6	素填土、粉质黏土	
37	3906	6		砂岩、粉质黏土、混碎石	
38	3907	8～8.5		碎石、石英砂岩	
39	3907＋1	7.5～9		泥质砂岩	
40	3908	6		石英砂岩、粉质黏土、混碎石	
41	3909	5.9～6	4.2～4.3	粉质黏土、泥灰岩	
42	3910	7.8～7.9	4.8	粉质黏土、泥质砂岩	
43	3912	6	4.8	碎石、泥岩、粉质黏土	
44	3913	11～14.5	3.2～3.6	粉质黏土、混碎石、泥质砂岩	
45	3914	7.8～7.9	4	粉质黏土、砂岩	
46	3915	6.7～6.8	4.7～4.8	碎石、泥质砂岩	
47	3916	6～6.2	4.6～4.7	粉质黏土、砂岩、碎石	
48	3917	8.2	4.6	粉质黏土、泥岩	1.4～1.8

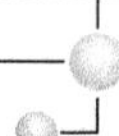

续表 4-1

序号	桩号	坑深(m)	掏挖基础扩大头尺寸(m)	地质	地下水位(m)
49	3918	4.7～4.9	3.5～3.7	碎石、页岩	
50	3919	12.8～16.8	3.6～4	泥灰岩	
51	3923	5.2	4	粉质黏土、泥岩	
52	3924	8.5	2.8	粉质黏土、泥岩	
53	3927	6		粉质黏土、泥岩	
54	3928	5.8～8	5.6～5.8	泥质砂岩、粉质黏土、素填土	
55	3930	8.1～8.2	4.6	粉质黏土、白云质灰岩、素填土、	
56	3931	4.8	3.6	碎石	
57	3932	12～14.5	3.6	泥质砂岩、粉质黏土、碎石	
58	3934	9		粉质黏土、混碎石、泥岩	
59	3935	6		碎石、泥岩、泥质页岩	
60	3936	4.7～5.4	3.6～4.2	粉质黏土、砂岩	
61	3938	5.6～6	3.9～4.2	粉质黏土、砂岩	
62	3939	8～8.3	4.6	粉质黏土、残积土	
63	3941	4.8～5.2	3.2～3.5	粉质黏土、砂砾岩、碎石	
64	3942	5～5.1	2.9～3.1	粉质黏土、砂砾岩	
65	3943	5.5～5.6	4.3～4.4	粉质黏土、泥岩	
66	3949	6.9～7.1	4.2～4.6	粉质黏土、泥岩	
67	3950	5.2～5.4	3.7～3.8	粉质黏土、凝灰岩	
68	3953	8～8.2	4.6	残积土、砂岩	
69	3957	7～10		碎石、凝灰岩	
70	3958			凝灰岩	
71	3959	8.5		凝灰岩	
72	3960	6～8		粉质黏土、凝灰岩	
73	3962	9		粉质黏土、凝灰岩	
74	3962＋1	6		粉质黏土、凝灰岩	
75	3963	6		粉质黏土、凝灰岩、混碎石	
76	3964	8.5		粉质黏土、凝灰岩	
77	3967	8～8.5		粉质黏土、凝灰岩	
78	3970	6.1～6.2	4.6～4.7	粉质黏土、凝灰岩	
79	3971	7.5～9		粉质黏土、凝灰岩	

续表 4-1

序号	桩号	坑深(m)	掏挖基础扩大头尺寸(m)	地质	地下水位(m)
80	3972	5.9～6	4.2	粉质黏土、凝灰岩	
81	3973	7.5		粉质黏土、凝灰岩	
82	3974	6.5		粉质黏土、凝灰岩	
83	3975	6～6.2	4.6～4.8	粉质黏土、凝灰岩	
84	3976	6.2～6.3	4.6	粉质黏土、凝灰岩	
85	3977	6.1～6.2	4.6～4.7	粉质黏土、凝灰岩	
86	3978	7.8～7.9	4.8	粉质黏土、凝灰岩	
87	3979	6.5～8		粉质黏土、凝灰岩	
88	3980	6.5		粉质黏土、凝灰岩	

二、施工前准备

(1) 施工前由公司对项目部、施工队有关人员进行专项技术交底。

(2) 根据基础施工图纸及有关资料了解现场实际情况，核对现场平面尺寸，掌握设计内容及各项技术要求，熟悉土层地质；会审图纸，便于土石方开挖施工及有利于基坑坑壁稳定。

(3) 对基础施工场地上的障碍物进行全面清查，包括施工场地地形、地貌等。

(4) 基坑开挖施工以前，测量人员必须对线路进行仔细的复测，并认真记录复测数据，基础的中心桩需经检验核准后方可复测分坑，土方开挖前需先做好定位放样工作。

(5) 现场施工范围划分：放样分坑后，确认施工范围，划定堆土范围，要求堆土位置距离开挖点 3 m 以上，施工范围外围设三角围旗，设置进出施工场地的施工便道，在施工便道入口处设置“施工重地，闲人莫入”警告牌。

三、深基坑开挖的施工技术

1. 基坑开挖顺序

(1) 基坑掏挖采用分段自上而下的方法。挖孔施工时，必须找正基础中心，保证挖孔垂直度。

(2) 基坑开挖程序：施工准备→复测分坑→人员进场→工器具准备→机械开挖→分层开挖→清理基坑。

2. 基坑开挖

深基坑开挖现场必须设专人安全监护。开挖基坑时，应事先清除坑口附近的浮土、浮石，向坑外抛掷土石时，应防止土石回落伤人；当基坑开挖出现片状岩时，应及时自上而下地清除已断裂的片状岩块，防止片状岩块掉落伤人。坑深超过 1.5 m 时，上下必须采用梯子；深度超过 1.7 m 时，坑内开挖产生的土石方应装入提土筐内，通过机械装置(如图 4-1)由专人向坑外提土。提土人员须站在垫板上，垫板必须宽出孔口每侧不小于 1 m，宽度不小于 30 cm，板厚不小于 5 cm。孔口径大于 1 m 时，孔上作业人员应系安全带(安全绳可固定在锚桩上)。在提土过程中，坑底的施工人员严禁施工。

当坑深超过 2.0 m 时，坑上安全监护人员应密切注意坑下作业人员，并预设通风设施（通风可利用排风扇往坑内送风，送风时，送风人员应站在基坑护栏外侧，保证人身安全），防止坑下作业人员因缺氧而发生休克；基坑较深时，每次爆破作业后应采取强制通风措施；同时，应不定时地更换基坑开挖作业人员，采取坑上坑下轮换作业的方式，轮换间隔时间不宜超过 2 h；当发现坑内人员有异常状况时，应及时了解坑内空气质量，并根据具体情况及时开展抢救工作。

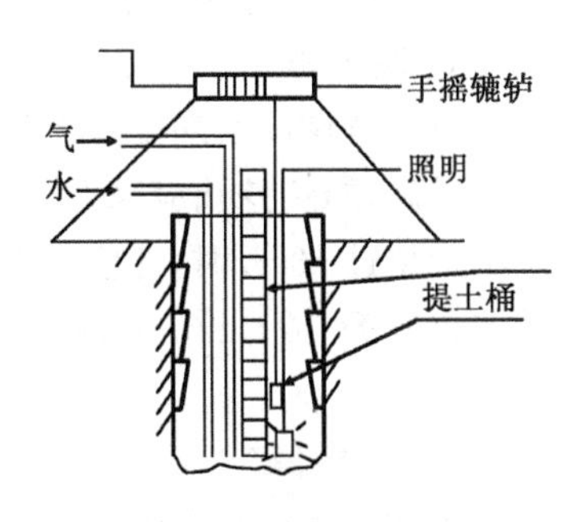

图 4-1 在护壁保护下开挖基坑

当坑深超过 3 m 及以上时，除了上下梯子外，必须设尼龙绳作为应急爬梯绳（绳子每间隔 500 mm 设一防滑结），尼龙绳末端需设置可靠的固定措施，如基坑周边缺乏可靠的固定物体时，需打设 1 吨级锚桩固定。入坑施工人员数量视坑内作业面宽度而定，严格控制坑内施工人员的数量。坑底面积超过 2 m^2 可由 2 人同时挖掘，但不得面对面作业。作业人员严禁在坑内休息、吸烟。

在坑口四周围栏范围内严禁堆积土石方、材料和工具，防止掉落坑内伤人。全方位基础各腿之间视情况设置安全隔离装置（如图 4-2），在各基础的内侧打设木桩稳固，用 80 cm 高的竹排固定于木桩上（木桩直径需在 60 mm 及以上，锚入土层深度在 500 mm，对于风化岩层处可用铁桩打孔），基坑的废土向基础外侧方向堆弃，并运出至基坑边缘 5 m 以外，弃土时严防滚石伤人。

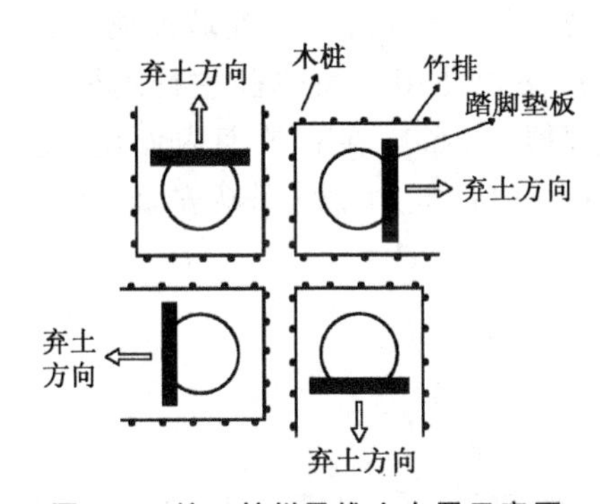

图 4-2 坑口护栏及堆土布置示意图

坑身开挖直径必须一次完成，后期扩挖既危险又难以施工。坑底扩挖部分，对高度低且进深大的扩挖施工应随坑深同步开挖，避免后期施工困难。坑底扩挖部分应采用人工开挖，不宜爆破开挖。在扩挖施工前检查孔壁岩块的完整性，对于岩壁裂纹较多段可先用水泥砂浆做好护面保护。土石方开挖应减少破坏施工作业需要以外的地面，注意保护环境原状和自然植被。山丘施工，余土应在基础周边范围内进行平整，对于个别桩号确因无法堆放余土需砌挡土墙时，需经项目部、监理部现场勘查，通过设计确认后按设计要求进行砌筑。对于堡坎堆垒时应留有足够的坡度，以保证土体稳定，防止坍塌。

基坑开挖过程中或开挖后，因雨水天气产生积水现象，应使用排水泵及时对基坑积水进行抽排，防止积水浸泡基坑，影响基础浇制作业和坑壁稳定；基坑开挖过程中发现坑底有渗水，可及时利用水泵进行抽排；若地下水位较高，严重影响施工作业，则应及时将翔实情况汇报到技术部门。基坑深度过深，可能会导致基坑内采光不足，施工人员无法正常进行作业。因此，必须视坑口直径和掏挖深度采取必要的照明措施。对地质有横向裂隙或夹层时，掏挖基础底部扩孔易引起立柱底部周围坍塌，应用角钢等支撑，角钢可直接浇入混凝土中。

3. 基坑排水

当地下水位较深，开挖渗水情况不严重时，可采用抽排水措施及时将渗水排到坑外。基坑排水应该在基础底板四周挖简易汇水沟，在坑底一角设汇水坑，用浑水泵将积水及时排出坑外，保证基础底板不积水。当塌方严重时，需先采取支护措施再排水。

4. 基坑通风

每日开挖前及基础开挖过程中，必须检测井内有无毒害气体和缺氧现象，并有足够的安全防护措施，施工挖孔应采取可靠的通风设施，确保孔内作业时空气清新，避免缺氧。当基础开挖深度超过 10 m 时，还应有专门向井内送风的设备。常用的通风工具为 1.51 kW 的鼓风机，配以直径为 100 mm 的薄膜塑料送风管，用于向孔内强制送入风量不小于 25 L/s 的新鲜空气。

5. 基坑爆破

爆破应委托有资质的民爆单位施工，并将爆破单位的资质文件和特殊工种证件上交项目部存档备案。爆破单位必须针对工程地质情况编制特殊爆破施工方案，严格控制药量以及爆破钻孔的方位和深度。宜采用小药量爆破，坑壁周围需要打防震孔，孔需要加密，炮眼的深度需控制在 0.8 m 以内，以避免对坑壁的整体性造成破坏。爆破作业必须由持有爆破证的爆破员操作。设立专职安全检查员，一切爆破作业的准备工作需经安全员检查确认后方准进行。严格执行爆破安全技术措施，并在爆破作业时设立爆破警戒线、警戒标志和专职警戒员。引爆前必须将剩余的爆炸物品搬到安全区，除引爆人和监护人外，其他人员必须撤到安全区，并鸣哨警告，确认无人后方可引爆。

浅孔爆破的安全距离不小于 300 m；在山坡上爆破时，下坡方向的安全距离应增大 50%。无盲炮时，从最后一响算起经 5 min 后方可进入爆破区，有盲炮或炮数不清时，必须经 20 min 后方可进入爆破区检查。处理哑炮时，严禁从炮孔内掏取炸药和雷管，需重新打孔；打孔时，新孔应与原孔平行，新孔距盲炮孔不得小于 0.3 m，距药壶边缘不得小于 0.5 m。在城镇地区或爆破点附近有建筑物、架空线、铁路、公路等危及生命财产时，必须使用少量炸药进行闷炮爆破，炮眼上压盖掩护物，并应有减少震动波扩散的措施。爆炸物品应在有效期内使用，变质、失效的爆炸物品严禁使用；销毁爆炸物品应经上级有关部门批准，并按《爆破安全规程》（GB 6722—2014）的有关规定执行。

四、坑壁稳定性计算

1. 施工难点与重点

(1) 本工程深基坑开挖的难点在对于地质为粉土、黏土、粉细砂、砾砂的基础，开挖过程中容易塌方，承载力下降容易造成基础不均匀沉降；基础地质岩石风化比较严重的基础，基础难以掏挖成型；部分基础地下水位较高。

(2) 土石方开挖设专人指挥。当挖至标高接近基础底板标高时，不宜采用爆破，防止超挖。开挖过程中，及时清理坑壁碎石，防止碎石坠落伤人。

(3) 部分基础需采用定点爆破。在爆破过程中，按照设计的基坑宽度和基坑深度进行爆破，尽可能保持设计尺寸外的原状土不受破坏。

(4) 施工中不得超挖，当基坑开挖部分超过基础设计埋深时，所超过部分可用 C15 级素混凝土或铺石灌浆作为垫层，进行平整处理。

(5) 在开挖土石方时，安排测量人员用经纬仪和水准仪对分坑轴线位置和基坑、中心桩的标高进行测量，确保基坑位置正确。

(6) 由于本工程沿线区域 11 月底左右即进入冬季，气候寒冷，基坑开挖过程中坑底暴露容易受冻，基坑开挖后应采取防冻措施，防止在冻土层上浇筑基础，造成基础不均匀沉降。

(7) 雨期施工时，应在基坑四侧围以土堤或挖排水沟，以防地面雨水流入基坑，同时应经常检查坑壁和支护情况，防止坑壁受雨水浸泡造成坑壁失稳坍塌。同时，基坑在开挖过程中，坑顶应搭设防雨棚（防雨棚可用彩料布或雨布制），搭设防雨棚需牢固。

2. 掏挖基础孔壁稳定性分析

本工程掏挖式和岩石嵌固式基础的地质成分见表 4-2 所示。

表 4-2　不同地质承载力表

地质	粉质黏土	全风化凝灰岩	强风化凝灰岩	中风化凝灰岩	全风化砾岩
承载力(kPa)	160	300	400～600	800～1 200	200
地质	强风化砾岩	中风化砾岩	全风化片麻岩	强风化片麻岩	中风化片麻岩
承载力(kPa)	350	600～700	300	600	1 200

掏挖基础孔壁稳定性的简易公式为

$$H_{cr} = \frac{c\tan\left(45^\circ + \frac{\varphi}{2}\right)}{K\bar{\gamma}_s}$$

式中：H_{cr}——临界孔深；

c——黏聚力；

φ——内摩擦角；

K——土侧压力系数；

$\bar{\gamma}_s$——土体容重。

（注：本公式引自《输电线路掏挖基础的孔壁稳定性分析及判断》一文）

通过计算，可以得出不同地质层保证孔壁稳定的临界孔深，见表 4-3 所示。

表 4-3　不同地质临界孔深计算表

地质层	H_{cr}(m)	c(MPa)	φ(°)	$\bar{\gamma}_s$(kN/m³)	υ	K
粉质黏土	5.9	0.035	18	19	0.3	0.43
全风化凝灰岩	12.2	0.1	20	20	0.37	0.59
强风化凝灰岩	29.5	0.2	27	22.5	0.33	0.49
中风化凝灰岩	60.3	0.36	30	23	0.31	0.45
全风化砾岩	18.7	0.15	23	21.5	0.36	0.56
强风化砾岩	25.7	0.19	26	22	0.35	0.54
中风化砾岩	63.0	0.37	32	22.5	0.32	0.47
全风化片麻岩	21.0	0.18	25	21	0.39	0.64
强风化片麻岩	30.3	0.23	28	21.5	0.37	0.59
中风化片麻岩	60.3	0.38	35	22.5	0.35	0.54

注：υ 为泊松比，$K = \upsilon/(1-\upsilon)$。以上计算参数引自《工程岩体分级标准》(GB 50218—2014)。

根据表 4-3 的计算结果，比较本工程各个掏挖基础的基坑深度，各地质层的坑壁都能满足稳定要求，故在人工及机械掏挖的情况下，基坑整体是安全稳定的，无需护壁。但是需要考虑基坑地质在遇到夹层、夹砂、渗水等情况时会发生坑壁浮石、浮土掉落现象，威胁坑内施工人员的安全。

(1) 为了降低施工中的不确定性风险，从施工强度和施工时间上考虑，本工程决定对开挖深度大于等于 7 m 的基坑，在施工初始阶段，在坑口深度为 0.8 m 的范围内进行混凝土护壁处理。护壁一次浇制完成，壁厚 150 mm，混凝土等级与基础相同。坑口护壁见图 4-3 所示。

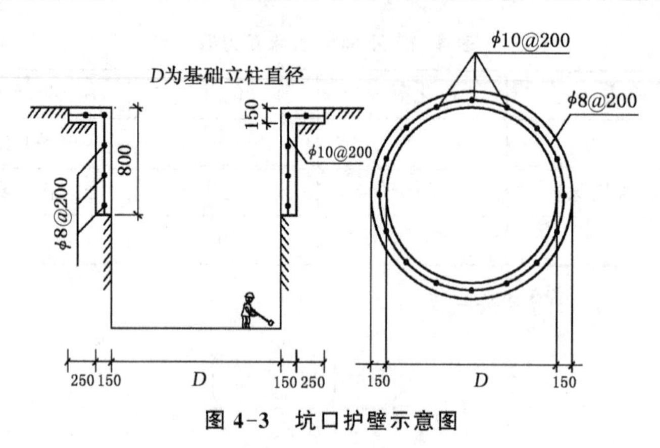

图 4-3　坑口护壁示意图

(2) 基坑开挖过程中，在基坑中段或下段也可能会出现坑壁不稳定现象。主要原因是：①坑壁出现地下涌水及砂砾、泥沙等特殊夹层；②基坑爆破掘进过程中，由于坑壁局部地质条件较差及爆破震动影响。两种情况都将极大威胁坑内施工人员的安全。如出现该情况时应立即通知设计工代、监理一同查看现场，根据实际情况采用局部护壁防护措施，现场技术人员需编制专项的单基护壁方案。局部护壁措施如图 4-4 所示。

护壁可分段施工，每段施工长度 H 为 800～1 000 mm，壁厚 150 mm，混凝土等级与基础相同，竖向钢筋应上下搭接。

(3) 对所有深度超过 3 m 的基坑，为了预防在基坑开挖过程中坑壁上有小石块等坠落或坑壁意外局部坍塌，保证施工人员的安全，本方案采用在坑壁上挂尼龙密目网的防护措施。见图 4-5 所示。

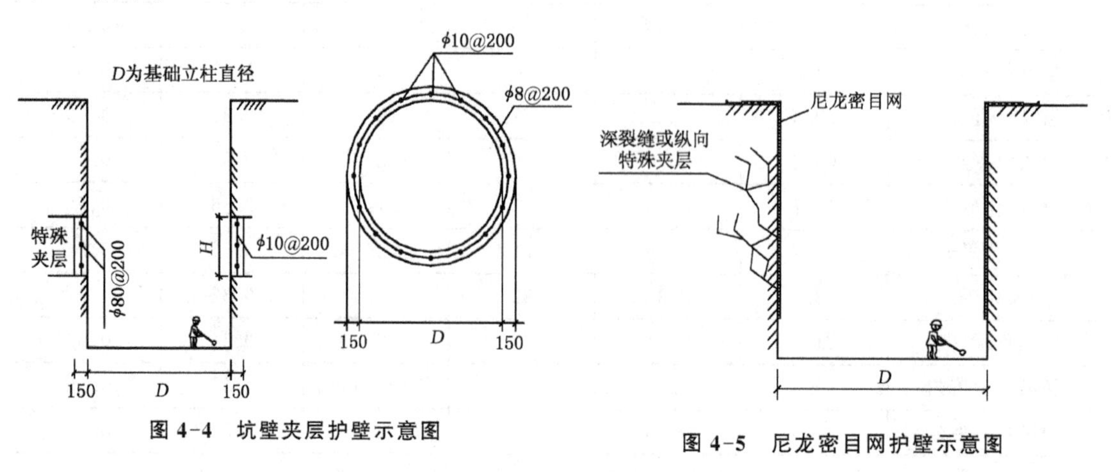

图 4-4　坑壁夹层护壁示意图

图 4-5　尼龙密目网护壁示意图

第二节　混凝土结构实用技术在合肥城市公馆城市综合体的应用

一、工程概况

1. 设计概况

合肥万科城市公馆城市综合体工程由主楼、辅楼、地下车库三部分组成；其平面设计呈半圆形，主楼20层总高101.4 m(含停机坪)，辅楼4层总高26.8 m，地下车库1层；层高：地下车库分别为3.9 m和6.6 m，辅楼1层6 m、2～4层5.4 m，主楼1层6 m、2～7层5.4 m、8～16层4.2 m、17～20层分别为4.5 m、4.6 m、4.8 m；主楼设有9部电梯、3个楼梯，辅楼及地下车库共设有7部电梯、11个楼梯。该工程总建筑面积约85 000 m^2，其中地下室面积21 666 m^2，主要为车库、厨房、配电室、消防水池、设备用房等；地上面积63 334 m^2，主要为办公室、会议室、空中花园、报告大厅、餐厅、演示转播用房等。本工程±0.00相当于绝对标高44.80 m，地面自然标高约42.30 m。地下室防水等级为二级，基础底板及底板侧面防水采用一道改性氧化沥青聚乙烯胎防水卷材OEE，外墙及顶板采用一道丁苯橡胶改性沥青聚乙烯胎防水卷材MEE，外墙防水层外侧设200 mm厚空心砖墙保护层，地下室顶板保温采用50 mm厚挤塑板。地下室主要部位地面做法：车库混凝土地面、厨房地砖地面、配电房水磨石高位板地面，内墙面除厨房、卫生间瓷砖外，其他多数部位均为涂料墙面，天棚除厨房为金属板吊顶外，其他同样为涂料墙面。外墙面为石材与玻璃幕墙，内墙面分别为涂料、大理石、瓷砖等，天棚分别为金属装饰板、矿棉板、石膏板吊顶涂料饰面，楼地面分别为地板、地毯、地砖、花岗岩、水磨石等，门窗分别为实木门、不锈钢框玻璃门、塑钢门窗等，屋面为挤塑聚苯乙烯保温板保温、SBS防水卷材屋面。

2. 结构设计概况

本工程采用天然地基，主楼局部基础下软土层采用高压旋喷桩进行地基处理，基础结构形式为片筏基础，主楼基础底板为平位板，厚2 000 mm，底板埋深－9.0 m；辅楼基础底板为低位板，板厚400 mm，梁高700 mm，同时柱下设有独立基础，基础底板埋深多为－7.40 m，电梯井部位底板最大埋深约－12.50 m，集水坑底板埋深多为－8.60 m。考虑主辅楼高度相差较大，主辅楼基础间设有800 mm宽沉降带，同时由于地下室面积较大，基础底板约按40 m间距设有温度带。地下室墙板厚为350 mm、400 mm，主体结构形式为框支剪力墙结构，按抗震设防烈度8度设防，抗震等级为二级。主辅楼柱网尺寸多为9.0 m×9.0 m，柱断面形式除个别为圆形外其他均为方形，断面尺寸分别为700 mm×700 mm、800 mm×800 mm、900 mm×900 mm、1 000 mm×1 000 mm等。其中主楼17根柱，辅楼16根柱，共33根柱，其内分别设有H型钢或箱型柱，其钢骨断面尺寸分别为H型钢300 mm×400 mm、箱型柱400 mm×400 mm、500 mm×500 mm；楼面结构形式分别为现浇钢筋混凝土楼面、空心薄壁管现浇楼面、组合楼承板结构，梁混凝土断面尺寸最大为650 mm×1 200 mm，最小为150 mm×300 mm，多数为400 mm×800 mm、600 mm×800 mm、600 mm×1 000 mm等，主辅楼部分梁内分别设有型钢钢骨，钢骨断面尺寸最大为250 mm×900 mm，材质均为Q345GJ－C级钢。板厚分别为：现浇钢筋混凝土楼面120 mm、140 mm、180 mm、200 mm，空心薄壁管现浇楼面300 mm，组合楼承板结构150 mm,其中空心薄壁管现浇楼面于板厚中间位置设有直径180 mm空心薄壁管,组合楼承板结构楼面型钢梁断面尺寸最大的为250 mm×800 mm,材质均为Q345GJ-D级钢,压型钢板选用鞍山东方钢构件的楼承板,板型为DFLCB-54。钢筋分别为Ⅰ、Ⅱ、Ⅲ级钢,直径最大的为32 mm,最小的为6 mm。总钢筋用量:基础约4 500 t,主体结构约8 000 t。混凝土强度等级分别为:垫层C15,主楼及人防底板C40、辅楼600～1 000 mm厚底板C40、纯地下车库400 mm厚底板C30,墙柱主楼C60、辅楼及人防C40、纯地下车库C30,外墙及顶板C30,抗渗等级:底板P8、外墙P8、顶板P8;主体结构部分:主楼部分柱墙1～5层C60、6～9层C50、10～15层C40、16层以上C30,梁板C30,辅楼部分柱墙1～3层C40、4层以上C30,未注明的混凝土构件为C30,后浇带混凝土强度等级高于两侧混凝土强度等级一个标号,为微膨胀混凝土。工程采用冰蓄冷、电蓄热、超低温送风、变风量末端空调系统等先进、成熟技术,选用绿色环保的建筑材料、设备、新产品等。总之,新材料、新工艺将大量在本工程中应用,大楼的技术和装备水平具有或接近国际先进水平,工程建成后,应成为沈阳市的标志性建筑。

3. 水文地质、地形地貌、气候环境及施工条件

本场区地下稳定水位埋深为0.9 m(按一次土方开挖坑底表面算),标高约为36.60 m,该地下水主要为孔隙水类型,主要富存在圆砾和砾砂层之中,补给来源为大气降水及地下径流,年水位变化幅度为1.00～2.00 m左右,由于邻近浑河,洪水期间可能上升更高。但场区地下水对钢筋混凝土无腐蚀性,对钢结构有弱腐蚀性。根据本工程岩土工程勘察报告,场区内土层自上而下依次为杂填土、粉土、中砂、砾砂、圆砾、淤泥质粉土、粗砂、粉质黏土,本工程副楼持力层为第4层砾砂层,其地基承载力特征值为340 kPa,主楼持力层为第5层圆砾层,其地基承载力特征值为300 kPa。地形地貌与交通条件:场地地势平坦开阔,地貌单元属于浑河高漫滩。施工场区东侧紧靠规划道路,西侧与北侧紧邻东北街、南堤中路,材料运输只要做好场区内施工道路即可直接接上市政主干道,确保运输畅通。

合肥市属温带半湿润季风性气候地区,由于受大陆性和海洋性气团控制,其特征是冬季漫长寒冷,春季多风干燥,夏季炎热多雨,秋季湿润凉爽。据合肥市中心气象台多年资料统计:气温多年平均为20℃,最高为44℃,最低为−5℃。降水量多年平均为675 mm,集中在6～9月份。风向,冬季多西北风,夏季多西南风,春秋两季风大,风向不定,最大风速12～15 m/s。常年主导风向WN。施工水、电源均已接送至现场,场地已平整,施工现场紧靠市政主干道,只要做好场内施工道路即可保证材料的畅通运输,施工区域与外界已用彩钢板围墙分隔。经过2015年下半年的紧张施工,现主楼地下室已全部封闭,顶板混凝土浇筑完毕,辅楼地下室外周柱墙混凝土浇筑完毕,内部柱墙钢筋绑扎完毕,模板安装完成一半左右,越冬期间未封闭的地下室顶板均搭设满堂脚手,采用多层板、彩条布、草袋等封闭完毕,纯地下室部分均已全部封闭并完成防水层、保温层、混凝土保护层、土方回填等项目的施工。

主楼基础底板埋置深度为−9.00 m,电梯井坑、集水坑等局部位置底板埋深−12.50 m,位于地下水位以下4.10 m,基础底板的施工必须降水后方可进行,这给施工造成了一定的困难。由于地下室面积较大,基础底板大面积混凝土浇筑,特别是主楼筏板基础大体积混凝土的浇筑与裂缝控制同样给施工增加了难度。地下室大面积防水施工要做到不渗不漏,这迫使我们在材料购买上必须货比三家,选择质量性能稳定的厂家,同时在施工质量管理上必须再上一个新台阶。

本工程部分柱梁采用劲性钢筋混凝土，其技术难度包括：①型钢骨架的制作与安装、柱梁钢筋的绑扎；②本工程主楼个别柱采用芯柱，钢筋绑扎与混凝土浇筑；③主楼局部楼面采用空心薄壁管现浇楼面，增加了空心薄壁管的安装工序；④主楼部分楼面采用组合楼承板结构，延长了施工时间，给工程总工期的控制造成了一定的压力；⑤本工程外露钢构件根据设计采用Q345GJ－D级钢且规格较多；⑥大跨度转换桁架的制作与吊装制约了其他工序的正常施工；⑦根据设计，本工程部分钢构件焊缝质量等级为一级；⑧C60高强度混凝土的应用。

二、施工前部署

1. 施工范围与任务划分

基础土方标高－7.10 m以上部分由业主直接发包给其他公司施工。除以上业主直接分包的土方工程及地基处理工程外，其他±0.00以下基础工程、主体结构工程、水电预埋安装、设备安装、装潢等工程均由总承包单位施工。业主招标指定分包项目：空调设备采购与安装；幕墙施工；装潢设计与施工；电信施工；监控设备施工等。

2. 施工部署总原则

考虑本工程工作量大、工期紧、施工质量要求高，在对工程施工进行总体部署时综合考虑到各方面的影响因素，充分酝酿人员、材料、机械、技术等资源在任务、时间、空间上的总体布局，做到合理组织，科学安排，有条不紊地组织施工。按照先地下后地上、先深后浅、先结构后围护、先主体后装修、先土建后专业安装的总顺序进行部署。为保证工程按照总控制进度计划组织施工，要形成结构、机电安装、装饰各专业之间，木工、钢筋工、混凝土工、水工、电工等工种之间的快速穿插，以达到工序间的最优配合，确保组织平行流水施工，同时狠抓总网络计划中关键线路，保证主控工序提前插入施工。根据总体施工进度的安排，本工程基础、主体结构施工正值雨季，雨季施工时必须采取相关措施保证工程质量。

施工缝的留设要求：柱、墙水平施工缝留设在梁下口标高向下50 mm处；梁、板施工缝按结构施工图后浇带位置留设；考虑GHJ－8、9的吊装，为保证工期，不影响其他施工段的正常施工，5层、15层楼2区分别在16轴西3 m、R轴南3 m处留设2道施工缝；空中花园的施工如若钢结构安装跟不上则考虑在14轴、R轴处留设2道施工缝。

3. 总体施工顺序、工艺流程与平面施工流向

（1）总体施工顺序

主楼：1～3层主体结构施工→4～5层主体结构施工及1～2层墙体砌筑→6～12层主体结构施工、3～8层墙体砌筑、1～6层抹灰→13～15层主体结构施工、9～11层墙体砌筑、7～9层抹灰、1～8层幕墙安装→16～18层主体结构施工、12～14层墙体砌筑、10～13层抹灰、9～16层幕墙安装→19～20层主体结构施工、15～20层墙体砌筑、14～20层抹灰、17～20层幕墙安装→屋面工程施工。

辅楼：1层主体结构施工→2层主体结构施工→3层主体结构施工→4层主体结构施工→屋面工程施工→1层墙体砌筑→2层墙体砌筑→3层墙体砌筑→4层墙体砌筑→1层抹灰→2层抹灰→3层抹灰→4层抹灰→幕墙安装。

型钢柱、梁安装→柱、墙钢筋绑扎→柱、墙模板支设→柱、墙混凝土浇筑→梁底模支设→梁钢筋绑扎→梁侧模及现浇板底模支设（压型钢板安装、焊栓钉）→板底筋绑扎→水电预埋→空心薄壁管安装→板上部筋绑扎→楼面混凝土浇筑。

平面施工流向要求：按先第一施工段后第二施工段的顺序组织施工，考虑楼面结构类型的不同，由第一施工段流向第二施工段时先施工需支设底模的现浇钢筋混凝土楼面，再施工组合楼层板楼面，为保证压型钢板的提前铺设，16 轴及 R 轴梁模应先行支设，以便其他工种提前进入。辅楼需要根据图纸设计后浇带位置，整个楼面分成三个施工段，按由东向西顺序组织流水施工。

(2) 主楼立体交叉施工流向

主体结构施工至四层即开始 1 层墙体砌筑，主体结构施工至 6 层即开始 3 层墙体砌筑、1 层墙体抹灰，主体结构施工至 13 层即开始 9 层墙体砌筑、7 层墙体抹灰、1～8 层幕墙安装，主体结构施工至 16 层即开始 12 层墙体砌筑、10 层墙体抹灰、9～16 层幕墙安装，主体结构施工至 19 层即开始 15 层墙体砌筑、14 层墙体抹灰、17～20 层幕墙安装。

(3) 垂直运输机械的选择与方案的确定

根据总体施工进度计划，考虑本工程工期较紧，为满足施工需要，基础施工阶段主楼分别在 15 轴西 N 轴南、13 轴与 14 轴间弧梁外布置型号为 H25/14 和 K30/30 塔吊，辅楼于 7 轴东 L 轴北、16 轴西 A 轴南各设置一台 H25/14、QTZ－40 型塔吊(具体位置及编号见基础施工阶段平面总布置图)，主要用于主楼基础施工阶段钢筋、模板、钢构件的水平与垂直运输；混凝土的运输主要采用混凝土输送泵，考虑地下室面积较大，混凝土泵的定位与布置以尽可能靠近浇筑点为原则，根据浇筑点的不同流动设置，泵的台数具体根据混凝土一次浇筑量而定，采用地泵与汽车泵相结合。

考虑主体施工阶段人员上下及砌块等零星材料的垂直运输，在主楼 15 轴东 N 轴南、辅楼 6 轴东 P 南各布置一台人货电梯，在基础底板施工时将两台人货电梯基础与基础底板同时施工完毕。1＃、2＃塔吊基础设在地下室底板以外，3＃塔吊基础设在附楼基础底板以下250 mm 处，塔吊基础与基础底板间留 150 mm 厚砂层缓冲带，4＃塔吊基础设在主楼基础底板上，1＃、2＃人货电梯基础同样考虑设在基础底板中，与基础底板一起浇筑。

(4) 施工准备

项目技术负责人组织项目部有关人员熟悉图纸，及时进行项目内部图纸会审，并把所发现的问题汇总，参加由业主组织，监理、设计、施工单位四方参加的设计交底与会审，解决图纸上的问题，并及时办理图纸会审记录，为正式施工做好准备。根据设计施工图，备齐施工所用相关规程、规范、标准、图集、法律法规等，并组织管理人员学习相关内容。工程开工前由项目部根据有关本工程的各类技术文件及经济文件，深化编制切实可行的施工组织设计。经公司相关部门会审后由公司总工程师审批下发项目经理部组织实施，作为整个工程施工的纲领性文件。

根据本工程特点，工程开工后项目部组织各工种工长、质检员、放线员、计量员、安全员、试验员、资料员等相关人员进行业务培训，提高自身的业务水平。组织学习施工验收规范、操作规程等有关合肥市地方标准和规定。组织管理人员学习听取创优知识讲座，组织全体管理人员参加 ISO9001 新版和 ISO14001 培训，提高项目部人员整体管理水平。确定如表 4-4 所示施工技术工作计划，供施工管理过程中按期执行。

表 4-4　主要施工方案编制计划

序号	方案名称	编制人或单位	完成时间
1	工程确保“鲁班奖”措施	工程技术部	随施工进度编制
2	创建文明工地实施方案	工程技术部	随施工进度编制

续表 4-4

序号	方案名称	编制人或单位	完成时间
3	基坑支护方案	工程技术部	随施工进度编制
4	临电方案	工程技术部	随施工进度编制
5	防水工程施工方案	工程技术部	随施工进度编制
6	大体积混凝土施工方案	工程技术部	随施工进度编制
7	钢筋工程施工方案	工程技术部	随施工进度编制
8	钢结构施工方案	专业工程师	随施工进度编制
9	模板工程施工方案	工程技术部	随施工进度编制
10	水电暖通分项施工方案	工程技术部	随施工进度编制
11	砌体工程施工方案	工程技术部	随施工进度编制
12	室内装修施工方案	工程部技术	随施工进度编制
13	雨季施工方案	工程技术部	随施工进度编制
14	大型机械安装、拆除方案	工程技术部	随施工进度编制

4. 过程检验试验计划

考虑本工程工作量较大，钢筋、混凝土、钢构件、砌块、防水材料等原材料或半成品用量较大，项目部设立专职试验员负责施工过程中各种材料、半成品的检验试验工作，结合本工程具体情况和规范要求，本工程基础、主体结构部分检验试验计划如表 4-5～表 4-8 所示。

表 4-5　本工程主体基础与结构部分检验试验计划

序号	试验名称	责任人	取样标准	备　注
1	水泥	材料员	同状况散装水泥每≤500 t、袋装水泥每≤200 t 取一组	有见证取样
2	砂	材料员	同状况每≤400 m^3 或 600 t 取一组	有见证取样
3	石	材料员	同状况每 400 m^3 或 600 t 取一组	有见证取样
4	混凝土小型空心砌块	材料员	每 10 000 块取一组(5 块)	有见证取样
5	钢筋原材	材料员	同规格、炉号每≤60 t 取一组试件	有见证取样
6	钢筋连接接头	材料员	同一验收批取一组	有见证取样
7	钢结构施工	材料员	—	有见证取样
8	防水材料	材料员	同一验收批取一组	有见证取样
9	普通混凝土	材料员	每≤100 m^3、每台班取一组另加同条件养护试块	有见证取样
10	抗渗混凝土	材料员	连续浇筑混凝土每 500 m^3 取 1 组	有见证取样
11	砌筑砂浆	材料员	同配合比、同种原材料每一楼层或 250 m^3 砌体取一组	有见证取样
12	设备安装及试运转记录	专业试验员	系统测试	—

表 4-6 隐蔽工程验收计划

序号	隐蔽工程验收项目	责任人	主要验收部位	备 注
1	地基验槽	材料员	基槽	分段验收
2	防水层	材料员	基础底板、外墙板、顶板及屋面	分段验收
3	钢筋	材料员	地下室底板、柱、墙板、梁板	分段验收
4	框架柱梁内型钢骨架	材料员	柱、梁	分段验收
5	地下室混凝土结构	材料员	基础、柱、墙板、梁板	分段验收
6	砌筑拉结筋	材料员	二次结构砌体	分段验收
7	保温层	材料员	地下室顶板及屋面	分段验收
8	电气、给排水、消防、弱电、管路预埋	材料员	柱墙梁板内	分段验收

表 4-7 预检计划表

序号	预检项目	责任人	验收部位	备 注
1	模 板	技术员	模板加工场	
2	成型钢筋、马凳、垫块	技术员	钢筋加工场	
3	混凝土结构施工缝、后浇带	技术员	现场各施工缝、后浇带处	
4	钢构件	技术员	型钢加工场	
5	材料材质、洞口预留、管路敷设安装	技术员	进场验收、工作面内	

5. 施工现场准备

(1) 水准点、坐标点的交验与引测

交验规划局提供的水准点与坐标点，检查各点位的完好性，在确认确实准确无损后将各坐标点与水准点加设钢管保护三脚架，根据总平面图测设出建筑物的控制轴线，建立建筑物的轴线平面控制网与高程控制点。

(2) 施工现场水、电源的接送

根据施工总平面布置图将水电源接送至现场各用水、用电点，电缆的布设采用埋地方式，埋地深度控制在 0.5 m 左右，电缆应尽量沿围墙等不易挖到的位置布设，过路电缆应加设钢套管，现场供电采用三级系统供电方式，设立一、二、三级配电箱，一级箱内装上电表以便计量电量，生活区采用 36 V 安全电压供电照明。水管的接送采用埋地方式，埋置深度控制在自然地面以下 1.2 m 左右。选用直径 50 mm 的 PPR 水管，现场水管的布设采用环状方式布置，并在适当位置加设阀门，以便施工中水管万一碰坏可进行维修并保持现场连续供水。水电线管埋设位置应设立明显标志，防止施工时挖坏。

(3) 临时设施的准备

根据批准的施工组织设计及施工总平面布置图，结合合肥市文明工地标准在现场搭设生活临时设施，注意将生活区、办公区、施工区分开，并设立明显标志，生活区的布置应考虑设置职工活动室，丰富职工业余文化生活。见表 4-8。

表 4-8 临时设施搭设计划

序号	名 称	面积(m^2)	备 注
1	职工宿舍	2 000	5 栋楼(共 100 间)
2	干部宿舍	240	10 间
3	食堂、餐厅	300	
4	厕所、浴室	200	
5	办公室	240	
6	(会议)活动室	80	
7	仓库	100	
8	保卫房	35	2 间
9	工具房	100	
10	木工棚	100	
11	机修棚	80	
12	钢筋棚	100	

(4) 施工区域地下管线埋设情况的调查

根据业主提供的情况,在施工现场南侧围墙处有一根通信电缆,该电缆埋深约 1.2 m,其他区域无任何管线。

(5) 施工临时道路的布设与现场排水

根据施工总平面布置图,结合安徽省文明工地标准并考虑施工的具体情况,在基坑南侧、西侧两面做一条厚 200 mm、宽 6 500 mm 的混凝土施工主干道,北侧受条件限制做一条 3 000 mm 宽的混凝土路,同时在钢筋加工区西侧,模板加工区南侧、西侧,均各设一条宽 4 500 mm 的混凝土路,以上各条道路在施工区域组成一循环回路,只要接上市政主干道,即能保证材料的畅通运输。施工区施工主干道与基坑间设花池与挡水墙,防止雨水流入坑内,沿主干道在其外侧设整个现场的地下排水管网系统,排水管采用直径 200 mm 的 PVC 塑料管,并每隔 30 m 左右设一雨水井,场区内雨水井至市政雨水井排水管线采用直径 400 mm 水泥管,确保排水通畅。生活区雨水的排放采用宿舍前设明排水沟,汇集后通过直径 400 mm 的埋地水泥管排送至市政雨水系统,生活污水通过化粪池排入市政管网。基础工程施工结束,对地下室部分进行全面回填,考虑主体结构施工,在主楼南侧 15~16 轴间做一条 10 m 宽混凝土路与 A 轴南侧一条宽 6 500 mm 混凝土施工主干道连上,确保材料运输。

(6) 基坑围护与护坡设置

考虑基坑土方已开挖且深度较大,为保证安全坑周围设立钢管护栏,同时坑侧做土钉墙护坡,防止雨水冲刷造成塌方,土钉墙坡脚与底板砖胎模上口交界处设砖砌排水沟与集水井,以便将边坡雨水汇集后抽排出坑外。

三、施工技术实施

1. 施工技术要求

考虑基础土方已挖至标高−7.10 m,对剩下约 300 m^3 的土方采用人工挖土,对主楼部位土方采用挖土机挖除，在机械挖运的同时安排人工配合清理基槽，对底标高下卧的独立基础其土方在大面积挖除余土时一并挖出，避免机械再上已清理到位的原土持力层而扰动地基，所有土方均由自卸汽车运出场外。因基础土方开挖时按开挖图施工，基础周边缺少工作面，现采取在基础周边砌筑挡砂墙。本工程地基土质为砂土，对于底板标高有高差的部位，为防止砂流淌引起基础四周不密实，在该部位砌筑砖挡墙。

对±0.00以下基础工程其墙板、电梯井筒模板采用木制多层板与木枋配成的定型大模板，穿墙螺栓均采用ϕ12钢筋，外墙穿墙螺栓加焊止水片，内墙对拉螺栓套以塑料管；柱模板采用多层板与木枋配制而成的定型模板，截面尺寸小于700 mm的柱其柱箍采用钢管，截面尺寸大于700 mm的柱其柱箍采用12＃槽钢；现浇板其梁板面模采用多层板，背肋采用50 mm×100 mm木枋，所有多层板厚度均为15 mm；底板后浇带侧模采用双层钢丝网，钢丝网后设ϕ18钢筋网片，网片水平及竖向间距均为100 mm，墙板与顶板后浇带模板采用按钢筋间距和保护层厚度加工成锯齿形的多层板及钢丝网支设；为保证地下室防水施工质量，结构施工考虑外墙板与楼面梁板一起浇筑，减少施工缝的留设，从结构上把好第一道关。支撑系统采用钢管排架支撑体系（适当采用油托）。对±0.00以上主体结构工程其柱、墙、核心筒模板采用定型钢大模，现浇梁板模板其面模采用多层板，背肋采用50 mm×100 mm木枋，多层板厚度为15 mm，支撑系统采用钢管排架支撑体系（适当采用油托）。

采用泰丰商品混凝土公司提供的商品混凝土，地下室抗渗混凝土其外加剂选用HEA－Ⅰ型抗渗膨胀防水剂，混凝土运输采用混凝土罐车，混凝土的输送采用混凝土输送泵，采用插入式振捣器机械振捣。钢筋采用机械加工成形、现场绑扎的方法，柱主筋接头采用直螺纹。墙竖筋接头，当钢筋直径≥20 mm时采用直螺纹接头，当钢筋直径≤18 mm时采用绑扎搭接接头。考虑本工程层高较高，柱墙竖筋每层均留设一个接头，梁主筋接头均采用直螺纹接头。现浇板钢筋，当钢筋直径≤18 mm时采用绑扎搭接接头，当钢筋直径≥20 mm时采用直螺纹接头。考虑楼梯间墙板采用钢大模，楼梯梁及平台板钢筋无法事先预埋，该部分钢筋待钢大模拆除后另行植筋施工。

钢结构加工安排在鞍山东方钢结构有限公司进行，现场钢结构的吊装采用塔吊与汽车吊相结合，GHJ－1、2、9、10采用整体吊装方法，其他桁架分成散件或单元段进行吊装，空中组拼就位。对材料的垂直运输，钢筋、模板的水平与垂直运输采用塔吊（1＃塔吊40T－M，2＃、3＃塔吊H25/14，4＃塔吊K30/30），混凝土采用混凝土泵，钢结构吊装分别采用塔吊（2＃、3＃塔吊H25/14，4＃塔吊K30/30）与汽车吊，砌体的垂直运输采用塔吊与人货电梯。脚手架根据工程设计特点结合考虑外装修施工，其外脚手架1～7层采用落地式双排钢管脚手架，8层以上采用悬挑钢管脚手架，每6层悬挑1次，悬挑梁采用20＃工字钢。

2．施工组织方案

本工程地下室面积约21 666 m^2，考虑混凝土的收缩及地下室上部荷载的差异，地下室底板共设有10个后浇带，整个地下室基础底板共分成22个区，考虑A～M轴为纯地下车库且基础底标高在地下水位之上，不牵涉降水，该部分作为第一施工区先行施工，（13～23轴）×（M～X轴）作为第二施工区次后施工，剩下（1～13轴）×（M～X轴）作为第三施工区安排在最后施工。第一施工区分6个施工段，第二施工区分7个施工段，第三施工区分9个施工段，每区各施工段之间按由东向西方向组织流水施工。根据图纸设计，地下室共设有14个楼梯，按结构设计的不同，对楼梯休息平台与现浇墙板脱开的楼梯，楼梯施工安排在墙板混凝土施工结束后进行，楼梯梁在墙板留设插筋。对楼梯休息平台与现浇墙板连在一体的楼梯，楼梯施工同样安排在墙板混凝土施工结束后进行，楼梯梁及平台板钢筋均在墙板中留设插筋。对楼梯四周无混凝土墙板的楼梯，随主体结构柱、楼面同步施工。考虑防水，地下室外墙决定与地下室顶板一起浇筑，减少一道施工缝，有利于保证工程质量。

主楼主体结构分两个施工段由南向北组织流水施工，考虑工期较紧，立体交叉施工组织如下：主楼主体结构施工至4层即开始1层墙体砌筑，然后逐层向上推进；主体结构施工至6层即开始1层墙体抹灰，主体结构施工至13层即开始1～8层幕墙安装，主体结构施工至19层墙体应砌至15层、抹灰应施工至14层、幕墙应安装至17层，视天气情况屋面安排在11月中旬或2008年4月施工。辅楼主体结构分3个施工段(1～6轴、6～10轴、10～13轴)由东向西组织流水施工，考虑工期较紧，立体交叉施工组织如下：主体施工至3层即开始1层墙体砌筑，主体施工至4层即开始1层墙体抹灰，屋面安排在7月下旬施工。

考虑本工程工期较紧，施工人员安排分成两班24 h轮流作业。工作安排上钢筋和模板的吊运、平台钢筋的绑扎及混凝土的浇筑尽量安排在夜间进行，柱梁钢筋绑扎、木板支设与拆除尽量安排在白天进行。柱、墙竖向结构模板主、辅楼各配一半周转使用(另核心筒配置一套模板)，楼面梁、板模板主楼配置4层、辅楼配置一层半周转使用。考虑楼梯间墙板采用钢大模，楼梯间墙板组织先行施工，楼梯平台与斜跑板待楼梯墙板拆除后再行施工。

四、主要项目施工方法及技术要点

1. 测量工程的技术要点

(1) 轴线平面控制网的建立与测设

基础施工阶段，轴线的测设采用外控法，±0.00以上主体结构的施工，轴线的测设决定采用内控法。根据图纸设计建筑物特征，考虑现场施工的具体情况，基础施工阶段建筑物平面轴线控制网由四横一纵5根主轴线组成，作为建筑物的平面控制网。

基础施工结束，根据规划局提供的1＃、2＃、3＃坐标、水准点，首先利用全站仪及水准仪对其进行复核，确认无误后以其为基准点对基础施工阶段建立的现场轴线平面控制网进行复测，确认无误后将控制轴线投测到地下室顶板楼面埋件上，将标高由地下室柱或外墙引测至首层外柱及核心筒墙体上，建立内部轴线、高程控制系统，然后再进行内部细部各轴线、高程的测设。

内部轴线、高程控制系统完成后，将由一层向上进行整个结构的内控。内控轴线的平面测设采用电子经纬仪按常规方法测设，注意轴线的测设应先整体后局部、先主轴线后分轴线、高精度控制低精度；轴线的竖向传递采用激光垂准经纬仪，方法为在主楼及辅楼±0.00层轴线交汇点垂直向上的各楼层板均层层留设200 mm×200 mm的测量孔，利用钎垂仪通过交汇点向上垂直至上层空洞处，确定上一层楼控制轴线交汇点，即可得到上层楼层的控制轴线平面，利用该平面控制体系进行上层楼层的施工定位。

(2) 高程的测设

地下室施工结束，将地下室内柱或核心筒墙板上的高程控制点引测至首层结构外柱及电梯井四周部位，精确定出+0.500标高控制线，作为首层及整栋楼的标高控制线，各施工层的标高均由此标高点用50 m钢卷尺向上量测传递。原外部高程控制点作为建筑物沉降观测的控制点。

(3) 楼层放线程序

轴线测设顺序:建立首层内部轴线平面控制网→轴线的竖向传递→建立上层新的内部轴线平面控制网→测设轴线控制线→弹出柱墙外边线→放门窗洞口线→自检→报检复核。

层高传递顺序:首层柱墙 50 cm 水平线→上一个楼层标高的传递→上一个楼层新的 50 cm 水平控制线→梁、板底模控制线→梁板面控制(每层均用 50 m 钢卷尺从首层外柱及内电梯口四周定出的+0.50 标高线向上进行传递)。楼层水平线的引测:每层 50 cm 水平线引测时,应将水准仪安置在测点范围内的中心位置,抄平前进行一次精密定平,然后方可开始正式引测。

(4) 内部装修局部平面位置的确定

内部装修局部平面位置从已经在结构施工中确定的结构控制轴线中引出,高程同样从结构施工高程中用水准仪转移至各需要处。在转移时尽量遵循仪器使用过程中保持等距离测量的原则,以确保测量精度。外墙垂直轴线与高程均由内控轴线和高程点引出,转移到外墙立面上,弹出竖向及水平控制线,以便外墙装修。在轴线点引出后,内控法是逐层实施的,而外墙是从上至下进行整体控制。因此,此时需用经纬仪在外控点的辅助下,从上至下进行一次检测修正逐层测量引起的间接微小误差,使垂直线贯穿于建筑物的整个外墙面,从而达到准确的外墙控制效果。

2. 钢筋工程的技术要点

(1) 原材料及钢筋加工

图纸阅读与会审→钢筋翻样→料单审核→钢筋原材复试→钢筋切断→钢筋直螺纹套丝→直螺纹丝头检查与连接→钢筋弯曲成型→钢筋制作检查验收。

本工程所用钢材进场必须有质保书或出厂合格证,且应按品种、规格分类架空堆放整齐,标牌明示(规格、产地、数量、状态等)。对进场钢材必须及时进行报验,在监理、业主见证取样送试合格后方可使用。钢筋加工应严格按图进行,先翻样,待技术负责人审核后方可加工,不得随意变更,加工中如发现异常应随即进行分析、处理、解决,确保不合格钢材坚决不用于工程中。本工程所用钢材均在现场采用机械加工成型,切断、套丝、对焊、弯曲等操作均应严格按规范要求执行,钢筋焊接必须持证上岗,先试焊,合格后方可大量焊接,且同时应做好焊件抽样复试工作,以保证钢筋接头质量,施焊处应搭设操作棚,以免雨天焊接时接头淋雨骤冷等。各构件加工好的钢筋应捆堆于一起,挂牌标明,以免绑扎时拿错。钢筋绑扎其接头位置、搭接长度及同一截面接头百分率应满足规范及设计要求。

(2) 钢筋安装

放柱位置线并验收→柱筋校正→搭简易钢管脚手架→型钢柱安装与接头焊接、探伤检查→柱主筋直螺纹连接→柱筋接头检查验收→绑扎柱箍筋→型钢梁安装与焊接→穿型钢梁翼缘柱主接头连接与绑扎→柱钢筋验收。

考虑本工程层高较高,柱主筋每层均留设一个接头;柱主筋接头采用直螺纹连接接头并分两次间隔接长,接头位置及接头间距应满足图纸、图集及规范要求。每层柱墙钢筋绑扎前应先放出楼层柱墙位置线并及时通知监理验收,验收合格后根据图纸设计钢筋对柱墙钢筋位置及间距等进行复查,若有偏位应按图集要求进行处理,合格后方可开始柱筋的接长与安装。柱筋绑扎前在柱子四周搭上井字形钢管脚手架,该脚手架作为型钢柱梁安装、柱筋接长与绑扎安装之用,脚手架的搭设步距控制在 1 800 mm 左右,高度不得超过型钢梁底标高。为保证稳定,该井字形脚手架四面必须设置剪刀撑,考虑柱钢筋的绑扎,每步脚手架四面均至少铺设一块宽度不小于 200 mm 的脚手板并用铁丝扎牢。柱筋绑扎首先进行柱主筋接头的直螺纹连接或电渣压力焊连接，接头质量必须达到规范或标准要求，并按规定进行取样复试，待取样复试合格后方可绑扎柱子箍筋，对穿型钢梁翼缘的柱主筋应在型钢梁吊装完毕后方可进行柱主筋的连接。绑扎柱箍筋时，先用粉笔在柱主筋上画出箍筋间距，接着跟线套扎箍筋，每个交叉点必须全部绑扎，以防钢筋移位。扎丝收头应统一朝向柱内，箍筋面应水平并保持与主筋垂直，箍筋弯钩重叠处应沿柱四角相间布置，箍筋弯勾平直长度、弯勾角度及间距均应符合图集和设计要求并均匀一致。主筋绑扎应到位，间距符合图纸要求，特别是型钢柱钢筋，根据图纸设计，其主筋呈不均匀布置，绑扎时应使用钢筋定位卡子将柱主筋固定好以防偏位，定位卡子沿柱高每间隔 1.5 m 设一道，绑扎在柱主筋外侧四周，确保钢筋位置准确。钢筋定位卡如图 4-6 所示。对 H 型钢柱，由于其钢牛腿上已焊好梁主筋，柱筋绑扎时应注意避免将柱主筋偏入梁主筋间，以免柱主筋扎好后无法移动。

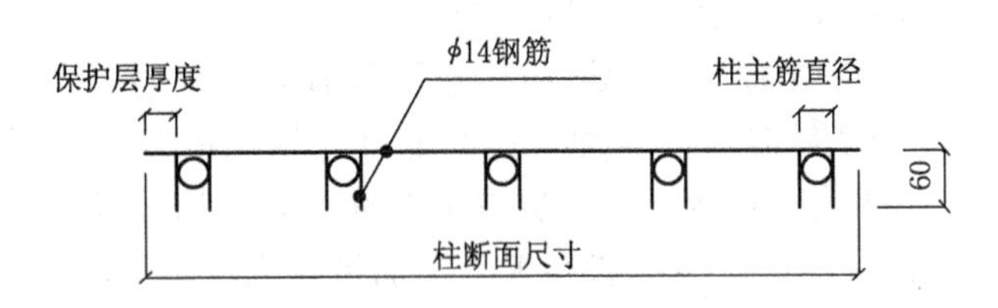

图 4-6　钢筋定位卡详图

(3) 墙板钢筋绑扎

放墙身位置线→搭设简易脚手架→剪力墙约束构件钢筋绑扎→绑扎墙板竖向钢筋→绑扎墙板水平钢筋→绑扎拉钩→绑扎钢筋保护层→钢筋验收。

墙筋绑扎要求先在底板混凝土上弹出墙身位置线，校正墙板预埋插筋，接着按每隔 2 m 左右间距绑扎 3～4 根竖筋，并画好水平分档标志，然后于下部及齐胸处绑扎两根横筋定位，并在横筋上画好分档标志，然后绑扎其余竖筋，最后绑扎其余横筋。钢筋接头位置及接头百分率应符合规范及图集要求，墙筋所有钢筋交点应逐点绑扎，扎丝收头应统一朝向墙内，双层筋之间应按设计要求的间距绑扎拉钩，门窗洞口位置应在钢筋上画出标高线，并按设计要求绑扎过梁或进行角部与侧面加筋处理，最后绑扎带有铁丝的砂浆垫块。钢筋绑扎脚手架采用钢管脚手架或组合拼装脚手架，脚手架的搭设必须按规范要求进行，核心筒钢筋绑扎，其内侧脚手架借用钢大模安装的定型脚手架，外周搭设钢管脚手架或组合拼装脚手架，脚手架的搭设同样必须按规范要求进行。

(4) 梁板钢筋绑扎

考虑梁断面较大，梁钢筋绑扎安排在梁底模就位、校正后进行，避免梁侧模支好后无法绑扎或梁外绑扎就位时发生移位现象。对型钢梁柱则必须直接在梁底模上进行绑扎。

无钢骨柱梁钢筋绑扎工艺流程：套梁柱节点柱箍筋并临时固定→穿主梁钢筋→套主梁箍筋并绑扎→穿次梁钢筋→套次梁箍筋并绑扎→吊筋绑扎→模板上弹钢筋位置线→绑扎现浇板下层钢筋→水电预埋→绑扎现浇板上层钢筋→验收。

钢骨柱梁其型钢梁钢筋绑扎工艺流程：按由下向上顺序穿设穿钢骨柱纵横两向梁下部主筋并连接(具体见图 4-7)→套梁柱节点区柱箍筋→按由下向上顺序穿设穿钢骨柱纵横两向梁上部主筋并连接(具体见图 4-7)→套梁箍筋并绑扎→对 H 型钢柱穿梁柱节点外套箍筋(每道

箍筋均分成四根单支箍)→箍筋绑扎并焊接→吊筋绑扎→模板上弹钢筋位置线→绑扎现浇板下层钢筋→水电预埋→排放空心薄壁管钢筋支架→薄壁空心管安装→绑扎现浇板上层钢筋→验收。

对型钢梁,根据图纸设计梁配筋情况考虑型钢柱上穿筋孔的位置,按由下至上的顺序穿放梁下部纵横两向梁主筋并连接,接着套放梁柱节点柱箍筋并临时固定,再按由下至上的顺序穿放梁上部纵横两向梁主筋并连接;对非型钢梁可根据梁断面大小先穿高度较大的主梁的上、下部纵向受力筋,再穿高度较小的主梁的上、下部纵向受力筋并进行连接,梁下部筋接头应留设在支座或跨度 1/3 位置处,梁上部筋接头应留设在跨中 1/3 位置处,主筋穿毕接着在梁主筋上画出箍筋位置线,第一道箍筋离柱边 50 mm,画位置线时应注意加密区与非加密区的间距,套扎箍筋时其箍口应沿梁错开,箍筋弯钩为 135°,平直长度为 10d。箍筋应垂直于梁主筋设置,梁端箍筋加密其间距及加密区长度要符合图集要求。梁上、下部主筋与箍筋绑扎完毕即穿放梁腰筋并进行绑扎,最后绑扎梁拉钩。

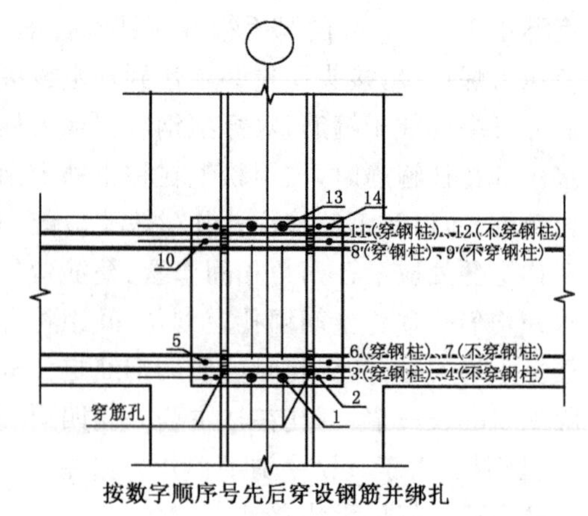

图 4-7 穿钢骨柱梁筋穿设绑扎顺序示意图

主梁钢筋绑扎完毕即进行次梁钢筋的穿设与绑扎,最后绑扎主次梁交点处主梁吊筋,梁上部或下部钢筋若超过一排,为保证上下排钢筋间距,其各排钢筋间垫以 ϕ25 钢筋,长度同梁宽,间距控制在1 m 左右,主次梁全部绑扎结束统一垫放保护层。

先在模板上弹出主筋、分布筋位置线,接着摆放受力主筋、分布筋进行绑扎,下层钢筋绑扎完毕即进行水、电管线预埋,然后安装空心薄壁管,最后绑扎上层钢筋。绑扎一般用顺扣或八字扣,除外围两根筋的相交点全部绑扎外,其余各点可交错绑扎(双向板相交点须全部绑扎),铁丝收头统一向里,上下层钢筋之间需加钢筋马凳,马凳间距控制在 1 000 mm左右以确保上部钢筋的位置。马凳详图见图 4-8。

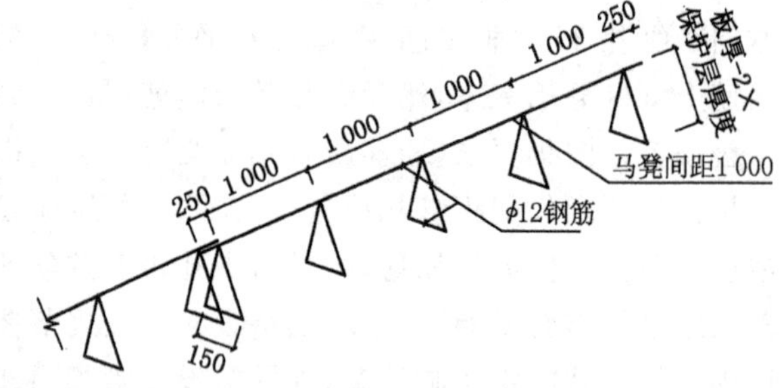

图 4-8 马凳详图

根据图纸设计,空心薄壁管的安装可在现浇板底筋扎好后先在底模上沿支管筋的方向每隔 800 mm 左右钉上铁钉并系上 10#铁线,注意铁钉必须钉在底模龙骨上,接着摆放支管筋,然后铺放空心薄壁管,再在空心薄壁管上排放抗浮钢筋并将 8#铁线与抗浮钢筋扣紧,支管筋与抗浮筋每管均两根。为了保证薄壁管的位置正确,在支管筋上点焊 ϕ6、$L = 100$ mm 的短钢筋来固定薄壁管。

(5) 楼梯钢筋绑扎

绑楼梯梁钢筋→画平台板及楼梯段钢筋位置线→绑扎平台板及楼梯段板下部钢筋→绑扎上部负筋钢筋。绑扎要求清净模板上的杂物,绑扎楼梯梁钢筋,接着在楼梯底模上画出底板筋的位置线,根据图纸设计主筋的大小排筋,先绑扎底板下部筋,再绑扎上部筋。板式楼梯应特别注意上下部钢筋位置关系及锚固长度,钢筋每个交点均应绑扎,绑线收头统一朝向内侧。本工程二次结构的构造柱、圈过梁较多，为了保证结构钢筋位置正确，钢筋设置均采用后植筋方法（包括砌墙的拉接筋）。楼梯钢筋绑扎偏差见表 4-9。

表 4-9　楼梯钢筋绑扎偏差表

<table>
<tr><th colspan="3">项　　目</th><th>允许偏差（mm）</th><th>检验方法</th></tr>
<tr><td rowspan="2">绑扎钢筋网</td><td colspan="2">长、宽</td><td>±10</td><td>钢尺检查</td></tr>
<tr><td colspan="2">网眼尺寸</td><td>±20</td><td>钢尺量连续三档，取最大值</td></tr>
<tr><td rowspan="2">绑扎钢筋骨架</td><td colspan="2">长</td><td>±10</td><td>钢尺检查</td></tr>
<tr><td colspan="2">宽、高</td><td>±5</td><td>钢尺检查</td></tr>
<tr><td rowspan="5">受力主筋</td><td colspan="2">间距</td><td>±10</td><td rowspan="2">钢尺量两端、中间各一点，取最大值</td></tr>
<tr><td colspan="2">排距</td><td>±5</td></tr>
<tr><td rowspan="3">保护层厚度</td><td>基础</td><td>±10</td><td>钢尺检查</td></tr>
<tr><td>柱、梁</td><td>±5</td><td>钢尺检查</td></tr>
<tr><td>板、墙、壳</td><td>±3</td><td>钢尺检查</td></tr>
<tr><td colspan="3">绑扎钢筋、横向钢筋间距</td><td>±20</td><td>钢尺量连续三档，取最大值</td></tr>
<tr><td colspan="3">钢筋弯起点位置</td><td>20</td><td>钢尺检查</td></tr>
<tr><td rowspan="2">受力钢筋保护层</td><td colspan="2">中心线位置</td><td>5</td><td>钢尺检查</td></tr>
<tr><td colspan="2">水平高差</td><td>+3，0</td><td>钢尺和塞尺检查</td></tr>
</table>

钢筋绑扎“七不准”和“五不验”，即：已浇筑混凝土浮浆未清理干净不准绑钢筋；钢筋污染清除不干净不准绑钢筋；控制线未弹好不准绑钢筋；钢筋偏位未检查、校正合格不准绑钢筋；钢筋接头本身质量未检查合格不准绑钢筋；技术交底未到位不准绑钢筋；钢筋加工未通过中间验收不准绑钢筋。“五不验”，即：钢筋未完成不验收；钢筋定位措施不到位不验收；钢筋保护层垫块不合格、达不到要求不验收；钢筋纠偏不合格不验收；钢筋绑扎未严格按技术交底施工不验收。

3. 混凝土施工技术要点

（1）单元层混凝土浇筑总体施工顺序

柱、墙混凝土浇筑→高标号柱头混凝土浇筑→高标号墙头混凝土浇筑→低标号梁混凝土浇筑→低标号板混凝土浇筑→箱型型钢柱内混凝土浇筑→转下一层混凝土浇筑。

（2）混凝土浇筑平面施工流向

主楼根据图纸设计后浇带位置分成四个独立施工段，每施工段楼面混凝土均一次性浇筑不留施工缝。(13～16)×(N～S)轴区域及(16～2/18)×(N～S)轴区域混凝土浇筑均由北向南进行，(13～16)×(S～2/U)轴区域及(16～1/18)×(S～2/U)轴区域混凝土浇筑均由南(西)向北(东)进行，混凝土浇筑过程中只存在拆管，不存在接管。辅楼根据图纸设计后浇带位置及楼面标高的不同分成三个独立施工段，10～13 轴施工段楼面混凝土一次性浇筑，浇筑方向由南向北进行，6～10 轴及 3～6 轴这两个施工段楼面混凝土均分两次浇筑。南段由北向南进行，北段由南向北进行，南段与北段间留设施工缝，位置设在梁跨的 1/3 处。同样，混凝土在浇筑过程中只存在拆管，不存在接管。

(3) 混凝土浇筑工艺流程

混凝土浇筑控制标高线的测设→模板与钢筋的检查验收→混凝土浇筑平台或浇筑马道的搭设→浇筑面及施工缝处喷水湿润处理→施工缝处砂浆的下料与铺设→高标号混凝土下料→高标号混凝土的摊平→高标号混凝土的振捣→低标号混凝土下料→低标号混凝土的摊平→低标号混凝土的振捣→混凝土表面的二次找平与振捣→混凝土表面收平→模板、钢筋污染灰的清理及落地灰的处理→混凝土养护。

(4) 混凝土泵的选择与布置

混凝土的浇筑一般安排在夜间进行,但浇筑时间最好一次不要超过 12 h,为此混凝土泵的最大理论排量不得小于 60 m^3/h,一次浇筑泵台数的选定视浇筑面大小而定。主楼 1～4 层混凝土的浇筑尽量采用汽车泵,5 层以上混凝土的浇筑采用固定泵;辅楼混凝土的浇筑尽量采用汽车泵,只有在够不到的地方才采用固定泵。

辅楼汽车泵的定位以最大限度覆盖浇筑面为原则流动设置,10～13 轴施工段混凝土浇筑采用汽车泵,其位置支设在 2/U 轴北侧;3～10 轴两个施工段混凝土浇筑采用汽车泵与地泵相结合,其位置支设在各自浇筑面南北两侧,汽车泵主要负责浇筑外侧位置混凝土,内侧够不到的位置其混凝土主要由地泵负责浇筑。混凝土在浇筑过程中只存在拆管,不存在接管。考虑楼面混凝土浇筑过程中有两种不同强度等级的混凝土一起浇筑,为保证工程质量,加快施工进度,对量少的高标号混凝土可考虑采用塔吊配合浇筑。

(5) 商品混凝土材料及拌和物性能指标要求

本工程主体结构混凝土的搅拌采用普通硅酸盐水泥,采用Ⅰ级粉煤灰,粉煤灰掺量不得超过胶结材料总量的 20%左右,水泥和粉煤灰最小胶结材料用量不得小于320 kg/m^3,同时胶结材料总量不得高于 450 kg/m^3;细骨料选用含泥量不超过 1%的级配好的中砂,砂率宜控制在 38%～45%;粗骨料选用含泥量小于 0.70%连续级配的碎石,且针片状颗粒含量不宜大于 10%,为保证混凝土可泵性,泵送混凝土所用粗骨料的最大粒径与输送管径之比,对碎石不宜大于 1∶4;水胶比宜控制在 0.4 左右;混凝土的含碱量应小于 3 kg/m^3,混凝土各组分中氯离子含量小于胶结材料重量的 0.06%;混凝土强度等性能必须满足设计要求,工作性能应满足施工工艺要求,如混凝土坍落度一般可控制在 140～180 mm。

(6) 混凝土的运输

混凝土的场外运输采用混凝土罐车,运输应以最少转载次数和最短时间从搅拌地点运至浇筑地点。混凝土从搅拌机中卸出至浇筑完毕的延续时间不得大于 60 min,混凝土运抵现场后,要求性能良好,无分层、离析、组成成分发生变化等现象,同时应保证施工所必需的稠度、坍落度等,当有离析现象时,必须在浇筑前进行二次搅拌。混凝土运输罐车到达率必须保证每台泵车至少有一台罐车等待浇筑,混凝土浇筑时现场与搅拌站应保持密切联系,随时根据浇筑进度及道路情况调整车辆数量及行走路线,保证均匀连续供应,并设专人协调管理,要求从搅拌站出料到运输至施工现场时间不超过 30 min。

(7) 混凝土的进场坍落度检测

混凝土运抵施工现场后,对其坍落度应进行抽测,取样从罐车的混凝土中分别取 1/4 和 3/4 处试样做坍落度试验;每班次检测不少于 4 次,如混凝土浇筑过程中发现其性能不稳定则应增加检测次数。混凝土测试坍落度前,要先将试验桶用水湿润,放在不吸水的钢性平板上,分层装入混凝土,每层用标准棒插捣数次,刮平顶层混凝土,按规定方法提桶、测量、记录,要求两个试样的坍落度值之差不得超过 30 mm。若实测坍落度值与设计要求偏差超标，应及时与搅拌站联系解决。

(8) 混凝土的输送

根据浇筑地点的不同，现场混凝土泵的支设位置流动设置采用汽车泵与地泵相结合，混凝土泵支设处应场地平整坚实，道路畅通、方便，距离浇筑点最近，便于布管，接近排水设施和供水、供电方便；布管应尽量缩短管线长度，少用弯管与软管，输送管的铺设应保证安全顺畅，并便于清洗管道、排除故障和装拆维修。水平泵管的接送不得直接支承在楼面钢筋、楼板、预埋件上，应每隔一定距离用钢筋支架或木方垫起，避免泵管直接搁放在楼面钢筋上；竖向泵管的布设位置应尽量选择在楼面预留孔洞处且该孔洞位于各楼层同一位置以便于泵管的接送与混凝土的输送，竖向泵管底座应以木方垫实，同时用钢管夹牢，穿楼面泵管应用钢管夹牢架放在楼面上，泵管与楼面预留孔洞洞壁间用木块楔紧，同时泵管的接送应与支撑排架脱开，防止混凝土浇筑过程中泵管的振动影响模板支撑的强度与稳定性，管道接头卡箍处不得有漏浆，泵管出口接 6 m 长软管或布料机，便于调整浇筑位置。根据混凝土的浇筑流向，从远至近，依次后退，混凝土浇筑过程中泵管只拆除，不安装，加快了施工进度。泵管接送应注意接头是否严密，防止漏入空气而产生堵塞。

在泵送混凝土前，先用适量的水湿润泵车的料斗、泵室及管道等与混凝土接触部位，经检查管路无异常后，再用与混凝土同成分的水泥砂浆进行润滑压送，最后正式泵送混凝土。混凝土泵送应连续进行，如必须中断，其中断时间不得大于 60 min。泵送过程中，应注意保持料斗内混凝土不能低于料斗上口 200 mm。如遇吸入空气，应立即使泵反向运转，将混凝土吸入料斗排除空气后再进行压送。当泵送过程中发生压力升高、不稳定、泵送管有明显振动等现象而泵送困难时不得强行泵送，一般可先用木棰敲击输送管弯头、大小头等部位，并进行慢速泵送或反泵，防止堵塞。当发生堵塞时，可反复进行反泵和正泵，逐步吸出混凝土至料斗中，重新搅拌后再进行泵送，也可在管外用木棰敲击查明堵塞部位后用木棰于管外击松堵塞混凝土后，重复进行反泵和正泵，排除堵塞。如确实无法排除堵塞，在混凝土卸压后，拆除堵塞部位的输送管，排出混凝土堵塞物后再接通管道。重新泵送前应排除管内空气，拧紧接头。为了防止泵管堵塞，喂料斗处必须设专人将大的石块及杂物及时捡出。如混凝土浇筑过程中必须临时中断，应每隔 4～5 min 泵送一次，正转和反转两个冲程，同时开动料斗搅拌器，防止混凝土离析。底板混凝土从一头向另一头浇筑，输送管随浇筑随拆除，拆接管要迅速，以防堵管。在浇筑竖向结构混凝土时，出料口离模板内侧面不应小于 50 mm，且不得向模板内侧面直冲布料，也不得直冲钢筋骨架。浇水平结构混凝土时，不得在同一处连续布料，应在 2～3 m 范围内水平移动布料，且垂直模板布料。

(9) 混凝土浇筑的技术要点

① 柱、墙混凝土浇筑与振捣。柱混凝土浇筑前应搭好操作平台，平台四周扣上防护栏杆，并将混凝土泵管接送至浇筑点，泵管的接送严禁借用模板支撑架，泵管支撑架应与模板支撑架脱开，防止混凝土输送过程中由于泵管的振动而影响模板的支设质量。浇混凝土前先浇水润湿柱模与施工缝，接着下一层成分与混凝土相同的水泥砂浆，厚度控制在 50 mm 左右，然后开始正式浇筑混凝土。为防止混凝土下料时发生离析现象，混凝土自由倾落高度一般不宜超过 2 m，在竖向结构中浇筑混凝土的自由倾落高度不得超过 3 m，否则应采用串筒、溜管下料，溜管最下节应与混凝土浇筑面垂直，以防发生离析现象。混凝土的浇筑采用分层下料分层振捣

法进行，每次下料厚度不得超过 50 cm，同时应随时下料随时振捣，严禁上次下料尚未振实又再次下料的现象，柱子施工缝留于梁底标高向下 50 mm 处。混凝土的振捣采用插入式振动器，振捣时振动棒应快插慢拔，在振捣过程中，宜将振动棒上下略为抽动，以使混凝土均匀振实。振点布置要均匀，间距基本控制在 400 mm 左右，同时不要大于振动棒作用半径的 1.5 倍，可呈梅花形或行列式形布置。振动器振捣时，振动棒距模板不应大于振动器作用半径的 0.5 倍，既不能紧靠模板，又不要硬振钢筋、预埋件等，每点振捣时间不得少于 20 秒钟，以混凝土表面呈水平、不再显著沉降、不再出现气泡、表面泛出灰浆为准，既不要过振，也不要欠振。过振混凝土中的石子均沉积于底部，上面全为砂浆，引起混凝土产生离析现象，破坏了混凝土的均匀性；欠振混凝土不能密实。混凝土分层浇筑分层捣实，振捣上层混凝土应插入下层混凝土中 50 mm，以消除两层间的接缝，同时振捣上层混凝土要在下层混凝土初凝前进行。

核心筒等墙板混凝土浇筑时，应沿墙板四周均匀下料，每次下料厚度同样控制在 50 mm 左右，当遇有墙板上预留洞口时，应于洞口两侧同时下料，高差不能过大，同样振捣时应在洞口两侧同时对称均匀振捣，防止洞口移位，振捣棒离洞边保持在 30 cm 以上。整个核心筒墙板混凝土浇筑时应对称进行，防止从一侧下料浇筑引起模板变形。振捣墙板倾斜混凝土表面时，应由低处逐渐向高处移动，以保证振动密实。

考虑 H 型钢柱最大安装高度为 12.10 m，同样箱型柱内混凝土浇筑最大自由倾落高度也为 12.10 m。为保证混凝土浇筑质量，混凝土下料决定采用帆布串筒由柱顶喇叭形料斗进入，每次下料厚度同样控制在 50 mm 左右，下一层料振捣一次，交替下料、交替振捣直至浇满混凝土。考虑柱混凝土浇筑密实度无法检测，因此每罐车混凝土共多少立方米，折合可浇筑 400 mm ×400 mm 断面柱混凝土计多少延长米应做到心中有数，以便从量上粗略控制混凝土浇筑的密实程度。

柱墙混凝土浇捣时，应派专人看护模板，检查有无胀模现象，发现问题及时解决。同时派人检查浇筑的混凝土是否振捣密实，具体做法为手执小榔头，敲击混凝土浇筑处的模板，如发现空鼓声，则表明该处混凝土未密实，需要补振。操作中振捣手一定要认真负责，仔细振捣，防止过振或漏振。混凝土振捣特别是交接班时一定要交代清楚，什么部位已振捣，什么部位未振捣，防止交接交代不清而发生漏振现象。为防止混凝土浇捣过程中出现爆模现象，对特别高的柱不允许一次浇捣到顶，应采用分段浇捣方法，但上、下段混凝土的浇捣时间间隔不得超过混凝土初凝时间。

② 楼面梁、板混凝土浇筑与振捣。楼面混凝土浇筑，考虑柱梁混凝土标号不一，先浇梁柱节点高标号混凝土，再浇筑低标号混凝土。由于 C30 低标号混凝土量较大且采用混凝土泵浇筑，为保证工程质量，防止不同标号混凝土混淆，对量少的高标号混凝土采用塔吊配合浇筑，两种混凝土浇筑时间间隔不得过长，以免形成施工缝。

根据图纸设计，本工程部分楼面为现浇空心薄壁管结构，为保证混凝土浇筑过程中不碰坏空心薄壁管，楼面混凝土浇筑时应搭设浇筑跑道，严禁混凝土浇筑过程中踩踏钢筋与空心薄壁管，以保证钢筋及空心薄壁管位置准确，同时避免踩坏空心薄壁管。考虑楼面模板采用多层板支设，楼面混凝土浇筑前可适当喷水润湿模板。混凝土下料厚度应根据柱主筋上的标高点拉线量测而定，以保证混凝土厚度及表面平整，混凝土虚铺厚度应略高于设计标高 20 mm 左右。对现浇空心薄壁管楼面，考虑薄壁管间净距只有 70 mm，混凝土下料时至少应保证薄壁空心管上混凝土有 120～130 mm 的虚铺厚度，这样混凝土振实后基本可达到楼面设计标高，同时可避免平板振动器因混凝土一次下料厚度不够而直接在空心薄壁管上振捣而损坏薄壁管的现象。楼面板混凝土振捣应以平板振动器纵横各拖两遍为准，其移动间距应保证振动器的平板能覆盖已振实部分边缘，成排依次振捣前进，振迹至少重叠 10 cm 以上，不得有漏振现象。平板振动器在一点的连续振动时间同样以混凝土表面不再明显下沉、表面出现浆液为准。混凝土的振捣工应站在混凝土面上操作，严禁站在未下料的板钢筋上乱走踩踏，现浇空心薄壁管楼面板严禁采用插入式振捣器振捣，以防碰坏空心薄壁管。混凝土振毕随即以 2 m 刮尺刮平，对个别不平处或未达标高处可局部加料再次振实，振捣后再人工用刮尺刮平，用滚筒滚压 2～3 遍，最后用木蟹收平，用塑料条把扫出细纹。特别要注意在墙柱侧面 200 mm 范围内应严格按标高将板面找平，以便支设墙板大模板时模板下口与楼面混凝土接缝严密。楼面混凝土浇筑时应注意卫生间部位较他处略低。梁柱节点处钢筋较密而且又有钢骨架，考虑局部采用细石混凝土浇筑，振捣采用 30 mm 直径细振动棒，楼面混凝土浇筑同样按施工段由一端向另一端推进。混凝土浇筑中应随时做好试块，以检测混凝土强度是否符合设计要求及供拆模之用，混凝土浇筑完毕应及时养护。根据施工段的划分，每个施工段其楼面梁、板混凝土均一次性浇筑，不留施工缝，浇筑方法由一端向另一端推进，根据梁高对深梁先将梁混凝土浇至板底标高，再进行梁剩余高度与现浇板混凝土的大面积浇筑，其时间间隔不得超过混凝土初凝时间。考虑本工程梁板混凝土与柱混凝土强度等级不一，楼面混凝土浇筑时安排塔吊专门配合浇筑梁柱节点处高强度混凝土，混凝土标号不同处采用钢丝网封隔。

③ 楼梯混凝土浇筑。楼梯混凝土的浇筑应由低处向高处推进，先浇筑低处休息平台，再浇筑楼梯斜跑，最后浇筑高处休息平台。如若需留设施工缝，该施工缝可留设在楼梯斜跑跨度的 1/3 处。施工缝垂直留设，楼梯斜跑段混凝土的浇筑应先浇筑底部钢筋混凝土斜板并振实，其混凝土面应略超过踏步侧模下口，待初凝后再浇筑踏步素混凝土，以避免斜板混凝土尚未凝固接着浇踏部混凝土因振捣而又从侧模下口窜出的现象发生。梯段踏面混凝土收平时，混凝土面一定不得超过踏步侧模下口，严禁将踏步侧模浇嵌在混凝土内。

④ 施工缝的处理与后浇带混凝土的浇筑。施工缝的处理：在施工缝处续浇混凝土时，应先对施工缝进行凿毛处理，同时清去施工缝处的灰尘、杂物与松动石子等，再用水冲洗干净并充分湿润，然后在施工缝处先浇 50 mm 厚一层与混凝土成分相同的水泥砂浆，接着方可续浇混凝土。后浇带的处理：根据设计要求，后浇带采用强度等级高一级的微膨胀混凝土浇筑，该混凝土膨胀率不小于 0.000 4，干缩率不大于 0.000 3。后浇带混凝土待其两侧混凝土浇筑两个月后浇筑，沉降后浇带混凝土待主楼封顶后浇筑，后浇带混凝土浇筑完毕应特别注意加强养护，以避免产生裂缝。

⑤ 混凝土浇筑过程中对模板、钢筋的保护和混凝土的清理。混凝土浇筑过程中不可避免的有部分混凝土溅到柱模板与钢筋上，为此混凝土浇筑完毕应立即对被污染的模板、钢筋及落地灰进行处理。模板、钢筋的清理：模板、钢筋上的灰浆要求一打完混凝土就用湿布抹净，不要事后用钢丝刷清理。落地灰清理：浇筑柱墙混凝土时撒落在地上的混凝土，应在混凝土打完后用铁铲及时清理干净。浮浆层清理：柱墙体混凝土上部浮浆层应剔除，凿毛至露出石子面为止，并在下层施工前用水冲洗干净，不得留有明水。

⑥ 混凝土养护。成立混凝土养护小组，安排专人对已浇筑完毕的混凝土进行养护。养护方法如下：柱混凝土采用包裹塑料薄膜的方法进行养护；墙混凝土采用浇水方法进行养护；楼面混凝土采用覆盖塑料薄膜的方法进行养护。养护时间的确定：混凝土养护应在混凝土浇筑

完毕后的 12 h 以内对混凝土进行养护；不掺外加剂的混凝土养护不得少于 7 天，对掺外加剂的混凝土养护不得少于 14 天，同时对有抗渗要求的混凝土养护时间同样不得少于 14 天；处于冬季施工阶段的结构混凝土养护方法按“冬季施工措施”实施。

⑦ 混凝土的试验管理。混凝土运抵施工现场后，对其坍落度应进行抽测，取样从罐车的混凝土中分别取 1/4 和 3/4 处试样做坍落度试验。测试坍落度前，要先将试验桶用水湿润，放在不吸水的钢性平板上，分层装入混凝土，每层用标准棒插捣数次，刮平顶层混凝土，按规定方法提桶、测量、记录，要求两个试样的坍落度值之差不得超过 30 mm。若实测坍落度值与设计要求偏差超标，应及时与搅拌站联系解决。试块制作在浇筑地点进行。本工程采用商品混凝土，结构施工过程中，对同一配合比的混凝土，当一次连续浇筑量不超过 1 000 m^3 时，按每 100 m^3 做一组抗压试块，当一次连续浇筑量超过 1 000 m^3 时，按每 200 m^3 做一组抗压试块；对同一强度等级、抗渗等级、同一配合比混凝土，抗渗试块按每 500 m^3 留设一组，留置抗渗试件的同时需留置抗压试件，并应取自同一盘混凝土拌和物中。试块制作完毕应及时在试块表面写明部位、制作日期、强度等级等标识，并及时填写试块试验表格。

标养试块在拆模后 3 天内及时送往试验室进行标养[温度(20±3)℃，湿度在 95%以上]，同条件试块拆模后，注明标识，放置在与其代表结构部位的同样条件处，存放时放置在钢筋焊接的笼子里，加锁保护，防止碰撞或丢失。采用与结构同条件养护并防止暴晒、风吹脱水，冬季要防冻。同条件养护试件在达到等效养护龄期时送试验室进行强度试验。

4. 砌体工程技术要点

±0.000 以上框架填充墙均采用 200 mm 厚 MU10 小型混凝土空心砌块、M5.0 混合砂浆砌筑。墙体砌筑所用砌块、水泥、砂等其原材料质量必须符合规范及设计要求，墙体砌筑前应先清净基面，弹出墙体位置线，抄好标高，然后方可开始砌筑。砌筑砂浆应随拌随用，砌体灰缝应横平竖直，框架柱、构造柱与填充墙间沿墙高每隔 400 mm 用 2ϕ6 钢筋与墙通长拉结，混凝土墙与后砌围护墙按 ϕ6 @600×600 呈梅花形设置拉接钢筋。当墙高大于 4 m 时，应在墙高中间位置设置高度不小于 100 mm 的钢筋混凝土系梁；当墙长大于 5 000 mm 时应按图采取锚拉措施。另外，墙窗台标高处设置钢筋混凝土窗台梁，一层与顶层窗台梁应通长设置，悬臂墙端、外墙长度大于 5 m、墙长超过墙高的 2 倍、墙转角处均需设置构造柱，填充墙顶部与梁或板应顶紧砌筑，其最上面约 20 cm 高墙体应与下面墙体间隙一周用斜砖砌筑，墙体砌筑平整度、垂直度、门窗洞口尺寸等偏差均应在规范允许范围内，砂浆试块应随时按要求留设，以检测砂浆强度等之用。

五、质量保证的技术措施

1. 工程质量预控措施

根据质量目标，结合本工程具体情况，制定科学可行的创优计划和质量策划，然后以质量策划为主线，编制质量奖罚制度、质量保证措施、三检制度、成品保护制度、样板层引路制度、挂牌制度、标签制度、质量会诊制度等质量管理制度，做到有章可依。并且在每一分项施工前，质量部门都要进行详细的质量交底，指出质量控制要点及难点，说明规范要求，把握施工重点，在分项工程未施工前把质量隐患消除掉。

预控质量管理要点：在施工前，根据图纸及施工组织设计，列出本工程质量管理的关键点，以便在施工过程中进行重点管理，加强控制，使重点部位的质量得以保证，同时把重点部位重点管理的严谨作风贯穿到整个施工过程中，以此来带动整体工程质量达优。

2. 主要分项工程预控流程

模板工程预控管理流程见表4-10。

表4-10　模板工程预控管理流程

模板方案设计	技术部拿出具体施工方案
↓	
模板进场	物资部按技术方案中模板进场计划组织模板及时进场，质检部、技术部、班组共同对模板进行验收
↓	
模板现场堆码	物资部按工程部制定的现场平面图进行模板的卸车、堆放，要求分类堆放、堆码整齐
↓	
模板制作	工程部组织按技术方案进行模板制作
↓	
模板拼装吊运	由专业班组按照工程部排定的施工进度计划制定模板拼装及吊装计划
↓	
模板现场组装	按技术部施工方案进行，质检部负责监督质量
↓	
模板质量评定	按国家验收规范要求，工程部会同甲方及监理共同进行检查验收，并填写验收单及质量评定表
↓	
模板拆除	侧模拆除在保证不因拆除而损坏棱角的情况下即可进行，底模拆除待同条件混凝土试块抗压强度达到规范要求方可进行，拆除时注意保护模板
↓	
模板倒运	按日作业计划将拆除下来的模板倒运至所需部位

3. 钢筋工程预控管理流程

钢筋工程预控管理流程见表4-11。

表4-11　钢筋工程预控管理流程

计算钢筋用量	工程技术部各备一份，用于确定总订购计划，提供分批进场计划
↓	
钢筋订购	物资部按预算部计算量选择合格分供方订购
↓	
钢筋进场	物资部按工程部钢筋进场计划组织钢筋进场，工程技术部会同甲方、监理进行钢筋抽样复试

续表 4-11

↓	
钢筋现场堆放	物资部按工程部制定的现场平面图进行钢筋的卸车、堆放，要求分类堆放、堆码整齐，满足业主要求
↓	
钢筋加工成型	工程部排定施工进度计划，由班组按照进度计划制定钢筋加工计划并组织加工
↓	
钢筋现场绑扎	按照图纸及国家施工规范要求进行，质检部负责质量监督
↓	
接头现场取样	按照规范要求进行，质检部会同甲方、监理共同取样，技术部负责送试
↓	
钢筋隐蔽检查	按国家验收规范要求进行，工程部会同甲方及监理检查验收，并填报验收单及隐蔽资料

4. 混凝土工程管理流程

混凝土工程管理流程见表 4-12。

表 4-12　混凝土工程管理流程

计算混凝土用量	预算部、工程部各一份，前者用于报价，后者用于现场施工控制
↓	
混凝土浇筑方案设计	由技术部编制，可用于报价及现场施工组织
↓	
混凝土分供方选择	预算部、工程部、技术部按照质价比及服务水平选择商品混凝土合格分供方
↓	
混凝土进场 混凝土试块制作 坍落度试验	工程部按照日工作计划排定混凝土浇筑计划，计算每次浇筑需要混凝土量，负责在各项验收通过后通知混凝土进场，同时监督进场混凝土质量和数量，监督混凝土试块制作及坍落度试验的进行
↓	
混凝土浇筑	工程部控制混凝土浇筑量，防止不同标号混凝土混用
↓	
混凝土强度试验	技术部会同甲方和监理对试块进行试压
↓	
混凝土外观质量	拆模后由工程部检查并填写评定表

5. 防水工程预控管理流程

表 4-13　防水工程预控管理流程

计算防水材料总量	工程、技术部各备一份，用于确定总订购计划，提供分批进场计划
↓	
防水材料订购	物资部按预算部计算量选择合格分供方订购
↓	
防水材料进场	物资部按工程部防水材料进场计划组织防水材料进场，技术部会同业主、监理进行防水材料抽样复试
↓	
防水材料堆放	物资部按工程部制定的现场平面图进行防水材料的卸车、堆放，要求分类堆放，堆码整齐
↓	
防水施工方案设计	由技术部牵头，专业分公司负责编制，可用于现场施工组织
↓	
防水工程施工	按照图纸及国家施工规范要求进行，质检部负责质量监督
↓	
防水隐蔽检查	按国家验收规范要求进行，工程部会同甲方及监理检查验收，并填报验收单及隐蔽资料
↓	
防水保护层施工	按照图纸及国家施工规范要求进行，工程部负责质量监督

六、工程质量过程控制要点

1. 工程质量过程控制体系

严格按照工程质量管理制度进行质量管理，尤其严格执行三检制度，并且已经形成了一套成熟的、完整的质量过程管理体系。项目应定期组织技术人员、现场施工管理人员以及分包的主要有关人员进行图纸和规范的学习，做到熟悉图纸和规范要求，严格按图纸和规范施工；结合工程特点，不定期地请一些有丰富管理和施工经验的专家到施工现场做讲座。公司劳资部门负责对专业岗位人员进行岗位培训，保证项目部每位管理人员都持证上岗。

对每个方案的实施都要通过方案提出→讨论→编制→审核→修改→定稿→交底→实施几个步骤进行。施工中有了完备的施工组织设计和可行的工程方案，以及可操作性强的措施交底，就能保证全部工程整体部署有条不紊。施工现场整洁规矩，机械配备合理，人员编制有序，施工流水不乱，分部工程方案科学合理，施工操作人员严格执行规范、标准的要求，将极有力地保证工程的质量和进度。确保采购物资质量，结构施工阶段模板、钢筋原材、商品混凝土等的采购均将采用全方位、多角度的选择方式，采购物资时，须在确定合格的分供商或有信誉的商店中采购，以产品质量优良、材料价格合理、施工成品质量优良为材料选型、定位的标准，所采购的材料或设备必须有出厂合格证、材质证明和使用说明书。材料、半成品及成品进场要按规范、图纸和施工要求严格检验，不合格的立即退货。加强计量检测，项目部将设专职计量员一名。采购的物资(包括分供方采购的物资)、构配件应根据规范、合同要求进行抽样检验和试验，并做好标记。当对其质量有怀疑时，加倍抽样或全数检验。

2. 主要分项工程质量保证技术组织措施

选择资质等级高、实力强的防水分包队伍进行招投标，择优录用。施工中严格按防水操作规程施工。材料进场后要取样复试，要求全部指标达到标准规定。对防水节点部位如阴阳角、管根等需进行重点监控。基层应清理干净并平整，经干燥后方可铺贴防水卷材，卷材与基层粘贴紧密，表面防水层应平整、洁净，阴阳角等呈圆弧角或钝角，禁止空鼓。

钢筋工程是结构工程质量的关键，要求进场材料必须由供方提供合格证，并经过具有相应资质的试验室试验合格后方可使用。加工箍筋弯钩为135°，平直部分长度≥10d(d 为箍筋直径)，且两弯钩要平行。在浇筑墙体混凝土前安放固定钢筋卡具，确保浇筑混凝土后钢筋不偏位。通过垫块保证钢筋保护层厚度；钢筋卡具控制钢筋排距和纵、横间距。为有效控制钢筋的绑扎间距，在绑板、墙筋时均要求操作工人先画线后绑扎。

坚持“六不绑”原则：混凝土接茬未清到露石子不绑；钢筋污染未清净不绑；未弹线不绑；未调正偏位筋不绑；未检查接头错开长度不绑；未检查钢筋接头质量合格前不绑。绑扎时一定要保证钢筋贴箍到位。本工程梁、柱、墙节点较多，钢筋密集，因此，在梁与柱、梁与梁或三者交叉部位要预先放样，根据实际尺寸预先加一批尺寸略小的箍筋，以保证主筋与箍筋绑扎到位，且主筋应按1∶6调直。箍筋弯钩叠合处与主筋应交替错开绑扎。钢筋绑扎后，只有在土建和安装质量检查员均确定合格后，再经监理检验合格后方可进行下道工序的施工。

3. 模板工程质量保证措施及通病防治的技术措施

(1) 模板工程质量保证措施

模板体系的选择在很大程度上决定着混凝土最终观感质量。在结构施工中选用新购置的15 mm厚的光面多层板作为结构施工时的模板，在保证混凝土内实外美的同时提高了施工速度。光面多层板具有易拼装、易拆卸、接缝严密、浇筑后混凝土表面光滑等优点。所有木模板体系在预制拼装时将模板刨边，使边线平直，四角归方，接缝平整，模板拼缝处做成企口，并粘贴密封条以防漏浆。楼板模板在板与板之间采用硬拼，不留缝隙。模板拼缝处加塞密封条以防止混凝土浇筑时漏浆，为确保墙、柱根部不烂根，在安装模板时，所有墙柱根部均加垫10 mm厚海棉条。

(2) 模板工程质量通病防治

模板工程轴线偏位防治措施：根据混凝土结构特点对模板进行专门设计，以保证模板及其支架具有足够强度、刚度和稳定性。模板轴线放线后，要有专人进行技术复核，无误后才能支模。墙、柱模板根部和顶部必须设限位，以保证底部和顶部位置准确。支模时要拉水平、竖向通线，并设竖向总垂直度控制线，以保证模板水平、竖向位置准确。混凝土浇捣前对模板轴线、支架、顶撑、螺栓进行认真检查、复核，发现问题及时进行处理；混凝土浇捣时，要均匀、对称下料，浇灌高度要控制在施工规范允许范围内。

模板变形防治措施：模板及支撑系统设计时，应考虑其本身自重、施工荷载及混凝土浇捣时侧向压力和振捣时产生的荷载，以保证模板及支架有足够承载能力和刚度。当梁、板跨度大于或等于4 m时，模板中间应起拱，起拱高度宜为全跨度的3/1 000。梁底支撑间距应能保证在混凝土重量和施工荷载作用下不产生变形，支撑底部若为地基，应先认真夯实，设排水措施，并铺放通长垫木或型钢，以确保支撑不沉陷。梁、墙模板上部必须有临时撑头，以保证混凝土浇捣时梁、墙上口宽度。浇捣混凝土时要均匀对称下料，控制浇灌高度，特别是门窗洞口模板两侧，既要保证混凝土捣实，又要防止过分振捣引起模板变形。

(3) 混凝土工程质量保证措施及通病防治

① 混凝土工程质量保证措施。与搅拌站签订供应合同，对原材、外加剂、混凝土坍落度、初凝时间、混凝土罐车在路上运输等作出严格要求。现场收料人员要认真填写商品混凝土小票，详细记录每车混凝土进场时间、开始卸料时间、浇完时间，以便分析混凝土在供应过程中质量是否能得到有效保障。混凝土浇筑前采用混凝土各专业会签单，作为混凝土浇筑前各项质量验收和向混凝土搅拌站传递混凝土浇筑技术指标的凭证。

对到场的混凝土实行抽测坍落度，试验员负责对当天施工的混凝土坍落度实行抽测，并做好坍落度测试记录。如遇不符合要求的，必须退回搅拌站，严禁使用。商品混凝土厂家所用水泥、砂石、外加剂、掺和料等材料必须有二次复试报告，而且应合格。混凝土同条件试块在现场制作，在浇筑地点养护，用特制钢筋笼存放试块，并编号管理。浇筑混凝土时为保证混凝土分层厚度，制作有刻度的尺杆，当晚间施工时还配备足够照明，以便给操作者全面的质量控制工具。混凝土浇筑后做出明显的标识，以避免混凝土强度上升期间的损坏。

施工缝处待已浇筑混凝土的抗压强度超过 1.2 MPa 后才允许继续浇筑，在继续浇筑混凝土前，施工缝混凝土表面要剔毛，剔除浮动石子，并用水冲洗干净，但不得积水。先浇一层与混凝土配比成分相同的水泥砂浆，然后继续浇筑混凝土并振捣密实，使新旧混凝土结合紧密。重点控制底板混凝土、施工缝、防水混凝土、楼梯混凝土处的浇筑过程质量。加强混凝土养护工作，在水平混凝土浇筑完毕后，常温下水平结构要在 12 h 内加以覆盖和浇水，浇水次数要能保持混凝土有足够的湿润状态，养护期不少于 7 昼夜。竖向构件拆模后喷水进行养护。

② 混凝土工程通病防治。混凝土麻面现象防治措施：模板面要清理干净；脱模剂要涂刷均匀，不得漏刷。若模板拼缝不严可在缝隙处加贴胶带、海棉条或打玻璃胶予以处理，模板与混凝土间缝隙用海棉条或水泥砂浆等堵严，防止漏浆；混凝土必须按操作规程分层浇筑、分层振捣密实。混凝土蜂窝现象防治措施：严格控制混凝土配合比，经常检查，保证材料计量准确；混凝土自由倾落高度不得超过 2 m，如超过，要采用串筒、溜槽等措施下料；混凝土的振捣应分层捣固，振捣等要按有关规定进行。混凝土施工缝渗漏水防治措施：认真做好施工缝的处理，凿掉表面浮粒和杂物，用钢丝刷或剁斧将老混凝土面打毛，并用水冲刷干净；使上、下两层混凝土之间粘结密实，以阻隔地下水的渗漏；在施工缝处先浇一层与混凝土灰砂比相同的水泥砂浆，再浇灌上层混凝土；加强施工缝处的混凝土振捣，保证捣固密实。

③ 砌体工程质量保证措施。“三一砌筑法”砌筑，砂浆饱满，但冬季施工时要做好保温防冻措施。拉线砌筑，并随时检查砌体的平整度和垂直度；立皮数杆，底部平砌实心砖，顶部斜砌实心砖，砖缝填满砂浆。做好砂浆的配比、计量及试验控制工作，砂浆随拌随用。砌体与主体结构之间按照图纸要求及规范规定做好拉接。控制每天砌筑高度，墙体转角处及交接处要同时砌筑，不得留槎。

④ 钢结构质量保证措施。严格按照质量管理和质量保证系列标准建立质量保证体系，并通过第三方认证。本工程质量控制和质量管理将严格执行质量保证手册和程序文件。在工程管理中力求实现科学化、系统化和规范化，具体而言就是建立科学化的组织机构来保证项目部的整体实力；实施系统化的分工协作来保证项目部的各项工作处于受控状态；强调规范化的工作标准来保证各项工作的质量。确立“决策要评价，执行有计划，实施讲受控，事后速总结”的

项目管理模式，以一流的管理水平来保证一流的工作质量，实施集约化的项目管理。在项目管理中，通过全员培训，树立起全员质量意识，使项目的质量方针成为项目部各项工作的指南。

(4) 拟采用新技术、新工艺

新技术应用计划见表 4-14。

表 4-14 新技术应用计划

序号	新技术名称	应用部位	备注
1	深基坑支护技术		
1.1	基坑土钉墙支护技术	土方基坑边坡	4 800 m^2
1.2	基坑工程信息化施工技术	±0.00 以下基础施工	
2	高强高性能混凝土技术		
2.1	预拌混凝土的应用技术、泵送混凝土应用技术	基础及主体结构柱、墙、梁、板	
2.2	C60 高强混凝土应用技术	混凝土柱、墙	
2.3	微膨胀高性能混凝土应用技术	基础筏板及后浇带	
2.4	粉煤灰超活性掺和料应用技术	基础及主体结构柱、墙、梁、板	
3	高效钢筋及预应力混凝土技术		
3.1	新Ⅲ级钢筋应用技术	柱箍筋	
3.2	低松弛高强度钢绞线应用技术	主辅楼连接天桥	
4	粗直径钢筋连接技术		
4.1	电渣压力焊技术	柱钢筋	
4.2	钢筋直螺纹连接技术	柱钢筋	
5	新型模板和脚手架应用技术		
5.1	清水混凝土模板技术		
5.2	钢及胶合板可拆卸式大模板应用技术	主辅楼柱、墙、梁、板	
6	建筑节能和新型墙体应用技术	剪力墙和框架柱	
6.1	混凝土小型空心砌块应用技术		
6.2	聚苯板外墙外保温技术	所有填充墙	
6.3	GRC 板轻质隔墙	外墙面	
6.4	节能保温门窗和门窗的密封技术	部分内隔墙	
6.5	冰蓄冷、电蓄热、超低温送风、变风量末端空调系统	主辅楼 主辅楼	
7	新型建筑防水和塑料管应用技术		
7.1	OEE、MEE 新型防水材料的应用技术		
7.2	倒置式屋面施工技术	地下室及屋面	
7.3	硬塑料水管应用技术	地下室屋面	
8	钢结构技术	排水系统	
8.1	劲钢混凝土高层钢结构技术		
8.2	轧制大断面薄壁 H 型钢轻钢结构技术	主辅楼部分框架柱	全过程
8.3	钢—混凝土组合结构技术	部分楼面及屋面	
8.4	高强度螺栓连接与焊接技术	主辅楼部分框架柱、梁	全过程
8.5	钢结构防护技术	转换桁架及屋面桁架	
9	大型构件和设备整体安装技术	转换桁架及屋面桁架	
9.1	大跨度转换桁架整体吊装技术		
10	企业的计算机应用与管理技术		
10.1	工程投标报价、网络计划、财务管理、技术资料等单项软件应用技术	主楼 6 层、15 层	
10.2	竣工图纸绘制、设计图纸现场 CAD 放样技术	预决算、施工管理、财务管理、技术管理	施工过程中

七、安全保证措施

1. 安全管理目标

安全总体目标:杜绝重大伤亡及火灾、机械事故,轻伤事故发生率控制在1%以下。文明施工管理目标:省级安全文明样板工地。认真分析本工程安全生产工作重点、难点和重大安全危害因素,根据现场实际情况编制安全技术方案,搞好安全预控。强化安全生产管理,责任落实到人,定期检查,认真整改,消除现场安全隐患。

2. 安全生产组织管理措施

(1) 各类临时支撑体系安全措施

支模应按规定的作业程序进行,模板未固定不得进行下一道工序。严禁在连接件和支撑件上攀登上下,并严禁在上下同一垂直面上装、拆模板。结构复杂的模板,装、拆应严格按施工组织设计进行。支设高度在3 m以上的柱模板,四周应设斜撑,并应设立操作平台。低于3 m的可使用马凳操作。支设悬挑形式的模板时,应有稳固的立足点。支设临空构筑物的模板时,应搭设支架或脚手架。模板上有预留洞时,应在安装后将洞口盖住。操作人员登高必须走人行梯道,严禁利用模板支撑体系攀登上下,不得在墙顶、独立梁及其他高处狭窄而无防护的模板面上行走。模板的立柱顶撑必须设牢固的拉杆,不得与门窗等不牢靠和临时物件相连接。模板拆除必须满足拆模时所需混凝土强度,经项目总工签字报监理工程师审批同意后才能拆除。拆模的顺序和方法按照先支后拆、后支先拆的顺序;先拆承重的模板及支撑;拆模作业时,必须设置警戒区,严禁下方有人进入。

(2) 大型施工机械的安装、使用和拆除安全技术措施

塔吊的安装安全措施:塔吊的操作人员必须经过训练,了解机械的构造和使用,熟知安全操作规程和按时保养,非安装、维修人员未经许可不得攀登塔机;塔吊在工地安装后,必须进行空载、静载、动载试验后方能进行吊装作业,其静载试验吊装采用荷载的125%,动载试验吊装采用额定荷载的110%;必须调试等荷载限位器和多功能报警器才能使用;塔吊必须有良好的接地措施,防止雷击,遇有雷雨时,严禁在塔架附近走动;塔吊应定机、定人,专机专人负责制,非机组人员不得进入司机室擅自操作,在处理电气事故时必须有专业人员两人以上;司机室内禁止存放润滑油、油棉丝及其他易燃、易爆物品。冬期用电炉取暖时更要注意防火。

顶升作业注意事项:顶升作业应在白天进行,若遇特殊情况,需在夜间作业,必须具备充分的照明设备。在进行顶升作业过程中,必须有专人指挥,专人照管电源,专人操作液压系统和专人紧固螺栓,非有关操作人员不得登上爬升套架的操作平台,更不得起动泵阀开关或其他电气设备;回转紧紧刹住,严禁旋转塔架及其他作业;如发生故障,必须立即停车检查,非经查明真相或故障排除,不得继续进行爬升动作;每次顶升前后必须认真做好工作和收尾检查工作,特别是在顶升以后,务必检查连接螺栓是否按规定的预紧力矩紧固,有否松动,爬升套架滚轮与塔身标准节间的间隙是否调整好,操作杆是否已回到中间位置,液压系统的电源是否切断等。只允许在四级风以下进行顶升作业,如在作业过程中突然遇到风力加大,必须立即停止作业,并紧固连接螺栓,使上下塔身连成一体。

起重机操作注意事项:司机必须在得到指挥信号后方可进行操作,操作前必须鸣笛,操作时要精神集中;司机必须按起重性能表中规定进行工作,不允许超载使用;起重机不得斜拉或斜吊物品,并禁止用于拔桩及类似作业;工作台中塔机上严禁有人,并不得在工作台中调整或

维修机械等作业;工作时严禁闲人走近臂架活动范围内;液压系统安全阀数值,电气系统保护装置的调整数值及其他机构、结构部件的调整值均不允许随意更改;塔机在工作时,避免塔机的臂架、平衡臂与建筑物碰撞;起重机在工作时,严禁负载变挡;起重机作业完毕,吊钩升起,小车停在距塔身中心 5 m 处。

塔吊拆除安全措施:塔吊拆除人员必须熟知被拆塔吊的结构、性能和工艺规定,必须懂得起重知识,对所拆部件应选择合适的吊点和吊挂部位,严禁由于吊挂不当造成零部件损坏或造成钢丝绳断裂;操作前必须对所使用的钢丝绳、卡环、吊钩、板钩等各种吊具进行检查,凡不合格者不得使用;起重同一个重物时,不得将钢丝绳和链条等混合同时使用于捆扎或吊重物;拆除过程中的任何一部分发生故障及时报告,必须由专业人员进行检修,严禁自行动手修理;拆除高处作业时必须穿防滑鞋、系好安全带。

(3) 电动机具、设备的安全措施

施工组织设计应有施工机械使用过程中的定期检测方案。施工现场应有施工机械安装、使用权、检测、自检记录。使用电动工具(手电钻、手电锯、圆盘锯)前检查安全装置是否完好,运转是否正常,有无漏电保护,严格按操作规程作业。电焊机上应设防雨盖,下设防潮垫,一、二次电源接头处要有防护装置,二次线使用接线柱,且长度不超过 30 m,一次电源采用橡胶套电缆或穿塑料软管,长管不大于 3 m,焊把线必须采用铜芯橡皮绝缘导线。乙炔发生器必须使用金属防爆膜,严禁用胶皮薄膜代替。回火防止器应保持一定水量。氧气瓶不得暴晒、倒置,禁止沾油。氧气瓶和乙炔瓶(罐)工作间距不得小于 5 m,两瓶与焊炬间的距离不得小于10 m。施工现场内严禁使用浮桶式乙炔发生器。

硅式打夯机必须两人操作,操作人员必须戴绝缘手套、穿绝缘鞋。操作手柄应采取绝缘措施。打夯机使用后应切断电源,严禁在打夯机运转时清除积土。圆盘锯的锯盘及传动部位应安装防护罩,并应设置保险挡、分撩器。凡长度小于 50 cm,厚度大于锯盘半径的木料,严禁使用圆锯。破料锯与横截锯不得混用。平面刨(手压刨)安全防护装置必须齐全有效。砂轮机应使用单向开关。砂轮必须装设不小于 180°的防护罩和牢固的工件托架。严禁使用不圆、有裂纹和磨损剩余部分不足 25 mm 的砂轮。吊索具必须使用经检验合格的产品。钢丝绳应根据用途保证足够的安全系数,凡表面磨损、腐蚀、断丝超过标准的、打死弯、断股、油芯外露的不得使用。吊钩除正确使用外,应有防止脱钩的装置。卡环在使用时,应使销轴和环底受力。吊运大模板、大灰斗、混凝土斗和钢板等大件时,必须用卡环。

(4) 临时用电系统的安全措施

临时用电必须按部颁规范要求作施工组织设计(方案),建立必要的内业管理资料。项目建立健全用电规章制度,明确用电责任。必须建立对现场的线路、设施的定期检查制度,并将检查、检验记录存档备查。配电系统必须实行分级配电。各类配电箱、开关箱的安装和内部设置必须符合有关规定,箱内电器必须可靠完好,其选型、定值要符合规定,开关电器应标明用途。各类配电箱、开关箱外观完整、牢固、防雨、防尘,箱体应外涂安全色标,统一编号,箱内无杂物。停止使用的配电箱应切断电源,箱门上锁。独立的配电系统必须按部颁标准采用三相五线制的接零保护系统,非独立系统可根据现场实际情况采取相应的接零或接地保护方式。各种电器设备和电力施工机械的金属外壳、金属支架和底座必须按规定采取可靠接零或接地保护装置,实行分级保护,形成完整的保护系统。漏电保护装置的选择必须符合规定。

临时配电线路必须按规范架设整齐，架空线必须采用绝缘导线，不得采用塑胶软线，不得成束架空敷设，也不得沿地面明敷设。施工机具、车辆及人员应与内、外电线路保持安全距离。达不到规范规定的最小距离时，必须采用可靠的防护措施。各种高大设置必须按规定装设避雷装置。手持电动工具的使用应符合国家标准的有关规定，工具的电源线、插头和插座应完好。电源线不得任意接长和调换，工具的外绝缘应完好无损，维修和保管应由专人负责。凡在一般场地采用 220 V 照明灯必须按规定布线和装设灯具，并在电源一侧加装漏电保护器。特殊场所必须按国家标准规定使用安全电压照明器。使用行灯照明，电源电压应不超过 36 V，灯体与手柄应坚固，绝缘良好，电源线应使用橡套电缆线，不得使用塑胶线，行灯变压器应有防潮防雨水设施。电焊机应单独设开关。电焊机外壳做接零或接地保护。一次线长度应小于 5 m，二次线长度应小于 30 m，两侧接线应压接牢固，并安装可靠的防护套。焊把线应双线到位，不得借用金属管道，金属脚手架、轨道及结构钢筋做回路地线。焊把线无破损，绝缘良好。电焊机设置地点应防漏、防雨、防砸。

(5)“四口五临边”的安全防护

建筑物楼层临边四周无围护结构时必须设三道防护栏杆，或立杆安全网加一道防护栏杆。临边防护栏杆件的规格及连接要求应符合下列规范：钢筋横杆上杆直径不得小于16 mm，下杆直径不得小于 4 mm，栏杆柱直径不得小于 18 mm，采用电焊或镀锌钢丝绑扎固定。钢管横杆及栏杆均采用 ϕ48 的管材，以扣件连接。楼梯踏步及休息平台处必须设三道牢固防护栏杆或用立挂安全网作防护。

洞口的安全防护要求：①对于边长小于 250 mm 的洞口，必须用坚实的木板防护，在洞口上加螺纹钢筋网片，钢筋间距 200 mm，在钢筋上覆盖 15 mm 木模板，用铁丝和钢筋绑扎牢固，铁丝的连接扣向下设置，防止绊人，模板和钢筋应超出洞口 300 mm。在木板边用水泥砂浆做成斜坡。②1.5 m×1.5 m 以上的孔洞，四周必须设两道护身栏杆，中间支挂水平安全网。③墙面等处的竖向洞口，凡落地的洞口应加装开关式、工具式或固定式的防护门，门栅网格的间距不应大于 15 cm，也可采用防护栏杆，下设挡脚板。④下边沿至楼板或底面低于 80 cm 的窗台等竖向洞口，如侧边落差大于 2 m 时，应加设 1.2 m 高的临时护栏。⑤电梯井口必须设高度不低于 1.2 m 的金属防护门。电梯井内每隔两层并最多隔 10 m 设一道水平安全网，安全网应封闭严密。电梯井内不得作垂直运输通道和垃圾通道。

(6) 高处作业防护措施

在建筑南北两侧各设一条安全通道。安全通道出建筑 6 m，高 4 m，宽于出入通道两侧各 1 m 的防护棚。安全通道上设置双层脚手板。其中防护棚立杆横距 3 000 mm，立杆纵距 1 200 mm，非出入口和通道两侧必须封严。临近施工区域对人或物构成威胁的地方必须支搭防护棚，确保人、物安全。高处作业使用的铁凳和木凳应牢固，两凳间需搭设脚手板的，间距不得大于 2 m。

(7) 防高空坠落和坠物打击的防护措施

防止物体的高处坠落和坠物打击是本工程整个施工过程防护的重点，主要采取如下措施确保施工安全：规范塔司的操作行为，并设专人指挥起吊工作；每次塔吊工作之前均要对钢丝绳及吊钩进行检查，并对绑扎牢固与否进行检查。建筑物外架张挂密目安全网进行全封闭防护。在各种材料加工场搭设防护棚。在塔吊覆盖范围内的临建均搭设防砸棚，其上覆盖双层木模板。规定塔吊作业时间严禁在工人收工、上工时间段吊运材料。现场周边的人员通道搭设防护棚。

(8) 防触电措施

施工现场严格执行“一机一闸一漏”的规定,并采用“TN-S”供电系统,将工作零线(N)和保护地线(PE)严格分开,并定期对总接地电阻进行测试,保证在4 Ω以下。整定各级漏电保护器的动作电流,使其合理配合,不越级跳闸,实现分级保护,每10天必须对所有漏电保护器进行全数检查,保证动作可靠性;施工现场采用36 V的安全电压进行照明;对所有的配电箱等供电设备进行防护,防止雨水打湿引起漏电和人员触电。

(9) 季节性施工的安全措施

冬季施工时,对施工作业面、垂直运输设备、外脚手架及施工现场主要道路采取防滑措施。雪后必须将架子上的积雪清扫干净,并检查其牢固性,如有松动下沉现象及时进行处理。上人跑道必须设防滑条,雨后必须对上人跑道及操作平台等进行检查。做好电器设备的防雨工作,各种露天电器设备务必有防雨罩,并由电工专门管理,防止漏电触电。电源开关、控制箱等设施要加锁,并设专人定期检查漏电保护器是否灵敏有效。塔吊及电梯必须设有防雷接地装置,防止雷击。做到整个施工现场排水畅通,雨后及时清除积水,保持整个施工现场整洁。

(10) 地上及地下各类管线的保护

入场后将积极和业主、前期施工单位联系,对现场已有的市政设施在总平面图纸上进行准确标注,并且标注清楚各种管线的标高。位于场内南侧高压线采用木防护架,具体方案另行编制,经相关部门审核批准后实施。按照业主提供的市政管网图纸进行现场踏勘落实、检查,并对管线的实际运行情况进行考核,对问题管线应及时通知业主,报请有关单位进行维修。在现场市政管线位置用小红旗进行清楚标示,防止施工时无意破坏。对于现有建筑物施工时,及时了解周边建筑基础,制定基础加固等措施。不得对周边建筑物内人员正常办公造成干扰。

(11) 分部分项工程专项安全措施

① 土方工程专项安全措施。土方开挖机械操作人员必须经过安全技术培训,持证上岗,操作人员必须经过体检,凡患有高血压、心脏病、癫痫病及有碍安全操作的疾病及生理缺陷的人均不得从事此项操作;严禁酒后作业。作业前应按照安全技术措施交底检查施工现场,查明地上、地下管线情况。不得在距现场电力、通信和其他管道周围2 m以内作业。机械设备在基坑边行驶时应低速,配合机械清底、平地、修坡等人员,必须在机械回转并转动好后方可开始。机上、机下人员应随时取得密切联系。机械在场外公路上行驶时必须遵守交通管理部门的有关规定。派专人在车辆出入口指挥,道口设警示灯。机械运转时,不得进行任何紧固、保养、润滑、检查等作业。机械作业时,人员不得上下机械。挖掘机取土、卸土不得有障碍物,装车作业时,应待运输车辆停稳后进行,严禁铲斗从汽车驾驶室顶上越过,卸土时铲斗尽量放低,但不得撞击汽车任何部位。

② 钢筋工程专项安全措施。作业前必须检查机械设备、作业环境、照明设施等,并试运行符合安全要求。作业人员必须经安全培训考试合格,上岗就业。操作人员必须熟悉钢筋机械的构造性能和用途。应按照清理、调整、紧固、防腐、润滑的要求维修保养机械。机械运行中停电时应立即切断电源。收工时应按顺序停机,拉闸,锁好闸箱门,清理作业场所。电路故障必须由专业电工排除,严禁非电工接、拆、修电气设备。机械明齿轮、皮带轮等高速运转部分必须安装防护罩或防护板。操作人员作业时必须扎紧袖口,理好衣角,扣好衣

扣，严禁戴手套。女工应戴工作帽，将头发挽入帽内，不得外露。在高处、深基坑绑扎钢筋和安装钢筋骨架必须搭设脚手架或操作平台，临边应搭设防护栏杆。脚手架上不得集中码放钢筋，应随使用随运送。

绑扎钢筋和安装钢筋骨架时，必须搭设脚手架和马道；绑扎圈梁、挑梁、挑檐、外墙和边柱等钢筋时，应搭设操作平台架，张挂安全网。层高较高处梁钢筋的绑扎必须在满铺脚手板的支架或操作平台上进行。绑扎立柱和墙体钢筋时，不得站在钢筋骨架上或攀登骨架上下。3 m 以内的柱钢筋可在地面或楼面上绑扎。整体竖向绑扎 3 m 以上的柱钢筋必须搭设操作平台。

③ 模板工程专项安全措施

a. 模板安装专项安全措施。模板堆放场地必须平整夯实，并同时排除现场的不安全因素。作业前应认真检查模板、支撑等构件是否符合要求，木模板及支撑材质是否合格。模板工程作业高度在 2 m 和 2 m 以上时，必须设置安全防护措施。操作人员登高必须走人行梯道，严禁利用模板支撑攀登上下，不得在墙顶、独立梁及其他高处狭窄而无防护的模板面上行走。模板的立柱顶撑必须设牢固的拉杆，不得与门窗等不牢靠和临时物件相连接。模板安装过程中不得间歇，柱头、搭头、立柱顶撑、拉杆等必须安装牢固成整体后作业人员才允许离开。基础及地下工程模板安装必须检查基坑支护结构体系的稳定状况，基坑上口边沿 1 m 以内不得堆放模板及材料。向槽内运送模板构件时严禁抛掷。使用起重机械运送，下方操作人员必须离开危险区域。组装立柱模板时四周必须设牢固支撑，如柱模在 6 m 以上，应将几个柱模连成整体。支设独立梁模应搭设临时操作平台，不得站在柱模上操作，不得在梁底模上行走和立侧模。用塔吊吊运模板时必须由起重工指挥，严格遵守相关安全操作规程。

b. 模板拆除专项安全措施。拆模顺序与支模顺序相反（应自上而下拆除），后支的先拆，先支的后拆；先拆非承重部分，后拆承重部分。在拆柱、墙模前不准将脚手架拆除，用塔吊拆时应有起重工配合；拆除顶板前必须划定安全区域和安全通道，将非安全通道用钢管、安全网封闭，并挂“禁止通行”安全标志，操作人员必须在铺好跳板的操作架上操作。已拆模板起吊前认真检查螺栓是否拆完、是否有勾挂地方，并清理模板上杂物，仔细检查吊钩是否有开焊、脱扣现象。拆除电梯井及大型孔洞模板时，下层必须支搭安全网等可靠防坠落措施。拆除的模板支撑等材料必须边拆、边清、边运、边码，楼层高处拆下的材料严禁向下抛掷。

④ 混凝土工程专项安全措施。施工前，工长必须对工人有安全交底。大风、大雨天气停止施工。夜间施工，施工现场及道路上必须有足够的照明，现场必须配置专职电工 24 h 值班。现场照明电线路必须架空，严禁在钢筋上拖拉电线。混凝土振捣工必须穿雨鞋，戴绝缘手套。泵车运行时，机手不得离岗，并经常观察压力表、油温等是否正常。当油温升到 85℃时应立即停止泵送，进行冷却，使油温降低后方可继续泵送。还应经常注意水箱中的水温，水温高于 35℃时应及时换水。泵管连接由专人操作，其他人不得随意搭接。混凝土泵送过程中定时、定人检查连接件及卡具有无松动现象。混凝土泵管出口前方严禁站人，以防混凝土喷出伤人。布料杆操作者经过培训，熟悉操作方法。混凝土作业时布料杆下严禁有人通行或停留。

⑤ 防水工程专项安全措施。材料存放于专人负责的库房，严禁烟火并挂有醒目的警告标志和防火措施。患有皮肤病、眼疾、刺激过敏者不得参加防水作业。施工过程中发生恶心、头晕、过敏者应立即停止作业。施工现场和配料场地应通风良好，操作人员应穿软底鞋、工作服，扎紧袖口，并应戴手套、穿鞋套。涂刷处理剂和胶黏剂时必须戴防毒口罩和防护眼镜。外露皮

肤应涂擦防护膏。操作时严禁用手直接揉擦皮肤。高处作业层面周围边洞和预留洞口必须按"洞口、临边"防护规定进行安全防护。下班清洗工具。未用完的溶剂必须装入容器，并将其盖严。

⑥ 砌筑工程专项安全措施。在操作之前必须检查操作环境是否符合安全要求，道路是否畅通，机具是否完好牢固，安全设施和防护用品是否齐全，经检查符合要求后才可施工。装卸砌块时要先取高处、后取低处，防止砖垛倾倒伤人。人工垂直向上或向下传递砌块时搭设架子，架子上的站人宽度应不小于 600 mm。用于垂直运输的电梯不得超负荷运输，并经常检查，发现问题及时修理。墙身砌体高度超过地坪 1.2 m 以上时搭设脚手架。在一层以上施工，采用里脚手架搭设安全网；采用外脚手架设防护栏杆和挡脚板后方可砌筑。脚手架上堆料量不超过规定荷载，同一块脚手板上的操作人员不超过两人。

不准站在墙顶上做画线、刮缝及清扫墙面或检查大角垂直等工作，不准用不稳固的工具或物体在脚手板面进行垫高操作，更不准在未经过加固的情况下在一层脚手板上再叠加一层。砍砖时面向架内打砍，防止碎砖飞出伤人。在同一垂直面内上下交叉作业时设置安全隔板，下方操作人员必须戴好安全帽。对稳定性较差的窗间墙加临时稳定支撑以保证其稳定性。如遇暴风雨天气要采取防雨措施，避免恶劣天气吹倒新砌筑的墙体，同时及时浇筑拉梁混凝土，增加墙体稳定性。大风、大雨、冰冻等异常气候之后，应检查砌体是否有垂直度的变化，是否产生裂缝。

八、季节性施工技术要点

1. 雨季施工技术

(1) 雨季施工前的准备工作

雨季施工前认真组织有关人员分析雨季施工生产计划，针对雨季施工的主要工序编制雨季施工方案，组织有关人员学习，做好对工人的技术交底。所需材料要在雨季施工前准备好。沿整个施工现场设计排水沟并配备水泵，排出施工用水及雨水，雨后及时清理积水，保持整个施工现场整洁。夜间设专职值班人员，保证昼夜有人值班并做好值班记录，同时设置天气预报员，在雨季施工期间加强同气象部门的联系，做好天气预报工作。做好施工人员的雨季培训工作，组织相关人员进行随机全面检查，尤其在大雨过后，此项工作必须进行。包括对临时设施、临电、机械设备防护等进行检查。检查施工现场及生产生活基地的排水设施，疏通各种排水渠道，清理雨水排水口，保证雨天排水通畅。同时要重点防范地下室入口、预留洞口及车道出入口处，防止雨水流入地下室，后浇带处及板上各预留洞用旧模板覆盖，后浇带两侧砌起两皮砖，车道出入口处采用灰砂砖砌好挡水坎，防止雨水灌入。雨季来临时通知搅拌站注意砂石等材料含水率的确定，及时调整混凝土配合比。雨季所需材料、设备和其他用品，如水泵、抽水软管、塑料布等由材料部门提前准备，水泵等设备应提前检修。

(2) 分项工程雨季施工措施

混凝土在雨季施工中坍落度偏大，以及雨后模板及钢筋淤泥较多，影响混凝土质量，本工程混凝土为商品混凝土，因此我们会在雨期施工前同混凝土搅拌站签订的商品混凝土技术协议中对雨季施工做出要求，同时混凝土浇筑尽量避开雨天。如遇下雨，应采取如下措施：进行大面积混凝土浇筑前要准确掌握天气预报，避免浇筑时遇大雨。现场准备防雨材料，以备浇筑时突然遇雨进行覆盖。墙、柱混凝土浇筑中遇到大雨时应立即停止浇筑，将已浇筑的混凝土振捣密实(留好接槎)后用塑料布覆盖，并将塑料布绑扎牢固，防止被风吹走。

梁、板混凝土浇筑遇大雨时及时留置施工缝，边浇筑边振捣密实(用抹子抹平)，同时用塑料布覆盖，严禁混凝土内的水泥浆流失，浇筑到位后立即停止浇筑。雨期施工时应加强对到场混凝土坍落度的测定，根据实际情况及时通知搅拌站调整用水量。为把好预拌混凝土的质量关，定期派人去搅拌站检查其砂、石堆料场，水泥仓库，检查砂、石的含泥量，水泥的防雨情况。严禁将含泥量超标的砂、石和失效的水泥用于工程中。要求混凝土搅拌站加强对砂、石含水率的检测，根据实际情况调整混凝土的用水量。如遇小雨及时振捣抹压和覆盖，保证水泥浆不流失。雨后应将模板及钢筋上淤泥、积水清除掉。混凝土继续施工前应检查板、墙模板内是否有积水，若有积水应清理后再浇筑混凝土。

(3) 钢筋工程雨季施工措施

钢筋装卸、运输时，应注意保护钢筋清洁。钢筋装卸时下面加垫木方，尽量避免钢筋被泥浆污染。遇雨时用彩条布临时加以遮盖。现场严格贯彻文明施工要求，所有人员进入钢筋绑扎区域，必须将鞋底污物清理干净。现场焊接操作尽量避开大风大雨天气，不得让雨水淋溅而降低焊接质量，露天场所电焊机必须搭设防雨棚。

(4) 模板工程雨季施工措施

模板脱模剂涂刷后遇雨应覆盖塑料布，以防隔离层被雨水冲掉。大模板堆放场地做成混凝土地面，以防土状地面雨后下沉，模板失稳倾斜。钢管架料支撑在基层原土上，雨后及时检查有无下沉。如有异常要及时进行加固，确定无安全隐患后方可继续使用。制作模板的多层板和木方要堆放整齐，而且须用塑料布覆盖防雨。支立好的顶板模和墙模如遇大雨未浇筑混凝土，应用塑料布进行遮盖，防止因雨淋而造成脱模剂失效。雨后要认真检查其平整度、垂直度和脱模剂附着情况，及时清理淤泥，需补刷脱模剂的及时补刷，合格后方可浇筑混凝土。

2. 冬期施工技术

(1) 冬期施工准备工作

成立冬季施工领导小组，落实具体责任人，明确责任，从技术、质量、安全、材料、机械设备、文明施工等方面为冬季施工的顺利进行提供有力的保障。入冬前针对所设计到的分部分项工程编制好冬季施工方案，制定行之有效的冬季施工管理措施，确保冬季施工期间的工程质量。进入冬季施工前，组织技术业务培训，学习有关规定，明确职责。方案及措施确定后组织有关人员学习，并向各施工班组进行交底。做好现场测温记录，及时收看天气预报，以便提前做好大风、大雪及寒流等恶劣天气袭击的预防工作。根据工程需求提前组织冬季施工所用材料及机械备件的进场，为冬季施工的顺利展开提供物质上的保障。施工现场所有外露水管均先加保温套管，然后用玻璃丝布包裹保温，防止水管冻裂。

(2) 分项工程冬季施工措施

所用钢筋除具备出厂质量证明及试验报告外，进场后还得进行复试。同时，钢筋在运输、加工工程中注意防止撞击、刻痕等缺陷。尽量在室内进行冬季负温下的钢筋焊接。如必须在室外焊接，其环境温度不宜低于－20℃。风力超过三级时设置挡风措施。钢材焊接前，根据施工条件进行试焊，试焊合格后方可进行施焊，焊后未冷却的接头不得接触冰雪。钢筋冷拉温度不宜低于－20℃；温度低于－20℃时严禁进行冷弯操作，避免钢筋脆断。当环境气温低于－20℃时不得进行焊接接头加工操作。

(3) 混凝土工程冬季施工措施

做好冬季施工所用混凝土的试配工作，选用普通硅酸盐水泥，水泥强度等级不宜低于

32.5 MPa,并加入早强剂及高效减水剂等外加剂。冬季混凝土施工采用综合蓄热法进行养护,主要做好以下工作:设专人负责监督混凝土搅拌站严格执行冬季施工混凝土搅拌的有关规定。混凝土运输中注意防止混凝土热量损失,罐车做好保温措施。混凝土浇筑前检查模板支撑系统的稳定性,清除模板及钢筋上的冰雪和污垢,办理好浇筑前隐蔽记录及签证手续,浇筑时做好混凝土入模温度的记录,严格按操作规程进行施工。混凝土浇筑完毕后由专职测温员定期测温,为混凝土的养护及拆模提供依据。混凝土养护采用一层塑料膜覆盖再加一层阻燃草帘的方式,根据气温情况进行增减,进行蓄热养护,以保证混凝土质量。尤其注意在模板接槎处、墙柱上口等处的保温。

为了保证工程质量并满足泵送要求,对坍落度要有严格的规定。坍落度由项目经理部确定,混凝土运输到工地之后要对坍落度进行检验,不符合要求的一律退回并将检验情况反映给搅拌站。在混凝土的搅拌、运输及浇灌过程中,混凝土搅拌站人员密切注意混凝土搅拌及运输过程中混凝土的温度,不满足要求时及时采取措施。现场施工人员在浇筑过程中密切观测罐车混凝土的温度,保证混凝土的入模温度不低于10℃。混凝土浇筑前,浇筑部位如有积雪和冰屑应清除干净,并做好充分的施工准备,采用快铺料、快振捣、及时覆盖的快速施工方法,混凝土浇筑时间应适当调整到中午气温较高时。掌握气温动态,浇筑混凝土时应避免最低气温。当气温低于−20℃停止混凝土浇筑施工。

混凝土的覆盖及保温要求泵管周围用阻燃草帘包裹保温;混凝土浇筑完毕,墙顶部位立即覆盖再生塑料布和阻燃草帘进行保温;梁板混凝土浇筑完毕,立即覆盖再生塑料布和阻燃草帘进行保温。保温覆盖要求:混凝土的覆盖保温是冬季蓄热法施工的关键,要求保温材料对混凝土的覆盖要均匀,边角接渣部位要严密并压实。保温完毕,值班工长要认真检查,遇有大风天气,支钢管架,挂彩条布挡风。要设专职值班人员检查保温覆盖情况,并负责修复被风吹坏的覆盖层。

冬季测温范围为大气温度:早7:30、最高、最低及平均温度四项。测温频率为从浇灌完毕起12 h内,每隔2 h一次,12 h后每隔6 h一次。每天四次对混凝土进行测温,测温必须认真负责,填写项目齐全,不得弄虚作假。若发现混凝土温度过低应及时采取措施。现浇混凝土在测温时按测温编号顺序进行,温度计插入测温孔后,堵塞住孔口,留置在测温孔内3～5 min后进行读数。

混凝土除了按照常温施工要求留置试块以外,还需增设两组试块与结构同条件养护,分别用于检验受冻前的混凝土强度和转入常温养护28天后的强度。用同条件养护的试块所达到的实际强度来确定拆模时间。模板和保温层的撤除须同时达到要求强度(常温要求的拆除模板强度)并冷却到5℃以后拆除,拆除后仍需用阻燃草帘包裹、覆盖保温。

九、成品保护技术

成品保护的好坏将对整个工程的工程质量产生极其重要的影响,只有重视并妥善地进行好成品保护工作才能保证工程优质、高速地进行施工,避免为工程带来许多不必要的返工和浪费。同时,成品保护必须贯穿于施工全过程,从原材料、半成品直到成品,各个环节都必须进行切实有效的保护,最终使建筑产品成为完美无缺的艺术品。

组织专职检查人员跟班工作,定期检查,并根据具体成品保护措施的落实情况制定对有关责任人的奖罚建议。①召开协调会:检查影响成品保护工作的因素,以一周为周期召开协调会，集中解决发现的问题，指导、督促各工种开展成品保护工作。②工作面移交管理：工作面移交全部采用书面形式由双方签字认可，由下道工序作业人员和成品保护负责人同时签字确认，并保存工序交接书面材料，下道工序作业人员对防止成品的污染、损坏或丢失负直接责任，成品保护专人对成品保护负监督、检查责任。原材料、半成品堆放场地应平整、干净、牢固、干燥、排水通风良好、无污染。堆放时应分类、分规格堆放整齐平直，水平位置上下一致，防止变形损坏，防止倾覆或倾斜。分阶段、分专业制定专项成品保护措施，并严格实施。③制定正确的施工顺序：制定重要房间(或部位)的施工工序流程，要求土建、水、电、消防等各专业工序均按此流程进行施工，严禁违反施工程序的做法。④做好工序标识工作：在施工过程中对易受污染、破坏的成品、半成品标识“正在施工，注意保护”的标牌。⑤采取“护、包、盖、封”防护：采取“护、包、盖、封”的保护措施，对成品和半成品进行防护，损坏的要及时恢复。专门负责人要经常巡视检查。施工作业前应熟悉图纸，制定多工种交叉施工作业计划，既要保证工程进度，又要保证交叉施工不产生相互干扰，防止盲目赶工期而造成互相损坏、反复污染等不良现象的发生。提高成品保护意识，以合同、协议等形式明确各工种对上道工序质量的保护责任，提高产品保护的责任心。

定位桩采取桩周围浇筑混凝土固定，搭设保护架，悬挂明显标志以提示，水准引测点尽量引测到周围老建筑物上或围墙上，标识明显，不准堆放材料遮挡。重点加强对防水层的保护。施工时不得穿有钉子的鞋进入防水层，防水层做完后可使用彩条布或者挡板临时遮挡，并及时施工保护层。同时，不得在强度未达到要求的保护层上堆放重物。成型钢筋按总平面布置图指定地点摆放，用垫木垫放整齐，防止钢筋变形、锈蚀、油污。绑扎墙柱筋时在侧面搭临时架子，上铺脚手板。绑扎钢筋人员不准登踩钢筋。承台、楼板上下层钢筋绑扎时支撑马凳要绑牢固，防止操作时蹬踩变形。楼板钢筋绑扎完后搭设人行马道。

混凝土浇筑之前采用 600 mm 宽彩条布对墙柱竖向钢筋进行保护，防止钢筋被混凝土污染。

预组装的模板要有存放场地，场地必须硬化处理。立放时要搭设分类模板架，模板触地处要垫木方，以此保证模板不扭曲、不变形。起吊模板时，信号工必须到场指挥。过道应搭设跳板，不得直接在梁和楼梯踏步模板吊帮上行走或踩蹬，保证模板的严密性。拆除模板时按程序进行，禁止用大锤敲击，防止混凝土墙面及门窗洞口等处出现裂纹。满堂架立杆下端垫木方，利用结构做支撑支点时，支撑与结构间加垫木方。楼板混凝土强度达到 1.2 MPa 以后才允许操作人员在上行走，进行一些轻便工作，但不得有冲击性操作。混凝土拆模必须执行拆模申请制度，严禁强行拆模。楼梯踏步、柱、门窗洞口等处各阳角均用多层板条包钉起来或利用墙体模板支设时留出的穿墙孔用铅丝绑扎固定以防止被碰坏。

第三节　钢结构实用技术在南通市通州区市民广场工程中的应用

一、工程概况

1. 工程基本情况

南通市通州区市民广场工程总建筑面积约 4.8 万 m^2，地下一层，地上五层，室外地面到主屋面高度为 33.4 m，突出屋面塔楼一层。其中五层以下为混凝土框架与劲性钢骨柱结构，五层以上为全钢结构,屋面大桁架为预应力平面桁架结构,五层以上5轴向左和D轴向下区域为大悬臂区域,由屋面大桁架端部吊柱下挂悬吊5、6层钢结构,承重构件钢材均采用Q345B结构钢,采用0.5 mmTD3－90、TD6－90镀锌压型钢板与现浇混凝土组合楼板的框架结构。钢构件除锈,除锈等级Sa2.5,构件表面涂装采用无机富锌防锈漆(两遍,总厚度70 μm)＋环氧云铁防锈中间漆(两遍,总厚度60 μm)＋聚氨酯面漆(两遍,总厚度70 μm),防火耐火等级为1级。摩擦面采用10.9级扭剪型高强度螺栓连接,摩擦面抗滑移系数为0.5。建筑物设计使用年限50年。钢结构施工阶段划分为工厂加工制作阶段、构件运输阶段、现场拼装阶段、现场安装阶段。

2. 工程重点、难点

钢柱、梁牛腿以及钢桁架安装精度要求很高,钢构件制作拼装尺寸精度以及埋件角度控制难度大,直接关系到现场的安装质量,所以对每道工序的精度控制是保证工程质量的重点和难点。工程钢构件部分材料厚度在30 mm以上,所以焊接时必须采取措施防止焊接裂纹和变形的产生。采取合理的焊接工艺控制、减少焊接变形和焊接质量是焊接工艺的重点和难点。由于本工程主要构件的外形尺寸较大,考虑生产运输,部分需在现场拼装,如何保证现场拼装质量、协调好拼装及安装的交叉作业是保证施工质量和进度的重点和难点。为减少高空作业,保证施工安全和质量,要求钢构部件尽量在加工厂进行拼装出厂;运输不方便的钢构部件进施工现场后,也尽量提前在地面进行拼装后吊装。工程屋面主桁架采用预应力平面桁架结构,选择合适的张拉顺序和张拉力控制,是保证工程质量的重点和难点。本工程钢结构存在预应力平面桁架结构、十字钢骨柱、H型钢梁等多种构件形式,且由于各构件的空间位置关系复杂,结构安装时的空间定位精度要求高,从而对工厂的构件加工精度提出了相当高的要求。工厂的加工制作必须采取有力的措施确保构件的加工精度,以确保钢结构工地安装时的精度要求。另外,由于本工程屋面为预应力平面桁架结构,钢结构安装阶段的空间刚度与结构形成整体后的空间刚度会有一定差别,所以在安装过程中构件的稳定性、变形等都不太好控制。本工程五层以上5轴向左和D轴向下区域为大悬臂区域,由屋面大桁架端部吊柱下挂悬吊5、6层钢结构,吊装难度极大。

3. 现场施工条件

由于本工程构件较多,施工场地狭小,且总体施工进度非常紧迫,因此吊装以及土建、道路施工、设备安装各部门在施工现场施工时,在时间、空间等方面有大量的重叠交叉。为保证钢结构施工工期,充分利用历年来参与各类似大型钢结构工程建设的经验,花大力气挖掘潜力,尽量减少对同时施工的其他工程(如道路、设备安装)的影响,保证整个工程的施工周期。钢结构安装前应保证基本的道路、材料堆放、预拼装和吊装的场地要求。构件拼装区和吊车行走路线、场地便道要求达到通行重型货车标准。具体做法为:地面分层压实,铺填20 cm厚石子,使承受力达到15 t/m²。现场施工的临时用水、用电将根据现场施工条件按照“施工临水临电平面布置图”施工完成,在钢结构工程施工安装前确保现场具备钢结构进入现场的施工条件。

二、施工现场布置

根据钢结构施工中各设备摆放位置、设备移动的可能性,规划布置施工现场供电电源回路、供水的平面位置布置,及确定供电线路的容量。

1. 配电箱及开关箱设置

配电箱、开关箱应设置端正、牢固，移动式配电箱、开关箱装设在坚固的支架上；固定式配电箱、开关箱的下底与地面的垂直距离应大于 3 m、小于 1.5 m，移动式配电箱、开关箱的下底与地面的垂直距离应大于 0.6 m、小于 1.5 m。电箱、开关箱内的开关电器应按其规定位置紧固在电器安装板上，不得歪斜和松动。配电箱、开关箱的金属箱体必须做保护接零，保护零线应通过接线端子板连接。每台用电设备应有各自专用的开关箱，必须实行一机一闸一漏电开关制。

2. 现场临时用电

根据排定的工期、机械进场计划，用电需求排定用电计划如表 4-15 所示。

表 4-15　用电需求排定用电计划

序号	设备名称	规格	功率（kW）×台数	合计功率（kW）	系数
1	CO_2 焊机	CPX－350	15×4	60	$K2$
2	交直流焊机	ZXE1－3X500	45×6	270	$K2$
3	碳弧气刨	ZX5－630	30×1	30	$K1$
4	焊条烘箱	YGCH－X－400	12×1	12	$K1$
5	空压机	W－0.9/7	7.5×1	7.5	$K1$
6	手动工具		10	10	$K1$
7	照明用电		30	30	$K2$
合　计				419.5	

现场用电计算：计划峰值为 271 kW。

整个钢结构现场拼装安装工程，根据表 4-12 所示计算负荷为

总负荷：$P = 1.05 \times (K_1 \sum P_1 + K_2 \sum P_2)$

其中利用系数　　$K_1 = 0.7$　　$K_2 = 0.6$

$\sum P_1 = 59.5\ \text{kW}$　　$\sum P_2 = 360\ \text{kW}$

则　$P = 1.05 \times (0.7 \times 59.5 + 0.6 \times 360) \approx 271(\text{kW})$

三、技术准备资料

1. 前期准备

认真研究设计院提供的施工技术文件（设计施工图、设计规范、技术要求等资料），并邀请设计院对工厂进行设计技术交底，经技术部门消化理解后，完成施工图转换、焊接工艺评定、工艺文件编制、工装设计和质量计划编制等技术准备工作。

2. 技术准备

主要内容如图 4-9 所示。

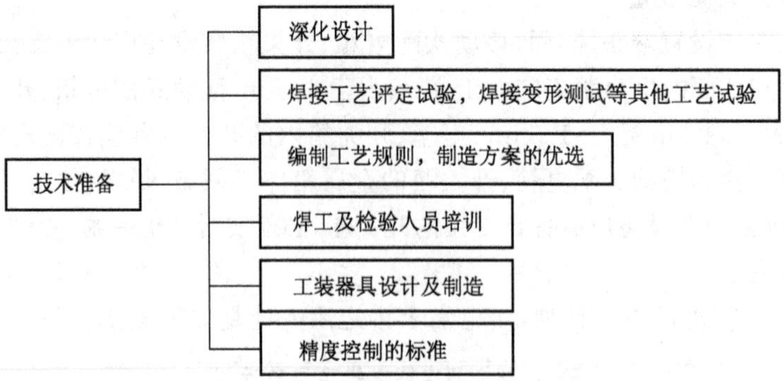

技术准备
- 深化设计
- 焊接工艺评定试验，焊接变形测试等其他工艺试验
- 编制工艺规则，制造方案的优选
- 焊工及检验人员培训
- 工装器具设计及制造
- 精度控制的标准

图 4-9　技术准备

3. 深化设计

工厂制造用的施工图设计按原设计图纸及相关的技术文件资料将整个主体结构分解成各个单独的构件和单元件，分别进行绘制，并全部采用计算机完成。施工图设计主要包括以下内容：节点安装总图、节点拼装顺序图、构件图、节点图及材料明细表等，其细化程序如图 4-10 所示。

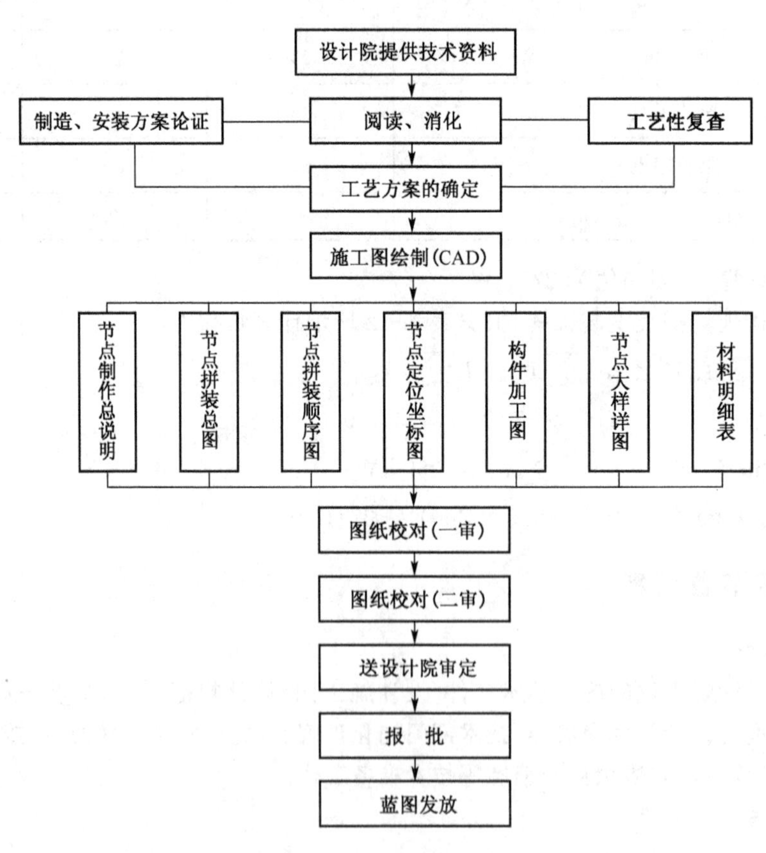

图 4-10　施工图设计程序

四、焊接工艺

1. 焊接工艺评定流程

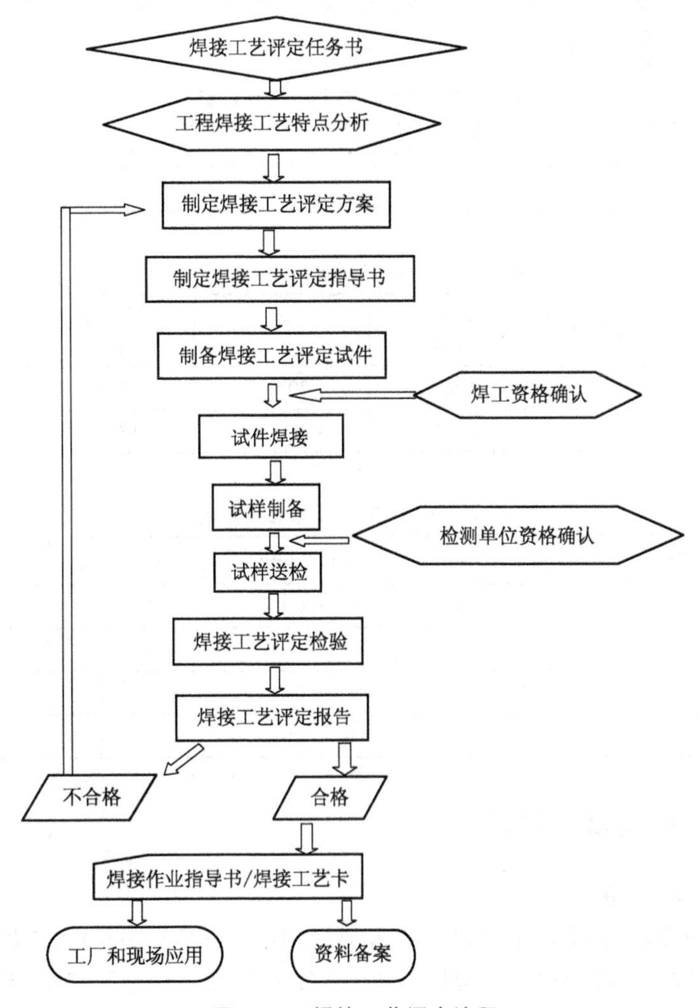

图 4-11　焊接工艺评定流程

2. 焊接工艺评定试验

根据设计图纸和技术要求以及有关钢结构制造规范的规定，编写焊接工艺评定试验方案报业主、设计及监理工程师审批，然后根据批准的焊接工艺评定试验方案，模拟实际的施工条件和环境，逐项进行焊接工艺评定试验，依据相关规范厚度覆盖要求。

表 4-16　对接接头试板厚度

焊接方法	评定合格试件厚度(mm)	工程适用厚度范围(mm)	
		板厚最小值	板厚最大值
手工焊 埋弧焊 CO_2 焊	≤25	0.75 t	2 t
	＞25	0.75 t	1.5 t

在确定焊接工艺评定试验方案的同时，焊接工艺评定试验选用的材料要求首批进厂材料中选择碳当量偏高、非金属化学成分含量偏高、低温韧性偏低的材料进行焊接工艺评定试验。焊接工艺评定试验时应选择焊接方法、焊接材料、坡口形式（坡口尺寸、角度、钝边、组装间隙等）、焊接参数及施焊道数、层间温度、预热温度及后热措施等。试验要求焊后进行外观检验、无损检测等，其焊接规范参数如表 4-17～表 4-19 所示。

表 4-17　埋弧自动焊对接规范参数

焊缝	焊丝直径(mm)	电流(A)	电压(V)	焊速(m/h)
对接及角接	5.0	650±50	33±2	22～30

表 4-18　CO_2 气体保护焊规范参数

焊丝直径(mm)	焊接位置	电流 (A)	电压 (V)	干伸长 (mm)	气体流量 (L/min)
1.2 (药芯)	平焊	280±30	30±2	13～15	15～20
	立焊	180±30	30±2	13～15	15～20

表 4-19　手工电弧焊规范参数

焊接位置	焊条直径(mm)	电流(A)
平位	4.0	170±10
	3.2	140±10
立位、仰位	4.0	130±10
	3.2	110±10

五、原材料的检验与试验

1. 钢材的检验与试验

严格按照图纸要求与《低合金高强度结构钢》(GB/T 1591—2008)、《厚度方向性能钢板》(GB/T 5313—2010)和《高层建筑结构用钢板》(YB4104—2000)等国家标准进行钢材订购工作，其钢材采购化学成分、力学性能等见表 4-20～表 4-23 所示。

表 4-20　钢材对应标准一览表

钢　号	标　准　名　称	标　准　号
Q235B	《碳素结构钢》	GB/T 700—2006
Q345B	《低合金高强度结构钢》	GB/T 1591—2008

表 4-21　钢材化学成分一览表

牌号	C	Si	Mn	P	S	Al
Q235B	0.12～0.20	≤0.30	0.30～0.70	≤0.040	≤0.040	—
Q345B	≤0.20	≤0.60	1.00～1.60	≤0.035	≤0.035	—

表 4-22　钢材力学性能一览表

牌号	板厚 t（mm）	σ_s（MPa）	σ_b（MPa）	δ_5（%）	冲击功		180°弯曲试验	
					试验温度（℃）	A_{kv}（J）	a≤16 mm	>16 mm
Q345B	≤16	345	510	21	20	34	$d=2a$	$d=3a$
	>16～35	325	490	20				
	>35～50	315	470	20				
	>50～100	305	470	20				
	>16～35	345～455	490～610	22				
	>35～50	335～445	490～610	22				
	>50～100	325～435	490～610	22				

表 4-23　钢材厚度方向性能级别的断面收缩率

厚度方向性能级别	断面收缩率（%）	
	三个试样平均值	单个试样值
Z15	≥15	≥10
Z25	≥25	≥15

2. 焊接材料的检验与试验

焊接材料应根据焊接工艺评定试验结果确定，应采用与母材相匹配的焊条、焊剂和焊丝，且符合相应的国家标准。若采用其他新型焊接材料或进口焊接材料，应重新进行焊接工艺试验和评定，并经监理工程师批准后方可投入使用。选定焊接材料应符合规定标准，如表 4-24 所示。

表 4-24　焊接材料标准

名称	型　号	标　准	标准号
焊条	碳钢	碳钢焊条	GB/T 5117—1995
焊条	低合金钢	低合金钢焊条	GB/T 5118—1995
焊丝	碳素钢、合金钢	熔化焊用钢丝	GB/T 14957—1994
焊丝	低碳钢、低合金钢、合金钢	气体保护焊用钢丝	GB/T 14958—1994
焊丝	碳钢	碳钢药芯焊丝	GB/T 10045—2001
焊丝	碳钢、低合金钢	气体保护电弧焊用碳钢、低合金钢焊丝	GB/T 8110—1995
焊剂	碳钢	埋弧焊用碳钢焊丝和焊剂	GB/T 5293—1999
焊剂	低合金钢	低合金钢埋弧焊用焊剂	GB/T 12470—1990

3. 涂装材料采购

涂装材料应根据图纸要求选定，以确保预期的涂装效果，禁止使用过期产品、不合格产品和未经试验的替用产品。不同涂层应选用同一厂家的产品，按规范和出厂合格证进行验收。涂装材料应兼有耐候、防腐蚀、美化等多种功能，使用期应满足图纸要求年限，如需改变涂装设计，则变更的涂装材料应符合以上要求，并报监理工程师会同业主、原设计单位研究批准后方可实施。

4. 钢材检测试验

购入的钢材应详细检查钢厂出具的质量证明书或检验报告，其化学成分、力学性能和其他质量要求必须符合国家现行标准的规定，且其质量证明书上的炉批号应与钢材实物上的标记一致，否则不得入库。

根据钢材质量证明书与尺寸规格表逐张检验、核对，并检查钢材表面质量、厚度、局部平面度，合格后方可办理入库手续，对检验不合格的材料要进行处理，不得入库。钢板厚度按《热轧钢板和钢带的尺寸、外形、垂直和允许偏差》(GB 709—2006)执行，当钢板厚度小于等于20 mm时，钢板厚度公差不大于5.0%。用游标卡尺进行检测。钢板的局部平面度检测：为满足本工程加工精度，要求在1 000 mm范围内，允许误差为1.0 mm，检测采用1 m直尺进行测量。钢材的表面外观质量检测：表面有锈蚀、麻点或划痕等缺陷时，其深度不得大于该钢材厚度允许偏差的1/2；钢材端边或断口处不应有分层、夹渣等缺陷，采用目测检测的方法检验。

六、钢结构加工

1. 放样

在整个钢结构制造中，放样工作是非常重要的一环，因为所有的零件尺寸和形状都必须先行放样，然后依样进行加工，最后才把各个零件装配成一个整体。因此，放样工作的准确与否将直接影响产品的质量。放样由生产控制人员完成，放样前，放样人员必须熟悉制作施工图及本工程的一些特殊工艺要求。在放样的同时，放样人员发布核对制作施工图结果，如发现施工图有遗漏、错误或其他原因须更改施工图时，必须取得设计院的书面认可，不可擅自修改。为保证构件的制作正确，须按1∶1放样，所有节点均应放出，本工程过长的构件应分段放样，不分段测量长度，防止累积误差。放样时考虑变形、加工和焊接收缩余量及其他设计要求。原材料要清除污物，保证清洁，保证弹出的尺寸线清楚，对有变形的材料进行整形处理，防止几何尺寸误差。用钢尺和游标卡尺抽样检查(10%，不少于3件)，放样和样板(样杆)的允许偏差见表4-25所示。

表4-25 放样和样板(样杆)的允许偏差

项　目	允许偏差
平行线距离和分段尺寸	±0.5 mm
对角线差	1.0 mm
宽度、长度	±0.5 mm
孔　　距	±0.5 mm
加工样板的角度	±20′

2. 下料

下料采用数控火焰切割机。下料前必须对照零件图所标注的板材材质、厚度，确认无误后才能画线，并计算下料长度、宽度，确保节约用材，损耗最小。切割面(包括剪板机下料)应无裂纹、夹渣、分层、不大于 1 mm 的缺棱。

表 4-26　主控项目及允许误差

长度、宽度	±3.0 mm
切割平面度	≤2.0 mm
割纹深度	≤0.3 mm
局部缺口深度	≤1.5 mm

下料后应清除残留割渣，分类堆放，并标注厚、宽、长尺寸。

3. 组立

钢构件组立是用型钢组立机来完成的，组立前应对照图纸确认所组立构件的腹板、翼缘板的长度、宽度、厚度无误后才能上机进行组装作业。腹板与翼缘板垂直度误差≤2 mm。腹板对翼缘板中心偏移≤2 mm。腹板与翼缘板点焊距离为(400±30)mm。腹板与翼缘板点焊焊缝高度≤5 mm，长度 40～50 mm。H 型钢截面高度偏差为±3 mm。

4. 制孔

连接板上的孔用数控钻床或摇臂钻床加工完成，钢梁上的孔用磁力钻加工完成。所用孔径都用统一孔模来定位套钻。钢梁上钻孔时，先固定孔模，再核准相邻两孔之间间距及一组孔的最大对角线，核准无误后才能进行钻孔作业。

表 4-27　孔距允许偏差表　(单位 mm)

孔距范围	≤500	501～1 200
同一组内任意两孔间距	±1.0	±1.5
相邻两组的端孔间距	±1.5	±2.0

5. 栓钉焊接

栓钉焊接是用栓钉专用焊机进行焊接作业的，也可用电弧焊进行栓钉焊接。用栓钉专用焊机焊接栓钉，瓷环必须按规定烘干，以保证焊接接头的质量。栓钉环形焊缝必须均匀饱满。必须对所焊栓钉进行抽检。用锤击法敲弯栓钉成 45°，栓钉不脱落、焊缝无裂纹为合格。

6. 起拱

钢梁跨度较大时，按设计要求起拱，设计无要求时按规范要求起拱。

7. 钢构件的抛丸及防腐

钢构件抛丸前应清除残留的焊渣、焊瘤、油污、黏土、粉尘等杂质，割去引弧板并磨平割缝处。除锈等级应按图纸要求进行。喷涂施工环境相对湿度不应大于 80%，钢材表面温度高于空气露点 3℃以上。选用图纸指定的防腐材料。摩擦面和现场安装焊接处 50 mm 内及钢柱底板应用报纸、胶带覆盖，严禁涂刷。

8. 坡口加工

选用半自动割刀或刨边机，坡口加工的精度见表 4-28。

表 4-28　坡口加工精度

1	坡口角度 $\Delta\alpha$	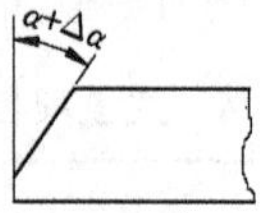	$\Delta\alpha=\pm 25°$
2	坡口角度 $\Delta\alpha$	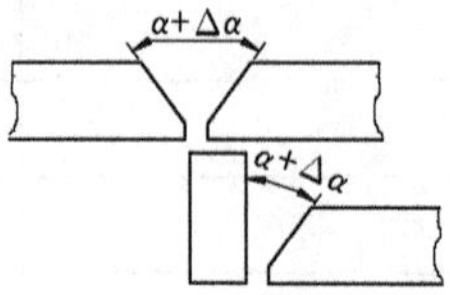	$\alpha=\pm 5°$ $\alpha=\pm 25°$
3	坡口钝边 $\Delta\alpha$	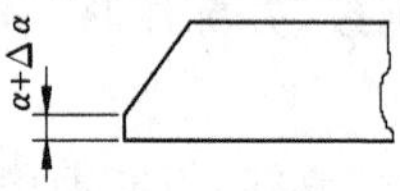	$\Delta\alpha=\pm 1.0$

9. 矫正和打磨

钢材的机械矫正，一般应在常温下用机械设备进行，如钢板的不平度可采用七辊矫平机；梁的焊后角变形矫正可采用翼缘矫正机，但矫正后的钢材表面上不应有严重的凹陷、凹痕及其他损伤。热矫正时应注意不能损伤母材，加热温度不得超过工艺规定的温度。构件的所有自由边角应有约 2 mm 的倒角。

10. 部件组装

组装前先检查组装用零件的编号、材质、尺寸、数量和加工精度等是否符合图纸和工艺的要求，确认后才能进行组装。组装用的平台和胎架应该符合构件装配的精度要求，并具有足够的强度和刚度，经验收后才能使用。构件组装要按照工艺流程进行，焊缝处 30 mm 范围以内的铁锈、油污等应清理干净。筋板的装配处应将松散的氧化皮清理干净。对于在组装后无法进行涂装的隐蔽部位，应事先清理表面并刷上油漆。计量用的钢卷尺应经二级以上计量部门鉴定合格后才能使用，且在使用时，当拉至 5 m 时应使用拉力器拉至 5 kg 拉力，当拉至 10 m 以上时应拉至 10 kg 拉力。组装过程中，定位用的焊接材料应注意与母材匹配，应严格按照焊接工艺要求选用。构件组装完毕后应进行自检和互检，测量，填妥测量表，准确无误后再提交专检人员验收。若在检验中发现问题应及时向上反映，待处理方法确定后进行修理和矫正。各部件装焊结束后应明确标出中心线、水平线、分段对合线等，打上样冲并用色笔圈出。构件组装精度见表 4-29 所示。

表 4-29　构件组装精度

项　次	项　目	简　　图	允许偏差(mm)
1	T 形接头的间隙 e	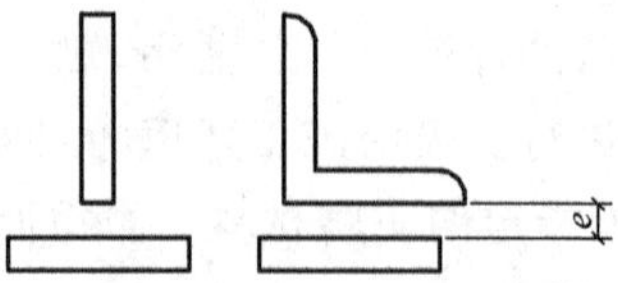	$e\leqslant 1.5$
2	搭接接头的间隙 e 长度 ΔL	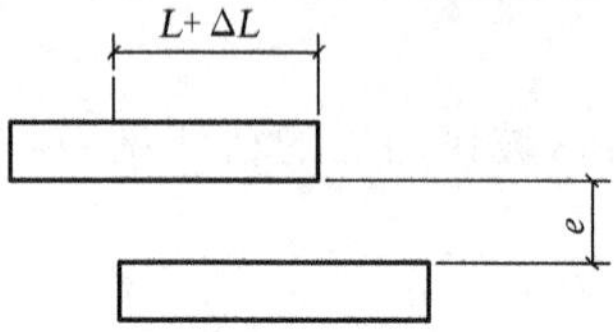	$e\leqslant 1.5$ L：± 5.0

续表 4-29

项　次	项　目	简　　图	允许偏差(mm)
3	对接接头的错位 e		$e \leqslant T/10$ 且 $\leqslant 3.0$
4	对接接头的间隙 e（无衬垫板时）		$-1.0 \leqslant e \leqslant 1.0$
5	根部开口间隙 Δa（背部加衬垫板）		埋弧焊：$-2.0 \leqslant \Delta a \leqslant 2.0$ 手工焊、半自动气体保护焊：$-2.0 \leqslant \Delta a$

11. 箱型构件制作

标准箱型构件的制作工艺流程见图 4-12。

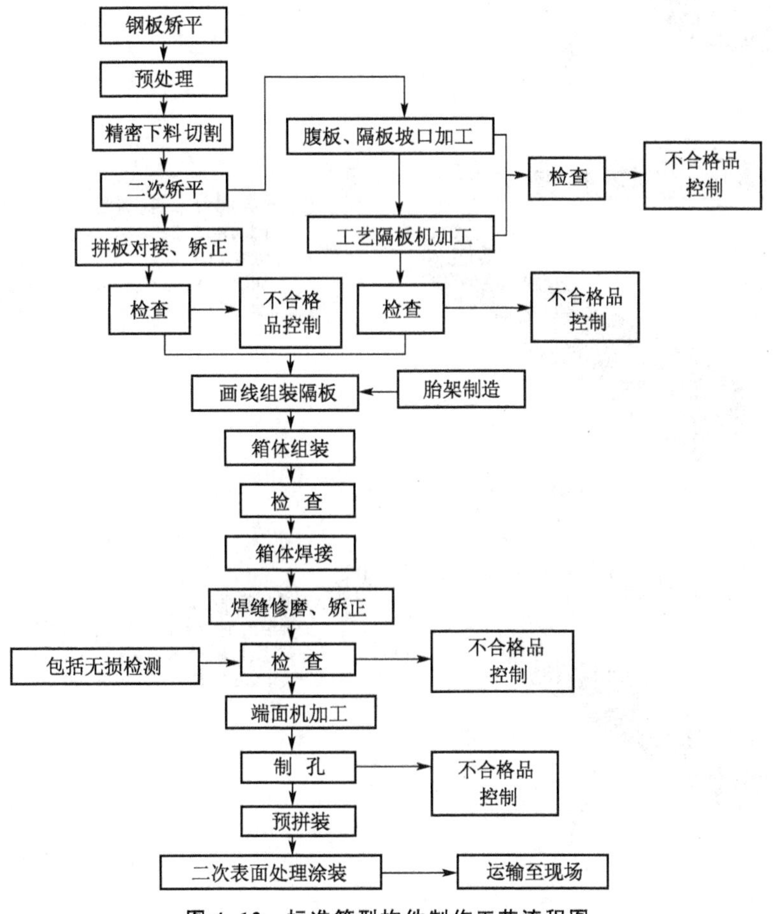

图 4-12　标准箱型构件制作工艺流程图

标准箱型构件加工工艺见图 4-13。

1. 零件下料、拼板

1 零件下料、拼板

钢板下料前用矫正机进行矫平，防止钢板不平而影响切割质量。

零件下料采用数控精密切割。对接坡口采用半自动精密切割。下料后进行二次矫平处理。

腹板两长边采用刨边加工。

拼接焊缝余高采用砂带打磨机铲平。

2. 横隔板组装

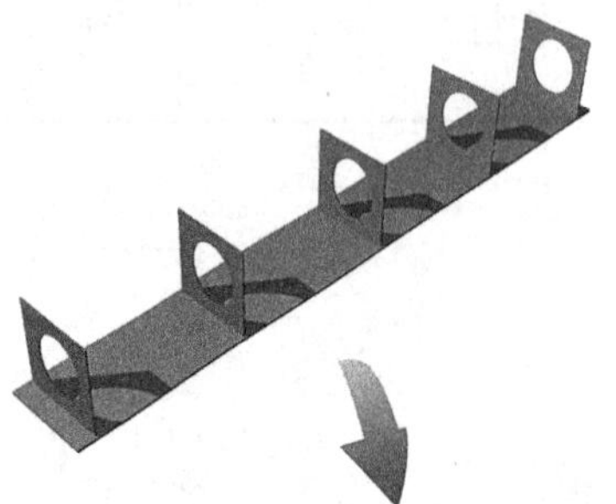

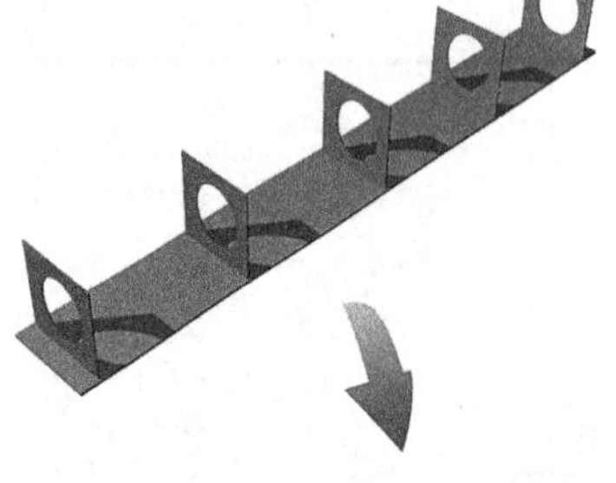

2 横隔板、工艺隔板的组装

横隔板、工艺隔板组装前四周进行铣边加工，以作为箱型构件的内胎定位基准。

在箱型构件组装机上按T形盖板部件上的结构定位线组装横隔板。

3. 腹板部件组装、横隔板焊接

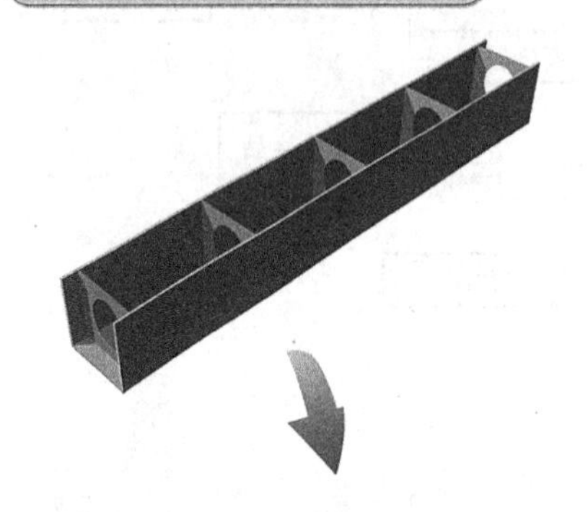

3 腹板部件组装、横隔板焊接

组装两侧T形腹板部件，与横隔板、工艺隔板顶紧定位组装。

采用CO_2气体保护半自动焊焊接横隔板三面焊缝。

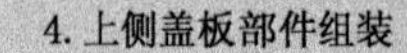

4. 上侧盖板部件组装

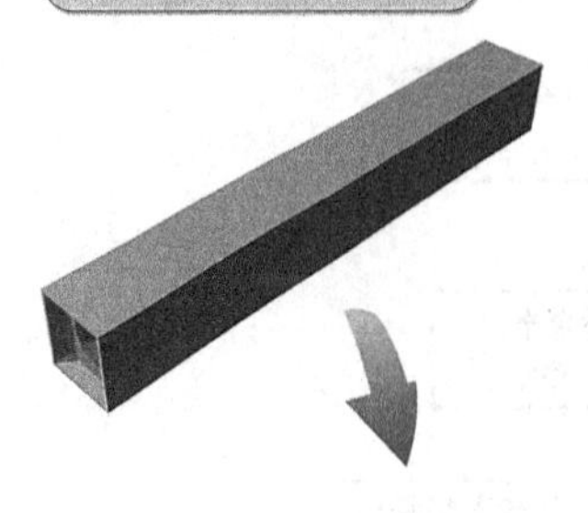

4 上侧盖板部件组装

组装上侧盖板部件前，要经监理对其内部封闭的隐蔽工程检验认可，并对车间底漆损坏处进行修补涂装。

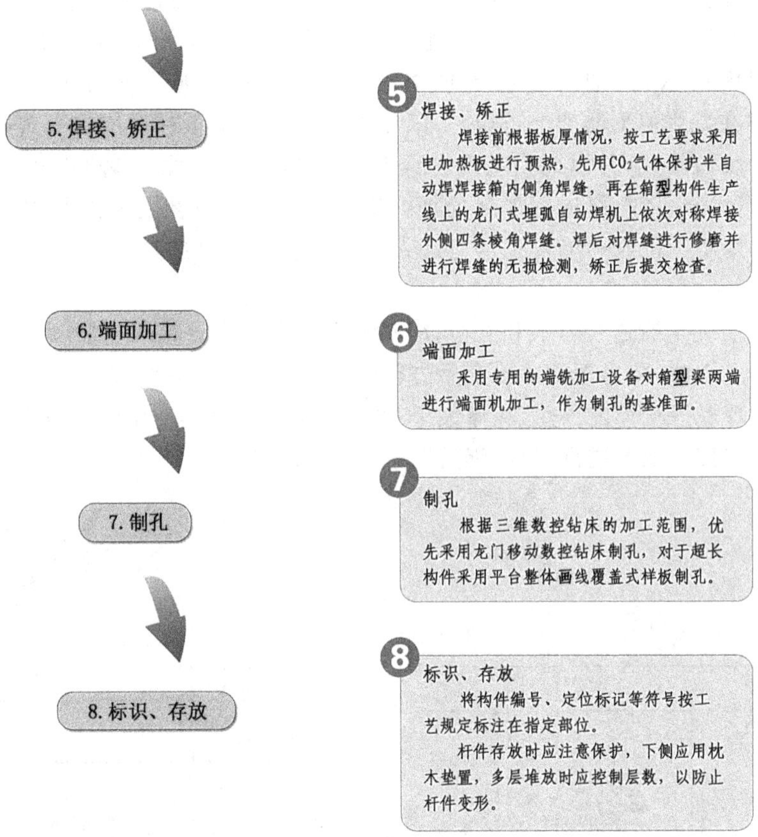

5. 焊接、矫正
5 焊接、矫正
焊接前根据板厚情况，按工艺要求采用电加热板进行预热，先用CO₂气体保护半自动焊焊接箱内侧角焊缝，再在箱型构件生产线上的龙门式埋弧自动焊机上依次对称焊接外侧四条棱角焊缝。焊后对焊缝进行修磨并进行焊缝的无损检测，矫正后提交检查。
6. 端面加工
6 端面加工
采用专用的端铣加工设备对箱型梁两端进行端面机加工，作为制孔的基准面。
7. 制孔
7 制孔
根据三维数控钻床的加工范围，优先采用龙门移动数控钻床制孔，对于超长构件采用平台整体画线覆盖式样板制孔。
8. 标识、存放
8 标识、存放
将构件编号、定位标记等符号按工艺规定标注在指定部位。
杆件存放时应注意保护，下侧应用枕木垫置，多层堆放时应控制层数，以防止杆件变形。

图 4-13　标准箱型构件加工工艺

12. 十字钢骨柱制作

十字钢骨柱是由一根 H 型柱与两排 T 型柱组装而成，其制作要领分别叙述如下：H 型钢小合拢组装要求放样下料时应考虑翼缘板、腹板长度方向的焊接收缩余量。由于外形过长，必须分段制作的杆件分段位置可根据板长确定，同时分段接头位置距腹杆节点应≥500 mm，接口形式详见图 4-14。

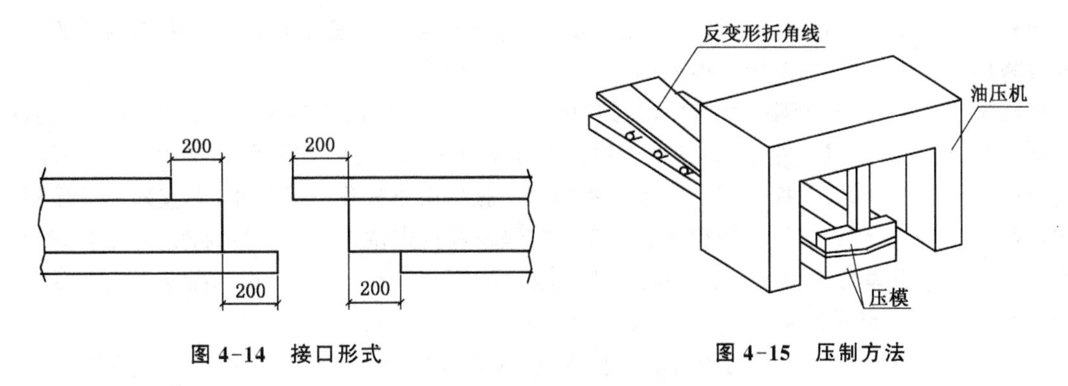

200
200
200
200

图 4-14　接口形式

反变形折角线
油压机
压模

图 4-15　压制方法

厚度小于 30 mm 的翼缘板根据焊接变形情况压制反变形折角。压制方法见图 4-15。

组装前先检查组装用零件编号、材质、尺寸、数量和加工精度等是否符合图纸和工艺要求，确认后才能进行装配。组装用的平台和胎架应符合构件装配的精度要求，并具有足够的强度和刚度，经验收合格后才能使用。构件组装要按照工艺流程进行，拼制 H 梁四条纵焊缝处 30 mm 范围以内的铁锈、油污等应清理干净。筋板装配处应将松散的氧化皮清理干净。H 型钢焊接时在专用船形胎架上进行。7H 梁的翼板和腹板下料后应在翼腹板上标出长度中心线和腹板拼装位置线，并以此为基准进行 H 梁的拼装。H 梁拼装可以在 H 梁拼装机上进行。拼装时可适当地用斜撑进行加强处理。拼装后按焊接工艺要领进行焊接和矫正。H 型钢的校正可采用矫正机或火焰校正进行。火焰校正温度不得超过 850℃，并且加热矫正后应缓慢冷却。

H 构件组装完毕后进行自检和互检，准确无误后再提交专检人员验收。若在检验中发现问题应及时向上反映，待处理方法确定后进行修理和矫正。将翼缘板平置于胎架上，画线并装配腹板。定位焊前进行焊前预热（板厚大于 36 mm），用 H 型钢专用焊接机进行焊接或用埋弧自动焊在特制焊接胎架上进行焊接，焊后校正，见图 4-17。

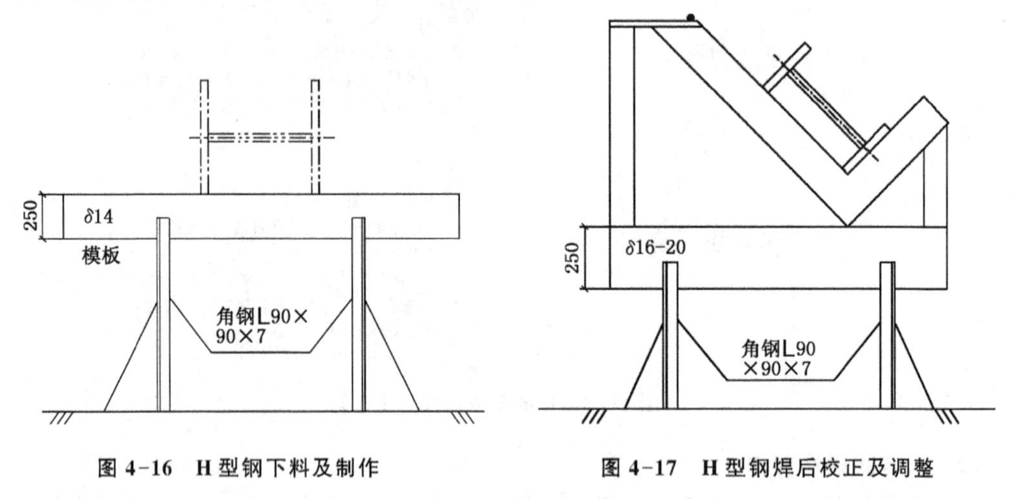

图 4-16　H 型钢下料及制作　　　图 4-17　H 型钢焊后校正及调整

(1) T 型钢小合拢组装

T 型钢组装可参考 H 型钢的制作要求，拼焊时可先拼成 H 型钢后再割开，可以保证 T 型构件的焊接变形小，减少不必要的校正。中合拢组装胎架如图 4-18 所示。

说明：①中合拢胎架要求必须牢固，不得有明显的晃动；②胎架模板要求水平，其水平度不得超过 1 mm；③胎架定位靠山要求组装后水平，其水平度不得超过 1 mm；④由于钢柱的面板及腹板的板厚不一样，因此定位模板的尺寸应相应地变化。

将检验合格的 H 型钢吊上胎架，在其腹板上画出 T 型钢的定位位置线，作为安装检验的基准，并在地上画出钢柱的轮廓线、中心线以便于安装检验。吊上 T 型钢，安装在预定位置，定位时先从端部开始，面板采用千斤顶顶紧到位。腹板由于操作空间较小，不宜采用千斤顶操作，因此采用定位卡。定位时采用 ϕ3.2/J507 的焊条进行定位点焊，必须由持焊工合格证的工人施焊。对于板厚超过 36 mm 的要求预热，预热温度为 100～150℃。点焊高度不宜超过设计焊缝厚度的 2/3，点焊长度为 50～60 mm，间距为 300～400 mm。

安装时必须保证 T 型钢的垂直度及直线度，检验合格后进行焊接。焊接时在专用船形胎架上进行，胎架每隔 1.5～2 m 进行设置。胎架如图 4-19 所示。

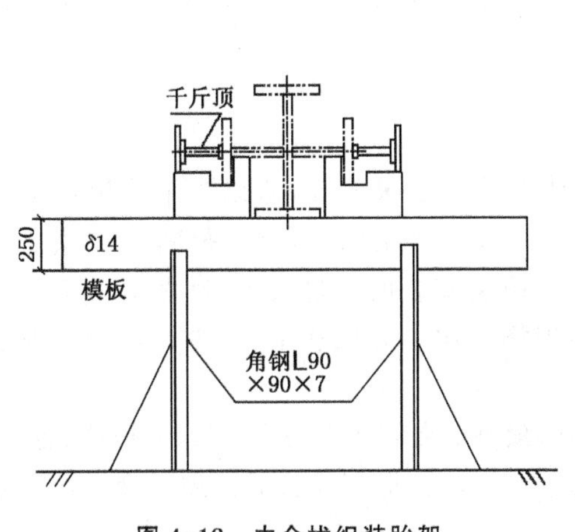

图 4-18　中合拢组装胎架

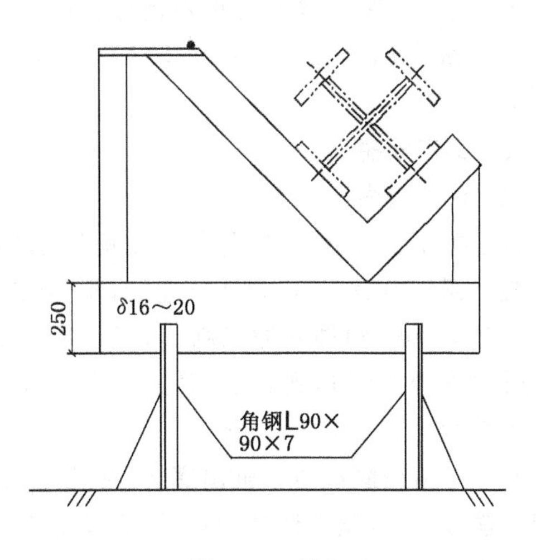

图 4-19　胎架

焊后进行校正、测量，然后安装加劲肋板，安装时以下口为基准，要求预先放 3～5 mm 余量，以便下口机加工时铣端面，安装检查合格后即焊接。

焊后校正、测量，画出切割余量线，要求预先放 3～5 mm 余量，以便上口机加工时铣端面，端部铣平的允许偏差见表 4-30。

表 4-30　端部铣平的允许偏差

项　目	允许偏差(mm)
两端铣平时构件长度	±2.0
铣平面的平面度	0.3
铣平面对轴线的垂直度	$L/1\,500$

(2) 钻孔

先在钢柱(梁)上画线，画线以铣平面(即端面)为基准，敲上样冲并注明孔径大小，然后进行钻孔。钻孔采用钻床进行。当一面钻好后，翻身钻另一边。连接板钻孔时采用数控钻床。钻孔要求如下：钻孔时工件应摆放平稳、牢固。螺栓孔应具有 H12 的精度，孔壁表面粗糙度 Ra 不应大于 12.5 μm。

(3) 十字钢骨柱制作要求

高度　±2 mm
宽度　±2 mm
腹板中心偏移　2 mm
翼缘板垂直度　±3 mm
弯曲矢高　$L/1\,000$ mm，且不大于 10 mm
扭曲　2 mm
腹板局部平面度　2 mm

(4) 编号发运

钢柱制作完毕后进行测量验收。钢柱应在其腹板两个面的右侧距端口 500 mm 处做出标记。牛腿应在其腹板两个面的右侧做出标记。标高应注明构件的名称、分段号、轴线和方向，且柱上应做出向上箭头，表示上方。标记用白色油漆做出，字迹清楚醒目，字样高度为100 mm。

13. 工厂预拼装

(1) 预拼装内容

鉴于本工程屋面为预应力平面桁架结构，加工精度要求较高，所以为了确保现场拼装和安装质量以及吊装工作顺利进行，拟定在工厂内进行桁架的工厂预拼装，并在预拼装合格后再进行后续构件的加工制作，保证现场拼装、吊装安装的质量要求，确保下道工序的正常运转和安装质量达到规范、设计要求，能满足现场一次吊装成功率，减少现场出现安装误差的可能性。

胎架必须按画线草图画出底线，在地面上画出预拼节点和构件的中心线、分段线、企口线，并用小铁板焊牢，敲上样冲，节点轴心线误差不大于1 mm。胎架设置后必须提交专职检查员验收合格后方可使用。

(2) 桁架与杆件局部预拼装

按预拼单元的实际投影尺寸在拼装平台上画出节点和构件的中心线和分段位置线、企口位置线等，然后设置预拼胎架。依次将主桁架弦杆及节点吊上胎架进行定位，定位必须定对平台上的纵横向中心线和接口位置线，并与胎架定位固定。吊装两端弦杆进行定位，并检查各矩形接口的组装间隙及端口错边量要求。按底线尺寸安装支撑节点及索耳板构件。分别在构件上做出现场拼装对合线标记并打上样冲，作为现场桁架拼装线。预拼装结束经检验合格后送冲砂车间进行涂装。

14. 焊接工艺

(1) 焊接设备

表4-31 焊接设备

焊接方法	焊接设备	电流和极性	单弧或多弧	手工或机械
埋弧焊	MZ-1-1 000	直流反接	单弧	自动
手工焊条电弧焊	ZX-500	直流反接	单弧	手工
CO_2气体保护焊	CPX-350	直流反接	单弧	半自动

(2) 焊接材料选择

表4-32 焊接材料选择

焊接方法	母材牌号	焊丝或焊条牌号	焊剂或气体	适用场所
埋弧焊	Q345B	H10Mn2	HJ431	对接，角接
手工焊	Q345B Q235B	SH·J507 SH·J427		定位焊，对接，角接
气保焊	Q345B	TWE—711	CO_2(99.99%)	定位焊，对接，角接

(3) 材料的烘焙和储存

焊接材料在使用前应按材料说明规定的温度和时间要求进行烘焙和储存；如材料说明要

求不详，则按表4-33要求执行。

表4-33　焊接材料的烘焙和储存

焊条或焊剂名称	焊条药皮或焊剂类型	使用前烘焙条件	使用前温度条件
焊条：J506，J422	低氢型	330～370℃：1 h	120℃
焊剂：SJ101	烧结型	300～350℃：2 h	120℃

(4) 焊接参数

表4-34　焊接参数

焊接方法	焊材牌号	焊接位置	焊条(焊丝)直径(mm)	焊接条件		
				焊接电流(A)	焊接电压(V)	焊接速度(cm/min)
手工焊条电弧焊	E5015 E4315	平焊和横焊	3.2	90～130	22～24	8～12
			4.0	130～180	23～25	10～18
			5.0	180～230	24～26	12～20
		立焊	3.2	80～110	22～26	5～8
			4.0	120～150	24～26	6～10
CO_2 气体保护焊	E501T ER50-6	平焊和横焊	1.2	260～320	28～34	35～45
埋弧自动焊	H10Mn2 SJ101	平焊 ϕ4.8 平焊 角焊	单层单道焊 多层单道 角焊缝	570～660	30～35	35～50
				550～660	35～50	30～35
				550～660	30～35	35～50

(5) 预热和层间温度

接头的预热温度应不小于表4-35中规定的温度，层间温度不得大于230℃。接头预热温度的选择以较厚板为基准，应注意保证厚板侧的预热温度，严格控制薄板侧的层间温度。预热时，焊接部位的表面用火焰或电加热均匀加热，加热区域为被焊接头中较厚板的两倍板厚范围，但不小于100 mm区域。预热和层间温度的测量应采用测温表或测温笔进行。当环境温度(或母材表面温度)低于0℃(当板厚大于30 mm时为5℃)，不需预热的焊接接头应将接头区域的母材预热至大于21℃。

表4-35　接头的预热温度

母材牌号	母　材　厚　度(mm)			
	$t \leqslant 20$	$20 < t \leqslant 36$	$36 < t \leqslant 60$	>60
Q345B	不要求	≥10℃	≥100℃	≥150℃

(6) 焊接环境

当处于下述情况时不应进行焊接：室温低于-18℃；被焊接面处于潮湿状态，或暴露在雨、雪和高风速条件下；采用手工电弧焊作业(风力大于5 m/s)和 CO_2 气保护焊(风力大于 2 m/s)作业时，未设置防风棚或没有措施的情况下；焊接操作人员处于恶劣条件下。

(7) 装焊加工

采用自动或半自动方法切割的母材的边缘应是光滑和不影响焊接的割痕缺口；切割边缘的粗糙度应符合《钢结构工程施工质量验收规范》(GB 50205—2002)规定的要求。被焊接头区域附近的母材应无油脂、铁锈、氧化皮及其他外来物。接头的装配应符合表 4-36 要求。

表 4-36 接头的装配要求

序号	项目名称	示意简图	标准公差(mm)
1	坡口角度 $(\alpha+\alpha_1)$	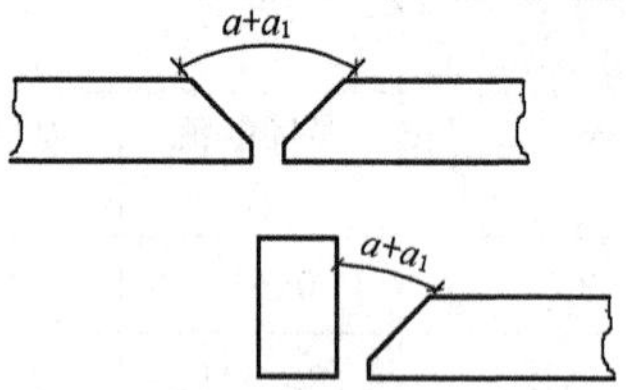 $a+a_1$	$-50\leqslant\alpha_1\leqslant+50$ $-2.50\leqslant\alpha_1\leqslant+2.50$
2	坡口钝边 $(f+f_1)$	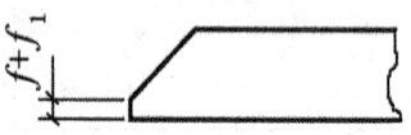 $f+f_1$	$-1\leqslant f_1\leqslant+1$
3	根部间隙 $(R+R_1)$	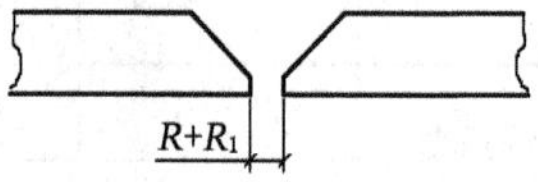 $R+R_1$	$0\leqslant R_1\leqslant1.0$
		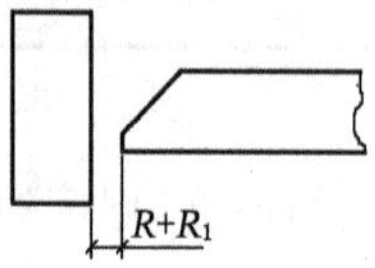 $R+R_1$	$0\leqslant R_1\leqslant1.0$
4	搭接长度 $(f+f_1)$	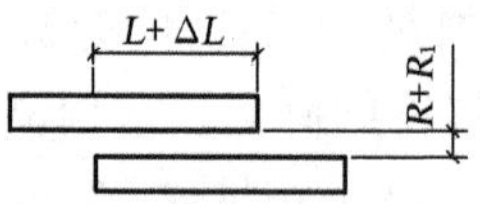 $L+\Delta L$ $R+R_1$	$-5\leqslant L_1\leqslant+5$ mm $-1.0\leqslant R_1\leqslant+1.0$
5	根部间隙 $(R+R_1)$	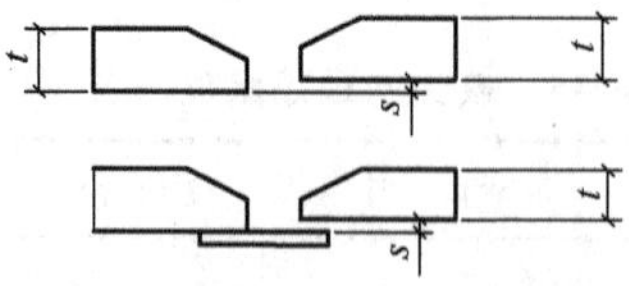 t t s t s	$4<t\leqslant8$；$s\leqslant8$； $8<t\leqslant20$；$s\leqslant2.0$； $20<t\leqslant40$；$s\leqslant t/10$；但$\leqslant3.0$ $t>40$；$s\leqslant t/10$ 但$\leqslant4.0$

① 定位焊

定位焊焊缝所采用的焊接材料及焊接工艺要求应与正式焊缝的要求相同。定位焊焊缝的焊接应避免在焊缝的起始、结束和拐角处施焊，弧坑应填满，严禁在焊接区以外的母材上引弧和熄弧。定位焊尺寸参见表 4-37 要求执行。

表 4-37 定位焊尺寸表

母材厚度(mm)	定位焊焊缝长度(mm)		焊缝间隙(mm)
	手工焊	自动、半自动	
$t \leqslant 20$	40～50	50～60	300～400
$20 < t \leqslant 40$	50～60	50～60	300～400
$t > 40$	50～60	60～70	300～400

定位焊的焊脚尺寸不应大于焊缝设计尺寸的2/3，且不大于8 mm，但不应小于4 mm。定位焊焊缝有裂纹、气孔、夹渣等缺陷时，必须清除后重新焊接，如最后进行埋弧焊时，弧坑、气孔可不必清除。重要的对接接头和T接头的两端应装焊引弧板和熄弧板，其材料及接头原则上应与母材相同，其尺寸为手工焊、半自动为50 mm×30 mm×6 mm；自动焊为100 mm×50 mm×8 mm。焊后用气割割除，磨平割口。焊缝清理及处理要求：多层和多道焊时，在焊接过程中应严格清除焊道或焊层间的焊渣、夹渣、氧化物等，可采用砂轮、凿子及钢丝刷等工具进行清理。从接头的两侧焊接完全焊透的对接焊缝时，在反面开始焊接之前应采用适当的方法(如碳刨、凿子等)清理根部至正面完整焊缝金属为止，清理部分的深度不得大于该部分的宽度。每一焊道熔敷金属的深度或熔敷的最大宽度不应超过焊道表面的宽度。同一焊缝应连续施焊，一次完成；不能一次完成的焊缝应注意焊后的缓冷和重新焊接前的预热。加劲板、连接板的端部焊接应采用不间断围角焊，引弧和熄弧点位置应距端部大于100 mm，弧坑应填满。焊接过程中尽可能采用平焊位置或船形位置进行焊接。

② 焊接注意事项

不同板厚的接头焊接时，应按较厚板的要求选择焊接工艺。不同材质间的板接头焊接时，应按强度较高材料选用焊接工艺要求，焊材应按强度较低材料选配。对接焊接是焊接的重中之重，必须从组对、校正、复验、预留焊接收缩量、焊接定位、焊前防护、清理、焊接、焊后热调、质量检验等工序严格控制，才能确保接头焊后质量全面达到标准。组对前将坡口内壁10～15 mm仔细去除锈蚀。坡口外壁自坡口边10～15 mm范围内也必须仔细清除锈蚀与污物；组对时，不得在接近坡口处管壁上引弧点焊夹具或硬性敲打；同径管错口现象必须控制在规范允许范围之内。注意，必须从组装质量始按Ⅰ级标准控制。

校正复验、预留焊接收缩量要求加工制作组对校正是必需的，焊前应经专用器具对尺寸认真核对，确认无误差后采用千斤顶之类起重机具布置在接头左右不小于1.5 m距离处，预先将构件顶升到构件上部间隙大于下部间隙1.5～2 mm。应当注意的是，正在焊接的接头禁止荷载，否则对焊接接头十分不利。

施焊应与定位焊接接头处前行10 mm收弧，再次始焊应在定位焊缝上退行10 mm起弧；另一半焊接前应将前半部始焊及收弧处修磨成缓坡状，并确认无未熔合即为熔透现象后在前半部焊缝上引弧。仰焊接头处应用力上顶，完全击穿；上部接头处应不熄弧连续引带至接头处5 mm时稍用力下压，并连弧超越中心线至少一个熔池长度(10～15 mm)方允许熄弧。次层焊接前剔除首层焊道上的凸起部分及引弧收弧造成的多余部分，仔细检查坡口边沿有无未熔合及凹陷夹角，如有必须除去。飞溅与雾状附着物采用角向磨光机清除时，应注意不得伤及坡口边沿。此层的焊接在仰焊部分时采用小直径焊条，仰爬坡时电流稍调小，立焊部位时选用较大直径焊条，电流适中，焊至爬坡时电流逐渐增大，在平焊部位再次增大，其余要求与首层相同。

面层的焊接直接关系到接头的外观质量能否满足质量要求，因此在面层焊接时，应注意选用较小电流值并注意在坡口边熔合时间稍长，接头重新燃弧动作要快捷。焊后应认真除去飞溅与焊渣，并认真采用量规等器具对外观几何尺寸进行检查，不得有低凹、焊瘤、咬边、气孔、未熔合、裂纹等缺陷存在，经自检满足外观质量标准的接头应打上焊工编号钢印。焊接构件应待冷却至常温 24 h 后进行探伤检验，经检验合格后的接头质量必须符合图纸设计要求，经确认达到设计标准的接头方可允许拆去防护措施。

③ 变形的控制

下料、装配时，根据制造工艺要求，预留焊接收缩余量，预置焊接反变形。装配前，矫正每一构件的变形，保证装配符合装配公差表的要求。使用必要的装配和焊接胎架、工装夹具、工艺隔板及撑杆。在同一构件上焊接时，应尽可能采用热量分散、严格控制层间温度、对称分布的方式施焊。

④ 焊后清理

焊缝焊接完成后，清理焊缝表面的熔渣和金属飞溅物，焊工自行检查焊缝的外观质量。如不符合要求，应焊补或打磨，修补后的焊缝应光滑圆顺，不影响原焊缝的外观质量要求。对于重要构件或重要节点焊缝，焊工自行检查焊缝外观合格后，在焊缝附近打上焊工的钢印。外露钢构件对接接头应磨平焊缝余高，达到被焊材料同样的光洁度。

⑤ 焊缝质量要求

表 4-38　焊缝质量要求

序号	检查内容	图　　例	容许公差(mm)
1	对接焊焊缝加强高(C)	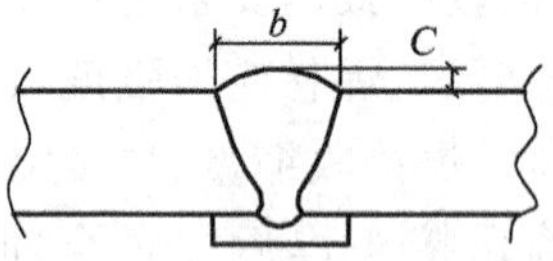 b C	$b<20$ 一级：$0.5\leqslant C\leqslant 2.0$ 二级：$0.5\leqslant C\leqslant 2.5$ 三级：$0.5\leqslant C\leqslant 3.5$
		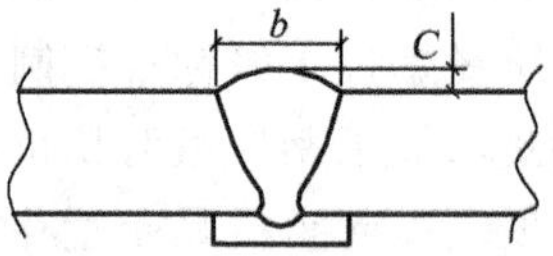 b C	$b\geqslant 20$ 一级：$0.5\leqslant C\leqslant 3.0$ 二级：$0.5\leqslant C\leqslant 3.5$ 三级：$0\leqslant C\leqslant 3.5$
2	贴角焊缝焊脚尺寸($h_f+\Delta h$)和焊缝余高(C)	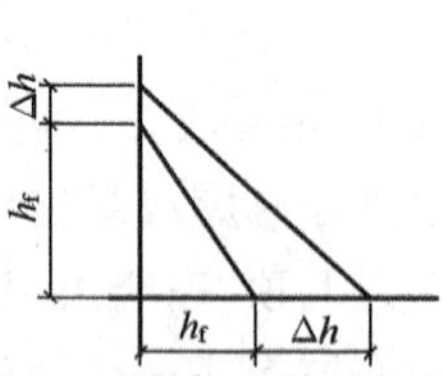 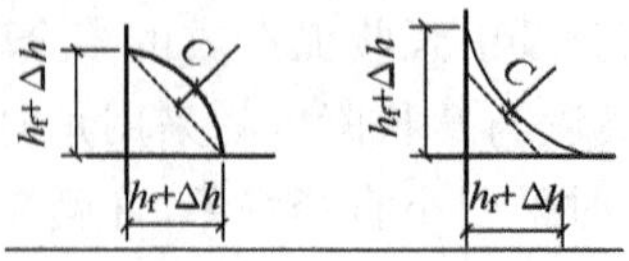 Δh h_f h_f Δh $h_f+\Delta h$ C $h_f+\Delta h$ $h_f+\Delta h$ C $h_f+\Delta h$	$h_f\leqslant 6$ $0\leqslant\Delta h\leqslant 1.5$ $0\leqslant C\leqslant 1.5$ $h_f>6$ $0\leqslant\Delta h\leqslant 3.0$ $0\leqslant C\leqslant 3.0$

续表 4-38

序号	检查内容	图　　例	容许公差(mm)
3	T接坡口焊缝 加强高(ΔS)	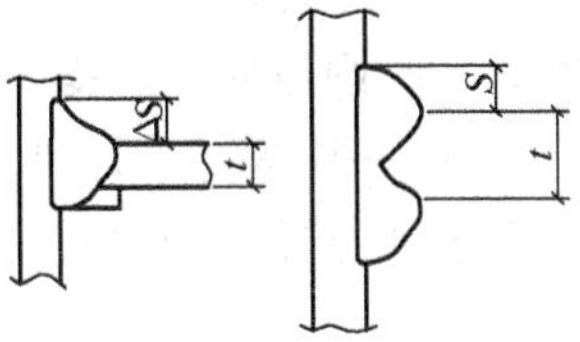	$\Delta S = t/4$，但$\leqslant 10$
4	焊缝咬边 (E)	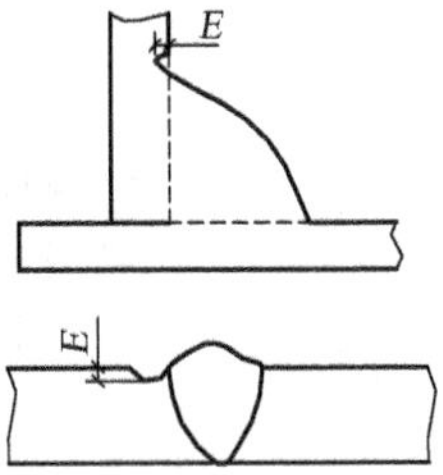	一级焊缝：不允许 二级焊缝： $\leqslant$0.5深度的咬边，累积总长度不得超过焊缝长度的10% 三级焊缝： $\leqslant$0.5深度的咬边，累积总长度不得超过焊缝长度的20%
5	表面裂缝		不允许
6	表面气孔及 密集气孔		一级和二级焊缝：不允许 三级焊缝：直径$\leqslant$1.0的气孔在100 范围内不超过5个
7	焊缝错边		一级和二级焊缝： $d < 0.1t$但$\leqslant 2.0$ 三级焊缝： $d < 0.15t$但$\leqslant 3.0$
8	焊缝过溢 (θ)	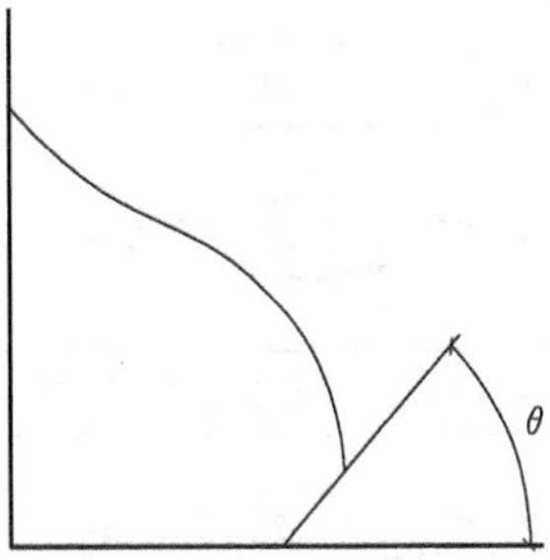	$\theta > 90°$
9	表面焊接飞溅		所有焊缝：不允许
10	电弧擦伤，焊瘤， 表面夹渣		所有焊缝：不允许

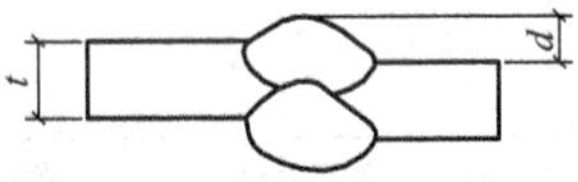

⑥ 焊缝无损检测要求

钢板、型钢对接焊缝、拼装节点中受拉构件的全熔透焊缝为Ⅰ级焊缝，未注明的焊缝为Ⅱ

级焊缝，构造角焊缝为Ⅲ级焊缝。超声波探伤范围比例：Ⅰ级焊缝100%；Ⅱ级焊缝20%；Ⅲ级焊缝外观检查。低合金钢的无损探伤应在焊接完成24 h后进行；局部探伤的焊缝，如发现存在不允许的缺陷时，应在缺陷的两端延伸探伤长度，增加的长度为该焊缝长度的10%，且不小于200 mm，如仍发现有不允许的缺陷时则应对该焊缝进行100%的探伤。补焊应采用低氢焊条进行焊接，焊条直径不大于4.0 mm，并比焊缝的原预热温度提高50℃。因焊接而产生变形的构件应采用机械方法或火焰加热法进行矫正，低合金钢加热区的温度不应大于650℃，严禁用水进行急冷。

15. 钢结构涂装

(1) 涂装方案

无机富锌底漆	干膜厚 70 μm
环氧云铁中间漆	干膜厚 60 μm
聚氨酯面漆	干膜厚 70 μm
钢柱用防火涂料	3 h
钢梁用防火涂料	2 h
其他用防火涂料	1.5 h

(2) 工厂除锈

所有构件的表面除锈均在工厂进行，全部进行二次冲砂处理，其中管材采用钢管抛丸机进行除锈处理，轧制H型钢采用H型钢抛丸机进行除锈，钢板全部采用钢板预处理线进行除锈，并涂装车间底漆。构件全部采用整体抛丸除锈处理，采用70%钢丸+30%菱角砂进行整体冲砂。除锈后应进行吹灰除尘处理，确保构件涂装表面清洁，除锈达到Sa2.5级，粗糙度达到R_Z40～70 μm。

(3) 涂装工艺

钢构件防腐涂装施工工艺流程见图4-20。

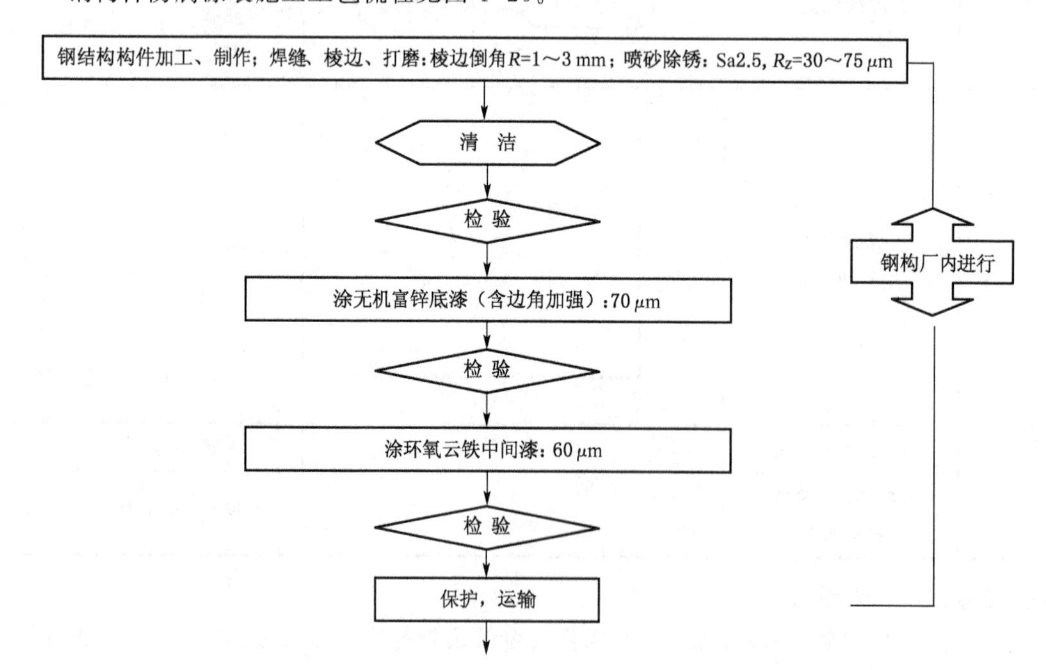

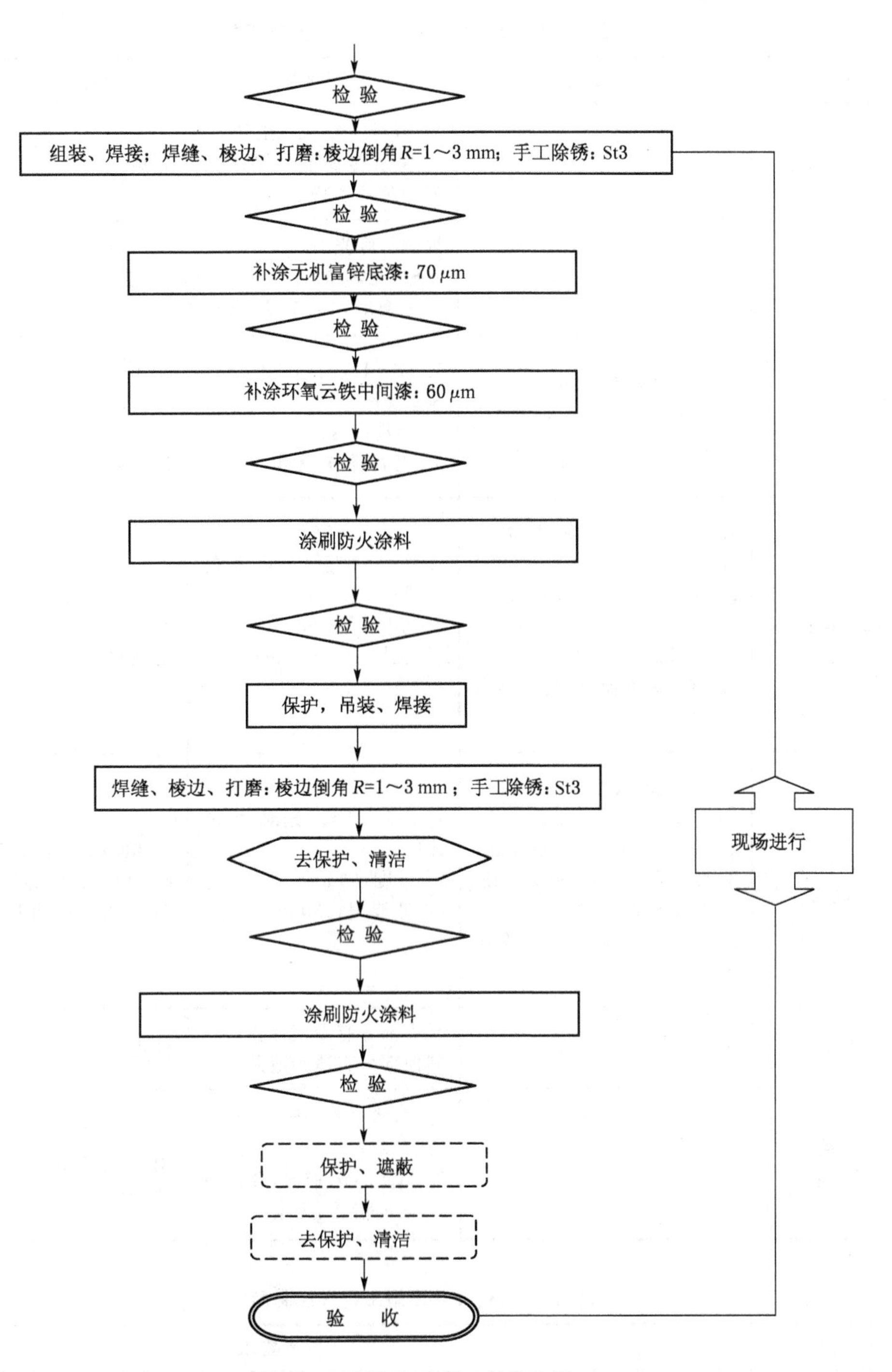

图 4-20　防腐涂层施工工艺流程

（4）钢构件防腐施工过程控制要点

表 4-39 钢构件防腐施工过程控制简表一

工序名称		工艺参数	质量要求	检测标准及仪器
前处理	表面清理		1. 清理焊渣、飞溅附着物； 2. 清洗金属表面至无可见油脂及杂物	目测
	焊缝棱边打磨		焊缝打磨光滑； 平整、无焊渣； 棱边倒角 $R=1\sim3$ mm	目测
	抛丸喷砂	工作环境湿度：<80%； 钢板表面温度高于露点 3℃以上	1. GB/T 13288—2008 Sa3 级； 2. 粗糙度 30～75 μm； 3. 表面清洁、无尘	1. 检验标准：GB/T 13288—2008； 2. 测试仪器：表面粗糙度测试仪或比较板
无机富锌底漆		1. 高压无气喷涂，压力比 33∶1； 2. 喷枪距离 300～500 mm； 3. 喷嘴直径：0.43～0.58 mm； 4. 环境温度：<80%； 5. 钢板表面温度：高于露点 3℃以上	1. 外观：平整、光滑、均匀成膜； 2. 厚度：70 μm (湿膜厚度：150 μm)	1. 检验标准：GB 1764—89； 2. 测试仪器：温湿度测试仪、湿膜测厚仪、涂层测厚仪
环氧云铁中间漆		1. 高压无气喷涂，压力比 33∶1； 2. 喷枪距离 300～500 mm； 3. 喷嘴直径 0.43～0.58 mm； 4. 环境温度<80%； 5. 钢板表面温度高于露点 3℃以上	1. 外观：平整、光滑、均匀成膜； 2. 厚度：60 μm (湿膜厚度：150 μm)	1. 检验标准：GB 1764—89； 2. 测试仪器：温湿度测试仪、湿膜测厚仪、涂层测厚仪
保护			受力部分有专门保护，其他部分有适当遮蔽	目测
构件组焊及清理			1. 焊缝平整、光滑，无焊渣、毛刺； 2. 露底部分除锈达 St3 级； 3. 表面清洁、无尘	GB/T 13288—2008

表 4-40 钢构件防腐施工过程控制简表二

工序名称	工艺参数	质量要求	检测标准及仪器
补无机富锌底漆	喷射角 65～90°，喷射距离 120～200 mm，压缩空气压力大于 0.6 MPa，喷涂电压 24～34 V，电流 100～300 A	1. 外观：平整、光滑； 2. 厚度：70 μm	1. 检验标准：GB 1764—89； 2. 测试仪器：温湿度测试仪、湿膜测厚仪、涂层测厚仪

续表 4-40

工序名称	工艺参数	质量要求	检测标准及仪器
补涂环氧中间漆	1. 高压无气喷涂，压力比 56 ∶ 1 或刷涂； 2. 喷枪距离：205～500 mm； 3. 喷嘴直径：0.43～0.58 mm； 4. 环境湿度：<80%； 5. 钢件表面温度：高于露点 3℃	1. 外观：平整、均匀； 2. 厚度：60 μm （湿膜厚度：150 μm）	1. 检测标准：GB 1764—89； 2. 测试仪器：温湿度仪、湿膜测厚仪、涂层测厚仪
保护		受力部分有专门保护，其他部分有适当遮蔽	目测
结构件吊装焊接及清理		1. 焊缝平整、光滑，无焊渣、毛刺； 2. 露底部分除锈达 St3 级； 3. 表面清洁、无尘	GB/T 13288—2008
整涂聚氨酯面漆或防火涂料	1. 高压无气喷涂，压力比 45 ∶ 1； 2. 喷枪距离：205～500 mm； 3. 喷嘴直径：0.43～0.58 mm； 4. 环境湿度：<80%； 5. 钢件表面温度：高于露点 3℃	1. 外观：平整、均匀； 2. 厚度：70 μm （湿膜厚度：70 μm） 总厚度：≥200 mm	1. 检测标准：GB 1764—89； 2. 测试仪器：温湿度仪、湿膜测厚仪、涂层测厚仪
保护及去保护、清洁		外观：平整、光滑，表面清洁、无尘	目测

（5）构件涂装防腐技术要求

喷砂除锈为 Sa3 级，手工打磨 St3 级，表面粗糙度 R_Z40～85 μm。施工的环境满足温度 10～30℃，相对湿度 30%～80%。

（6）钢材表面处理

对钢材表面喷砂除锈，除锈质量的好坏是整个涂装质量的关键。黑色金属表面一般都存在氧化皮和铁锈，在涂装之前必须将它们除尽，不然会严重影响涂层的附着力和使用寿命，造成经济损失。而所有除锈方法中，以喷砂除锈最佳；因为它既能除去氧化皮和铁锈，又能在金属表面形成一定的粗糙度，增加了涂层与金属表面之间的结合力。

由于施工工作的流动性，目前国内施工都采用干法喷砂除锈，一般用铜砂或钢丸等作为磨料，以 5～7 kg/cm^2 压力的干燥洁净的压缩空气带动磨料喷射金属表面，可除去钢材表面的氧化皮和铁锈。

喷砂除锈的操作过程如下：开启空压机，达到所需压力 5～7 kg/cm^2；操作工穿戴好特制的工作服和头盔（头盔内接有压缩空气管道提供的净化呼吸空气）进入喷砂车间；将干燥的磨料装入喷砂机，喷砂机上的油水分离器必须良好（否则容易造成管路堵塞和影响后道涂层与钢材表面的结合力）；将钢材摆放整齐，就能开启喷砂机开始喷砂作业。喷砂作业完成后，对钢材表面进行除尘、除油清洁，对照标准照片检查质量是否符合要求，对不足之处进行整改，直至达到质量要求，并做好检验记录。钢材的表面预处理，所有构件的材料，切割下料前，先进行喷丸预处理，除锈等级为Sa3级，表面粗糙度 R_Z 为40～75 μm，然后在4 h内立即喷涂车间底漆，涂层厚度为20 μm。构件的涂装、修补及质量要求：当喷砂完成后，清除金属涂层表面的灰尘等杂物；预涂无机富锌涂料，在自由边、角焊缝、手工焊缝、孔内侧及边等处在喷涂前必须用漆刷预涂装。喷涂无机富锌涂料，喷砂处理完成后必须在4 h内喷涂底漆。对于拼装接头、安装接头及油漆涂料区域，先手工打磨除锈并清洁，然后按上述要求分别喷涂底漆、中间漆。

(7) 涂装

涂装质量的控制和质量要求：雨、雪、雾、露等天气时，相对湿度应按涂料说明书要求进行严格控制，相对湿度以自动温湿记录仪为准，现场以温湿度仪为准进行操作；安装焊缝接口处各留出50 mm，用胶带贴封，暂不涂装；钢构件应无严重的机械损伤及变形；焊接件的焊缝应平整，不允许有明显的焊瘤和焊接飞溅物。凡是上漆的部件，应自离自由边15 mm左右的幅度起，在单位面积内选取一定数量的测量点进行测量，取其平均值作为该处的漆膜厚度，但焊接接口处的线缝以及其他不易或不能测量的组装部件则不必测量其涂层厚度。由于构件本身的构造、喷涂工作的管理情况、喷涂工作人员的素质等因素，都会使涂层厚薄不均。因此，要保证全部涂层都在规定厚度以上，不仅只会大大增加涂料的用量，实际上也不易办到，唯有按干膜厚度测定值的分布状态来判断是否符合标准。对于大面积部位，干膜总厚度的测试采用国际通用的“85－15Rule”(两个85%原则)。

涂装施工技术要求具有完善的施工技术措施，这是施工进度和质量的重要保障。本公司依据多年从事大型钢结构防腐工程施工的丰富经验，在充分研读招标书的要求和设计结构具体特点的基础上，制定了既切实可行又经济有效的适合本项目特点的严密的技术措施，可保证全部施工严格按施工方案规定的技术要求完成。南通7～8月份雨水多，湿度大，不利于防腐涂料的施工，同时本项目工程量大，施工时间短，工程质量要求高。因此，必须采取必要的防雨措施，可采取搭设活动涂装棚进行相对封闭施工，从而创造可满足防腐施工要求的施工环境。

成品及半成品保护技术要求构件堆放区域及施工现场周围的设备和构件应当很好地进行保护，以免油漆和其他材料的污染。已完成的成品或半成品在进行下道工序或验收前应采取必要的防护措施以保护涂层的完好状态。

涂装检测方法及检测标准要求施工过程中应严格按有关国家标准和公司质量保证体系文件进行半成品、产品检验、不合格品的处理，计量检测设备操作维护等工作，从施工准备、施工过程进行全面检测，及时预防不合格品的产生，具体保证以下检验项目必须按工艺规定进行。

表4-41　成品及半成品检验项目及要求

序号	项　目	自　检	监理验收
1	打磨除污	现场检查	
2	除锈等级	书面记录	监理确认
3	表面粗糙度	抽　检	
4	涂装环境	书面记录	
5	涂层外观	现场检查	

续表 4-41

序号	项　目	自　检	监理验收
6	涂层附着力	现场检查	
7	干膜厚度	书面记录	监理确认
8	涂层修补	现场检查	
9	中间漆厚度	书面记录	监理确认
10	面漆厚度	书面记录	监理确认

检测依据：

国家标准：《色漆和清漆漆膜的划格试验》(GB/T 9286—1998)。

质量标准：表面平整，无气泡、起皮、流挂、漏涂等缺陷。

附着力：有机涂层与金属涂层结合牢固。

外观检查：肉眼检查，所有工件100%进行，并认真记录，监理抽查；油漆外观必须达到涂层、漆膜表面均匀，无起泡、流挂、龟裂和掺杂杂物等现象。

附着力检查：现场测试用划格法。划格法规定，在漆膜上用单面刀片划间隔为1 mm的方格36个，然后用软毛刷沿格阵两对角线方向轻轻地往复各刷5次，按标准的要求评判合格与否。

(8) 构件涂装工期技术保证措施

根据工程总体施工进度计划要求，合理安排涂装施工节点计划，必须满足总体加工制作和吊装节点计划的施工节点要求。由于涂装施工受天气、环境的影响较大，所以合理的涂装节点计划是对涂装工期保证的前提。涂装尽可能安排在涂装车间内施工，由于受环境因素的限制，故涂装施工应尽可能放在车间内进行，在保证涂装工期的同时也可以控制涂装成本。现场涂装均为外场露天施工，由于雷雨较多，受环境影响更大，为此现场涂装施工前应预先制作一些防风雨棚，以备天气不好时能连续涂装施工。

(9) 涂装安全生产、文明施工的技术保证措施

油漆等易爆、易燃物品应妥善保管，严禁在附近有明火处作业，严禁吸烟。涂装施工的残留物不得乱扔乱放，应集中并放置在规定的地方，施工结束后统一处理。涂装施工过程中应加强安全检查力度，特别是高空涂装修补时应采取相应措施，确保在施工过程中安全操作。

(10) 防火涂层施工方法

防火涂层的施工应该按中华人民共和国《建筑设计防火规范》(GB 50016—2014)的要求，并按照中国工程建设标准化协会颁发的《钢结构防火涂料应用技术规范》的有关规定进行。在钢结构安装就位，且与其相关联的构件安装完毕，并经验收合格之后，清除表面污垢，修补底漆后即可行喷涂施工。施工前，钢结构表面的锈斑要彻底清除，保证涂层的粘结力，除锈之后要视具体情况进行防锈处理，按《钢结构工程施工质量验收规范》(GB 50205—2001)有关规定执行。有些钢结构在安装时已经做好了除锈和防锈处理，但到防火涂料喷涂时钢结构表面被尘土、油漆或其他杂物弄脏也会影响涂料的粘结力，因此要认真清除干净。钢结构连接处常常留下4～12 mm的缝隙，采用防火涂料或其他防火材料(如硅酸铝棉等)填补堵平后再喷涂防火涂料，不留下缺陷，以免成为火灾的薄弱环节，保证钢结构的耐火极限。施工过程中，对不需喷涂的设备、管道等，要用塑料布进行遮盖保护，以免被喷洒的涂料污染，刚喷涂好的涂层强度较

低，要注意保护，以免污染而降低其粘结力，也要避免在施工过程中被其他机械撞击而导致涂层剥落。如果涂层被污染或损坏了，应予以认真修补。

在施工过程中和涂层干燥固化之前，环境温度宜为5～38℃，相对湿度不宜大于80%，空气应流通，若温度过低或湿度过大，或风速在5 m/s以上，或钢结构构件表面结露产生腐蚀基础时，都不利于防火喷涂，特别是水性防火涂料的施工。温度低、湿度大会影响涂层干燥甚至不能成膜，风速大会降低喷射出的涂料的压力，涂层粘结不牢。钢构件在生产加工过程中，每道工序都要有“三检”记录(自检、互检、专检)，检查合格，工序质量要符合设计、行业标准和《钢结构工程施工质量验收规范》规定，并且经过监理认可签证。

七、钢结构安装技术

1. 钢构件材料进场

所有材料进场都要自检合格报验监理后才能使用，材料应符合设计和国家及行业标准要求，所有材料进场要有复验报告或厂家产品合格证和出厂检验报告。钢构件应符合设计、行业标准和《钢结构工程施工质量验收规范》规定。钢构件进场时应提供钢构件加工工序检验记录、钢构件使用的原材料中设计和规范规定的有复验要求的复验报告，其他的要有厂家产品合格证和出厂检验资料。

2. 现场焊接一般规定

本工程现场焊接主要采用手工电弧焊、CO_2 气体保护半自动焊两种方法。焊接施工按照先柱后主梁再次梁、先对接焊后角焊的顺序，从下往上分层分区进行，保证每个区域都形成一个空间框架体系，以提高结构在施工过程中的整体稳定性，便于逐区调整校正，最终合拢。这在施工工艺上给焊接后逐区检测创造了条件，而且减少了安装过程中的累积误差。

(1) 焊前准备

焊前将坡口及其两侧50 mm范围内的表面清理干净，如有油污，用丙酮或酒精擦拭，等溶剂挥发后再焊接。由现场焊接技术负责人根据焊接工艺评定所覆盖的范围和相应项目编制焊接工艺卡。焊工合格证应在有效期内，所有参加的焊工都经过技术交底。焊工施焊时必须按工艺卡核对焊接项目、焊材及坡口形式等后方可施焊，施焊时严格执行工艺卡给出的参数和程序。

焊条需要经过检验，有合格证，有专人负责保管、烘烤、发放和回收。库房内应有湿度计，保持相对湿度不高于60%，必要时库房内应安装去湿机。焊条放进烘干箱时的温度不能高于50℃，碱性焊条烘干不得超过两次，焊条应有计划领取。焊机电流表、电压表应齐全完好，必要的工具配备齐全，放在设备平台上的设备应符合安全规定排列，电源线路要合理和安全可靠。

现场焊接作业区域设置防风雨棚。各主要关键连接节点处设置可供焊工同时作业的操作平台。平台除密铺脚手板外，还要采用石棉布或厚橡胶铺垫，尽可能地减少棚外大气对棚内焊接环境的侵扰。防护棚上部采用粘贴止水效果良好的材料，封贴防护。坡口清理需要在施焊前进行，用钢丝刷或磨光机认真清除坡口衬板和坡口内的锈蚀和污物。强风雨雪天气影响安全和焊工技能的要停止室外焊接作业；环境温度低于5℃时，执行低温焊接焊前预热、焊后保温的低温焊接工艺；环境温度低于－5℃时，无特殊防护措施应停止室外焊接作业。

(2) 厚板焊接

厚板焊接存在的一个重要问题是焊接过程中焊缝热影响区由于冷却速度较快，在结晶过程中最容易形成粗晶粒马氏体组织，从而使焊接后钢材变脆，产生冷裂纹的倾向增大。因此在厚板焊接过程中，一定要严格控制焊缝热影响区尤其是焊缝熔合线处从800℃冷却到500℃的时间。焊缝熔合时间过于短暂时，焊缝熔合线处硬度过高，易出现淬硬裂纹；焊缝熔合时间过长，则熔合线处的临界转变温度会升高，降低冲击韧性值，对于低合金钢，材质的组织发生变化。出现这两种情况，皆直接影响焊接接头的质量。

(3) 焊接速度控制

在工艺上规定了不同直径的焊条所焊接的长度，焊工按此规定执行，从而确保焊接速度，其他控制采用电焊机控制，从而达到控制焊接线能量的输入，最终达到控制厚板焊接质量的目的。厚板焊接预热是工艺上必须采取的工艺措施，对于本工程现场钢结构焊接施工采用氧乙炔预加热的方法。厚板为防止出现裂纹采取加热预热后，在焊接过程中应注意的一个重要问题就是焊缝层间温度控制措施。如果层间温度不控制，焊缝区域会出现多次热应变，造成的残余应力对焊缝质量不利，因此在焊接过程中层间温度必须严格控制。层间温度一般控制在200～250℃之间。为了保持该温度，厚板在焊接时要求一次焊接连续作业完成。当构件较长($L>10$ m)时，厚板冷却速度较快，因此在焊接过程中一直保持预加热温度，防止焊接后急速冷却造成的层间温度下降，焊接时还可采取焊后立即盖上保温板，防止焊接区域温度过快冷却。

(4) 定位焊

定位焊是厚板施工过程中最容易出现问题的部位。由于厚板在定位焊时，定位焊处的温度被周围的“冷却介质”很快冷却，造成局部过大的应力集中，引起裂纹的产生，对材质造成损坏。解决的措施是厚板在定位焊时，提高预加热温度，加大定位焊缝长度和焊脚尺寸。

(5) 多层多道焊

在厚板焊接过程中坚持的一个重要的工艺原则是多层多道焊，严禁摆宽道。这是因为厚板焊缝的坡口较大，单道焊缝无法填满截面内的坡口，而一些焊工为了方便就摆宽道焊接，这种焊接造成的结果是母材对焊缝拘束应力大，焊缝强度相对较弱，容易引起焊缝开裂或延迟裂纹的发生。而多层多道焊有利的一面是，前一道焊缝对后一道焊缝来说是一个“预热”的过程，后一道焊缝对前一道焊缝相当于一个“后热处理”的过程，有效地改善了焊接过程中应力分布状态，有利于保证焊接质量。

(6) 较大对口间隙焊接

因构件制作所产生的构件误差与变形客观存在，现场安装焊接时对口间隙也将存在误差。对于间隙较大处应加入衬板，衬板的厚度应大于构件壁厚，衬板的材质应与构件材质相同，加入的衬板应不妨碍焊缝的有效截面。在坡口边侧采用小直径焊条逐渐堆垒，禁止加填料，修成类似坡口状后全面清渣并采用角向磨光机全面去除凸起部分与飞溅后正常焊接。

(7) 焊接过程检查

厚板焊接不同于中薄板，需要几个小时乃至更长时间才能施焊完成一个构件，因此加强对焊接过程的中间检查就显得尤为重要，便于及时发现问题。中间检查不能使施工停止，而是边施工边检查。如在清渣过程中认真检查是否有裂纹发生，及时发现，及时处理。

(8) 焊缝外形尺寸要求

表 4-42　二级、三级焊缝外观质量标准

项　目	允许偏差(mm)	
缺陷类型	二级	三级
未焊满（指不足设计要求）	$\leqslant 0.2+0.02t$，且$\leqslant 1.0$	$\leqslant 0.2+0.04t$，且$\leqslant 2.0$
	每 100 焊缝内缺陷总长$\leqslant 25.0$	
根部收缩	$\leqslant 0.2+0.02t$，且$\leqslant 1.0$	$\leqslant 0.2+0.04t$，且$\leqslant 2.0$
	长度不限	
咬边	$\leqslant 0.05t$，且$\leqslant 0.5$，连续长度$\leqslant 100$，且焊缝两侧咬边总长$\leqslant 10\%$焊缝全长	$\leqslant 0.1t$，且$\leqslant 1.0$，长度不限
弧坑裂纹	—	允许存在个别长度$\leqslant 5.0$的弧坑裂纹
电弧擦伤	—	允许存在个别电弧擦伤
接头不良	缺口深度 $0.05t$，且$\leqslant 0.5$	缺口深度 $0.1t$，且$\leqslant 1$
	每 1 000 焊缝不应超过 1 处	
表面夹渣	—	深$\leqslant 0.2t$，长$\leqslant 0.5t$，且$\leqslant 20$
表面气孔	—	每 50 焊缝长度内允许直径$\leqslant 0.4t$，且$\leqslant 3$的气孔 2 个，孔距$\geqslant 6$倍的孔径

注：表内 t 为连接处较薄的板厚。

(9) 减小焊接残余应力

焊接内应力由局部加热循环而引起，为此在满足设计要求的条件下，在深化设计过程中，不应加大焊缝尺寸和余高，要对其焊缝尺寸给予优化，焊缝坡口要合理，尽量采用双面坡口，要转变焊缝越大越安全的观念。拘束度越大，焊接应力越大，首先应尽量使焊缝在较小拘束度下焊接。如长构件需要拼接板条时，要尽量在自由状态下施焊，不要等到组装时再焊，应按工艺先将其拼接工作完成，再行组装构件。若组装后再焊，则因其无法自由收缩，拘束度过大而产生很大应力。

采取合理的焊接顺序，在焊接较多的组装条件下，应根据构件形状和焊缝的布置，采取先焊收缩量较大的焊缝，后焊收缩量较小的焊缝；先焊拘束度较大而不能自由收缩的焊缝，后焊拘束度较小而能自由收缩的焊缝的原则。构件卧放于平台上，先焊对接缝，次焊垂直角焊缝，再焊平面角焊缝。就焊缝长度而言，每条缝应由中向外，逐步退焊。就构件平面而言，亦应由中向外(四周)分散，逐个焊接。

采用补偿加热法，在构件焊接过程中为了减少焊接热输入流失过快，避免焊缝在结晶过程中产生裂纹，因此当板厚达到一定厚度时，焊前应对焊缝周边一定范围内进行加热，加热温度视板厚及母材碳当量而定，此即为焊前预热。当构件上某一条焊缝经预热施焊时，构件焊缝区域温度非常高，伴随着焊缝施焊的进展，该区域内必定产生热胀冷缩现象，而该区域仅占构件截面中很小一部分，此外部分的母材均处于冷却(常温)状态，由此而对焊接区域产生巨大的刚性拘束，造成很大的应力，甚至产生裂纹。在焊缝区域的对称部位进行加热，温度略高于预热温度，且加热温度始终伴随着焊接全程，则上述应力状况将会大为减

小，构件变形亦会大大改观。

对构件进行分解施工，对于大型结构宜采取分部组装焊接，结构各部分分别施工、焊接，矫正合格后总装焊接。构件施工区域划小，每个区域内焊接应力方向单一，降低了焊件刚度，创造了自由收缩的条件。由于施工区域缩小，扩大了焊工施焊空间，可以较大范围采用双面坡口，减少了焊缝熔敷金属的填入，进而降低了焊接热输入总量，有利于构件焊接变形矫正与应力释放。各部件总装时，焊接方向单一，自由收缩条件良好，有利于应力控制。

(10) 焊接裂纹控制

控制焊材的化学成分，由于钢材化学成分已经选定，因此焊材选配时应选硫、磷含量低，锰含量高的焊材，使焊缝金属中的硫磷偏析减少，改善部分晶体形状，提高抗热裂性能。控制焊接电流与速度，使每一焊道的焊缝成形系数达到 1.1～1.2，减少在焊缝中心形成硫磷偏析，提高抗裂性能。避免采用小角度、窄间隙的焊缝坡口，致使焊缝成形系数过小。加强焊前预热，降低焊缝在冷却结晶过程中的冷却速度。采用合理的焊接顺序，使大多数焊缝在较小的拘束度下焊接，减少焊缝收缩拉力。

(11) 提高根部焊缝质量

加强焊缝坡口的清洁工作，清除一切有害物质；加强焊前预热温度的控制；焊前对坡口根部进行烘烤，去除一切水分、潮气，降低焊缝中氢含量。使用小直径手工焊条打底，确保根部焊透；控制焊层厚度，适当提高焊道成形系数；控制焊接速度，适当增加焊接热输入量。控制熔合比，在确保焊透的前提下，控制母材熔化金属在焊缝金属中的比例，减少母材中有害物质对焊缝性能的影响。根部焊材可选用低配，根据根部焊缝的施焊条件与要求，在保证焊缝力学性能的条件下，根部焊缝的焊材可选用韧性好、强度稍低的焊材施焊，以增加其抗裂性。严格控制线能量，根据本工程所用钢材特性，焊接线能量宜控制在 10 000～12 500 kJ 以内，据此通过焊接电流、电压、速度三大参数的选配，保证焊层的厚度与焊料道的成形系数。

(12) 控制焊缝金属在 800～500℃之间冷却速度

对于手工电弧焊，焊接速度的控制：在工艺上规定不同直径的焊条所焊接的长度，规定焊工按此执行，从而确保焊接速度，其他控制采用电焊机控制，从而达到控制焊接线能量的输入，达到控制厚板焊接质量之目的。当钢材、焊材选定，即在碳当量已确定的前提下，唯有控制冷却速度方可降低焊缝中冷脆组织的出现。控制方法有焊前预热、适当增大焊接热输入、焊后后热和缓冷，这些都达到降低冷裂纹敏感性的效果。

(13) 焊后消氢处理

焊后消氢处理应在焊缝完成后立即进行。消氢处理的加热温度应达到 200～250℃，保温时间为 1.5～2.0 min，且不小于 1 h，而后缓冷至常温。具体温度与保温时间应通过试验确定。

(14) 焊缝清根要求

坡口内表面应光顺，无凸变，根部应圆滑，$R \geqslant 6$ mm；坡口内表面应打磨，清除碳弧气泡时遗留下的全部碳分子。对根部应进行检查，确认有无裂纹、夹渣、未焊透、气孔等缺陷存在。对于焊接时电流过大、焊接中焊条角度不当、焊接操作速度不当、焊接电弧过长、焊条直径选用不当，处理对策为选择合理的操作方法，咬边深度超过允许偏差的进行补焊。对于焊接电流过小，焊接速度过快，坡口形状不当，坡口未清理干净，焊接区域热量不够，在大刚度的焊接部位焊接、收弧过快，产生弧坑，处理对策为选择合理的操作方法，用碳弧气刨、打磨等方式将裂纹处及两端各延长 50 mm 处同时铲除补焊。焊缝检验按照《钢焊缝手工超声波探伤方法和探伤结果分级》(GB/T 11345—2013)的规定，焊缝的质量等级标准应符合图纸和《钢结构工程施工质量验收规范》中关于焊缝等级的规定。

（15）现场焊接施工流程

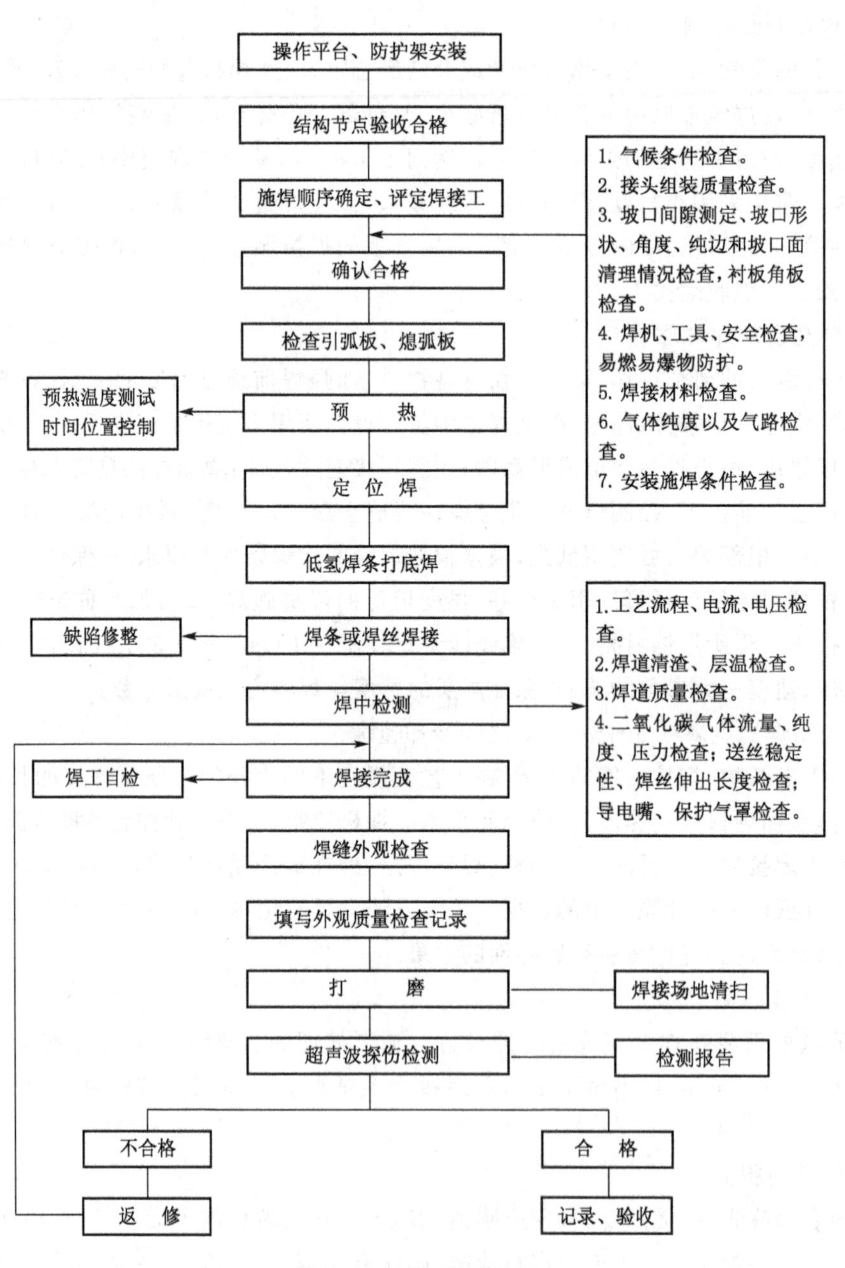

图 4-21　现场焊接流程

3. 焊接工艺评定

焊接工作正式开始前，对工程中首次采用的钢材、焊接材料、焊接方法、焊接接头形式、焊后热处理等必须进行焊接工艺评定试验，对于原有的焊接工艺评定试验报告与新做的焊接工艺评定试验报告，其试验标准、内容及其结果均应在认可后才进行正式焊接工作。焊接工艺评定试验的结果应作为焊接工艺编制的依据。焊接工艺评定应按国家规定的《建筑钢结构焊接规程》(GB 50661—2011)相关标准的规定进行。由于本工程主要采用 Q345B 和 Q235B 两种材质，这两种材质均为结构制作中的常用钢材，因此对于钢材的可焊性试验计划可以免做。对于焊接工艺评定，将沿用以前已完成的而且与本工程相关的工艺评定，并注明覆盖范围。

4. 现场钢结构安装流程

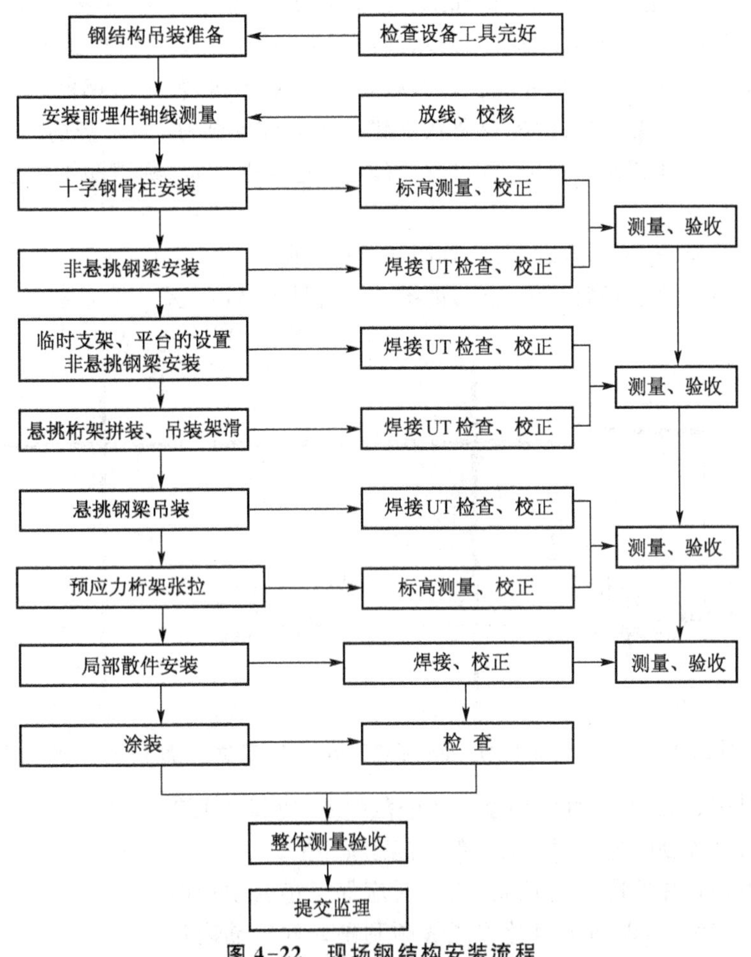

图 4-22　现场钢结构安装流程

5. 钢骨柱安装

(1) 混凝土柱预埋

施工用图纸已经过审核，预埋方案已获批准，所有参加预埋的施工人员已进行过安全培训和技术交底，施工用的工机具完好、齐备，土建水平和轴线基准点、混凝土柱标高已移交并复验合格。预埋用材料已报验合格，运到现场。土建的混凝土柱已浇筑到设计标高，预埋螺栓模板已支好，钢骨柱的纵向和横向轴线已标示在混凝土柱顶上，并复核无误。

按图纸仔细检查核对模板尺寸无误。地脚螺栓穿进模板，使所有的地脚螺栓和模板面垂直，同时，保证地脚螺栓带丝扣一端在同一平面上，用两道箍筋将地脚螺栓束连接起来，检查尺寸无误后焊接牢固，再次检查尺寸无误后，加焊四道剪刀撑，使之成为牢固的刚形体。同理，将所有的地脚螺栓束焊好，所有的箍筋和斜支撑均选用 ϕ12 圆钢。

图 4-23 钢筋骨架示意图

安装时首先检查混凝土柱顶钢筋网是否平整，将斜支撑钢筋一头和地脚螺栓束上口焊牢，另一头和混凝土桩头筋根部及底板钢筋网焊接牢固，使地脚螺栓和钢筋网都不会移动，注意不能焊在竖筋上部。在模板上标出相互垂直的纵横轴线，使之与混凝土钢柱底板和地脚螺栓束纵横轴线一致。用拉线和垂线方法使模板的纵向轴线，横向轴线和基础的纵向轴线，横向轴线重合；用接长地脚螺栓的方法保证地脚螺栓束顶面的标高尺寸。检查尺寸无误，加焊斜支撑和剪刀撑，使地脚螺栓束上部和混凝土柱钢筋根部焊接牢固。注意，地脚螺栓束要在土建扎竖筋前安装好，如果竖筋已扎好，地脚螺栓束有可能放不进去。地脚螺栓预埋完应进行报验，办理验收签证、标识和土建办理交接手续。

(2) 钢骨柱安装

先安装底层钢骨柱，采用就近起吊，如图 4-24 所示。

钢骨柱起吊垂直落入安装部位就位，如图 4-25、图 4-26 所示。

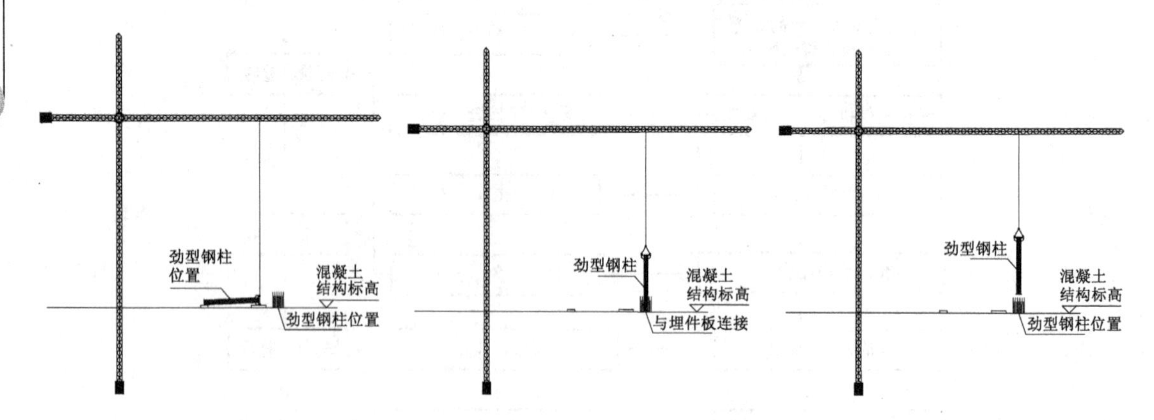

图 4-24 钢骨柱就位吊装　　图 4-25 钢骨柱垂直落入安装部位　　图 4-26 钢骨柱垂直落位后的调整

待钢骨柱对中、标高及垂直度调整至允许范围后，使其与下节钢骨柱通过耳板螺栓临时连接，最后焊接完毕割除耳板。

因土建施工钢骨柱外围主筋较高，施工时应保证吊在空中时柱脚高于主筋一定距离，以利于钢骨柱能够顺利吊入柱钢筋内设计位置。当钢骨柱吊入柱主筋范围内时操作空间较小，为使施工人员能顺利进行安装操作，考虑将柱子两侧的部分主筋向外梳理。当上节钢骨柱与下节钢骨柱通过四个方向连接耳板螺栓固定后，塔吊即可松钩，然后在柱身焊接定位板，用千斤顶调整柱身垂直度。垂直度调节通过两台垂直方向的经纬仪控制，其骨柱吊装示意及分段如图 4-28 所示。

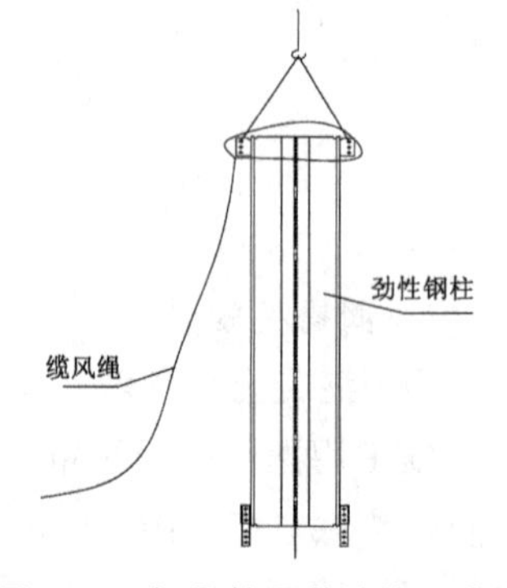

图4-27 钢骨柱吊装结构示意图

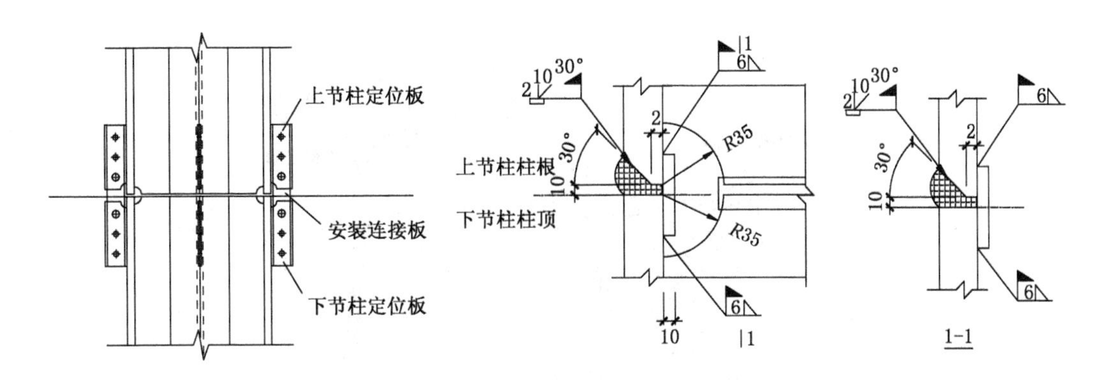

图 4-28　钢结构锚固节点及焊接节点大样

钢骨柱的安装测量及校正安装钢骨柱时，先在基础节柱或埋件上放出钢骨柱定位轴线，依据地面定位轴线将钢骨柱安装到位，经纬仪分别架设在纵横轴线上，校正柱子两个方向的垂直度，水平仪调整到理论标高。测量校正精度控制应满足表 4-43 中要求。

表 4-43　测量校正精度允许偏差

项　目	允许偏差(mm)
中心线位移	5
基准点标高	±3
柱倾斜度	$h/1\,000 \leqslant 10$

(3) 楼层梁柱安装

对于钢柱、梁的吊装，塔吊能够符合吊装条件的请塔吊协助吊装，其他钢柱梁采用本公司设计的可拆装的自制小型门吊或单杆吊装。已安装就位的钢构件不允许以钢绳捆绑作为起重吊装的附加支点。钢梁、柱的就位是借助塔吊将钢柱梁调至安装楼层，放在自制的运输小车上用人力推至或用葫芦拉到所安装部位。钢柱、梁的吊装用自制小型门吊或单杆吊，将其吊起，缓慢就位后固定牢固并测量。小型吊车及吊耳构造如图 4-29 所示。

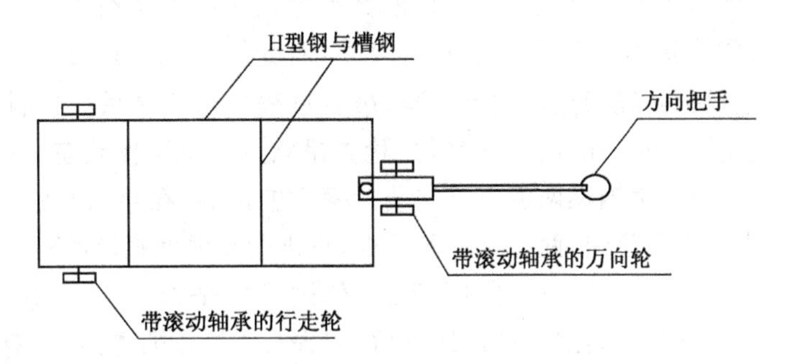

图 4-29　小型吊车及补强吊耳构造

钢柱吊装严格按照施工顺序图进行。钢柱的吊点选取在接近柱顶位置，采用单点绑扎，吊索借助自卸式卡具与钢柱连接，同时从钢柱两侧引出，使钢柱成自然垂直状态，易于垂直落入基础并对准基础轴线。首节钢柱吊至预埋锚栓上方后，将柱脚缓慢落下，人工扶正就位，点焊

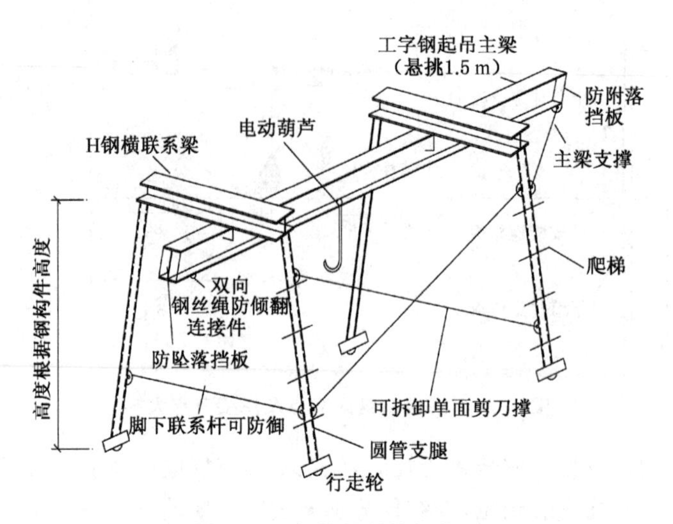

图 4-30　钢桁架制作与就位

定位挡板，随后根据结构安全要求进行初步固定，必要时设置缆风绳。

钢柱的校正要求从钢柱顶部向下方画出同一测量基准线，用水平仪测量，用预埋锚栓下部的微调螺母调至水平。再用两台经纬仪在互相垂直的方向同时测量垂直度。测量和对角紧固同步进行，达到规范要求后，把上垫片与底板按要求进行焊接牢固。测量钢柱高度偏差，做好记录。当钢柱高度正负偏差值不符合规范要求时，立即通知加工厂对上节钢柱进行长度调整。

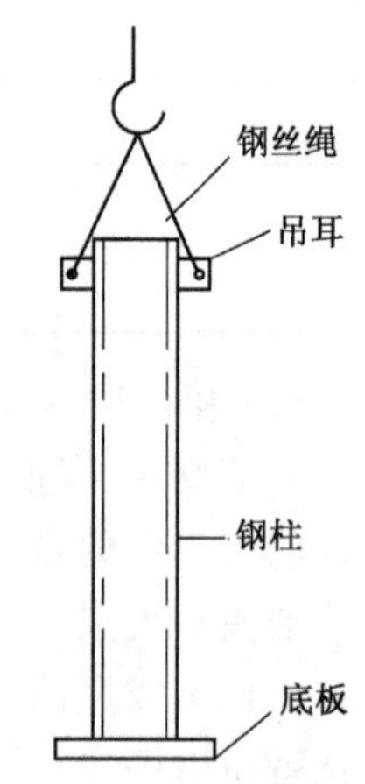

图 4-31　型钢柱吊装及就位

钢梁安装工艺流程：施工准备→钢梁进场复验、校正→钢梁标识→钢梁吊装就位→钢梁校正→高强度螺栓初拧→高强度螺栓终拧→焊接→焊接检验。

为方便钢梁安装就位，要求钢柱在工厂预制钢梁腹板加劲肋和下翼缘盖板。钢梁安装前，测量、定位钢梁安装中心线及标高，并作明显标示，同时检查钢梁安装节点板位置是否正确，根据测量定位标准进行调整。钢梁进场后，由质检技术人员检验钢梁的尺寸，对变形部位予以修复。钢梁采用加挂铁扁担两绳四点法进行吊装，吊装过程中于两端系挂控制长绳。钢梁吊起后缓慢起钩，吊到离地面 200 mm 时吊起暂停，检查吊索及塔机工作状态。检查合格后，继续起吊。吊到钢梁基本位后，由钢梁两侧靠近安装。钢梁就位后，在穿入高强度螺栓前，钢梁和钢柱连接部位必须先打入定位销，两端至少各 2 根，再进行高强度螺栓的施工。高强度螺栓不得强行穿入，且穿入方向一致，并从中央向上下、两侧进行初拧，撤出定位销，穿入全部高强度螺栓，进行初拧、终拧。钢梁在高强度螺栓终拧后，应进行翼缘板的焊接；在钢梁与钢柱间焊接处采用 6 mm 钢板做衬垫，用气体保护焊或电弧焊进行焊接。在钢梁焊接 24 h 后请焊缝质量相关的检测人员对其质量进行无损探伤。

（4）悬挑桁架梁安装

南通市市民广场工程 5 层以上的 5 轴向左和 D 轴向下区域为大悬臂区域，由屋面大桁架梁下端部吊柱挂悬 5、6 层。设计要求施工顺序为先施工屋面大桁架，再施工 5、6 两层悬挂部分梁柱。楼板先浇筑5、6、7层非悬臂区楼板和屋面，待预应力张拉完屋面桁架再浇筑悬臂区楼板。悬挂桁架梁设计材质Q345，板厚30～80 mm，受现场条件限制，应安排在生产厂家加工出合格的整榀悬挂梁，减少施工现场焊接工作量，保证工程质量。悬挂桁架梁分HJ5、HJ6、HJ7、HJ8、HJ9、HJ11、HJ12、HJ13、HJ14、HJ15、HJ16和HJC、HJD、HJE、HJG、HJH、HJJ、HJK共18榀。其中桁架梁HJC、HJD、HJE和桁架梁HJ5、HJ6水平位置交叉。考虑受力工况和施工方便，建议HJ5、HJ6分段后现场高位组装焊接。单榀悬挂梁最大起吊重量48～70 t，起吊高度33.75 m。

安装前期准备要求：施工组织设计、桁架梁安装方案、焊接工艺评定已报验批准，所有施工人员已进行过安全教育、技术交底，关键工种已经过培训全部持证上岗。构件、原材料已进场并验收合格。施工机具、电器设备、大型吊装设备已进场验收合格。施工场地、道路、电源满足施工要求。施工用脚手架已搭设验收合格。F轴、G轴、H轴、J轴、K轴/7轴、8轴、9轴、10轴、11轴、12轴、13轴、14轴、15轴、16轴钢骨柱、连接梁安装已到7层。对于5层E－H/8、9、10、12轴的钢梁由于跨度重量较大，拟分段制作，具体分段情况见表4-44。

表4-44 钢梁分段情况

轴线	第一分段	第二分段	第三分段	总重量(t)
E－H/8	GL－5－39	GL－5－166	GL－5－38	9.185
重量 T	3.283	2.619	3.283	
E－H/9	GL－5－88	GL－5－160		6.591
重量 T	3.388	3.563		
E－H/10	GL－5－163	GL－5－168	GL－5－164	11.573
重量 T	4.230	3.170	4.173	
E－H/12	GL－5－161	GL－5－169	GL－5－165	8.256
重量 T	2.961	2.334	2.961	

钢梁的整榀重量在7～11.6 t不等，拟采用2台3 t的卷扬机采取滑轮组装整体吊装。钢梁的平面组装：E－H/8、9轴钢梁位置位于二层大厅内设的工作间。钢梁的组装必须在工作间屋顶面进行。组装前在工作间南北沿轴线的空隙和工作间屋顶面挑檐处要搭设一定宽度的支撑平台，高度结合工作间屋面高度14.80 m、走道高度14.50 m和北面挑檐高度15.0 m一并找平，便于钢梁连接。10、12轴钢梁在二层平台拼装前需拆除二层所有障碍脚手架等。钢梁拼装后焊接结点在下面的焊缝，拟用托板待就位后补焊。10/E轴无柱节点支撑，吊装前应先吊装9、10轴之间的梁，其后组装吊装钢梁支点。吊装前在钢梁的上翼缘位置焊接一个10 t标准吊耳，吊装用吊耳吊起。具体如图4-32所示。

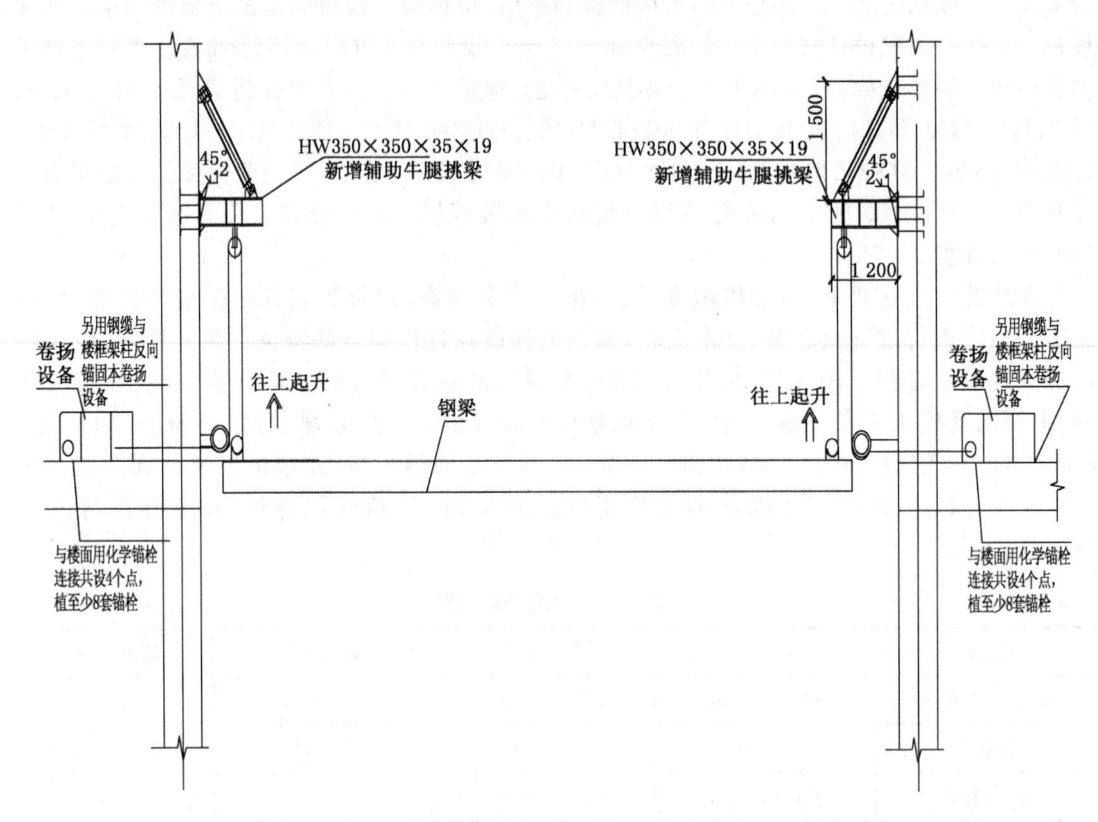

图 4-32　钢梁提升过程示意图

表 4-45　卷扬机主要技术参数

<table>
<tr><td colspan="3">项　目</td><td colspan="2">参　数</td><td colspan="3">项　目</td><td colspan="3">参　数</td></tr>
<tr><td colspan="3">钢丝绳额定拉力(kN)</td><td colspan="2">30</td><td rowspan="3">电动机</td><td colspan="2">型号</td><td colspan="3">YZR180L－6</td></tr>
<tr><td colspan="3">总传动比(i)</td><td colspan="2">36.71</td><td colspan="2">功率(kW)</td><td colspan="3">15</td></tr>
<tr><td rowspan="2">钢丝绳</td><td colspan="2">规格直径(mm)</td><td colspan="2">6×37—17.5</td><td colspan="2">转速(r/min)</td><td colspan="3">960</td></tr>
<tr><td colspan="2">规定速度(m/min)</td><td colspan="2">25</td><td colspan="3">液压推杆制动器</td><td colspan="3">YWZ－200/25</td></tr>
<tr><td rowspan="3">卷筒</td><td colspan="2">直径长度(mm)</td><td colspan="2">ϕ270×620</td><td colspan="3">电磁铁制动器</td><td colspan="3">—</td></tr>
<tr><td colspan="2">转速(r/min)</td><td colspan="2">150</td><td colspan="3">外形尺寸(mm)</td><td colspan="3">1 340×1 310×620</td></tr>
<tr><td colspan="2">容绳量(m)</td><td>模数</td><td>3</td><td colspan="3">整机质量(kg)</td><td colspan="3"></td></tr>
<tr><td colspan="2" rowspan="2">减速器齿轮参数</td><td rowspan="2">第一级</td><td rowspan="2">齿数比</td><td rowspan="2">$\frac{52}{27}$</td><td rowspan="2">第二级</td><td>模数</td><td>4</td><td rowspan="2">第三级</td><td>模数</td><td>6</td></tr>
<tr><td>齿数比</td><td>$\frac{61}{16}$</td><td>齿数比</td><td>$\frac{70}{14}$</td></tr>
</table>

牵引系统：牵引系统采用 2 台慢速单卷筒 3 t 卷扬机。

卷扬机性能：钢丝绳额定拉力：30 kN

钢丝绳额定速度：25 m/min(可调速)

卷筒容绳量:150 m(经测算已满足吊装要求)

钢丝绳直径:6×37—17.5 mm

卷筒直径:270 mm

梁最大重为 11.6 t,单台最大牵引力为

$$F = 1.4 \times 11.6/2 = 8.12 \text{ t}$$

牵引时用 10 t 滑轮组,设 4 根钢丝绳,卷扬机固定于楼面上,此 10 t 滑轮组足够满足起吊此处 11.6 t 钢梁。

滑轮绳数选择:

10 t 滑轮组最大起重量为 10 t,滑轮组钢丝绳穿绕法采用顺穿法,形式如图 4-33 所示。

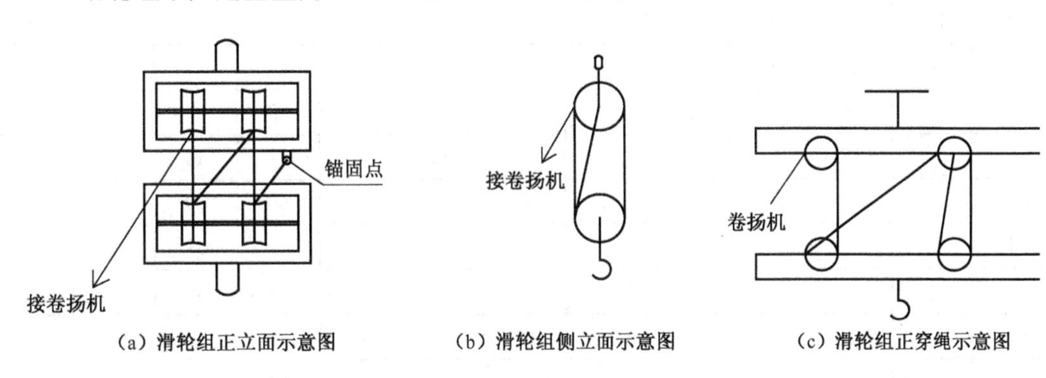

图 4-33 滑轮组钢丝穿绕方法

7D 轴、E 轴、F 轴、G 轴、H 轴、J 轴、K 轴/5 轴、6 轴和 D 轴、E 轴/7 轴、8 轴、9 轴、10 轴、11 轴、12 轴、13 轴、14 轴、15 轴、16 轴钢骨柱已安装到对接位置。D 轴、E 轴、F 轴、G 轴、H 轴、J 轴、K 轴/5 轴、6 轴和 D 轴、E 轴/7 轴、8 轴、9 轴、10 轴、11 轴、12 轴、13 轴、14 轴、15 轴、16 轴之间钢骨柱柱头 300# 工字钢临时连系梁已焊接完,所有钢骨柱位置误差符合规范要求。

吊装机械的选择遵循尽量减少高空焊接工作量、降低安装费用和安全可靠的原则。本工程大部分拼装、对接焊的焊接工作量在生产厂家完成,拼装焊接后的单榀悬挑梁长度不超过 23 m,起吊高度 33.3 m,最大起吊重量不超过 70 t。高空焊接安装主要工作量为悬挑梁对接焊、钢柱对接焊及相邻两悬挑梁之间小梁的安装连接。吊装选择单台吊机吊装,根据施工现场情况和进度要求,可安排多台吊机同时吊装。根据本工程悬挑梁构件形状、起吊重量、吊机技术性能作业半径和施工现场具体情况,吊装时选用 300 t 及 350 t 履带吊机吊臂侧前方向对整片单榀钢桁架梁进行吊装,其 350 t 履带吊性能如表 4-46 所示。

表 4-46 履带吊性能

超起塔臂工况 土臂 30 m 超起配重幅度 15 m 超起配重 100 t 车身压重 50 t 配重 85 t 土臂 87°												
幅度	副臂长度											幅度
	24 m	30 m	36 m	42 m	48 m	54 m	60 m	66 m	72 m	78 m	84 m	
12	160											12

续表 4-46

超起塔臂工况　土臂 30 m　超起配重幅度 15 m　超起配重 100 t　车身压重 50 t　配重 85 t　土臂 87°

幅度	副臂长度										幅度
	24 m	30 m	36 m	42 m	48 m	54 m	60 m	66 m	72 m	78 m	84 m	
14	147	133										14
16	140	126	114									16
18	132	119	108	100	92							18
20	125	114	103	95	88	80						20
22	116	109	98	91	94	78	68					22
24	100	100	94	87	80	75	66	58				24
26	82	97	90	84	77	72	65	57	49			26
28		90	87	81	74	69	64	56	48	42		28
30		81	81	78	71	67	62	55	47	41		30
32			75	73	69	64	60	54	46	39		32
34			70	68	67	62	58	53	45	37		34
36			63	63	62	60	56	52	43	35		36
38				59	58	57	54	50	41	33		38
40				53	55	54	52	49	40	31		40
44					46	46	46	45	36	28		44
48					41	41	41	41	33	25		48
52						38	37	36	31	23	18	52
56							33	33	28	22	16.5	56
60							29	29	26	20	15	60
64								26	24	19	13.5	64
68									22	17.5	11.7	68
72										16	11	72
76										14.5	9.7	75
80											9	80

CC2000—300 t 履带吊机

主臂工况额定性能表:旋转角度=360°,标准配重=120 t

75%	CC2000(配重 120 t)主臂													
工作半径(m)	起重量(t)=负载+吊钩滑轮组													
	吊臂长度(m)													
	12	18	24	30	36	42	48	54	60	66	72	78	84	90
6	300	300												

续表 4-46

75%	CC2000(配重 120 t)主臂													
工作半径(m)	起重量(t)=负载+吊钩滑轮组													
	吊臂长度(m)													
	12	18	24	30	36	42	48	54	60	66	72	78	84	90
7	284	282	280	277	235									
8	252	250	249	248	217	203								
9	221	220	219	217	202	190	179							
10	194	193	192	191	188	179	190	151	132	109	90	78.5		
12	144	143	143	142	141	140	140	137	123	102	83.8	72.3	61.3	50.2
14		114	113	112	111	110	110	109	96	78.5	67	56.4	45	
16		94.6	93.7	92.7	91.9	91	90.3	89.8	89.2	88.8	73.2	62.6	52	41
18		80.7	79.6	78.6	77.8	76.9	76.2	75.6	75	74.5	68.8	58.2	48.5	37.9
20			69.1	68.1	67.2	66.3	65.6	64.9	64.4	63.9	63.4	54.7	45	34.8
22			61	59.9	59	58.1	57.3	56.7	56.1	55.6	55.1	51.1	41.9	32.6
24				53.4	52.4	51.5	50.7	50.1	49.5	49	48.5	47.6	38.8	30.4
26				48.1	47.1	46.2	45.4	44.7	44.1	43.5	43	42.7	36.1	28.6
28				43.8	42.7	41.7	40.9	40.2	39.6	39	38.5	38.1	34	26.1
30					39	38	37.1	36.4	35.8	35.2	34.7	34.3	31.7	25.3

查表得出施工吊装时吊机的工作半径，计算起重机吊臂长度以及起吊高度、起吊重量等均满足实际最大起吊重量 70 t、起吊高度 33.75 m，所以吊机起重负荷和起升高度均能满足施工要求，吊机位置详平面布置图。

吊索的挂点选择悬挑梁的节点处，在选择挂点时应满足下列条件：悬挑梁的各型件，特别是挂点附近型件的轴力不超过允许值，最大以不超过相应型件抗拉(压)强度为原则，吊索与水平线夹角不宜小于 50°。本工程选用单台吊机起吊，吊机均选用铁三角作辅助吊具；挂点按吊机计算负荷确定，选用双挂点。因两端挂点间距离小于悬挑梁原设计支点间距离，且吊索采用双挂点受力，因此悬挑梁在起吊过程中，不采取加固措施的情况下，依然是安全的。钢桁架吊装方案 1：先安装西南角水平相交叉部分，而后由西向东、由南向北依次安装。钢桁架吊装方案 2：先从东向西、从北向南吊装，最后安装西南角水平相交的钢桁架。

按单台吊机负荷 70 t 计算钢丝绳，选 a 吊索分支对垂线的偏角 $= 50°$，k 整定系数 $= 1.555$，动载荷系数 $K_1 = 1.1$，K_2 不均衡系数 $= 1.2$，取安全系数 $K = 6$，吊索分支数 $n = 8$，吊索拉力 S，吊索破断拉力 P，单台吊机计算起吊重量 $Q = 70\,000$ kg；吊索拉力 $s = k \times K_1 \times K_2 \times Q/n$。

$$S = 1.555 \times 1.1 \times 1.2 \times 70\,000/8 = 17960.25\ (\text{kg})$$

$$P = K \times S = 6 \times 17\,960.25 = 107\,761.5\ (\text{kg})$$

查表吊索选用 140 型 6×19+1ϕ40 mm 钢丝绳，吊具选择和钢丝绳一致。

安全措施要求：信号工、起重工、司索工、焊工全部持证上岗。吊装时设警戒线、防护员，其他安全设施已完善。事故紧急救助预案已上报开始实施。

单榀钢桁架安装标高 33.3 m,最长 22.2 m,钢桁架最大截面高度 4.9 m 左右,最大重量 70 t 左右。在未形成分块稳定单元之前,钢桁架分段安装单元的侧向稳定性较差,要保证钢桁架的安装精度,确保施工过程的安全性,必须采用必要的工艺措施和侧向稳定措施。

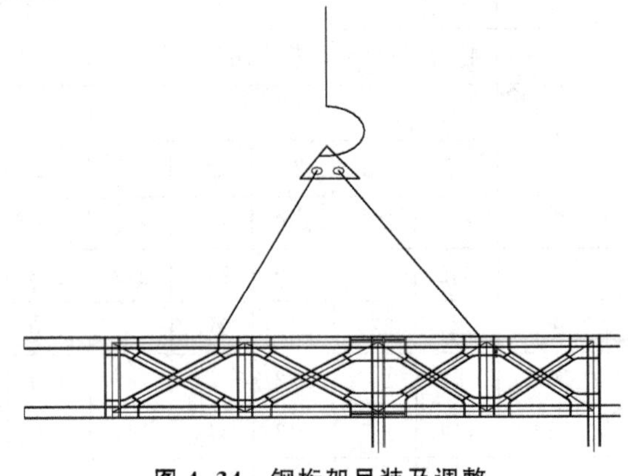

图 4-34 钢桁架吊装及调整

D 轴、E 轴、F 轴、G 轴、H 轴、J 轴、K 轴/5 轴、6 轴和 D 轴、E 轴/7 轴、8 轴、9 轴、10 轴、11 轴、12 轴、13 轴、14 轴、15 轴、16 轴之间钢骨柱柱头下 600 mm 位置处之间用 300 # 工字钢临时连系梁将钢骨柱焊接加固成刚性体,所有钢骨柱位置公差验收符合规范要求。第一榀钢桁架就位后,在钢桁架侧向用 2 道 $\phi 60$ 松紧螺栓(花篮螺丝)来控制侧向失稳和定位;第二榀钢桁架就位后,应将这两榀之间的连系梁焊接完,尽快形成稳定的刚性体。钢桁架就位后,未焊接完,吊机不容许摘钩。吊装时要保证钢桁架的平衡,避免产生碰撞,悬挑梁应尽量放在吊机指定站位的作业半径内。因钢桁架进场后平行摆放,所以钢桁架吊装立起时应选取合适的吊点,避免产生过大的变形。在确定吊点和进行钢丝绳配置时,应调整好吊装的空间角度,且吊钩处于分段中心正上方。为保证施工安全及便于操作,吊装时,应在接口处设操作平台。吊装对接时,各分段之间应设置工装件,以确保各梁柱的对口精度,且避免过大的焊接变形。钢桁架吊装时应提前做好准备工作,就位时用 2 道 $\phi 60$ 松紧螺栓(花篮螺丝)来调整左右角度和定位,用楔铁和千斤顶调整对接错口。其他高空安装安全设施如挂篮、钢爬梯、安全带(绳)等装置也一并安装好和钢桁架一起吊装到位。钢桁架吊装就位对接焊时,先进行找正点焊牢固,保证钢桁架的垂直度、轴线和标高符合图纸设计标准要求。焊接时用两个焊工同时在悬挑梁同一立面进行对接焊。先进行钢柱横焊,再进行钢桁架对接焊的立焊、平焊、仰焊。桁架吊柱与钢柱节点如图 4-35 所示。

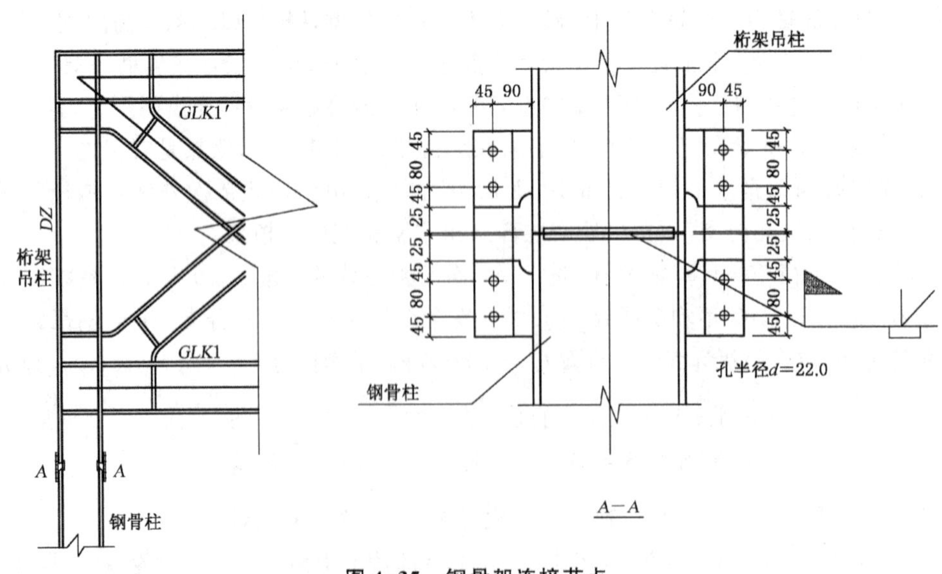

图 4-35 钢骨架连接节点

钢桁架焊接过程中应采用对称焊接，以减少焊接变形。对接焊未完成前，禁止吊机摘钩。钢桁架就位后应采取稳定措施，如增加临时支撑等，防止侧向失稳。钢桁架梁 HJC、HJD、HJE 和钢桁架梁 HJ5、HJ6 水平位置交叉。考虑受力工况和施工方便，HJ5、HJ6 分段后现场焊接，HJC 采取整体抬吊安装。

吊装顺序 1/2HJ5 - 1/2HJ6 - HJC - 1/2HJ5 - 1/2HJ6，因桁架梁 HJC、HJ5、HJ6 下部悬空，因此在 C 轴交 1/3 轴和 5 轴之间下方要搭设承载排架，以方便钢桁架梁 HJC 吊装时找正安装，排架承载荷载按钢桁架梁搁置重量考虑。实际安装中钢桁架梁重量主要由吊机负担荷载，排架只承载钢桁架梁一头部分重量（由专业脚手架单位另出排架方案）。承重组合钢排架安装支撑平台要与 5 - 6/D - E 轴钢筋混凝土核心筒及周边已浇筑完的钢筋混凝土柱连接牢固，保持稳定。

八、楼承板的安装

1. 楼承板拼装

楼承板应根据图纸要求进行排版、放样，统计各种规格、尺寸、数量等，提供给有合格资质的供货商；对供货商提供的材料按其要求进行验收。楼承板在铺设时按照排版图进行，从某一端开始；压型钢板在铺设的过程中边铺边固定，避免压型钢板因受压的力量的不同而发生变化，给整体安装带来不必要的问题。同时，在钢柱四周的钢梁间设置压型钢板支托，如图 4-36、图 4-37 所示。

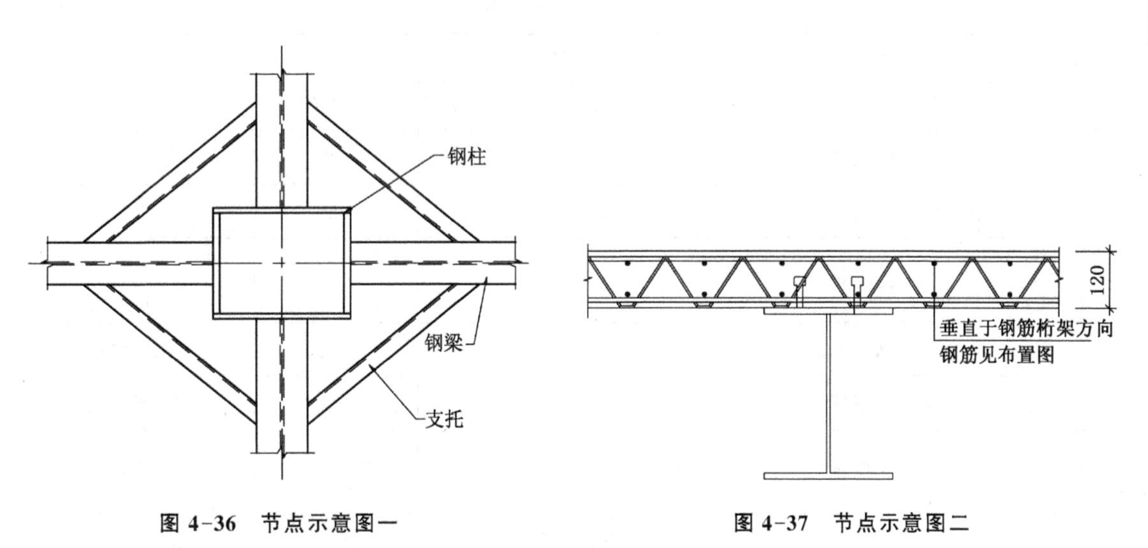

图 4-36　节点示意图一

图 4-37　节点示意图二

挡边的设置要求是整个楼面压型钢板的方向基本上是一致的，从而给其端部的处理带来了便利，为防止混凝土在浇灌时从肋处泄漏，在每个肋处可以采用堵头板收边。

2. 预应力工程施工技术特点

预应力施工应进行细化设计，并提前通知钢结构生产厂家对桁架梁结构的特殊要求（如套管等）。施工技术设计中应确定施工顺序，尤其是制索和预应力过程的顺序。这里所谓的预应力过程是指施加预应力的过程。对预应力钢结构预加预应力的过程应根据具体的结构类型分别采用改变刚性杆件或柔性索的长度等方法，对结构施加预应力，使预应力能够分布到整个结构，达到施加预应力的目的，这个预应力施加过程必须与设计的预应力施加过程相一致。实际的预应力施加过程按照非线性叠加加以分析。简言之，张拉结构施工技术设计的主要内容就是确定预应力过程的次序、步骤、采用的机械设备、每次预应力过程的张拉量值，同时控制结构的形状变化，因为结构的形状是与预应力分步相匹配的。

张力结构的施工技术设计应规定预应力过程的速率。因为在每一阶段预应力过程中，结构都经历一个自适应的过程，结构会经过自平衡而使内力重分布，形状也随之改变，所以预应力过程的监控十分重要。施工技术设计中应规定监控的指标和参数，采取可靠的监测手段，对钢结构的变形和预应力钢索的受力进行监测，以确保结构施工期安全，保证结构的初始状态与原设计相符。张拉结构的施工技术设计还应规定结构的其他荷载，如屋面荷载、悬挂荷载的施加步骤和方法，尽可能均匀、对称、匀速地施工，避免出现过大的集中荷载。

3. 施工难点分析

预应力钢结构从结构的拼装到预应力张拉完成以及最后支撑架的拆除，其间经历很多受力状态，为了保证工程质量能够符合设计要求，必须进行大量的施工模拟计算。预应力钢结构工程施工前期准备工作量大，对制作和安装的精度要求比较高，钢索的下料长度必须根据节点及钢索的工作荷载进行精确计算，并在制作过程中严格控制。钢结构的安装精度也必须在施工过程中进行监控，只有制作和安装的精度满足要求，张拉完成后的工程质量才能达到设计要求的预应力状态。

4. 主要施工机械准备及需用量计划

表 4-47　主要设备

编　号	名　称	规　格	数　量	备　注
1	千斤顶、油泵、压力表	1 500 kN/600 kN/380 V/750 W	各 3 套	
2	电线盘	220 V	3 套	
3	电线盘	380 V	3 套	
4	工具箱		2 个	扳手、螺丝刀的常用工具
5	钢卷尺	5 m	4 把	检测合格
6	全站仪		1 台	钢结构配合提供
7	卷扬机	0.5 t/1 t/3 t	5 台/15 台/2 台	放索/挂索
8	导链	3 t、5 t	40 个	节点安装
9	应变计	BGK4 000	30 个	应力检测
10	读数仪	BGK408	2 台	应变计读数

5. 施工方案及主要技术措施

根据设计要求编制主体结构及预应力施工方案；根据设计图纸编制施工预算，准备有关合同资料；准备有关材质检验试验资料；报送有关施工资料；组织有关人员熟悉图纸，学习有关规范，向作业人员进行技术安全交底。

九、放线、定位测量措施

1. 定位测量放线施工流程

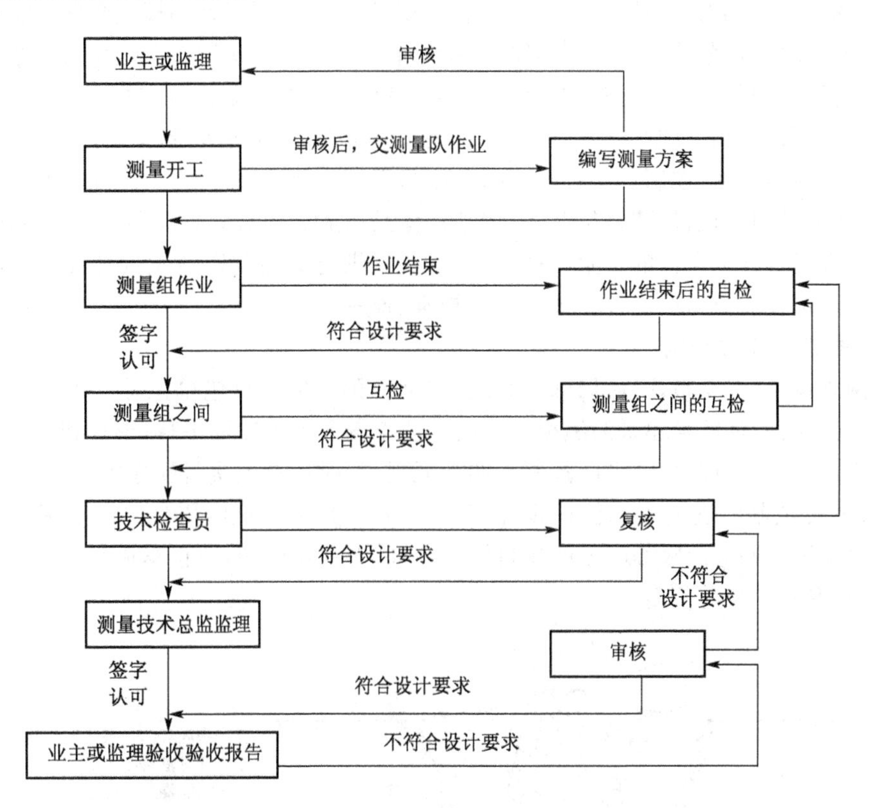

图 4-38　定位测量放线施工流程

2. 施工工艺

放线、测量定位精度保证放线、测量工作是一项繁琐而重要的工作，关系到整体钢结构安装精度和施工进度，为此应以先进合理的放线、测量方案来满足设计对结构安装的精度要求。所以如何控制放线、测量定位的精度是保证整体钢结构安装精度的一个重要技术措施。本工程由于结构独特、安装范围广、安装测量难度大、分段高空就位难度大、在安装过程中会产生结构变形，必须建立科学的测量方法和措施加以控制。针对以上安装难度，本工程拟采用全站仪测量技术来进行整体结构安装过程的安装测量，通过各主要定位节点的三维测量进行全方位质量监测。本工程拟投入的放线测量工具见表 4-48。

表 4-48　放线测量工具

序号	名　称	型号	数量	产地
1	全站仪	LEICA	1 台	瑞士
2	激光经纬仪	J2 - JDA	2 台	苏州光学仪器厂
3	水准仪		2 台	苏州光学仪器厂

由于工程施工范围广，作业面大，施工机械、人为影响等都给放线、测量控制点的利用和保护带来一定的困难，障碍物的影响也给测量所需的通视条件造成困难。由于钢结构是分段、散装吊装的工况，所以应对安装全过程进行跟踪监测，直到整个结构系统稳定。本工程结构线形复杂，一点能影响整个面，所以对放线、测量定位的精度要求高，应满足设计和规范要求。仪器、工具对外界影响敏感，温度、阳光、气压等不同，对测量数据有所影响，所以放线、测量定位时应充分考虑。

实施的目的：控制施工中临时结构应力不超过设计要求；控制临时结构变形与沉降不超过设计要求；为永久结构和临时结构的施工过程提供安全保障；快速发现施工中存在的问题并加以解决。具体内容包括：控制点、网的建立；支座预埋板三维坐标、轴线的复测；安装就位过程检测；构件吊装过程监控；吊装就位监测；钢结构体系完成后的监测。前期工作包括放线、测量定位的作业方案及技术文件的报验、审批。业主应提供有关测量资料及其他相关技术文件的收集整理。测量仪器应与监理等相关单位的校准、统一。

3. 放线、测量定位细则

控制网测设遵循“先整体，后局部”的二次布网原则。根据总包单位移交的点位和设计图中规定的定位条件，将屋盖建筑的纵横主轴线向施工场区外围四周平移，形成建筑物矩形控制网的四个主角点。选点时保证平面控制点两两通视，同时选择土质坚硬稳固、便于点位长期保存的空地，埋设预制的混凝土标桩埋设深度约 80 cm，并在标桩四周1.5 m^2 范围打好测量标杆，用红、白油漆涂刷成间隔 20 cm 的醒目标志杆，围上铁丝保护，防止车辆等设备碾压使点位受损或移动，有利于长期使用。

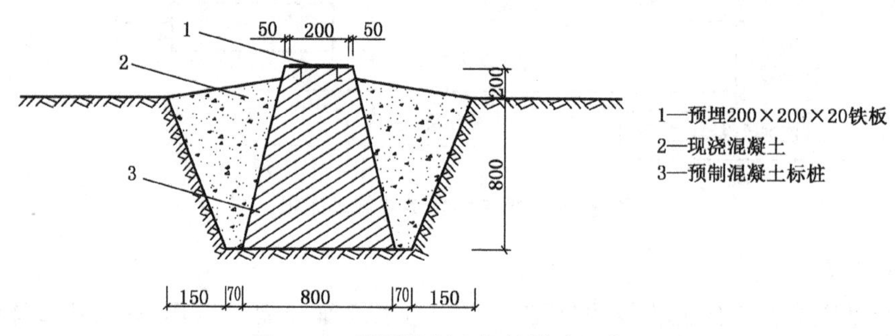

图 4-39 平面控制点标桩做法示意图

根据施工测放需要，将建筑物的纵横轴线和穹体建筑的径向轴线与建筑矩形控制网轴线的交点用内分法在控制网轴线上标出，作为二级加密的平面控制点。高程控制网测设要求根据总包移交的水准基准点建立水准基点组。为了便于施工测量，水准基点组可选 5～6 个水准点均匀地布置在施工现场四周，水准点采用预制水准桩，桩内置 $\phi = 20$ mm、$L = 550$ mm 的钢筋，外露 20 mm。如图 4-40 所示。

水准基准点组成闭合路线，各点间的高程进行往返观测，闭合路线的闭合误差应小于 2 mm。各点高程应相互往返联测多次，每隔半个月检查一次有否变动，以保证水准网能得到可靠的起算依据。经复测，资料符合要求后，用水准仪将标高引测至＋1 m 的墙面，分三个地方测设并用红漆标志，便于各点间相互复核检查，同时也作为向上引测高程的起始点。

支座预埋板安放尺寸与水平度的精度直接影响构件安装的精度，所以此项工作应在桁架拼装前预先进行，并反馈到技术部门。利用原有控制网，在主桁架、主体杆件投影控制点上用全站仪测出轴线的坐标中心点，在安装构件投影中心点两侧 300 mm 左右各引测一点，此三点

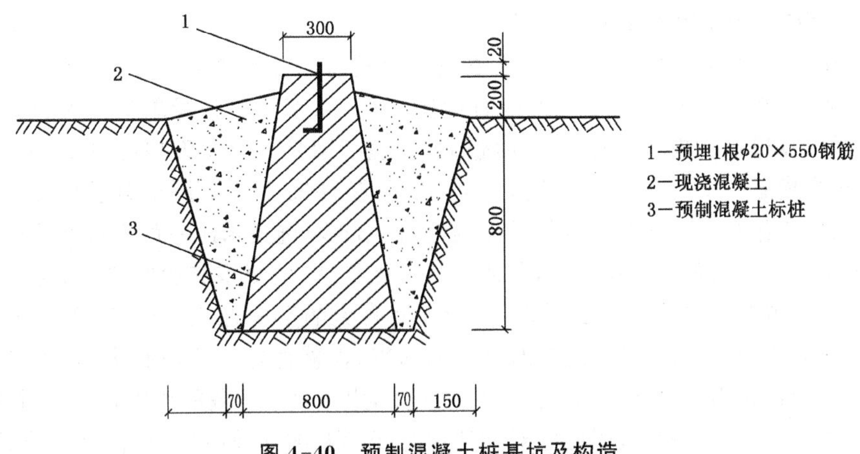

图 4-40　预制混凝土桩基坑及构造

应在一条直线上。如不在一条直线上应及时复测。通过激光经纬仪放出主桁架、主体构件支座的垂直线，并检查偏移量，理论上此时各点的连线应成一条直线。如不在一条直线上超出公差范围，应报技术部门，由技术部门拿出可行方案上报监理单位审批后实施。在主体构件外侧设置控制点，利用主体构件中心点坐标与控制网中任意一点的相互关系进行角度、坐标转换。依据上述方法测放出十字中心线并检测。利用高程控制点、架设水准仪及水平尺测量出支座中心点及中心点四角的标高。预埋板的水平度、高差如超过设计和规范允许范围，采用加垫板的方法使之符合要求。

4. 主体结构构件的吊装就位控制

由于本工程采用分段吊装的方法，所以吊装前应对支承架的定位进行控制。根据主体结构杆件的吊装分段尺寸画出支承架的十字线，将预先制作好的支承架吊上支架基础，标定十字线。把十字线驳上支承架的顶端面和侧面敲上样冲，并加以明显标记。用全站仪检测支承架顶标高是否控制在预定标高之内。主体结构杆件的吊装定位全部采用全站仪进行精确定位，通过平面控制网和高层控制网进行坐标的转换，在吊装过程中对主桁架两端进行测量定位，发现误差及时修正。其主体结构吊装就位如图 4-41 所示。

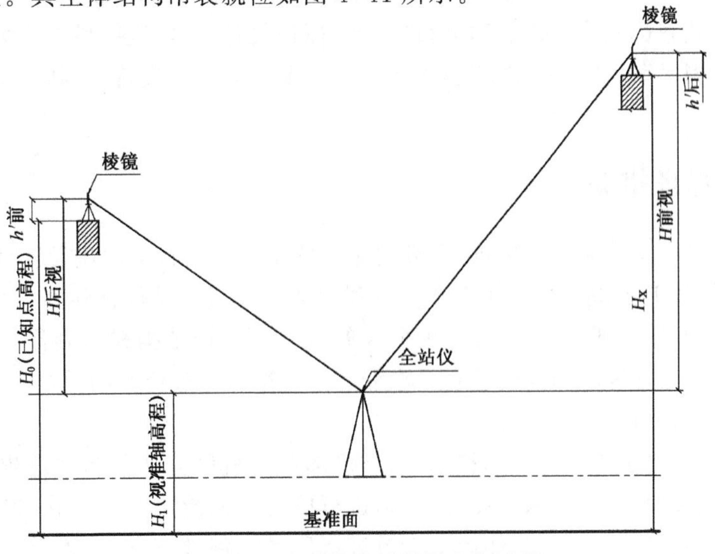

图 4-41　全站仪实时监测实施过程

5. 保证钢结构施工测量精度的技术

测量工作必须按照《钢结构工程施工质量验收规范》(GB 50205—2001)和《工程测量规范》(GB 50026—2007)执行。用于本工程的所有测量工具必须经计量单位检测合格后才可使用,并定期对仪器进行自检、维护。施测时仪器、棱镜在阳光下或雨天均应打伞,做好仪器、棱镜的防雨、防光措施。不同的气温对测量仪器、工具、构件尺寸都有不同影响,测量结果也不一样。所以,测量工作在同一气温内进行较为准确,根据现场施工情况一般安排在早晨和傍晚进行。测量工作与其他工种应相互配合,严格执行三级检查、一级审核验收制度,对于测量工作中发现的超公差情况必须及时给予纠正,不能让问题影响下一道工序施工,以免影响工程进度。施工机械的震动、胎架模具的遮挡对观测的通视、仪器稳定性等均有影响,所以测量时应采用多种方法测量并相互校核。钢构件安装过程中,由于自身荷载的作用,及其在拆除临时支撑后或滑移过程中会产生变形,因此应对桁架进行变形监测并及时校正,使之符合设计、规范要求。

6. 技术保证措施

施工组织方案对工程的工期保障至关重要。针对本工程技术含量高、施工难度大、工期要求紧等特点,在充分发挥本公司技术优势的同时,加强与业主、设计、总承包、监理等各方面的联系。工厂加工前对本工程的实施难点、关键点加以分析、研究,充分理解设计意图;根据本工程的结构特点提出多种施工方案,通过对比从中选择既能保证质量、满足设计要求,又能缩短工期的科学合理的施工组织方案。

积极应用新技术,先进的施工技术可以保证工程质量,缩短工程工期。在工程施工中,充分发挥本公司在施工图工艺设计技术、计算机放样下料技术、数控切割技术、激光(全站仪)测量技术、现场半自动 CO_2 气体保护焊及质量管理和质量保证、计算机及软件应用等技术优势,根据施工方案制定各工序的作业指导书,对参与实施人员提前进行有针对性的技术再培训及各项工艺的前期设计、试验工作,从而做到在技术上加以保证。

成立健全的项目经理和项目工程师为首的技术管理小组,确定重大技术措施,检查督促技术项目的实施落实。建立技术岗位的岗位责任制,技术工人和技术管理人员定岗定责,严格技术标准、工艺的实施,持证上岗,奖惩分明。严格施工管理,严格施工工艺,严格施工纪律,并及时做好各项技术资料的收集整理、归档管理工作,抓住关键技术,组织科学公关,制定科学的施工方案。施工资料准确、及时完成,工程竣工后及时汇总成竣工资料,以利于及时通过验收,进入下道工序施工。

十、质量保证措施

为了项目施工质量达到优良标准,必须对整个施工项目实行全面质量管理,建立行之有效的质量保证体系,按 ISO9000、GB/T 19000 系列标准和公司质量保证体系文件成立以项目经理为首的质量管理机构,通过全面、综合的质量管理以预控钢结构材料制作、运输、安装、钢结构防腐等流水过程中各种不相同的质量要求和工艺标准。通过严密的质量保证措施和科学的检测手段来保证工程质量。

在工程开工前,由总工程师会同技术部、质检部和材料供应部共同制定规划,明确工程目标,建立全面的质量保证体系,认真熟悉图纸,进行施工前的技术交底工作,制定岗位责任制,责任到人,谁出问题谁负责。对全体施工人员进行质量意识教育,安装人员必须持证上岗,坚持“三检一验”制。做到班组自检、工序交接检、工程有专检，由工程项目经理部组织验收，杜绝施工质量不合格的情况。

严格执行质量管理制度，坚持以技术进步来保证施工质量的原则。技术部门编制有针对性的施工组织设计。建立三检制度，实行并坚持自检、互检、工序交接检查制度。自检要做好文字记录，隐蔽工程由项目技术负责人组织工长、质量检查员、班组长检查，并做出较详细的文字记录。质量不合格的构件出厂前必须返工。

本工程所有材料将根据设计院图纸要求进行订货。对于制作所用的钢材，必须按设计图纸要求及时送检，合格后才能使用，严格把好质量关，以保证整个工程质量。材料入库后由本公司物供部门组织质量管理部门对入库材料进行检查和验收；按供货方提供的供货清单清点各种型钢和钢板数量，并算到货重量；按供货方提供的原材，对尺寸、公差、厚度、平整度、外表面质量等进行详细检查；对检查出不符合图纸要求的原材必须退回供货方，要求重新供应合格原材。凡本工程所用材料必须有厂家出具的有效质保书和合格证。汇总各项检查记录，交现场监理确认。

1. 工厂加工制作质量保证措施

放样前，放样人员必须熟悉施工图和工艺要求，核对构件及构件相互连接的几何尺寸和连接有否不当。如发现施工图有遗漏或错误，以及其他原因需要更改施工图时，必须取得原设计单位签具的设计变更文件，不得擅自修改。放样使用的钢尺，必须经计量单位检验合格，并与土建、安装等有关单位使用的钢尺核对。丈量尺寸，应分段叠加，不得分段测量后相加累计全长。放样应在平整的放样台上进行。凡复杂图形需要放大样的构件，应以 1∶1 的比例放出实样；当构件零件较大难以制作样杆、样板时，可绘制下料图。样杆、样板制作时，应按施工图和构件加工要求做出各种加工符号、基准线、眼孔中心等标记，并按工艺要求预放各种加工余量，然后号上冲印记，用磁漆（或其他材料）在样杆、样板上写出工程、构件及零件编号、零件规格、孔径、数量及标注有关符号。放样的样杆、样板材料必须平直；如有弯曲或不平，必须校正后方可使用。放样工作完成后，对所放大样和样杆样板（或下料图）进行自检，无误后报专职检验人员检验。样杆、样板应按零件号及规格分类存放，妥善保存。

号料前，号料人员应熟悉样杆、样板（或下料图）所注的各种符号及标记等要求，核对材料牌号及规格、炉批号。号料人员应合理排料，节约钢材。号料时针对工程使用材料特点，复核所使用材料的规格，检查材质外观。凡发现材料规格不符合要求或材质外观不符合要求者，须及时报质管、技术部门处理；遇有材料弯曲或不平值超差影响号料质量者，须经矫正后号料。根据锯、割等不同切割要求和对刨、铣加工的零件，预放不同的切割及加工余量和焊接收缩量。因原材料长度或宽度不足需焊接拼接时，必须在拼接件上注出相互拼接编号和焊接坡口形状。如拼接件有眼孔，应待拼接件焊接、矫正后加工眼孔。相同规格较多、形状规则的零件可用定位靠模下料。使用定位靠模下料时，必须随时检查定位靠模和下料件的准确性。按照样杆、样板的要求，对下料件应号出加工基准线和其他有关标记，并号上冲印等印记。号孔应按照工艺要求进行，在每一号料件上用漆笔写出号料件及号料件所在工程/构件的编号，注明孔径规格及各种加工符号。下料完成，检查所下零件的规格、数量等是否有误，并作出下料记录。

（1）切割的质量控制。切割前必须检查核对材料规格、型号、牌号是否符合图纸要求。切割前，应将钢板表面的油污、铁锈等清除干净。切割时必须看清断线符号，确定切割程序。根据工程结构要求，构件的切割可以采用数控切割机、半自动切割机、剪板机、手工气割等方法。

钢材的切断，应按其形状选择最适合的方法进行。剪切或剪断的边缘，必要时应加工整光，相关接触部分不得产生歪曲。切口截面不得有撕裂、裂纹、棱边、夹渣、分层等缺陷和大于 1 mm 的缺棱，并应去除毛刺。切割的构件，其切线与号料线的允许偏差不得大于±1.0 mm。

(2) 矫正和成型的质量控制。钢材的初步矫正，只对影响号料质量的钢材进行矫正，其余在各工序加工完毕后再矫正或成型。钢材的机械矫正，一般应在常温下用机械设备进行，矫正后的钢材，在表面上不应有凹陷、凹痕及其他损伤。碳素结构钢允许加热矫正，其加热温度严禁超过正火温度(850℃)，火焰矫正后不得浇水冷却。

(3) 现场拼装的质量保证措施。拼装前，拼装人员必须熟悉施工图、制作拼装工艺及有关技术文件的要求，并检查零部件的外观、材质、规格、数量，确认合格无误后方可施工。拼装前，拼装人员应检查胎架模板的位置、角度等情况。批量拼装的胎模，复测后才能进行后续构件的拼装施工。拼装前，必须清除干净拼装焊缝的连接面及沿边缘 30～50 mm 范围内的铁锈、毛刺、污垢等。板材、型材的拼接焊接在部件或构件整体组装前进行；构件整体组装应在部件拼装、焊接、矫正后进行。构件的隐蔽部件应先行焊接、涂装，经检查合格后方可组合。

(4) 现场安装质量保证措施。连接型钢或零件平面坡度大于 1∶20 时，应放置斜垫片、支垫。丝口损坏的螺栓不能做临时螺栓使用，严禁强行打入螺孔。螺孔不重合或有偏差时，应经过绞刀修整或用冲子找正孔位，确保孔壁对螺栓不产生过大的摩擦和挤压。测量轴线时，如构件有晃动，应停止测量。为防止阳光对钢构件照射产生偏差，测量工作尽量安排在早晨与傍晚进行。钢尺要统一，使用时要进行温度、拉力校正。标高调整采用垫片或地脚螺栓。由于土建和制作的累计误差都集中在吊装工作上，为控制结构标高，在钢结构加工时，定位支座高度可做负偏差，标高可用插片进行调整。在构件加工的质检工作中，质检员认真复核构件外形尺寸，特别是要对螺孔进行严格复查，确保构件按图加工。

为减少焊缝中扩散氢含量，防止冷裂和热影响区延迟裂纹的产生，在坡口的尖部均采用超低氢型焊条打底，然后用低氢型焊条或气体保护焊丝做填充。每条焊缝在施焊时要连续一次完成，大于 4 h 的焊接量的焊缝，其焊缝必须完成 2/3 以上才允许停止施焊。在二次施焊时，应先预热再施焊，但必须一次焊完全部焊缝。雨天原则上停止焊接，风速 2 m/s 以上不准焊接。一般情况下，为充分利用时间，减少气候的影响，采用防雨和挡风措施。气温在 0℃以下时，焊缝在焊接前应采取预热措施，焊后再采取保温措施。

(5) 钢结构安装质量检验和测试。钢结构安装检验要求严格按钢结构验收标准执行，从严管理，把工程质量放在第一位，不允许不合格产品交给业主。我们在多年实践中得出行之有效的质量检验管理制度，保证上道工序满足下道工序。对工程轴线、标高用先进的仪器进行复测，如有问题与有关方面商讨解决，使问题解决在施工之前。施工图是保证质量和工程进展的一个重要方面。施工人员、技术人员必须熟悉图纸，了解设计意图，如有疑问必须和设计院联系、解决，提出一些合理的建议供设计单位参考。钢构件进入现场，由专业技术人员进行构件外形复测。在钢结构安装前必须有加工厂的产品合格证及监理认可的手续才能吊装。在所有构件吊装完成后提交所有质量资料，请监理复验。

(6) 采购管理。采购执行部门对涉及制作、计划和收货的所有事情负责。执行部门应当准备采购明细单和质量要求，并送交供货方，同时还要复核和认可供货方提供的材料。收货检验及审核供货方的质保能力由项目的质量负责人委托专职质检员负责。采购执行部门负责协调供货方发货并督促供货方汇报发货进度。

(7) 材料管理。项目质量负责人保证所收到的材料、零部件符合购货要求。材料、部件和组装件要进行严格的制作检验,建立适用于本工程的检验程序,以保证不合格材料、原部件可及时被识别,确保该批材料、零部件符合要求方可用于下一道工序。材料应易于确认、分隔和分放,以防止安装时误用。所有收到的钢材应随带其各自的材料试验证明,并交由项目质量负责人检验尺寸、材料标准、质量、机械性能等,这些试验证书需由认可的检验机构批准核查。钢材还应带有各自证明书上相对应的标志。焊接材料应符合有关国家标准并附带生产许可说明,螺栓应带有材料证明。所有与规格不相符合的材料应作不合格材料处理并分隔放置。

(8) 安全文明施工措施。《建设工程安全生产管理条例》指出,建设工程安全生产管理坚持"安全第一、预防为主"的方针。本公司根据相关要求制定了健全的安全生产责任制度和安全生产教育培训制度,落实安全生产的规章制度和操作规程,对所承担的工程进行定期和专项安全检查,并做好安全检查记录,消除安全事故隐患,确保安全生产。根据最新的施工图及现场实际情况不断充实本施工组织设计中的安全技术措施。工程开工前,项目管理的技术人员对有关安全生产的技术要求向作业班组、作业人员进行详细交底和说明,并由双方签字确认。

施工负责人必须对职工进行安全生产教育,增强法制观念,提高职工的安全生产思想意识及自我保护能力,自觉遵守安全纪律、安全生产制度,服从安全生产管理。所有的施工及管理人员必须严格遵守安全生产纪律,正确穿戴和使用好劳动防护用品。认真贯彻执行工地分部分项、工种及施工技术交底要求。施工负责人必须检查具体施工人员的落实情况,并经常性督促、指导,确保施工安全。施工负责人应对所属施工及生活区域的施工安全质量、防火、治安、生活卫生各方面全面负责。按规定做好"三上岗"、"一讲评"活动,即做好上岗交底、上岗检查、上岗记录及周安全评比活动,定期检查工地安全活动、安全防火、生活卫生,做好检查活动的有关记录。对施工区域、作业环境、操作设施设备、工具用具等必须认真检查,发现问题和隐患,立即停止施工并落实整改,确认安全后方准施工。

机械设备、脚手架等设施,使用前需经有关单位按规定验收,并做好验收及交付使用的书面手续。大型机械设备现场组装后,经验收、负荷试验及有关单位颁发准用证方可使用,严禁在未经验收或验收不合格的情况下投入使用。施工现场的脚手架、设施、设备的各种安全设施、安全标志和警告牌等不得擅自拆除、变动,必须经指定负责人及安全管理员同意,并采取必要可靠的安全措施后方能拆除。特殊工种的操作人员必须按规定经有关部门培训,考核合格后持有效证件上岗作业。起重吊装人员遵守"十不吊"规定,严禁不懂电气、机械的人员擅自操作使用电器、机械设备。必须严格执行各类防火防爆制度,易燃易爆场所严禁吸烟及动用明火,消防器材不准挪作他用。电焊、气割作业应按规定办理动火审批手续,严格遵守"十不烧"规定,严禁使用电炉。冬季作业如必须采用明火加热的防冻措施时,应取得工地防火主管人员同意。施工现场配备有一定数量干粉灭火器,落实防火、防中毒措施,并指派专人值班。工地电气设备在使用前应先进行检查,如不符合安全使用规定应及时整改,整改合格后方准使用,严禁擅自乱拖乱拉私接电气线路。未经交底人员一律不准上岗。

(9) 现场安全生产技术措施。要在职工中牢牢树立起"安全第一"的思想,认识到安全生产、文明施工的重要性,做到每天班前教育,班前总结,班前检查,严格执行安全生产三级教育。进入施工现场必须戴安全帽,2 m 以上高空作业须系安全带。吊装前起重指挥要仔细检查吊具是否符合规格要求，是否有损伤，所有起重指挥及操作人员必须持证上岗。高空操作人员应符合超高层施工体质要求，开工前检查身体。高空作业人员应佩工具袋，工具应放在工具袋中，不得放在钢架或易失落的地方，所有手工工具(如手锤、扳手、撬棍)应穿上绳子套在安全带或手腕上，防止失落伤及他人。对施工现场要采取不同的安全措施：高空设脚手架、设围栏、拉安全带和安全绳、摆放警示牌。安装大型构件时，尽量选用无大风、天气晴朗的时间安装吊装，以减小风荷载的影响，增强吊装的稳定性。施工现场焊接或切割等动火操作时要事先注意周围上下环境有无危险性，以防失火。所有钢丝绳、吊索及挂索等在使用前和吊装作业前必须经过合格起重工检查。如发现磨损、刮伤、扭结、绕夹或其他可能降低受力性能的现象应停止使用，立即更换。安全人员应及时了解情况并采取恰当措施以确保有缺陷的吊具不再使用。钢丝绳索等在使用过程中避免与尖锐边缘接触，使用结束后应妥善保存。结构件之间接头连接和安装就位等高空连接工作应搭设稳固可靠的临时工作平台或灵活、安装可靠的活动平台。高空作业点下地面不允许站人，防止高空坠落事故。施工临时设施的制作和设置不能随意降低要求。吊用工具和钢丝绳必须有足够安全系数，一般不得小于5～6倍。施工用电设施应专人维护，定期保养，严格遵循用电规程，保证安全用电，节约用电。施工用电、照明用电按规定分线路接线，对于绝缘保护层裸露的线严禁使用。保持施工机械整洁，电线、气焊带、风带等应沿柱成束自下而上拉放，并应捆扎牢固。严格遵守施工工地有关防火的规定，加强防火设施，杜绝火灾事故。高空作业人员严禁带病作业，施工现场禁止酒后作业，高温天气做好防暑降温工作。吊装时应架设风速仪，风力超过6级或雷雨时应禁止吊装，夜间吊装必须保证足够的照明，构件不得悬空过夜。氧气、乙炔、油漆等易爆、易燃物品应妥善保管，严禁在其附近明火作业，严禁吸烟。焊接平台上应做好防火措施，防止火花飞溅。确保施工区、飞行限制区的隔离施工，施工人员、车辆不得进入飞行限制区，也不得向飞行区内乱扔泥土、石块。

(10) 安全保障设施。高空拼装处均有从楼板或底板搭设起的临时支撑平台，此支撑平台也将是各施工人员上施工作业面的通道，拼装作业面、焊接作业处将搭设安全通道、作业平台铺板、安全挑网及挂设灭火设施。空中安装通道扶手钢丝绳，便于施工人员行走时挂安全带。拼装接点处安装焊接平台，再搭设外挑脚手架。脚手架操作平台的下部用兜底阻燃性安全网封闭。

(11) 现场安全用电。现场施工用电执行一机、一闸、一漏电保护的“三级”保护措施，其电箱设门、设锁、编号、注明责任人。机械设备必须执行工作接地和重复接地的保护措施。电箱内所配置的电闸、漏电、熔丝荷载必须与设备额定电流相等。不使用偏大或偏小额定电流的电熔丝，严禁使用金属丝代替电熔丝。

(12) 现场防火及暴雨、水灾、地震的防护措施。发布暴雨、火灾警报后，应随时注意收听灾情变化情况的广播。对暴风雨接近施工作业区之前应关闭门窗，门窗有损坏的应紧急修缮。重要文件及物品放置于安全地点并有专人看管。放在室外不能淋雨的物品应搬进室内或加以适当遮盖。准备手电筒、蜡烛等照明物品及雨衣、雨鞋等雨具。准备必要的药品及干粮。暴风雨袭击时，应关闭电源或煤气来源。非绝对必要，不可生火，生火时应严格戒备。为防止雷灾，易燃物不应放在高处，以免落地造成灾害。指定必要人员集中待命，随时准备抢救灾情。在钢构件最高点处设避雷针，通过引下线至接地极，接地电阻不得大于4 Ω。

第四节　钢结构吊装新技术工程应用

一、整体吊装工程概况

合肥万科B地块综合体工程网架工程分为常设会展前厅(D区网架)和宴客厅(E区网架)两部分。

二、网架安装方法

D区网架安装,首先安装顶部平板网架,将AE－AF－AG两个柱距六个支座垫设定为基准点,将此部分网架在地面拼装并检查完毕后,用汽车吊整体吊装到位,调整支座部分位置网架螺栓球,使六个支座螺栓球轴线位置完全与柱顶支座埋件十字线重合,校核完毕后焊接网架支座,并以这两个柱距之间的网架为安装中心,采用高空散装法分别向AD轴、AH轴两个方向推进,直至网架安装完成。

下部外悬挂网架以顶部已经安装完成的网架为基础分段吊装,即顶部网架高空散装与外悬挑网架地面拼装同时进行,每安装完一片顶部网架随即吊装外悬挑网架,直至外悬挑网架全部完成。上部网架的安装方法采用高空散装法,即在地面把网架杆、螺栓球拼成四角锥和三角锥,由汽车吊提升到工作面进行安装,上部网架安装时采用满堂脚手架支撑,外悬挑网架安装时,上部利用已经完成的上部网架支撑,下部设置临时撑杆辅助支撑,临时撑杆如图4-42所示,直至网架全部安装完成,拆除满堂脚手架和临时撑杆。

E区网架的安装方法是把C9－C8的四个支座部分网架在地面拼装成一个整体,然后由塔吊整体提升到支座位置安装就位,然后以此部分网架为基础用高空散装的方法自C8轴向C3轴推进,直至全部网架安装完成。E区网架同样采用满堂脚手架支撑。

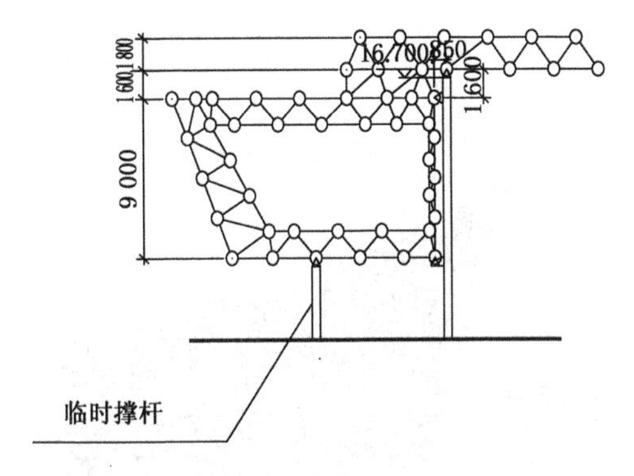

图4-42　临时撑杆设置示意图

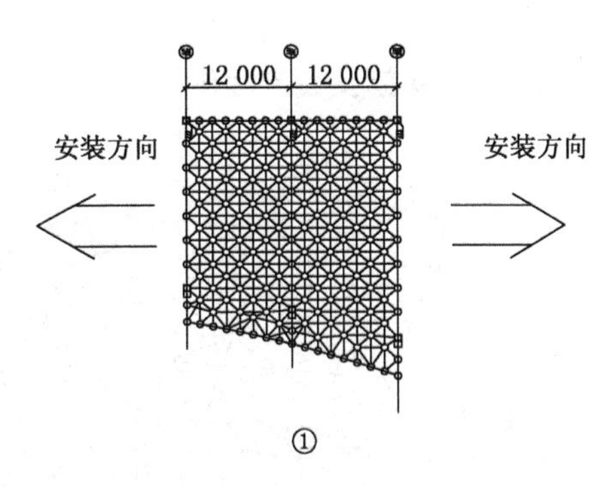

图4-43　安装AE－AF－AG两个柱距六个支座部分网架

三、网架安装流程图

1. D区网架安装流程图

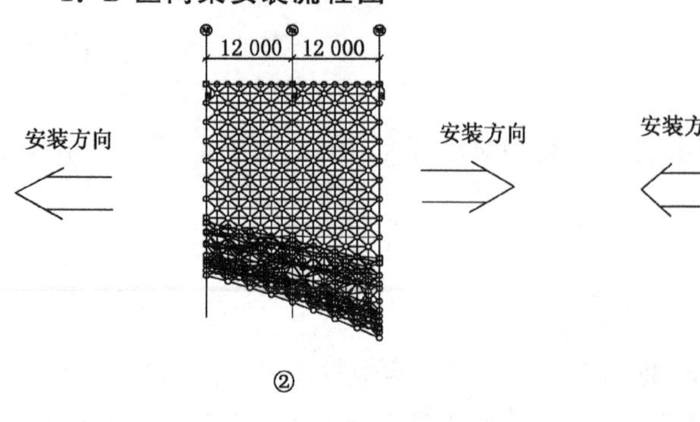

图 4-44　安装 AE－AF－AG 部分外悬挑网架

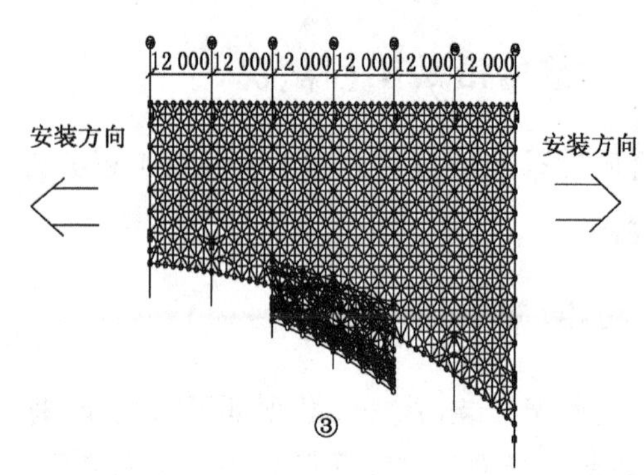

图 4-45　安装 AE－AC 以及 AG－AJ 部分顶部平板网架

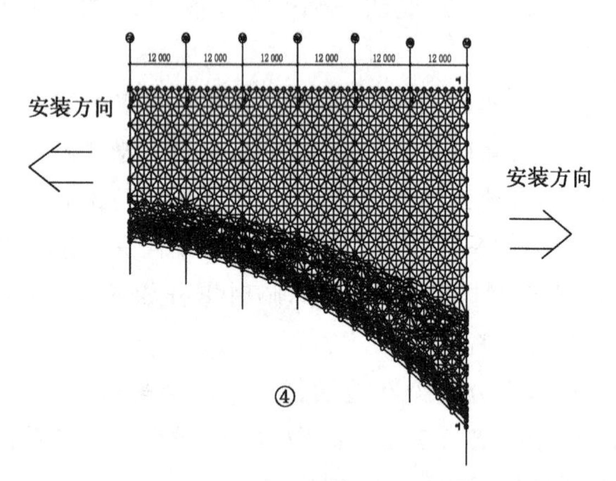

图 4-46　安装 AE－AC 以及 AG－AJ 部分外悬挑网架

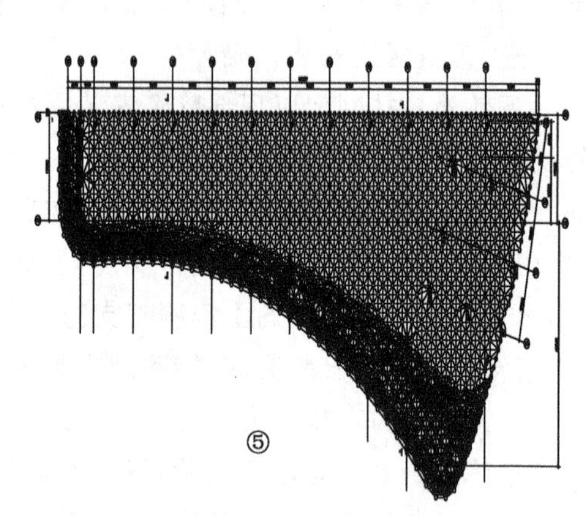

图 4-47　安装直至完毕

2. E区网架安装流程图

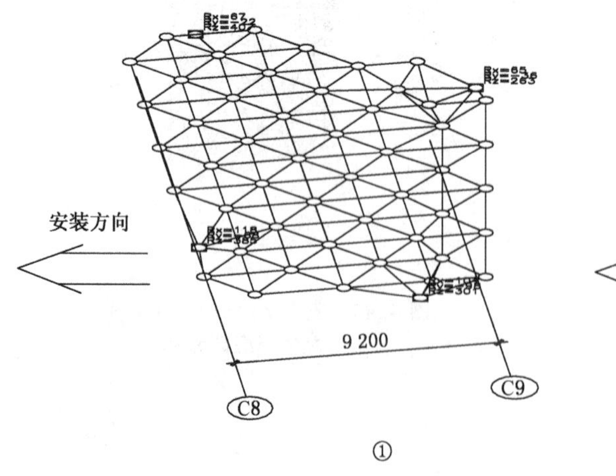

图 4-48　安装 C9－C8 轴四个支座部分网架

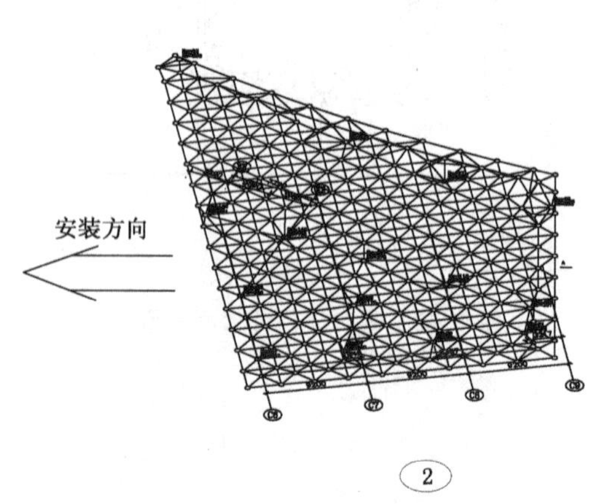

图 4-49　安装 C8－C6 轴部分网架

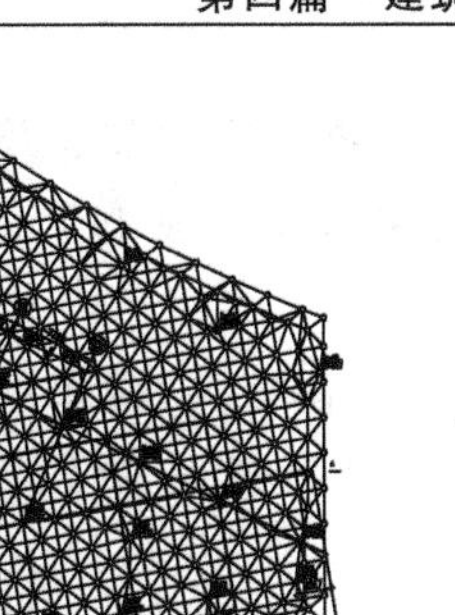

③

图 4-50　全部网架安装就位

四、安装前准备

1. 轴线、标高的复测

网架安装前，对柱顶预埋件进行充分剔凿，清理干净预埋件表面的混凝土浮浆，然后对预埋件标高、轴线进行复测。用水准仪进行标高复测，根据复测结果可采取调整支座板高度或采用过渡板的方法以确保支座支承面标高及水平度。支承面标高允许偏差±5 mm，相邻两支承面高差不大于 5 mm，最高与最低支承面高差不大于 10 mm；用全站仪对支座轴线进行复测，轴线中心线投测到每个预埋件上并做好明显的十字线标志，以此作为支座定位的基准线，其中心线对定位轴线的偏差不大于 5 mm。

埋件标高、轴线复测时，必须以业主提供的原始基准点和基准线为依据进行测量。从基准点或基准线引出的标志需要投测在固定以及不容易被破坏的构筑物上，并做好明显标志。

2. 材料的报验

每批杆件、螺栓球等构件进场后，首先检查其质量证明书、产品合格证、检验报告等保证资料，现场对构件进行抽检并做好自检记录；同时，对进场构件按设计要求进行见证取样；每批构件进场后，及时向监理单位进行材料报验。

3. 机械准备

表 4-49　常用机械设备准备

施工部位	机械名称	台数	用　　途
常设展区 D 区	50 t 汽车吊	2	吊装网架
常设展区 E 区	50 t 汽车吊	2	吊装网架
D、E 区	70 t 汽车吊	1	整体吊装

五、网架主体结构安装

1. 吊装区块部分网架的地面拼装

拼装前必须先检查拼装地面平整度，如果待拼装区域平整度不符合要求，先进行场地平整。然后根据 D 区 AG 轴—AE 轴区块平面位置进行测量放线，用枕木作为下弦球节点的垫块，首先拼装完成4个下弦螺栓球节点及节点间的下弦杆，继续安装下弦螺栓球及下弦杆，安装上弦螺栓球节点和腹杆，并完成上弦螺栓球节点间的上弦杆安装，按上述流程进行钢网架拼装。

在钢网架地面拼装过程中，要跟踪检查螺栓球的拧紧情况，检查轴线的偏移，如有偏差及时进行纠偏处理。区块拼装完成吊装前，再次对其整体尺寸进行复查，并做好网架拼装验收记录。

确认网架拼装无误后，用三台50 t汽车吊分三点进行吊装，调整网架空中位置，使支座螺栓球中心线与柱顶埋件十字线完全重合，确认无误后，焊接支座，对网架进行固定，以此作为后续网架拼装的基础。

2. 网架高空散装

AG轴—AE轴网架吊装完成后，以吊装完成的网架作为基础，分别从两个方向对余下网架进行高空散装，每安装完一个区块的顶部平板网架，同时吊装一段外部悬挑网架，直至整个网架全部安装完成。

高空散装工艺流程：放线、验线→安装下弦平面网格→安装上弦倒三角网格→安装下弦正三角网格→调整、紧固→安装屋面支托→支座焊接、验收。

(1) 安装下弦平面网格：将第一跨间的支座安装就位，对好柱顶轴线、中心线，用水平仪复核标高，如有误差应予修正；安装第一跨间下弦球、杆，组成纵向平面网格；排好临时支点，保证下弦球的平行度；安装第一跨间的腹杆与上弦球，一般是一球二腹杆的小单元就位后，与下弦球拧入，固定；安装第一跨间的上弦杆，控制网架尺寸。注意：拧入深度影响到整个网架的下挠度，应控制好尺寸。检查网架网格尺寸，检查网架纵向尺寸与网架矢高尺寸，如有出入，可以调整临时支点的高低位置来控制网架尺寸。

(2) 安装上弦倒三角网格：网架第二单元起采用连续安装法组装。从支座开始先安装一根下弦杆，检查丝扣质量，清理螺孔、螺扣，干净后拧入，同时从下弦第一跨间也装一根下弦杆，组成第一方网格，将第一节点球拧入，下弦第一网格封闭；安装倒三角锥体，将一球三杆小单元(即一上弦球、一上弦杆、二腹斜杆组成的小拼单元)吊入现场。将二斜杆支撑在下弦球上，在上方拉紧上弦杆，使上弦杆逐步靠近已安装好的上弦球，拧入；然后将斜杆拧入下弦球孔内，拧紧，另一斜杆可以暂时空着。继续安装下弦球与杆(第二网格，下弦球是一球一杆)。一杆拧入原来的下弦球螺孔内，一球在安装前沿，与另一斜杆连接拧入，横向下弦杆(第二根)安装入位，两头各与球拧入，组成下弦第二网格封闭；按上述工艺继续安装一球三杆倒三角锥，在两个倒三角锥体之间安装纵向上弦杆，使之连成一体。逐步推进，每安装一组倒三角锥，则安装一根纵向上弦杆，上弦杆两头用螺栓拧入，使网架上弦也组成封闭形的方网格；逐步安装到支座后组成一系列纵向倒三角锥网架。检查纵向尺寸、网架挠度和各支点受力情况。

(3) 安装上弦正三角网格：网架安装完倒三角锥网格后，即开始安装正三角锥网格。安装下弦球与杆，采用一球一杆形式(即下弦球与下弦杆)，将一杆拧入支座螺孔内；安装横向下弦杆，使球与杆组成封闭四方网格，检查尺寸；安装一侧斜腹杆，单杆就位，拧入，便于控制网格的矢高。继续安装另一侧斜腹杆，两边拧入下弦球与上弦球，完成一组正三角锥网格。逐步向一侧安装，直到支座为止；每完成一个正三角锥后，再安装检查上弦四方网格尺寸误差，逐步调整，紧固螺栓。正三角锥网格安装时，应注意临时支点受力情况。

(4) 调整、紧固:高空散装法安装网架,应随时测量检查网架质量。检查下弦网格尺寸及对角线,检查上弦网格尺寸及对角线,检查网架纵向长度、横向长度、网格矢高。在各临时支点未拆除前还能调整;检查网架整体挠度,可以通过上弦与下弦尺寸的调整来控制挠度值。网架在安装过程中应随时检查各临时支点的下沉情况,如有下降情况应及时加固,防止出现下坠现象;网架检查、调整后,应对网架高强度螺栓进行重新紧固,网架高强度螺栓紧固后,应将套筒上的定位小螺栓拧紧锁定。

(5) 安装屋面支托:将上弦球上的屋面支托拧入,在支托上找出坡度,以便安装屋面板材;对螺栓球上的未用孔以及螺栓与套筒、杆件之间的间隙进行封堵,防止雨水渗漏。

(6) 支座焊接与验收:检查网架整体尺寸合格后,检查支座位置是否在轴线上,以及偏移尺寸。网架安装时尺寸的累积误差应该两边分散,防止一侧支座就位正确,另一侧支座偏差过大。检查网架标高、矢高,网架标高以四周支点为准,各支点尺寸误差应在标准规范以内。检查网架的挠度,各部分几何尺寸合格后进行支座焊接。

六、网架吊装工况分析

本吊装分析以 D 区 AE—AG 轴区块吊装分析为例。

待吊装网架区块面积约 700 m^2,单位面积重量按 40 kg/m^2 计算,则吊装重量为 28 t 左右(计算时每台吊机加吊具重 1 t)。吊点设置如图 4-51 所示。

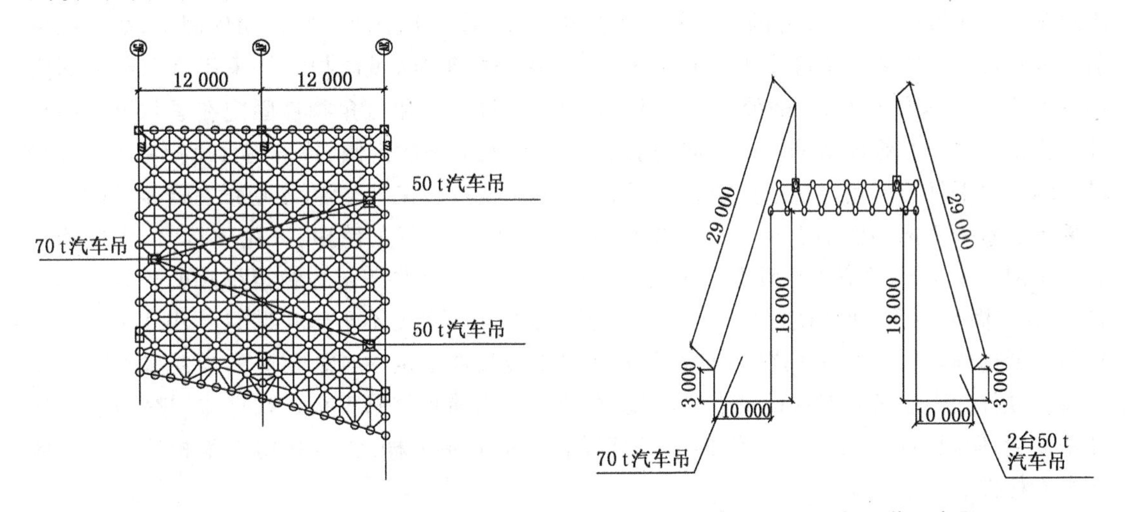

图 4-51　网架吊点设置示意图

图 4-52　网架吊装示意图

吊机选择一台 70 t 汽车吊与两台 50 t 汽车吊抬吊,为简化计算过程,70 t 汽车吊负荷取 14 t(含吊具),50 t 汽车吊负荷取 8.5 t(含吊具)。吊装高度 18 m,吊机回转半径10 m,吊装分析图如图 4-52 所示。

70 t 汽车吊吊装半径 10 m,主臂最大起重高度 29 m,查起重机特性曲线得,在此工况下,汽车吊的最大起重量为 15 t,大于 14 t,满足吊装起重要求。

50 t 汽车吊吊装半径 10 m,主臂最大起重高度 29 m,查起重机特性曲线得,在此工况下,汽车吊的最大起重量为 10 t,大于 8.5 t,满足吊装起重要求。

七、网架支撑满堂脚手架搭设

1. 满堂脚手架搭设技术要求

满堂脚手架的选型为1.5 m×1.5 m×1.5 m,脚手架钢管采用48 m×3.5 m。搭设的最大高度为17.7 m。用于搭设脚手架及操作平台的材料要求如下:

(1) 钢管长度为4～6 m,最大重量不超过25 kg,钢管上严禁打孔。

(2) 钢管表面应平直光滑,不应有裂缝、结疤、分层、错位、硬弯、毛刺、压痕和深划痕。

(3) 对于旧钢管表面应符合下列规定:外径为48 mm的钢管外径,壁厚允许偏差为0.5 mm;钢管外表面锈蚀深度,允许偏差为小于等于0.5 mm。

(4) 扣件式钢管脚手架应采用锻造铸铁制作的扣件,其材质应符合现行国家标准《钢管脚手架扣件》(GB 15831)的规定。

(5) 扣件材料采用GB 9440中所规定的力学性能不低于KTH330－08牌号的可锻铸铁或GB 1132中IG230－450铸钢件制作。

(6) 脚手架采用的扣件,在螺栓拧紧力矩达65 N·m时不得发生破坏。

满堂脚手架搭设采用ϕ48×3.5钢管,脚手架搭设立杆间距、纵横向水平杆间距均为1.5 m。立杆接头除在顶层可采用搭接外,其余各接头采用对接扣件对接。立杆上的对接扣件应交错布置,两个相邻立柱接头不应该设在同步同跨内,两相邻立柱接头在高度方向错开的距离不应小于500 mm。立柱的搭接长度不应小于1 m,不少于两个旋转扣件固定,端部扣件盖板的边缘至杆端距离不应小于100 mm。设置纵横扫地杆,纵向扫地杆采用直角扣件固定在距底座下皮不大于200 mm处的立柱上,横向扫地杆应采用直角扣件固定在紧靠纵向扫地杆下方的立柱上。纵向水平杆设于横向水平杆之下,在立柱的内侧,并采用直角扣件与立柱扣紧。纵向水平杆可采用对接或搭接。采用对接时,对接接头交错布置,不应设在同步、同跨内,相邻接头水平距离不应小于500 mm,并避免设在纵向水平杆的跨中;采用搭接时,搭接接头长度不应小于1 m,并应等距设置3个旋转扣件固定,端部扣件盖板边缘至杆端的距离不小于100 mm。满堂脚手架四面均设置剪刀撑。每道剪刀撑的宽度不小于4跨且不小于6 m。斜杆与地面的倾角在45°～60°之间;剪刀撑斜杆用旋转扣件固定在与之相交的横向水平杆的伸出端或立杆。满堂脚手架搭设完毕后,在顶部操作层满铺竹笆脚手板。在操作层纵向水平杆加密设置,间距不小于400 mm;纵向水平杆设置在横向水平杆之上,并用直角扣件扣紧在横向水平杆件上。

2. 满堂脚手架施工安全措施

满堂脚手架搭设完成后,再次检查各节点扣件的拧紧情况,确保扣件与钢管的贴合面必须严密,保证与钢管扣件扣紧时接触良好。满堂脚手架搭设完成后,操作层满铺安全网;在安全网之上满铺脚手板,脚手板的两端采用8＃铁丝与横杆绑扎牢固。在满堂脚手架操作平台四周设置安全护栏,护栏高度以不影响安装网架下弦杆为宜。避免构件在操作平台上集中堆放或过多堆放。

八、脚手架验算

D区满堂脚手架最大搭设高度为17.7 m,E区满堂脚手架搭设高度为7.5 m,故脚手架计算时按最大高度 17.7 m 计算。

脚手架立杆及水平杆选用 $\phi48\times3.5$，材质为 Q235 钢管，采用单扣件连接方式，横距 $L_a=1.5$ m，纵距 $L_b=1.5$ m，步高 $h=1.5$ m，搭设高度最高为 17.7 m。

1. 荷载计算

构配件静荷载 G_k 为 0.50 kN/m^2；均布施工荷载 Q_k 为 3.0 kN/m^2；基本风压为 0.5 kN/m^2。

2. 扣件抗滑移承载力 R_2 的验算

按每个扣件承载力为 $[R_0]=8.0$ kN，则每个受力单元承载力为

$$q=1.2G_k+1.4Q_k=1.2\times0.5+1.4\times3.0=4.8\ (\text{kN/m}^2)$$

则 $R_1=q\times(L_a/2\times L_b)=4.8\times1.5/2\times1.5=5.4\ (\text{kN})<[R_0]=8\ (\text{kN})$

故扣件承载力满足要求。

3. 横向水平杆计算（按简支梁）

（1）水平杆抗弯强度

查表，$\phi48\times3.5$ 钢管的截面特性为：截面面积 $A=4.89\times10^2\,\text{mm}^2$；截面惯性矩 $I=12.19\times10^5\,\text{mm}^4$；弹性模量 $E=2.06\times10^5\,\text{N/mm}^2$；截面模量 $W=5.08\times10^3\,\text{mm}^3$；回转半径 $i=15.8$ mm；钢管比重 $g_k=3.84$ kg/m。

作用在水平杆上的线荷载：

$$q=1.2(G_k\cdot C+g\cdot g_k)+1.4K_QQ_kC$$

式中，脚手板自重查表 $G_k=350\ \text{N/m}^2$；横杆间距 $C=0.4$ m；施工活荷载不均匀分布系数 $K_Q=1.2$；施工荷载标准值 $Q_k=3\,000\ \text{N/m}^2$。

$$q=1.2\times(350\times0.4+38.4)+1.4\times1.2\times3\,000\times0.4=2\,230\ (\text{N/m})$$

最大弯矩：

$$M=q/8\times L_a^2=2\,230\times1.5^2/8=627\ (\text{N}\cdot\text{m})$$

则抗弯强度

$$\sigma=M/W=(627\times10^3)/(5.08\times10^3)=123\ (\text{N/mm}^2)<[f]=205\ (\text{N/mm}^2)$$

所以水平杆的强度满足要求。

（2）计算变形

水平杆的挠度

$$V/L_a=5q\cdot L_a^3/(384EI)=5\times2.230\times1\,500^3/(384\times2.06\times10^5\times1.219\times10^5)=1/320<1/150$$

所以横向水平杆符合要求。

4. 纵向水平杆计算（按三跨连续梁）

（1）强度计算

$$F=L_a\cdot q/2+a\cdot q=1.5\times2\,230/2+0.35\times2\,230=2\,453\ (\text{N})$$

$$M_{max}=0.213FL_b=0.213\times2\,453\times1.5=784\ (\text{N}\cdot\text{m})$$

$$\sigma=M_{max}/W=784\,000/5\,080=154\ (\text{N/mm}^2)<205\ (\text{N/mm}^2)$$

(2) 变形计算

$$V/L_a = 1.615 \times FL_b{}^2/100EI = 1.615 \times 2\,453 \times 1\,500^2/100 \times 2.06 \times 10^5 \times 121\,900 = 1/281 < 1/150$$

满足要求。

5. 脚手架的稳定性计算

$$N/\varphi_A + M_W/W \leqslant kf$$

(1) 轴向力设计值 N

本工程脚手架最大高度 17.7 m,步数 $n=13$。

$$N = 1.2(nN_{G1k} + N_{G2k}) + 0.85 \times 1.4 \sum N_{Qik}$$

经查表,式中每步、纵距的钢管、扣件重力 $N_{G1k} = 0.411/2$ kN;附设构配件自重产生的轴向力 $N_{G2k} = 0.5$ kN;可变荷载产生的轴向力 $N_{Qik} = 3.715$ kN。

$$N = 1.2(13 \times 0.411/2 + 0.5) + 0.85 \times 1.4 \times 3.715 = 8.23\ (\text{kN})$$

(2) 稳定系数 φ

经查表得长度系数 $\mu = 1.75$,附加系数 $K = 1.155$。

计算长度为

$$l_0 = K\mu \cdot h = 1.155 \times 1.75 \times 1.5 = 3.032\ (\text{m})$$

长细比为

$$\lambda = l_0/i = 3.032 \times 10^3/15.8 = 192$$

根据 λ 值查表得立杆稳定 $\varphi=0.143$。

(3) 计算风荷载产生的弯矩

内荷载标准值为

$$W_k = 0.70\beta_2\mu_2\mu_3W_0$$

经查表,风压高度变化系数 $\mu_2=1.56$;风载体型系数 $\mu_3=1.3\varphi=1.3\times0.095=0.124$,风系数查表得 $\varphi=0.095$;基本内压 $W_0=0.5\ \text{kN/m}^2$。

$$W_k = 0.70 \times 1 \times 1.56 \times 0.124 \times 0.5 = 0.068\ (\text{kN/m}^2)$$

风荷载产生的弯矩

$$M_w = 0.85 \times 1.4W_kL_a \cdot h^3/10 = 0.85 \times 1.4 \times 0.068 \times 1.5 \times 1.5^2/10 = 0.027\,3\ (\text{kN} \cdot \text{m})$$

$$N/\varphi A+M_W/W=8.23\times10^3/(0.143\times489)+27.3\times10^3/5\,080=123\ (\text{N/mm}^2)$$

故所选脚手架规格满足要求。

九、连廊钢结构的吊装技术

1. 连廊吊装概况

两高层建筑之间大型过桥主钢梁吊装中如何运用工装、吊具并确保其稳定性、可靠性是保证吊装施工质量的关键。泰州医药城A办公区和B办公区采用桅杆吊装施工技术有效地解决了起重机械无法完成的吊装难题，保证了施工质量及进度，避免了采取地下车库顶面加固所用大量的工装及施工周期长等问题。

2. 桅杆吊装技术原理

桅杆式起重机是非标准起重机，一般应用于受现场环境的限制、被吊设备或构件几何尺寸大、其他起重机无法进行吊装的场合，在工程建设中发挥重要作用。

缆风绳是桅杆式起重机的稳定系统，它直接关系到起重机能否安全工作，也影响着桅杆的轴力。缆风绳的拉力分为初拉力和工作拉力。

缆风绳的初拉力是指桅杆在没有工作时缆风绳预先拉紧的力。初拉力决定了桅杆头部在工作时偏移量的大小，若偏移量太大会导致被吊装设备或构件的位置发生变化和其他系统如滑轮组不能正常工作。在大多数精度要求不高的情况下，初拉应力按经验公式的计算就能满足要求，一般按经验公式，初拉力应该取工作压力的15%～20%。

缆风绳的工作拉力是指桅杆式起重机在工作时缆风绳所承担的荷载。由于桅杆式起重机工作形式较多，缆风绳的工艺布置不一样，必须对具体的布置进行受力分析和计算。在正确的缆风绳工艺布置中总有一根缆风绳处于吊装垂线和桅杆轴线所决定的垂直平面内，这根缆风绳称为主缆风绳。在进行工作拉力计算时，以这个垂直平面为准，所有缆风绳的拉力转化为这个平面内的等效拉力，吊装荷载、桅杆压力和缆风绳等效拉力等各力在这个平面内形成平面汇交力系。根据力系平衡，可以计算出缆风绳的等效拉力，然后按照一定的比例将这个等效力分布到各缆风绳上，即得到主缆风绳的工作拉力。

进行缆风绳选择的基本原则是所有缆风绳一律按主缆风绳选取，不允许因主缆风绳受力大而选择较大直径的钢丝绳，其他缆风绳受力小而选择较小的钢丝绳。

进行缆风绳选择时，以主缆风绳的工作拉力与初拉力之和为依据，即

$$T=T_g+T_c$$

式中：T_g—— 主缆风绳的工作拉力；

T_c—— 主缆风绳的初拉力。

3. 地锚种类与地锚计算

地锚的作用是固定缆风绳，将缆风绳的拉力传到大地。

目前常用的地锚种类有全埋式、半埋式、活动式以及利用建筑物等类型。

全埋式地锚是将横梁横卧在按一定要求挖好的坑底，将钢丝绳拴接在横梁上，并从坑前端的槽中引出，埋好后回填土夯实即成。全埋式地锚可以承受比较大的拉力，适用于重型吊装。但需破坏地面，横梁材料也不易于再次使用。计算其强度时通常需根据土质情况和横梁材料验算其水平稳定性、垂直稳定性和横梁强度。

活动式地锚是在一钢制托排上压放块状重物如钢锭、条石等组成，钢丝绳拴接于托排上。这种地锚承受的力不大，但不破坏地面，适用于改、扩建工程，其计算强度时需要计算其水平稳定性和垂直稳定性。

在工程实际中还常利用已有建筑物作为地锚，如混凝土基础、混凝土柱等，但在利用已有建筑物前，必须获得建筑物设计单位的书面认可。

4. 钢管式桅杆式起重机稳定性校核

(1) 长度选择与校核

直立桅杆的长度选择应考虑的因素:工艺要求或现场环境要求被吊装设备或构件被吊起的最大高度;被吊装设备或构件的高度;吊索拴接方法及高度;滑轮组的最短极限距离;工艺要求的腾空距离;安全距离和基础高度。

上述各项参数,有的由现场情况决定,有的是吊装工艺的要求,必须根据具体情况确定,通过几何分析和计算确定桅杆长度。

倾斜桅杆的长度计算时,除了要考虑上述各项参数外,还要考虑被吊装设备或构件的几何尺寸、桅杆倾斜的角度、桅杆的直径等。桅杆长度的确定,通过进行投影关系计算和性能计算,取两者中的较大者为桅杆长度。

(2) 桅杆的截面选择与校核

① 桅杆截面的选择。桅杆式细长杆,其破坏形式是失稳破坏,所以在界面选择时,应按稳定条件选择。压杆分为轴心压杆和偏心压杆,轴心压杆只承受轴心压力,而偏心压杆除了承受压力外还承受偏心弯矩,计算时应按压弯组合进行。

② 选择截面的基本步骤。a. 受力分析与计算,计算出桅杆的内力(轴力、弯矩),并画出内力图。b. 按经验初选截面。c. 计算初选截面的截面特性和长细比。d. 查特性曲线表得出稳定折减系数。e. 按公式进行校核。如果满足要求,则截面选择完成;如果不满足要求,重复上述过程。

③ 稳定性计算。按现行国家标准《钢结构设计规范》(GB 50017) 规定,轴心受压构件,其稳定性按下列规定计算:

$$\frac{N}{\varphi_x A} \leqslant f$$

式中:N—— 桅杆中部轴力;

φ_x—— 轴心受压稳定系数;

A—— 桅杆中部截面积;

f—— 许用应力。

按照现行国家标准《钢结构设计规范》(GB 50017) 规定,弯矩作用在对称面内的实腹式压弯构件,按下列规定计算弯矩作用平面内的稳定性:

$$\frac{N}{\varphi_x A} + \frac{\beta_{mx} M_x}{\gamma_x W_{1x}\left(1-0.8\frac{N}{N'_{Ex}}\right)} \leqslant f$$

式中:N—— 桅杆中部轴力;

φ_x—— 弯矩作用平面内的轴心受压稳定系数;

M_x—— 桅杆最大弯矩;

N'_{Ex}—— 欧拉临界力,$N'_{Ex}=\frac{\pi^2 EA}{\lambda_x^2}$,$E$ 为弹性模量;

W_{1x}——弯矩作用平面内较大受压纤维的毛截面抵抗矩(抗弯模量);

γ_x——截面塑性发展系数,对于吊装工程,桅杆直接承受动力荷载取 1.0;

β_{mx}——等效弯矩系数，对桅杆取 1.0。

弯矩作用平面外的稳定性：

$$\frac{N}{\varphi_y A} + \eta \frac{\beta_{tx} M_x}{\varphi_b W_{1x}} \leqslant f$$

对于吊装工程，如对桅杆界面的各向性质取为一致，本项可不作计算，如需要时，可查现行国家标准《钢结构设计规范》(GB 50017)。

5. 主钢梁的桅杆吊装工艺

两高层建筑之间过桥主钢梁用桅杆吊装法时充分考虑安装标高、工件的运输、吊装施工顺序、吊装过程中转动及就位。根据吊装构件的重量及受力状态，正确设定桅杆的位置及相配套的其他吊装工具；正确选用滑轮组数量、吊装用绳索规格、卷扬机的吨位、缆风绳的规格；通过对起重臂、桅杆、支撑臂的强度、稳定性的计算，校核所用材料的正确性、可靠性，以保证吊装安全。

6. 主钢梁吊装施工工艺

(1) 连廊钢结构概况

该连廊位于 A 办公楼和 B 办公楼之间，安装的位置是 5 层，安装的标高是 15.5 m；主梁的结构截面尺寸是 500 mm×500 mm，单根主梁的重量为 10 t。

(2) 主钢梁的吊装工艺

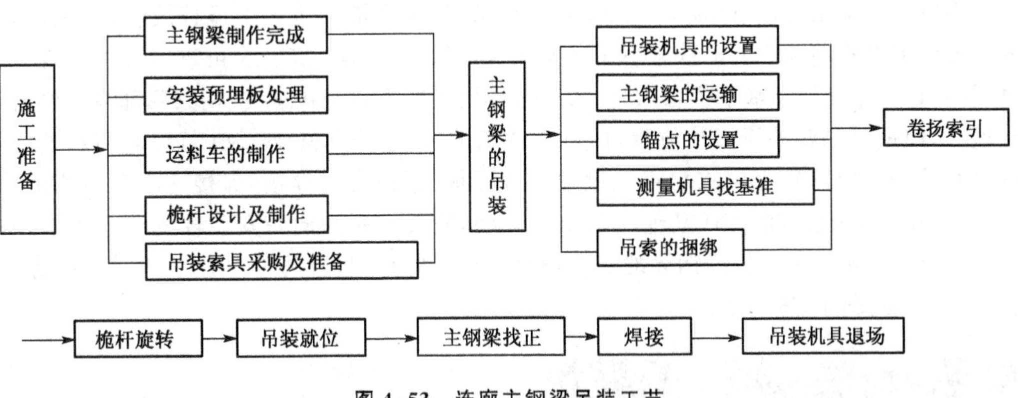

图 4-53 连廊主钢梁吊装工艺

(3) 操作要点

① 施工准备：a. 主钢梁的制作在专业制作厂完成，经检查达到图纸要求，并在醒目的位置标明主钢梁的编号。b. 运料车的制作：用 200 mm 的槽钢制作成 2 000 mm×5 000 mm 的框架上下两个，中间用直径 1 000 mm 的齿圈进行连接，并用电机驱动使上层框架进行转动，以保证主钢梁在运料车上旋转 90 度。c. 桅杆的设计及制作：经过计算，桅杆选用 ϕ219×10 无缝钢管，套管选用 ϕ273×10 无缝钢管，材质 20＃，起重臂长度 5 600 mm；桅杆长度 5 910 mm；支撑臂长度 1 450 mm；选用两个型号为 HQD3 - 20 t 的三轮滑车组成滑车组，滑车组穿线采用单头顺穿法。起吊卷扬机选用 5 t 卷扬机；起吊钢丝绳选用抗拉强度 185 kg/mm²、直径 17.5 mm(6×37)钢丝绳；缆风绳选用抗拉强度 185 kg/mm²、直径 18.5 mm(6×19)钢丝绳。根据计算结果制作两套桅杆，要求对接焊缝必须进行 100%射线探伤，角焊缝必须焊透，并用加强筋进行

加固。d. 处理水泥立柱上牛腿的安装预埋板及钢柱，满足安装要求。e. 与土建单位沟通，两楼顶板在安装轴线上距楼边 2 000 mm 处预留 ϕ300 mm 的孔洞，以便设置桅杆。

② 桅杆设置：a. 利用土建施工的塔式起重机将桅杆的各部件吊至两楼顶。b. 设置桅杆的同时，考虑在楼顶及下一层楼面板上用 2 000 mm×2 000 mm×30 mm 钢板加固，设置的形式见图 4-54 所示。c. 缆风绳及其他吊具全部设置完成并检查达到安全可靠。

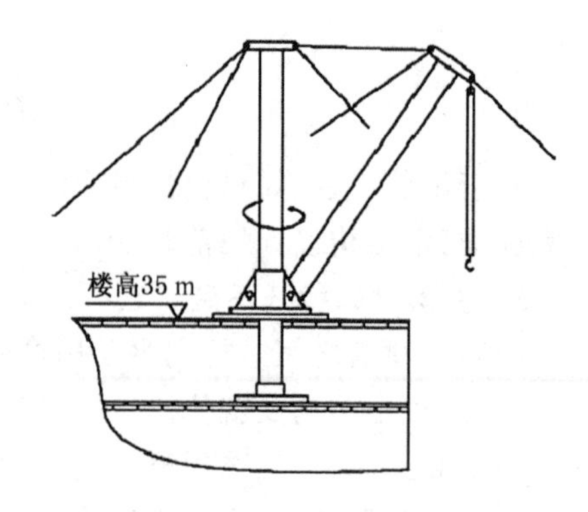

图 5-54　桅杆设计示意图

③ 锚点的设置：a. 与设计及土建单位联系，利用土建已完成的水泥立柱作为锚点并进行锁定，钢丝绳与立柱之间用木方进行衬垫。b. 如需要填埋设置锚点，应根据受力的大小确定填埋深度及需要枕木的数量及尺寸，填埋后应将地面夯实。

④ 运料车滑道铺设及运料：a. 在地面上将地下室混凝土柱、主梁的位置精确反映到地面上，并用白灰做出醒目标志。b. 沿地下室主梁铺设枕木运输通道（枕木上部放置滚杠）。c. 将主钢梁按安装位置的编号分批运至安装现场，将主钢梁放置在运料用钢架上。d. 用卷扬机牵引运料车将主钢梁运到指定位置，将钢梁水平转动 90°进入吊装地点。

⑤ 主钢梁的吊装：a. 主梁在地面就位后，捆绑好吊装索具并检查达到安全可靠。b. 用卷扬机牵引将主钢梁吊起，离地面 100 mm 处停止吊装，用倒链同步牵引桅杆旋转，使主钢梁垂直安装轴线水平移动 500 mm，检查各吊装机具及绳索。c. 确认其安全可靠后继续吊装，在吊装过程中，钢梁始终处于水平状态，并使吊装索具始终处于垂直状态，当钢梁底部高于牛腿时，转动桅杆，使钢梁轴线处于安装位置，然后继续起吊，直至安全就位。d. 就位后用水平仪、经纬仪进行检测、调整，符合要求后将主钢梁与预埋板、钢柱进行焊接，焊接完成后撤掉吊装索具。e. 用相同的吊装方法完成其他主钢梁的安装，安装顺序为同一安装轴线从上到下，一轴线安装完成后再进行下一轴线钢梁的安装，安装全部结束后拆除桅杆等吊装机具。连廊安装过程如图 4-55、图 4-56 所示。

图 4-55　连廊结构焊接安装

图 4-56　连廊骨架结构吊装